中国专门史文库
编辑委员会

作者简介

姚伟钧 1953年生，湖北武汉人，历史学博士，华中师范大学历史文化学院教授，博士生导师。出版《中国饮食文化探源》、《中国传统饮食礼俗研究》、《中国饮食礼俗与文化史论》、《楚国饮食与服饰研究》、《长江流域的饮食文化》、《黄河中游饮食文化史》（合著）、《黄河下游饮食文化史》（合著）、《中国饮食典籍史》（合著）、《文化资源学》、《从文化资源到文化产业》等学术著作，在《中国史研究》、《光明日报》、《新华文摘》等上发表有关中国文化研究的学术论文300余篇。

刘朴兵 1972年生，河南西华人，历史学博士，安阳师范学院历史与文博学院教授。主要从事中国饮食文化史研究，在《史学月刊》、《中州学刊》、《中国宗教》、《文史知识》、《历史教学》、《农业考古》、《中国历史文物》、《亚洲研究》等期刊上发表学术论文80余篇；主编“汉字文化体验丛书”，出版《唐宋饮食文化比较研究》、《汉字中的美食》、《黄河中游饮食文化史》（合著）、《中国饮食典籍史》（合著）等学术著作。

中国专门史文库

中国饮食史

上册

姚伟钧　刘朴兵　著

图书在版编目(CIP)数据

中国饮食史:上、下册/姚伟钧,刘朴兵著.—武汉:武汉大学出版社,2020.6(2024.1 重印)
中国专门史文库
湖北省学术著作出版专项资金资助项目
ISBN 978-7-307-20929-9

Ⅰ.中…　Ⅱ.①姚…　②刘…　Ⅲ.饮食—文化史—中国
Ⅳ.TS971

中国版本图书馆 CIP 数据核字(2019)第 095434 号

责任编辑:朱金波　　责任校对:汪欣怡　　版式设计:马　佳

出版发行:**武汉大学出版社**　(430072　武昌　珞珈山)
(电子邮箱:cbs22@whu.edu.cn　网址:www.wdp.whu.edu.cn)
印刷:武汉邮科印务有限公司
开本:720×1000　1/16　印张:67.25　字数:966 千字　插页:14
版次:2020 年 6 月第 1 版　2024 年 1 月第 3 次印刷
ISBN 978-7-307-20929-9　定价:226.00 元(上、下册)

商代后母戊鼎

商代兽面纹鬲

曾侯乙尊盘

曾侯乙联禁对壶

曾侯乙卷云纹提链炉盘

曾侯乙铜鉴缶

曾侯乙鼎形器（附匕）

春秋晚期透雕交龙纹铺

西周晚期乐季献盨

西周成王时期厚趠方鼎

仰韶文化人面鱼纹彩陶盆

龙山文化白陶鬶

曾侯乙金盏、金匕

唐代雕象牙马首钮箸

唐代镶金牛首玛瑙杯

西汉陶五联罐

唐代新疆厨作俑

新疆出土的唐代面食

元代景德镇霁青单把杯

明代犀角杯

明代铸铁寿字火锅

清代乾隆款金胎内填珐琅盖杯

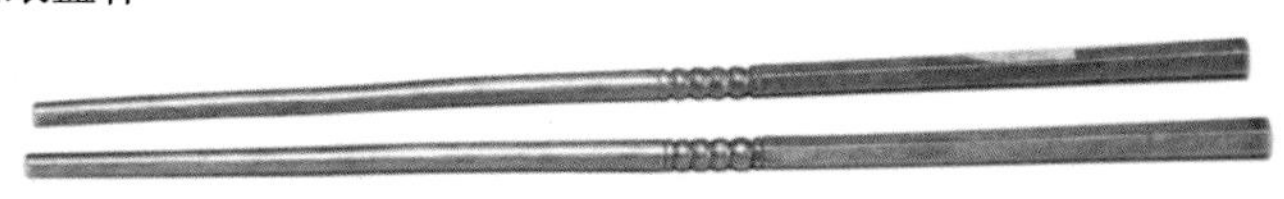

清代嘉庆金箸

清代青花花卉纹盘

清代黄地粉彩寿桃纹碗

清代紫地珐琅彩牡丹纹碗

清代藏族僧帽形铜酥油壶

清代浙江大户人家的厨房

河姆渡文化朱漆木碗

楚彩绘凤鸟双连杯

楚彩漆耳杯（酒器）

楚彩漆扁壶

楚彩漆盖豆

汉代云纹漆鼎

汉代彩绘双龙纹樽

汉代彩绘凤鸟纹漆盘

汉代漆案及杯、盘

汉代画像砖——舂米图

汉代画像砖——酿酒图

汉代画像砖上的烤肉串

长安西市图中的“胡人”及酒店

唐代宝相花纹月饼

唐代韦氏家族墓室壁画——野宴图

韩熙载夜宴图（局部）

宋代清明上河图（局部）

宋代刘松年撵茶图

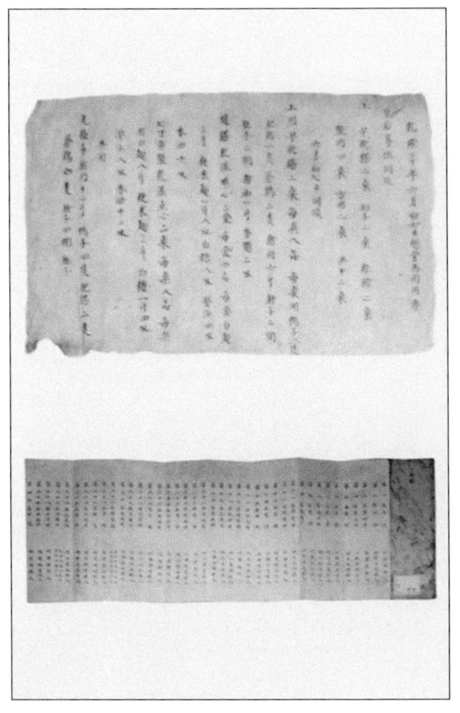

乾隆在苏州的膳单

乾清宫家宴

光绪皇帝大婚纳采宴

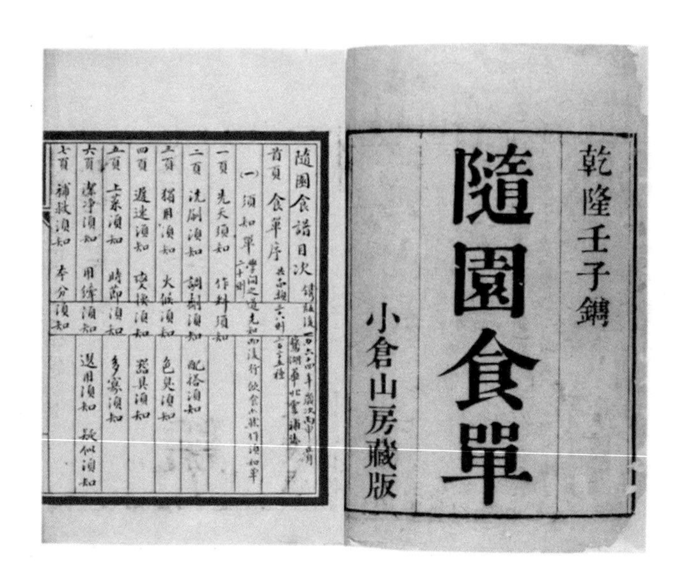

隨園食譜目次

首頁 食單序

(一) 須知單

一頁 先天須知 作料須知

二頁 洗刷須知 調劑須知 配搭須知

三頁 獨用須知 火候須知 色臭須知

四頁 遲速須知 變換須知 器具須知

五頁 上菜須知 時節須知 多寡須知

六頁 潔淨須知 用縴須知 選用須知 疑似須知

七頁 補救須知 本分須知

乾隆壬子鐫

隨園食單

小倉山房藏版

《随园食单》书影

近代绍兴酱园

总　　序

冯天瑜

人类历史是一个有机整体的发展历程，社会、经济、政治、文化等要素彼此交融、相互渗透在这个整体之中，起伏跌宕、波澜壮阔地向前推进。因此，历史研究不能满足于现象的“个体描述”，而应当关注“总体历史”，关注社会综合结构(社会形态)的演化，从而发现历史大势及其规律，诚如太史公所称，他治史绝非满足于枝节性的记载，其宏远目标是“究天人之际，通古今之变”。

然而，“总体”由“专门”综合而成，“一般”植根于“个别”之中，对于“总体历史”的认识、对于社会结构的真切把握，必须建立在历史现象分门别类的深入辨析的基础之上。太史公通过“本纪”探究自五帝、夏、商、周、秦，直至汉武帝的纵向专史进程；通过“世家”开辟横向的列国专史；又以八“书”，并述礼、乐、律、历、天官、封禅、河渠、平准，开文化、科技、财经等专门史之先河；“大宛列传”“货殖列传”实为民族史、中外交通史、商业史之雏形……正是有了诸多专门史具体而微的考实，太史公方能造就整体史学大业，“成一家之言”。《汉书》以下的正史又将《史记》的

“书”扩设为“志”(律历志、礼乐志、刑法志、食货志、天文志、地理志、艺文志等)，形成较为翔实、细密的专史篇章。

中国史学有着深厚的专门史传统，不仅表现在《史记》《汉书》等正史为其保留了较充分的展开空间，而且自成格局的专志也纷至沓来，如后魏郦道元《水经注》是专论山川地理的志书发轫，两宋以下，各种专史（如金石志、画谱、学案、盐政、畴人传等）相继从通史中独立出来，斐然成章，构筑一个大的学术门类。中国的专史之早成、丰硕，置之古代世界史坛，亦足称先进。

时至近现代，随着学术分科向广度与深度拓展，专门史更成为历史研究蓬勃兴盛的领域。20世纪前半叶，商务印书馆出版王云五主编的《中国文化史丛书》，在“大文化”名目下，囊括了各类专门史论著，从《文学史》《美术史》到《财政史》《赋税史》《中外交通史》，以至《赌博史》《娼妓史》，尽纳其中，反映了古今中西文化激荡之际的民国学界专史研究的实绩。20世纪80年代，上海人民出版社推出新的《中国文化史丛书》，收入“文化热”时期的数十种论著（包括《小学史》《甲骨史》《杂技史》《园林史》《染织史》等以往少见的分科史著），是我国专门史成果的又一次结集。

近年来，专门史研究有新的发展，在高等教育的一级学科历史学之下，设置专门史二级学科，多所大学及科研院所设立经济史、文化史、社会史等专门史研究机构，探究领域有所拓殖，新史料的开掘、新方法的运用皆有创获，人才成长、论著涌现，蔚然大观。武汉大学出版社推出的《中国专门史文库》便在此种新气象之下应运而生。

本文库以几种早年蜚声学坛的专史作为引领篇什，更多地选入近十年来的专史佳品，其中又分两类，一为曾经出版，现经作者认真修订补充，二为新作。本文库拟分数辑，分批推出，期以共襄专门史研习之大业。

书于武昌珞珈山

2011年10月19日

目　　录

绪　论

中华民族是世界上一个历史悠久的民族。中国“许多世纪以来，一直是人类文明和科学的巨大中心之一”①。在这一世界文明中心中所形成的中国传统文化，是由多种文化成分构成的。因此，它能以多方面的成就、丰富多彩的形态放射出卓异的光辉。其中，尤引国人自豪和令世界瞩目的，就包括中国的饮食文化。

一、中国传统文化的基础——饮食

一个民族传统文化的形成，是与该民族所从事的物质生产、所处的生活方式等多种因素分不开的。中国传统文化的形成也不例外，它也是建立在一定经济基础之上的，即物质文化发展水平上的。如何理性地把握中国传统文化，找出它的基础部分，是我们研究中国文化史的关键所在。

马克思在对人类社会的全面科学的研究中发现：“不是人们的

---

① ［英］贝尔纳：《历史上的科学·中文版序》，科学出版社 1981 年版，第 1 页。

意识决定人们的存在，相反，是人们的社会存在决定人们的意识。”① 而在人们意识基础上所进行的文化生产、文化创造，无疑是要有一定的社会经济基础的。诚如恩格斯在评价马克思的杰出贡献时所指出的：“正如达尔文发现生物界的发展规律一样，马克思发现了人类历史的发展规律，即发现了直到最近还被思想体系的积淀所遮盖的一个简单事实：人们首先必须吃、喝、住、穿，然后才能从事政治、科学、艺术、宗教等等。”② 从这个意义上说，人类的一切精神文化，都是由食、住、衣等物质文化所决定的。也就是说，人类的文化生产和创造是离不开经济基础的，是离不开在这个基础上所产生出来的一定社会形式的。

饮食是以农业为基础的。就传统社会的基本形态而言，中国始终是一个农业社会，农业作为社会最主要的生产部门，提供了绝大部分的物质财富。因此，农业人口在中国总人口中占有绝对优势。农业的进步，对于整个社会的发展、经济的兴衰、文化的繁荣，都有着十分重要的意义。中国古代文明的大厦，就是在较为发达的农业经济基础上建筑起来的。

中国是世界上农业起源最早的地区之一，中国先民的主体早在距今七千年前后，就逐渐脱离以狩猎和采集经济为主要生活方式的阶段，进入以种植和养殖经济为基本生活方式的农业社会。以农业型为主的各地新石器时代文化遗址，又可粗分为以河南裴李岗、河北磁山文化为代表的北方粟作农业，即旱地农业，以及以湖南彭山头、浙江河姆渡文化为代表的南方稻作农业，即水田农业。这种差异的形成，主要是与所处的地理环境有关。

就世界范围而言，中国长江以南是已知世界上最早种植稻米的地方，黄河流域则以首先培育出最优良的小米而著称于世。人们充分利用气候、土壤和水源，因地制宜地选择某些野生植物加以培

---

① ［德］马克思、恩格斯：《马克思恩格斯选集》第 2 卷，人民出版社 1972 年版，第 82 页。

② ［德］恩格斯：《在马克思墓前的讲话》，《马克思恩格斯选集》第 3 卷，人民出版社 1972 年版，第 574 页。

育，使其成为人们的饮食之源。中国文化的发源不是单一的，黄河流域的粟作文化和长江流域的稻作文化长期并存，并由此形成南北迥异的饮食风俗。

农业一经产生，其优于渔猎经济的稳定性，使人们最终摆脱迁徙不定的生活，并实现较长期的定居，从而结束“饥则求食，饱则弃余”的状态，以及出现较为稳定的剩余产品。这样，文化科学的进一步发展才有了基础。因为，只有当社会生产出多余的粮食，才有可能从人群中分化出一部分从事非农业活动的文化人，去进行科学的、哲学的、文学的、艺术的创造。古代世界文化繁荣的地区，大多是农业比较进步的地区，如中国、印度、埃及、巴比伦，都是在大河的养育下，农业最早得到发展，从而文化最早兴盛的国度。中国的农耕文化水平更高，比其他文明古国有着更多的剩余农业产品，这就为饮食文化的发展提供了坚实的物质基础。

中国先民的饮食是由农林牧副渔等各个部门提供的，也就是广义的农业。马克思说：“因为食物的生产是直接生产者的生存和一切生产的首要条件，所以在这种生产中使用的劳动，即经济学上最广义的农业劳动。”① 按照马克思的说法，广义的农业是指人类为谋取维持其生存所必需的食物而进行的生产劳动，它包括了取得食物的一切部门。

当然，从严格意义上来说，农业主要是从种植业的产生开始的，因为谷类食物是人类的主食。特别是我们华夏族人民几千年来一直以谷物作为主食，这种传统饮食结构，影响着数千年中国人民的饮食生活。华夏族人民不吃乳酪，不喝乳类，以肉为辅，自成一类饮食文化圈，这与西方游牧民族以乳酪和肉为主食的文化圈截然不同，显示了东西方民族各自依据一定的生态环境进行物质文化创造，以及由此而形成了不同的饮食习俗。

谷物种植对中国政治、经济、文化所引起的巨大变化，是其他

---

① ［德］马克思、恩格斯：《马克思恩格斯全集》第 25 卷，人民出版社 1964 年版，第 175 页。

类别的农业经济无法比拟的。“禹稷躬稼，而有天下。”① 正是由于中国古代社会对农业的重视，使得中国古代农耕文化呈现出早熟性。中国古代农业技术水平之高，谷物种类之多，称著于世，这就极大地促进了饮食的发展。农业不仅引起了饮食结构的变革，也导致了主食与副食的分工，而分工的结果，是“菜肴”的出现。菜肴又称“肴馔”，古时作“肴烝”，始见于《国语·周语》“亲戚宴飨，则有肴烝”，其意是将煮熟牲体切割，连肉带骨放在俎上，以享宾客。有了“菜肴”，就给中国烹调技术的迅速发展提供了广阔的舞台。

中国物产之丰富，农业水平、地理环境以及风俗习惯的差异，使得各地形成了不同的饮食文化类型。《黄帝内经》中《素问·异法方宜论》云：“东方之域，天地之所始生也，鱼盐之地，海滨傍水，其民食鱼而嗜咸，皆安其处，美其食。”“西方者……其民陵居而多风，水土刚强……其民华食而脂肥，故邪不能伤其形体。”“北方者，天地所闭藏之域也，其地高陵居，寒风冰冽，其民乐野处而乳食。”“南方者，天地之所长养，阳之所盛处也，其民嗜酸而食腐。”“中央者，其地平以湿，天地所以生万物也众，其民食杂而不劳。”由此，各地菜肴逐渐形成了各自的风味特色。中国古代多用“菜帮”来称谓地方风味菜，后世称为“菜系”，主要有川、鲁、粤、苏四大菜系，后又增加徽、湘、浙、闽、鄂、京等不同风味，成为十大菜系。这些菜系到明清时已经十分完善，品种繁多，风味各异，自成体系，各具特色。

在主食上，秦汉以后，中国就基本上形成了北方人民以小麦为主，南方人民以稻谷为主的食物构成局面，正如董仲舒所言：“《春秋》它谷不书，至于麦禾不成则书之，以此见圣人于五谷最重麦与禾也。”② 这两者产量既丰，对人类营养又好，所以我们祖先一直把稻和麦当作最主要的粮食。由此可见，各地的农业资源，

① 《论语注疏·宪问第十四》，（清）阮元校刻：《十三经注疏》，中华书局 1980 年版，第 2510 页。

② （汉）班固：《汉书·食货志》，中华书局 1962 年版，第 1137 页。

是形成不同饮食文化风格的物质基础。

二、中国饮食文化中的哲学思想

哲学是人们对人类生活经验反省与思考的活动。民以食为天，饮食作为人类生活经验中极重要的部分，这一经验同人们的精神和物质生活皆有着密不可分的联系，其中所包含的民族文化的因素自然非常丰富。可见，饮食这种文化，在实质上也体现着一个民族的哲学思维倾向。所以，对中国饮食进行哲学的反思可以相当程度地认识中国文化中极重要而又最富代表性的传统和特点。

中国传统文化得以滋生和发展的土壤是农业，农业生产要求人民居住相对稳定，生产过程不间断，这就使得中国古代农民养成了安土重迁的心理和质朴厚重的性格。这种心理和性格是中华民族宝贵的文化品格之一。由于这一社会存在的作用，使得中国传统文化在哲学观念上崇尚中庸，少走极端，主张调和，这亦贯穿于中国饮食文化之中。中国的烹饪方法，就十分注重整体效果，丰富而又和谐，多样而又统一，带有中国哲学浓郁的调和色彩和宽容性。例如，中国烹饪讲究调和鼎鼐，食物的原料可以是一种或多种，调料可以是一样或多样，但最终都是要调和出一种美好的口味。可见美味的获得，并不是孤立的产物，是多种因素的结合，很难进行定性定量的具体分析。这一切讲究的就是分寸和整体的配合，一切以菜的色、香、味、形的美好及配合和谐为度，度之内的千变万化就决定了中国饮食的丰富和善于变化。由此也反映出，在中国这种多姿多彩的饮食文化中，美的追求显然是首要的。

而西方人的饮食多从理性角度考虑，注重营养和卫生的合理搭配，对味道之美反而是不大讲究的。他们将各种调料都分得清清楚楚，很少讲究原料之间的各种配合，故而其饮食呈现出味道单一、营养价值一目了然、缺少艺术氛围的特点，这也反映出东西方两种截然不同饮食观念的质性差异。当然，随着现代科学文化的发展，东西方不同的饮食观念也正在互相渗透，互相取长补短，以完善各自民族的饮食文化。

我们应当承认，世界上每一民族哲学思维的发展，都含有辩证法的内容。但中国哲学的辩证思维更为早熟，且丰富而深刻，突出地就表现在“和”字上。“和”在饮食文化中，其含义是适中和平衡，且是在差异和多样的前提下实现的。

《左传》中齐侯和晏子的一段对话形象地说明了“和”的含义：“公曰：‘和与同异乎’？对曰：‘异。和如羹焉，水、火、醯、醢、盐、梅，以烹鱼肉，燀之以薪，宰夫和之，齐之以味，济其不及，以泄其过。君子食之，以平其心。君臣亦然。君所谓可而有否焉，臣献其否以成其可；君所谓否而有可焉，臣献其可以去其否，是以政平而不干，民无争心……若以水济水，谁能食之？若琴瑟之专壹，谁能听之？同之不可也如是。”①

晏子这番话，把深奥的哲学道理用人们日常的饮食生活浅显地表现出来了。烹饪要求“和”而不要求“同”，“同”是单一，单一必然会单调乏味。“和”是谐调，是把多样而丰富的物质加以增减配合，使其适中。这种对饮食味觉整体性的把握，也就表现了中国哲学的一大特点。值得一提的是，孔子在《论语·子路》中对“和”与“同”进行了区别，并以此提出“中庸”观念，他认为“过犹不及”，朱熹解释说：“过则失中，不及则未至。”② 中庸观念在中国文化史上产生了巨大而深远的影响。

中国饮食讲究五味调和，而这五味之说亦源于中国哲学中的五行学说。原始五行说把自然现象和人的活动归结为水、火、木、金、土五种物质元素，并把饮食归于土的范畴，因为饮食中的基本食物是谷类，系土地所生，故属土。同时，五行学说又认为这五种物质元素，虽在性质、作用、形体上互有差异，但它们绝非孤立存在，而是以一定方式相互联系。《尚书》说：“五行：一曰水，二曰火，三曰木，四曰金，五曰土。水曰润下，火曰炎上，木曰曲直，金曰从革，土爰稼穑。润下作咸，炎上作苦，曲直作酸，从革

---

① 《春秋左传正义》卷四九《昭公二十年》，（清）阮元校刻：《十三经注疏》，中华书局 1980 年版，第 2093~2094 页。

② （宋）朱熹：《四书集注·中庸章句》，中华书局 1983 年版，第 10 页。

作辛，稼穑作甘。”① 五行学说认为水、火、木、金、土在口味上的属性分别是咸、苦、酸、辛、甘，合称五味，五味受五行统辖。烹饪者要使五味调和，做到使多样的差异达到适中的平衡，就必须掌握好“调”的本领，以合乎“和”这一饮食的最高标准。所以，在五味中求和，就是在矛盾中求统一的朴素辩证法。

古人还讲究不同季节的饮食，偏重不同的味道，这也谓之“和”。《周礼·天官》说：“凡和，春多酸，夏多苦，秋多辛，冬多咸，调以滑甘。”古代以五行配五味，是以味在人体中起的作用成为求“和”的先决条件。如果剥开这神秘的五行外衣，可以看到古人已掌握了朴素的生理营养知识，因此，这种“和”就寓有饮食治疗的含义，并为后世药物医疗和营养调理的中医学治病理论的创立奠定了基础。

中国哲学中“和”的概念所包括的范围是十分广泛的，甚至饮食方式也在其中。中国宴席是一种和欢的活动，俗话说：“饮食所以和欢也。”中国人所以讲究和气一团，自然有津液交流、共享一席的关系。虽然从卫生的角度来看不太妥当，但它符合我们民族的心理，便于集体的情感交流，因而至今难以改革，这也反映了中国古代哲学中“和”这个范畴对民族思想的影响。饮食毕竟是民族心理的一种折射，在这个因素的主导下，卫生也就退居其次了。无论是中国古代朝堂祭祀的宴飨，还是农村百姓的“乡饮酒礼”，以及中国民间的喜庆节日，无不都是推行饮食和欢的活动，都以大宴宾朋来表示，其食物讲究花样繁多与和谐。可见，通过饮食来促进上下、左右之关系以及敦睦感情已成为中国协调人与人之间关系的重要手段，而目的却还是在于一个“和”字。

与中国的饮食方式不同，西方流行自助餐。之所以采用这种方式，卫生是一个原因，但更重要的还是出于社交的需要，这种方式便于人们之间的情感交流，体现了西方对个性的要求。因此，不同的饮食方式反映出了在不同文化的熏陶下所形成的不同

① 《尚书正义》卷十二《周书·洪范》，（清）阮元校刻：《十三经注疏》，中华书局1980年版，第188页。

的国民性格。

无论是东方还是西方，文化的发展最终都受制于哲学。中国哲学中“和”的概念对中国饮食文化的影响是既深且广的，它既是健康和生存的标准与需要，又是享受和陶冶性情的标准与需要，并始终和中国人民的饮食方式、精神世界、文化特征息息相通。①

“和”的思想还在一定程度上促成了中国饮食文化兼容并蓄的生成机制。在“和而不同”的思想指导下，中国饮食文化广泛地和有选择性地借鉴和摄取了域外饮食文化的精华，给自身注入了新的营养物质，使中国饮食文化给人们一种既古朴而又清新的感觉。

综上可见，中国饮食文化寓博大精深的哲学内涵于饮食活动之中，可谓为深厚隽永，而在西方文化中，是难以在饮食活动中把哲学体现得如此丰富、具体和深刻的。

三、饮食与中国文化的起源

人类脱离蒙昧，走向文明社会的起源在哪里？唯物史观认为：人类文明是从征服自然的劳动开始的，而人类最初的劳动就是谋取食物。随着生产力的发展和社会的不断进步，人类在谋取食物的劳动中，也在不断丰富自己认识自然的能力，从而创造出各门具体的科学文化，所以，饮食文化就成为人类文化知识中的一门综合性基础学科。

首先，人类交往的主要工具——文字的产生，就是源于饮食活动。《周易·系辞下》说：“上古结绳而治，后世圣人易之以书契。”② 结绳文字主要是记食物的数量，如五只羊就作五结，七头牛就作七结。不同绳索表示不同的食物，如用草绳表示谷物，用毛绳表示牲畜。经过若干世纪后，人们又发明了书契，“凡有秩酒

① 姚伟钧：《中国饮食的文化省思》，《华中师范大学学报》，1990年第6期。

② 《周易正义》卷八《系辞下》，（清）阮元校刻：《十三经注疏》，中华书局1980年版，第87页。

者，以书契授之。"① 迄今我们所发现的甲金文，多与饮食活动有关，这说明上古文字，主要是为人们的饮食生活服务的。随着农业生产和饮食活动的发展，人们之间的交往日益增多，为了突破语言在时间和空间的限制，以便传之久远，文字也就日趋规范化。

文字的出现，促进了数字的演进，这也是通过食物计量来实现的。甲骨文中的数字，从单数一到多数十、廿、卅、百、千等，都与食物计量有关，如甲骨文中常见的一牛、二鬯、三犬、十豕、十牢、百羊等数字，都是用来记载食物的，可见日常生活中数字的运用多在饮食方面，计数常常是同食物连在一起的。

中国古代化学的起源，也是从酒的制造以适应人们的饮食需要开始的。《淮南子·说林训》记载："清醠之美，始于耒耜。"考古资料也证明，早在新石器时代，谷物酿酒便在农业开始后不久就产生了。通过数千年实践，中国劳动人民以自己的辛勤劳动和智慧，不断提高酿酒水平和微生物利用技术，创制了形形色色的美酒佳酿，为中国酿造化学奠定了初步的基础。

中国医学的发生更与饮食难分难解。中国饮食的重要特点之一，就是不仅把食物作为充饥的物品，还把它作为治病防疾的药品，所以，中国医学与饮食一开始就结下了不解之缘。最早的医疗方法应是饮食疗法，即所谓医食同源。"医（醫）"《说文解字》释为："治病工也，从酉。"从字形上就可以看出古代酒与医的密切关系。古人把酒称为"百药之长"，许多病都用酒治疗。《周礼·天官》还记载，周代已有专门管理宫廷饮食的食医，并居于其他科目医师之首。食医主张对待疾病，要用饮食疗法，而"疾医"也认为应以"五味、五谷、五药养其病"。② 战国时期出现的我国第一部医学理论专著《黄帝内经》中，对用食物治疗疾病有较多的记载，指出饮食要有节制，才不至于损害胃肠。对于维护人

---

①《周礼注疏》卷五《天官·酒正》，（清）阮元校刻：《十三经注疏》，中华书局1980年版，第670页。

②《周礼注疏》卷五《天官·疾医》，（清）阮元校刻：《十三经注疏》，中华书局1980年版，第667页。

体健康，主张应食用五谷粮食、各种蔬菜、动物肉类等，这说明先秦时期的人们已经认识到各种食物（包括动植物来源的食物）要互相搭配食用，而不要偏食，这样才能保证身体健康。战国时期的名医扁鹊也主要是用食医结合的方法来为人治病的，他认为："夫为医者，当须先洞晓病源，知其所犯，以食治之，食疗不愈，然后命药。"① 这些理论与实践后来发展为中医治病的基本原理。

陶器的产生也是应饮食的需要而制作的。相传"神农耕而陶"②。我们现在考古所发掘的远古陶器，都是土陶制作的饮食器具和粮食加工器具，因为粮食加工和炊煮都离不开陶器。到了新石器时代晚期，手工业和农业进一步分离，制陶技术也随之提高，陶器品种有了增加，实用性也增强了。人们饮食生活中常用的陶器，如鼎、鬲、簋、甗、甑、盉、釜、豆、盆等，大多已经出现。可以想见，这一时期的烹饪水平也必定有所提高，因为炊食器具的多样化与菜肴的多样化是分不开的，正如谯周《古史考》中所云："黄帝时有釜甑，故饮食之道始备。"可见，陶器虽然源于饮食，但也推进了饮食文化的发展。

任何理论的产生都必须有丰富的实践作为基础，美学的产生也是如此。中国美学的产生也与饮食有着密切的联系，这是因为历史上人们最初产生美的概念就是嘉味。"美"《说文解字》释为："甘也，从羊、从大，羊在六畜主给膳也。"羊肉是古人主要的食用肉，肉质可口，是美味的象征，这说明古人认识美是从其内在价值上去认识的。《吕氏春秋・本味》中提到美的东西，都是指优质食物，如"饭之美者""肉之美者""菜之美者""果之美者"等，可见美的本义，是指饮食中的色味鲜美。美的东西不仅给人以生理上的舒适，甚至关系到人的身体健康。中国饮食之所以成为一种举世称誉的文化艺术，就是因为它在色、香、味、形上能够给人以美

① （唐）孙思邈：《千金要方》卷二六《食治》，人民卫生出版社 2014 年版，第 894 页。

② （宋）李昉等编：《太平御览》引《周书》佚文，中华书局 2011 年版，第 2125 页。

的享受。中国饮食中的文化意义远远超出了生物性的“吃”本身，其自身已经潜在地蕴含了大量的审美文化因素，这就使得中国古代美学思想不仅可以直接从饮食中产生，而且也是建立在这种生活基础之上的。

与此关联的是，中国的文学作品更是以饮食作为创作的源泉，毛泽东同志曾经说过：“一切种类的文学艺术的源泉究竟是从何而来呢？作为观念形态的文艺作品，都是一定的社会生活在人类头脑中的反映的产物。”① 饮食为中国文学创作提供了丰富的素材，中国文学反过来又促进了饮食的发展。中国历代文学作品都有以饮食为题材的，一些名篇中所记载的肴馔，现已成为研究中国饮食史的宝贵资料。

饮食生活不仅是作家创作的源泉，而且，中国传统饮食中的酒，还是我国源远流长的文学艺术发展的酵酶。从先秦流传下来的我国最早的文学著作《诗经》，其中有40多篇提到酒或直接描写酒。再从《楚辞》到《金瓶梅》《红楼梦》等的历代文学著作中，有关酒与食的描写比比皆是。自古风流名士无不好酒，诗人学士嗜酒者更多，李白被誉为“醉圣”，与贺知章、李琎、李适之、崔宗之、苏晋、张旭、焦遂并称“酒中八仙”，白居易自封“醉尹”，皮日休名为“醉士”，王绩则叫“斗酒学士”，他们的不少佳作都是在酒后创作的。还有一些书法家和画家，如王羲之、怀素、傅山等人，他们的佳作也多是在酒后一挥而就的。

中国音乐、舞蹈也是伴随着人们的饮食活动而出现的。先秦时期，当人们获得了丰收，以及猎取了美味以后，常常设庆功喜宴，杀牛宰羊，并载歌载舞，以祈求天地、祖先等神祇保佑他们，希望风调雨顺，五谷丰稔，牲畜兴旺，免除灾难，并由此形成了诗歌。早期诗歌一般都配有乐器及舞蹈，多数都是反映劳动人民饮食生活状况的。此后，不仅宫廷宴集必须行礼举乐，而且酒肆茶楼也有艺人卖唱，直到在现代饭店中，也讲究进餐时用音乐来放松人们的情

---

① 毛泽东：《在延安文艺座谈会上的讲话》，《毛泽东选集》第3卷，人民出版社1965年版，第140页。

绪，增进食欲。

人类的宗教活动亦是从饮食活动中发展起来的。早期的宗教仪式主要是祭祀，祭祀总是同人类的某种祈求心理分不开的，而这种祈求又是通过奉献饮食的形式反映出来的。《诗经·小雅·楚茨》云："苾芬孝祀，神嗜饮食，卜尔百福，如几如式。"这几句诗用现代诗韵翻译出来就是："肴馔芳香先祖享，丰美饮食神灵尝。赐你百福作报应，祭祀及时又标准。"总之，中国古代的祭祀活动，都离不开饮食，无论是大祭或薄祭，都是以最好的食物侍之。

《礼记》认为，中国的礼仪风俗也是从饮食活动中发轫的。《礼记·礼运》说："夫礼之初，始诸饮食。其燔黍捭豚，汙尊而抔饮，蒉桴而土鼓，犹若可以致其敬于鬼神。"王国维在《观堂集林·释礼》中进一步发挥了这一观点，他认为"禮"和"醴"本为一字，同为"豊"①，古人讲究礼节敬献仪式，敬献用的珍贵食品便为酒醴，后来才进而把所有尊敬人和神的仪式，一概称之为礼，又推而广之，把生活中所有的传统习惯和需要遵守的规范都称之为礼。可见，原始的礼俗，是从人们饮食的行为习惯开始的。②随着社会的发展，礼俗所规范的内容更加广泛，但是，人们仍主要通过饮食活动来履行礼仪，区别上下。这样，饮食也就成为礼最外在的表现形式。文字学家王力先生曾指出："圣人制礼作乐，关于吃这一层总算是想得尽善尽美了。然而咱们的先哲犹嫌未足，以为食而不让则近于禽兽，提倡食中有让……于是劝菜这件事也就成为'乡饮酒礼'中的一个重要项目了。"③ 饮食不仅可以陶冶身心，敦睦感情，提高人们的生活格调，而且可以培养人们"尊让契敬"④ 的精神，树立纲纪伦常。

---

① 王国维：《观堂集林》第一册，中华书局 1959 年版，第 290 页。

② 参见姚伟钧：《乡饮酒礼探微》，《中国史研究》1999 年第 1 期。

③ 王力：《龙虫并雕斋琐语·劝菜》，中华书局 2015 年版，第 157 页。

④ 《礼记正义·乡饮酒义》卷六一，（清）阮元校刻：《十三经注疏》，中华书局 1980 年版，第 1682 页。

以上旨在说明，中国饮食文化与中国传统文化的起源有着千丝万缕的联系，离却饮食文化来谈论中国传统文化，是得不到中国传统文化真谛的。

四、中国饮食文化对人类的贡献

人类离开饮食就不能生存，所以，饮食是国计民生中第一件大事。因而对食物烹饪的重视和考究，以及人们对于饮食的观念，则体现了一个国家的文化素养，也是一个国家的物质文明和精神文明的象征。技艺高超的中国烹饪，是中华民族历史文明的产物，也是中国人民对世界文化的一个杰出贡献。

早在先秦时期，中国各民族就以华夏族为中心开展了饮食文化的交流，华夏族的谷物，常常供给北方游牧民族，而燕国的鱼盐枣粟，素为东北少数民族所向往。

到了汉代，张骞出使西域，促进了内地与西域之间的饮食文化交流。西域的苜蓿、葡萄、石榴、葱、蒜、胡萝卜，以及葡萄酒等，先后传入内地，大大丰富了内地民族的饮食生活。另一方面，内地民族精美的肴馔和烹饪技艺，又为西域人民所喜食和引进。各民族在相互交流的过程中，都在择善而从，不断完善自己，共同创造出中华民族的饮食文化。

从世界范围来看，受中国饮食文化影响较大的莫过于日本。① 早在公元4世纪，就有一些中国人经过朝鲜移居日本，其中就有不少烹调厨师和制作食具的工匠。至唐代，鉴真大师又把中国的佛学、医学、酿造、烹饪等文化艺术带到日本。与此同时，大批日本学问僧也来到中国，随着他们的归国，唐代宫廷与民间美味也传至日本。中国先进的饮食文化对日本宫廷与民间的饮食生活产生了广泛的影响，例如，日本宫廷的饮食制度就改效唐制，不少宫廷宴会也改用中国的烹饪方法，并时常派人来华学习和研究中国烹调。

---

① ［日］中山时子主编：《中国饮食文化》，中国社会科学出版社1992年版，第238页。

唐代以后，中国的许多菜点就在日本流行开来，如中国的环饼（即馓子），是一种用面经油炸做成的类似麻花的食品，远在战国时即已有之，秦汉以后，环饼成为中国人在寒食节的必食之品。环饼传至日本后，被称为“万加利”，并成为日本贺藏神供品。再如粽子，它是中国端午节的节日食品，在中国有悠久的历史，传到日本后，日本人称之为“茅卷”。现在日本特色的粽子，如御所粽、道喜粽、葛粽、饴粽等等，都是在中式粽子的基础上发展起来的。据日本学者木宫泰彦所著的《日中文化交流史》记载：明清时期，中国饮食传到日本的有“胡麻豆腐、隐元豆腐、唐豆腐、馒头等多种中国风味的食品，并且按照中国方式，主客围桌共同饮食，这对日本的烹调法和会餐方式都起了一些影响”。

在中国菜点传入日本的同时，中国的饮食节令风俗也在日本时兴起来，例如正月元旦的屠苏酒、正月七日的七种菜、五月五日的菖蒲酒、九月九日的菊花酒等，在日本都十分流行。日本学者森克已在《日宋文化交流诸问题》中指出：“大陆（指中国）和我国（指日本）之间，从原始时代起，就在进行文化交流。先进的大陆文化不断地流入我国。与此同时，日本把这些大陆文化在不知不觉中汲取，日本化。”木宫泰彦也认为：“日本中古之制度，人皆以为多系日本首创，然一检唐史，则知多模仿唐制也。”“中国乃东洋文化之母国……倭人来自中国，目睹其情形，必赍往若干新知识，而对中国文化作极热烈之钦慕。”①

中国和非洲也有近千年的交往，近年来在索马里等东非国家出土了唐、宋、明三个朝代的瓷器和钱币。另外，今日非洲的烤全驼和唐代宫廷菜肴浑羊殁忽在形状和烹制方法上有惊人的相似之处，据《食珍录》记载：此菜“最为珍食。置鹅于羊中，内实粳、肉、五味，全熟之。”而烤全驼的做法也是将鸡蛋塞入鱼肚中，然后把鱼放进鸡内，再把鸡放在烤羊的肚里，最后把烤羊放入一头骆驼的肚子里烤制而成。我国的烹饪研究专家认为，这可能是中国和非洲

---

① ［日］木宫泰彦：《中日交通史》（上），商务印书馆 1932 年版，第 20 页。

历史交往在饮食文化上的一个见证。①

随着丝绸之路的开通，中国同中亚、西亚以至欧州的经济交往日趋密切，通过这条道路，中国饮食文化源源不断地被介绍到西方。据《宋会要》记载，公元1070年，大食国（今伊朗）“遣使来员，赐器服、饮食”。这种互相往来的例子，在史书中是很多的。至今在希腊—地中海文化圈内，中式饮食还占有一席之地。

中国传统文化在长达数千年里一直居于世界前列地位，它所树立的一座座丰碑，至今仍然令人景仰。然而，十五六世纪以来，随着世界形势的变化，中国文化的这种领先地位逐渐丧失，惟有中国饮食文化却在不断走向世界。

伟大的革命家孙中山先生在《建国方略》中指出：“我中国近代文明进化，事事皆落人之后，惟饮食一道之进步，至今尚为文明各国所不及。中国所发明之食物，固大盛于欧美；而中国烹调法之精良，又非欧美所可并驾……昔日中西未通市以前，西人只知烹调一道，法国为世界之冠。及一尝中国之味，莫不以中国为冠矣。”②自清代末期以后，中国一直遭受西方列强的欺侮，尽管那时中国饮食文化已领先于世界各国，但西方各国并不承认，他们认为法国才是世界的烹饪王国。自孙中山的《建国方略》问世后，中国烹调技术在世界上的地位有了很大的提高，世人认识到中国才是当之无愧的烹饪王国。时隔半个多世纪以后，毛泽东同志也曾充满民族自信心地说：“我相信，一个中药，一个中国菜，这将是中国对世界的两大贡献。”③ 凡是吃过中式菜肴的外国人士，总是会赞不绝口，从而激起对中国文化的崇敬。许多外国人认为，在食物的烹调技术方面，中国的成就是任何一个国家都比不上的。菲律宾《东方日报》1977年11月21日，曾以《中国菜征服了巴黎》为题写道：

---

① 王仁兴：《中国饮食谈古》，中国轻工业出版社1985年版，第106页。

② 孙中山：《建国方略·心理建设》，生活·读书·新知三联书店2015年版，第10~11页。

③ 王守柱、李保华：《毛泽东的魅力》，中央文献出版社2003年版，第206页。

“在巴黎，用中国菜招徕顾客的餐厅，最保守的估计有一千多家，每家都生意兴隆，有一定的主顾，每逢星期假日，还有大摆长龙的镜头。让法国人排队等饭吃，只有中国菜才有这种魅力……中国菜能够在巴黎大行其道，使一向注重美食的法国人光顾，绝不是一阵热潮，而是一般法国人在吃了血淋淋的法国牛排与沾满了芥末的蜗牛之后，再吃这香味俱全的中国菜，发觉在‘吃’的文化上，确实不如具有五千年历史文化的中国。”

现在世界各国基本上都有中国餐馆，《经济参考》1990 年 12 月 8 日报道：“随着华人的足迹走遍世界，中华饮食文化的热风也吹遍了全球每一个角落。报统计，居住在世界各国的华侨、华人约有 3000 万，约有 16 万家中餐馆。其中英国 4000 多家，法国 3000 多家，澳大利亚 6000 多家，德国和比利时各 1000 多家，意大利 500 多家，瑞典 500 多家，美国多达 16000 多家，占全世界中餐馆的 10%。”从某种程度上来说，中国饮食文化的外传也促进了中国文化的输出，外国人士对中国文化的一些感性认识，许多都是从中国饮食开始的。

美国一家杂志曾以“哪个国家的菜最好吃”的问题做过一次调查，结果显示，大多数人认为中国菜最好吃。所以，在美国有这样一句幽默的话：“美国人的钱控制在犹太人手里，而犹太人的胃口则掌握在华人手里。”这充分说明中国饮食文化是深受世界各国人民欢迎的。

中国饮食文化所以能够称誉全球，有其深刻的历史原因。早在先秦时，我们的祖先因为在性问题上保守的传统，转而将人生的倾泄导向于饮食。与此相反，西方在性问题上相对开放，而在饮食上却比较机械保守。正是这个原因，不仅造就了中国饮食文化的高度发展，而且赋予饮食以丰富的社会意义。同时，中华民族是一个具有无限创造精神的民族，中国源远流长的烹调技艺，熔铸了中国人民的聪明才智。中国饮食不但讲求科学性，还注重艺术性；不但给人以味美的享受，还可以丰富人们的文化知识。所以中国饮食文化已成为我国物质文明和精神文明的象征，是中国民族文化的一份厚重遗产。正如孙中山先生所言：“烹调之术本于文明而生，非深孕乎文明之种族，则辨味不精；辨味不精，则烹调之术不妙。中国烹调之妙，亦是表明文明进化之深也。”① 这说明一个国家的饮食文化如何，足以表现一个国家或民族的文化素养。

中华民族在以往数千年的历史中贡献过影响全人类的饮食文化，这种文化又从未有过中断，并在不断丰富和发展。我们可以相信，由于对民族文化的日趋重视，中国饮食文化乃至整个中国文化的更为繁荣和辉煌，指日可待。

---

① 孙中山：《建国方略·心理建设》，生活·读书·新知三联书店 2015 年版，第 11 页。

第一章

五谷与中国主食的起源

2000多年前，《左传》中就指出："我诸戎饮食衣服，不与华同。"① 这说明华夏族在饮食上是有别于其他民族的，而这种区别主要在于华夏族人民是以谷类作为主食的。

中国是世界上较大的谷物栽培起源中心之一。自古以来，中国先民驯化培育了品种繁多的谷类作物。因此，早在先秦时期，中华先民的饮食就开始以谷类粮食作为主食。

考察中国古代的谷物品种，是研究中国古代人民饮食的一个重要方面。然而，在古代文献中，提到中国早期的谷类作物，往往只写名称，对于它的形状性质则过于简略，这就导致后人对于中国早期的食物种类颇有争辩。历代学者虽然对这一问题进行了考证，也澄清了一些问题，但在主要粮食品种等名物上还是人言言殊，这同以往的研究方法比较注重于依据文字，而未运用考古学和自然科学方面的知识及方法有关。因此，要弄清中国先民的主食品种，只有

① 《春秋左传正义》卷三二《襄公十四年》，（清）阮元校刻：《十三经注疏》，中华书局1980年版，第667页。

引进自然科学研究的成果，并结合古代文献资料来研究中国早期谷物的起源、传播及变异，其结论往往可以超越古代文献的限度，补充训诂考证之不足，使我们对中国传统主食系统，有一个比较科学的认识。

第一节　中国农业的起源与主要谷物品种

英国著名人类学家贝尔纳在《历史上的科学》中指出："约在八千年前，开始了食物生产革命，而这场革命改变了人类生存的整个物质状况和社会状况。这个革命虽不完全是，但主要是前章末尾所讲的打猎经济危机的结果。此时人们所必须面对的一些困难，导致人们尽力去寻觅新种类食物，或甚至已遭鄙弃的旧种类食物，例如野草的根和种子等。这种追求导致了农业技术的发明，而农业技术的发明正是与火的使用和原动力的使用并称为人类历史中三个最重大的发明。"① 当时中国正是贝尔纳所说的这场"食物生产革命"的起源地。

考古材料证明，中国是世界上生发农业文明最早的地区，时间上可以追溯到距今九千年前左右，即远在新石器时代的初期，中国就已经有了一定发展程度的农业。原始农业的出现，粮食作物的品种及最初的种植时期，在世界不同地区之所以有所差异，是与地理环境的特性有关。特别是在远古时期，由于受到不同自然条件的强烈影响，加之生产力水平低下，各地区的谷物品种就有一定区别。就中国各地谷物品种而言，大概有五六种之多。最早见于文献中的"五谷"之说是《论语》里的一则故事：有一次，孔子带着弟子出门，子路掉队落在后面，碰到一个老头，用拐杖挑着除草用的工具，子路便上前问他看见孔子没有，这位老人却讥讽子路为"四体不勤，五谷不分"② 的人，这说明在春秋时就已有五谷的说法。

---

① ［英］贝尔纳：《历史上的科学》，科学出版社 1981 年版，第 50 页。

② 《论语注疏·微子第十八》，（清）阮元校刻：《十三经注疏》，中华书局 1980 年版，第 2529 页。

其后，《孟子·告子篇》也有“五谷者，种之美者也”的记载。

在“五谷”说出现以前，还有“百谷”之说，《诗经·豳风·七月》中有“其始播百谷”之说。《诗经·小雅·大田》和《诗经·周颂·噫嘻》都有“播厥百谷”的记载。《诗经·小雅·信南山》中还有：“生我百谷。”从百谷到五谷，是不是粮食作物的种类减少了呢？不是的，据晋代杨泉《物理论》中的解释，百谷是包括除谷物之外，还有蔬菜、果品等多种农作物。另外，先秦时的人们习惯把相同作物的不同品种都起上一个专名，这样列举起来就多了。而且，这里的百谷也并非实指，乃言其多。张舜徽先生指出：“古人举数以名谷，时愈早所赅愈广。良以太古始事耕稼，未知谷类孰为美恶，故必广种遍播以验其高下。经历多时，别择乃精，所留之种由多而少，自百谷而九谷，而六谷，最后定为五谷。”① 这说明从百谷到五谷这些数字的迭减，农家世代相承，也就约定俗成了。所以，“五谷”这一名词的出现，标志着人们对谷类作物品种的优劣已经有了比较清楚的认识，同时也反映了当时的主要粮食作物有五种之多。

五谷究竟是指哪五种谷物，先秦的文献一般都没有作出确切的说明，倒是后世的经学家对此作了不同的解释。东汉的郑玄在注《周礼·天官·疾医》时认为五谷为：“麻、黍、稷、麦、豆。”持这种看法的还有卢辩、杨倞、颜师古等古代学者。② 然而，郑玄在注《周礼·夏官·职方氏》时，又认为五谷为黍、稷、麦、菽、稻，持这种看法的还有赵岐和高诱等人。③ 这两种不同意见，分歧

---

① 张舜徽：《说文解字约注》，华中师范大学出版社 2009 年版，第 504 页。

② 《大戴礼记·天圆》：“成五谷之名。”卢辩注：“五谷，黍、稷、麻、麦、菽也。”《荀子·儒效篇》：“序五种，君子不如农人。”杨倞注：“五种，黍、稷、豆、麦、麻。”《汉书·食货志》：“种谷必杂五种。”颜师古注：“五种即五谷，谓黍、稷、麻、麦、豆也。”

③ 《孟子·滕文公上》：“后稷教民稼穑，树艺五谷。”赵岐注：“五谷谓稻、黍、稷、麦、菽也。”《淮南子·修务训》：“神农乃始教民播种五谷。”高诱注：“菽、麦、黍、稷、稻也。”

在于稻与麻上。但是，在中国古代社会中稻的产量和作用，就全中国范围而言，较其他任何粮食都要丰富而广泛，所以后一种看法也是有其道理的。

形成以上这种分歧的原因，明代宋应星在《天工开物》中就已指出：五谷中不举稻，是因为古书作者多半起自西北的缘故。众所周知，农业生产具有鲜明的地域性，经学家们由于所在的地域不同，接触到的谷物有别，所以在解释五谷时，分歧就出现了。当时的经济文化中心在黄河流域，这一带主要种植黍、稷、麦、豆等，而稻的种植主要在长江流域，在黄河流域的栽培很有限。再加上后人在解释前代事物时，多少有些猜测成分，例如郑玄在解释五谷时，就持有两种看法。因此，我们不应拘泥于五谷之说，应该把五谷看成中国古代主要粮食作物的代名词；用之于一个地区，即指一个地区的主要粮食作物；用之于全国，则指全国范围内的主要粮食作物。把以上两种说法综合起来，我们可以认为，中国古代人民的主食主要有黍、稷、麦、豆、稻这五种。①

第二节 黍 与 稷

黍、稷的名实问题，千百年来，中国的文献学家和农史学家一直为此争辩不休，至今仍有分歧。争辩的中心，就是黍和稷是同一种作物还是两种不同的作物。他们各自旁征博引，澄清了一些问题，取得了一定的成绩。例如齐思和先生所写的《毛诗谷名考》，对《诗经》中所记的十多种谷名进行了考证，但他的重点在于黍、稷。他驳斥了清代学者程瑶田《九谷考》中的“稷为高粱”的说法。据齐思和之考证，稷作为谷名，自汉代以后就已经不再采用，所以，什么是稷，就成了经学史上的一大问题。程瑶田的《九谷考》训诂通经，极尽钩稽征引之能事，并且其还亲自到北方各地去询问老农。所以他这部书出来之后，清代小学大师段玉裁、王念

① 姚伟钧：《先秦谷物品种考辨》，《华中师范大学学报》1989 年第 6 期。

孙、郝懿行、朱骏声，经学家陈奂、马瑞辰、刘宝楠、孙诒让等人都尊信其说，推崇备至，据为定论。一代大师们既然如此，后人震于其名，哪敢别出新解？即使偶有贡献疑义，也不为人所注意，以至现今的一些书中仍依据其说，这也是当今黍、稷名实问题复杂化的原因之一。齐思和认为把稷看成高粱，有十条理由可证其错误，即稷是粟乃秦汉以来相沿的古说；先秦时期没有高粱；小米自古以来就是华北的主要粮食，不可以高粱冒稷等，这一结论已为今日的考古界所证明。

但是，当前除高粱为稷的说法已被推翻之外，黍与稷、粟之别的争辩仍未止息，所以有必要对黍、稷的起源及在中国先民生活中的地位作一全面的考察。

一、黍、稷是两种不同的谷物

在中国古代早期社会中，黍、稷都是人们饮食生活中的主要谷食。在殷墟出土的甲骨文字中，其中就有黍、稷以及其他作物的名字。在目前已释读出的甲骨文字中，黍字出现的次数最多，共100多处，其次是稷字，也有40多处，但是在出土的文化遗址中又以稷为最常见。

在古代文献中，“黍”与“稷”又常常连举，如《诗经》中“黍”“稷”共出现了37次，两者并举的有8篇，对举有2篇。如《诗经·小雅·楚茨》：“自昔何为？我艺黍稷。”《诗经·唐风·鸨羽》：“王事靡盬，不能艺稷黍。”但是，在先秦文献中，对于这两种谷食，都没有提到它们的形态特征，以致后来人们在解释这两种谷食时，就出现了众说纷纭的局面。因此，我们应该首先在形态上将这两者进行区别。

清代学者陆陇其在《黍稷辨》一文中说：“二物大时相类，愚尝合而观之，黍贵而稷贱，黍早而稷晚，黍大而稷小，黍穗散而稷穗聚，其辨甚明。”① 根据这段文字，再对照一些文献所绘的图样，可以把它列表比较如下：

---

① （清）陆陇其：《三鱼堂文集》卷二《黍稷辨》，清光绪间刻本。

	黍 *Panicum miliaceum*	稷 *setaria italica*
甲骨文		
作物形态		

从形态上我们不难看出“黍大而稷小，黍穗散而稷穗聚”。文字学家于省吾先生认为，从商代的甲骨文字来看，“黍与稷判然有别……学者一向辨别不严，所以黍稷相混。”① 从名称上来说，黍、稷在唐代以前的区别也是十分清楚的，唐代苏恭在注《唐本草》时，将稷与穄混为一谈，使黍、稷之别复杂化。明人徐光启曰：“古所谓黍，今亦称黍，或称黄米。由此可知，古人将黍又称之为黄米，穄则黍之别种也。今人以音近，误称为稷。”② 由此可知，古人将黍又称之为黄米，而将稷称之为小米，又名禾、谷、粟等。

二、黍的起源、地位及食法

目前，世界考古学界对于黍的起源问题，没有统一的意见，综合起来，主要有三种观点：一是印度起源说，这种观点以世界著名博物学家林奈为代表；二是中国起源说，这种观点以美籍华裔历史学家何炳棣和中国学者李璠为代表；三是中亚及东地中海沿岸起源说。现在考古学界在研究黍的起源问题时，比较多地采用第三种观点。然而黍即便是从外国传入中国，其时间也应在新石器时代。

在殷商时，好酒之徒非常多，而酿酒的主要原料是黍。《说文解字》说：“酉，就也。八月黍成，可为酎酒。”黍具有粘性，酿出的酒香味浓郁，很受人欢迎。因此，在稻的种植尚不普遍的情况

① 于省吾：《商代的谷类作物》，《东北人民大学学报》1957 年第 1 期。

② （明）徐光启：《农政全书》卷二五《谷部上》，岳麓书社 2002 年版，第 382 页。

下，黍就成了酿酒的主要原料。为了能够给酿酒提供充足的原料，商代曾广泛地种植黍。黍的生长期短，且又适宜各种恶劣的种植环境，《孟子·告子下》就记载有："夫貉，五谷不生，惟黍生之。"中国先秦时期的农业生产，是在受自然条件的严重束缚下进行的。人们为了更快地从大自然获取食粮，自然会选种一些耐旱耐寒、生长期较短的作物，而黍正符合这些要求。于是，在旱灾、严寒经常袭击以及技术条件较差的地区，黍就成了人们喜爱的谷物，并在当时谷物生产之中，居于主导地位。其不仅可以做饭、包粽，还可用于酿酒等。

齐思和先生认为，在中国古代早期社会中，"最普遍的饭是黍饭、稷饭。二者之中，黍比稷好吃，但是黍子每亩的收获量远较稷为低，所以比稷价格贵。"① 钱穆先生也认为："黍为美品，然而亦仅是较美于稷耳，待其后农业日进，嘉种嗣兴，稻、粱、麦诸品并盛，其为食皆美于黍，而后黍之为食遂亦不见为美品，然其事当在孔子前后，以及春秋之中晚期，若论春秋初年以前则中国古代农业固只以黍稷为主，实并无五谷并茂之事也。"② 可见，黍为美食的好景并不长，大致从春秋中期以后，由于农业技术的提高，其它粮食作物，特别是稻、麦的日益扩展，致使粮食生产结构有所变化。其显著特征是：稻麦地位逐渐上升；黍的地位则迅速下降，由主角转变为配角，成了救荒作物。

三、稷的起源、地位及食法

考古学界一致认为中国是稷的发源地，稷是中国最古老的谷食。它是我国黄河流域从新石器时代起独立驯化的主要农作物，在黄河流域新石器时代的遗址中，如甘肃临洮、玉门、永清，青海乐都，山西万荣、夏县，陕西西安半坡、宝鸡、华县，河北武安磁山，河南陕县、郑州及山东胶县等地，都可以见到稷，其中以河北武安磁山为最早，距今已有7000多年。以往国外有人认

---

① 齐思和：《毛诗谷名考》，《农业考古》2001年第1期。

② 钱穆：《中国古代北方农作物考》，《新亚学报》第1卷第2期。

为，稷起源于埃及或印度，然后传入中国，但从考古材料上看，在中国以外的地方，稷的种植大大晚于中国的黄河流域，这是很明显的事实。

达尔文在《物种起源》中说："我们不能设想，一切品种会一下子产生出来，就像今天我们所看到的那样完善和有用。"稷的演化过程也是如此：稷是由狗尾草直接驯化而来的。狗尾草又名为莠，《国语》云："马饩不过稂莠。"① 韦昭注曰："莠，草，似稷而无实也。"《孟子·尽心下》曰："恶莠，恐其乱苗也。""苗"即稷苗也。这说明稷与莠很相似，据遗传学家研究，莠与稷的染色体均为 2n=18，证明它们之间的亲缘关系是很近的，且很容易杂交，杂交后可获得近似双亲的结实杂交种。

稷、粟又是否为一物呢？要解决这一问题，还必须从正名开始。

甲骨文中粟和稷没有分别，都是指同一种谷物。粟、稷混称始于西周，周人把后稷看作自己的始祖，后稷初名弃。而稷最初是作为谷神供以祭祀或主管农业的官名，《左传·昭公二十九年》云："稷，田正也。有烈山之子曰柱为稷，自夏以上祀之。周弃亦为稷，自商以来祀之。"可见，周弃在此时必定对农业生产作出了较大的贡献。根据古代文献记载，这种贡献主要是周弃改良了粟的品种，提高了粟的产量。《诗经·大雅·生民》记载有："诞后稷之穑，有相之道。茀厥丰草，种之黄茂。实方实苞，实种实褎，实发实秀，实坚实好，实颖实栗。"毛传曰："黄茂，嘉谷也。"《说文解字》也说："天赐后稷之嘉谷也。"周人为了纪念周弃对粮食生产的贡献，就把他作为谷神祀之，并把粟这种经过周弃改良过的谷物改称为稷，这就产生了一种谷物的两种不同称谓。

粟，又名谷子，去了皮又称之为小米。张舜徽先生在《说文解字约注》中指出："粟与谷虽为五谷之通称，然民间习以所常食者被之是名。南人食稻，故称稻为谷子；北人食稷，故称稷为谷

① 徐元诰撰：《国语集解》，中华书局 2002 年版，第 173 页。

子，其理一耳。湖湘间称小米为粟，盖亦古之遗语也。”① 可见，稷、粟、谷尽管名称不一，但都指一物。在河南洛阳金谷园车站11号汉墓出土的陶器中，有二件陶器上分别写有“粟”“黍米”，这也证明粟即稷，粟为小米，黍、稷不是一物，汉代人并未误识。

粟在中国古代原始农业中，一直居于首要地位。从殷商到秦汉时期，黄河流域种粟面积和产量已经相当可观。春秋时期，统治者对粟的种植十分重视，把粟的受灾减产，都作为大事在《春秋》经中记载下来。《孟子》也说：“圣人治天下，使有菽粟如水火。菽粟如水火，而民焉有不仁者乎？”② 以后历代都很重视粟的生产，秦代把主管农业的官员叫“治粟内史”，西汉叫“搜粟都尉”。近代在河南洛阳出土的隋唐遗存“含嘉仓”中，就有各种各样的农作物种子，其中最多的是粟谷，盛谷粒的陶罐上还象征性地写上“万石”字样，表示祈求粟谷丰收的愿望。

粟从殷周时起，就被列为五谷之长，是人们的主要谷食。它的主导地位，一直维持到汉代，即南方水稻生产高速度上升之际。是时，粟在全国粮食生产中的地位，开始有所下降，然而在黄河流域，它仍不失为主粮之一，至唐宋时不少诗人还在为粟讴歌赋诗。如唐代李白就留有“虽有数斗玉，不如一盘粟”的诗句。唐李绅诗：“春种一粒粟，秋收万颗籽。四海无闲田，农夫犹饿死。”更是对当时贫富生活悬殊的鲜明写照。

粟主要用于做饭，但不如黍饭好吃。《诗经·周颂·良耜》郑玄笺曰：“丰年之时，虽贱者犹食稷。”孔颖达疏云：“贱者当食稷耳。”可见，稷主要为贫贱者的口粮。《宋书·宗悫传》亦云：“乡人庚业，家甚富……而悫至，设以菜菹粟饭。”粟是粗粮，故与“菜菹”并称。

---

① 张舜徽：《说文解字约注》，华中师范大学出版社2009年版，第1687页。

② 《孟子注疏》卷十三下《尽心上》，（清）阮元校刻：《十三经注疏》，中华书局1980年版，第2768页。

第三节 稻

河流是人类物质文化生存与发展的天然摇篮。如果说黄河流域孕育了中国最早的黍、稷，那么长江流域则培植了中国最早的稻谷。

一、仙人洞与玉蟾岩——最早的稻谷遗迹

中国长江中下游地区气候温暖湿润，雨量充沛，河流密布，土壤肥沃，是发展水稻的理想之地。早在10000年前，这里就产生了以稻的种植作为特点的原始农业。按照年代排列，在江西万年仙人洞和湖南道县玉蟾岩发现的稻谷遗迹是迄今为止最早的。

1995年9月中旬至11月中旬，由北京大学考古学系、江西省考古研究所和美国安德沃考古基金会组成的联合考古队，对江西万年仙人洞和吊桶环遗址进行了发掘。在这些考古学者中，马尼士博士是享誉世界的考古专家，是美国科学院院士，曾任美国总统科学顾问，他一生近60年时间都用在考古工作上。他曾在墨西哥进行农业考古发掘，发现了玉米进化过程中的一系列标本，将人类栽培玉米的历史推至距今10000年前，并受到墨西哥政府的嘉奖。

20世纪90年代中期，他又把稻谷寻根的目标定在中国。他与北京大学考古系的学者来到江西万年县大源镇仙人洞遗址作考古发掘，经过艰辛的努力，终于获得了令人振奋的结果：在距今约12000年的人类文化层中发现了野生稻和栽培稻并存的水稻植硅石标本，其中栽培稻还保留野生稻、籼稻和粳稻的综合特征，这应是人类最早干预的栽培稻。这些珍贵的标本，证明人类在距今10000年前已开始种植水稻，原始稻作农业已经形成。在仙人洞文化堆积层中还出土了点播谷物的重石器、收割谷穗用的蚌镰、加工研磨谷物的石磨盘和石磨棒，这些农具都是当时稻作农业的佐证。

《中国文物报》1996年1月28日在头版头条以《江西仙人洞和吊桶环发掘获重要进展》为题进行了报道，标题下的导语为："发现从旧石器时代末期至新石器时代过渡的地层及中国已知最早

的陶片遗存之一，对探讨华南旧石器时代末期至新石器时代早期的考古学编年和稻作起源等有重大价值。”报道说：“两处遗址的上层距今0.9~1.4万年左右，无疑属于新石器时代早期，下层距今1.5~2万年，结合出土遗物观察，应属旧石器时代末期或中石器时代，这是在中国发现的从旧石器时代过渡的最清晰的地层关系的证据，在学术上具有重要意义。孢粉分析表明：上层禾本科植物陡然增加，花粉粒度较大，接近于水稻花粉的粒。植硅石分析上层有类似水稻的扇形体，从而为探索稻作农业的起源提供了重要线索。”

继江西万年仙人洞和吊桶环遗址发现水稻植硅石报道之后，《中国文物报》紧接着又在1996年3月3日头版头条以《玉蟾岩获水稻起源重要新物证》为题，对湖南道县玉蟾岩遗址发现的稻作遗迹进行了报道，文章说：“去年（1995年）11月，湖南省文物考古研究所在道县玉蟾岩洞穴遗址发掘中再次发现水稻谷壳，进一步验证1993年该遗址出土的水稻谷壳，使水稻实物的发现提前到10000年前。”“稻壳出土时，颜色呈灰黄色，共有两枚，其中一枚形状完整。此外，还筛出一枚1/4稻壳残片。在层位上它们晚于1993年该遗址出土的稻壳。1993年发掘的三个层位均有稻属的硅质体，进一步证明玉蟾岩存在水稻的事实。”

二、彭头山、八十垱与河姆渡所见稻谷

前面列举的两则考古发掘中，均为稻谷的植硅石和硅质体，作为稻谷的实物，则以湖南澧县的彭头山和八十垱的遗址最早。1988年秋，湖南省考古研究所在澧县大坪乡彭头山遗址中发现了这一稻谷遗址，距今7800—8200年。遗址中的一些红烧土块里包含许多稻谷壳，一些陶器也是掺稻壳碎屑而烧成的，成为别具一格的夹炭陶器。初步观察那些稻谷壳，颗粒较大，形状也很接近于现代栽培稻。彭头山稻谷遗存不仅是中国，也是世界上已知最早的稻作农业资料。虽然目前尚不能确定其是否属于栽培稻，但从遗址出土的土块和陶器中夹有大量稻谷壳的现象，以及在7000年以前长江下游的河姆渡下层文化已有较发达的稻作农业等情况分析，我们可以将彭头山稻谷遗存作为中国在距今8000年以前已存在稻作农业的标志。

1993 年至 1997 年，湖南省考古研究所又在澧县八十垱遗址中发掘出大量距今 8000 年前的稻谷。据发掘者报告，在八十垱遗址发掘过程中，已收集稻谷、稻米近 1.5 万粒。它们不仅是世界上已发现的最早的稻谷之一，而且数量惊人，超过了国内各地收集数量的总和。更喜人的是，其保存状况非常好，有的出土时甚至新鲜如初，有的还可以看见近 1 厘米长的芒。据中国农业大学水稻专家初步观察研究，这些稻谷之间个体变异幅度大，群体面貌十分复杂，粒型长宽比在最大的与最小的之间有些差距近 3 倍。还有些稻粒外形虽接近现代的籼稻或粳稻，但颖壳硅酸体形态却完全相反。为了准确地反映和表达这里的古稻既区别于现代的籼稻又区别于现代的粳稻的群体特征和面貌，专家认为应将它们定名为“八十垱古稻”。①

而浙江省余姚县河姆渡村新石器时代遗址第四文化层中的稻谷，经浙江农业大学鉴定，属于栽培的籼稻。而且同一层还出土了为数甚多的骨耜，制作精致，当系开辟稻田的工具，这也证实了我国在 7000 多年以前的长江中下游就已经存在一定水平的“耜耕农业”了。同时还发现了稻穗纹陶盆，外壁刻有对称的稻穗纹，一株穗居中，直立向上，另外两束，沉甸甸的谷粒分向两边下垂。稻子已经进入河姆渡人们艺术生活的领域，可以想见他们对于稻谷的栽培早已超过了初步认识的阶段。同时根据遗址附近耕土层下存在着泥炭层，以及在这一文化层中发现了水生草本植物孢粉等情况，证明当时在住地周围，确有大片的沼泽地带，这就为种植水稻提供了有利条件。

三、中国稻谷起源与传播

关于中国乃至世界稻作农业的起源问题，过去主要流行以下四种说法：其一，起源于印度说；其二，起源于云贵高原说；其三，起源于中国华南说；其四，起源于中国长江中下游说。从发现实物

---

① 裴安平：《澧县八十垱遗址出土大量珍贵文物》，《中国文物报》1998 年 2 月 8 日。

的年代来看，印度的稻谷，最早为公元前2200年，比湖南澧县彭头山遗址晚了将近4000年。从近几年世界各地出土稻谷的情况来看，长江中下游的稻谷始终是最早的，下表即反映了这一情况：

出土地点	距今年代
中国江西仙人洞	12000年
中国湖南玉蟾岩	12000年
中国湖南彭头山	9000—8000年
中国浙江河姆渡	7000年
中国浙江罗家角	7000年
泰国	6000年
巴基斯坦	4500年
印度	4200年
越南	3500年
日本	2300年

据最近几十年来的考古发掘，我国最早的栽培水稻出现在洞庭湖和鄱阳湖一带，然后逐步向长江流域下游、江淮平原、黄河中下游扩展，从而初步地形成了接近于现今水稻分布的格局。关于这一问题，向安强先生也曾有过详细考证，兹录于下：

从地理位置来看，长江中游正好位于全国的核心位置，在我国史前南北文化的交流与传承过程中，成为极为重要的纽带。如长江中游地区（陕南汉水上游的梁山和湘北洞庭湖区等地）的旧石器，在文化特征上表现出了我国南北两大系的文化因素，反映了南北旧石器文化的交流和相互影响。汉水上游地区的李家村文化不仅对研究两大流域新石器文化的相互关系提供了重要资料，更表明了中原地区远古文化的发展不只与黄河流域而且与长江流域都有直接的联系。由于这里所处的地理位置特殊，在文化面貌上则显示出联结黄河与长江中游地区新石器早期文化的纽带作用。长江中游地区的彭头山文化、城背溪文化等，与中原磁山、裴李岗文化相比，亦有诸多共同因素。这些除了表明中国史前文化的统一性和人类思维及创造力发展的一般共同规律外，似乎也反映了南北各地的交往频繁和相互影响；也证明长江中游地区在人类早期文化的相互传承中，扮演了十分重要的角色。

就整个中国史前稻作文化圈而言，长江中游不仅正好位居中间，且稻作遗存的分布点多而密集，四周却逐渐少和稀，这决非偶然现象。表明长江中游在我国稻作文化的起源与传播中，作用与意义不可低估。同时，长江中游史前文化自身发展所达到的高度，足以构成对周围史前文化发生强烈影响。湖南澧县彭头山文化八十垱遗址揭露出我国最早的（距今7000—8000年前）环绕原始村落的壕沟和围墙（这一时期的村落壕沟在澧阳平原还有发现），及数以万计的稻谷。澧县城头山古文化遗址则揭露出了目前我国最早的一座古城，始筑城时代为大溪文化早期，距今已有6000年；而且发现了被大溪城墙叠压着的距今6500年以前的、连半坡遗址也不能相比的大规模壕沟和水稻田。同时还发掘出大批距今六七千年前的珍贵文物，如制作精美的木桨和长约3米的木橹等。表明长江中游在当时已具有高度发达的原始文明，是中国文明的摇篮地之一。如此辉煌的史前文化，必然会向四周扩散、辐射。①

由此可见，在新石器时代，黄河流域的农业文化与长江流域的农业文化之间，是互相影响、互相渗透的，只是在不同时期相互影响、相互渗透的程度不同而已。黄河流域的新石器时代文化对四周传播最广的是仰韶文化庙底沟类型。该文化类型分布的中心地区在豫西、晋南和关中地区，但其文化因素几乎遍及整个黄河流域，其向南扩展抵达长江中游的汉水流域。长江中游地区的新石器文化向外扩张范围最大的是晚期大溪文化和屈家岭文化。晚期大溪文化向

① 向安强：《长江中游是中国稻作文化的发祥地》，《农业考古》1998年第1期。

北扩展抵达豫西南地区，向东扩展到达皖西的江淮地区。屈家岭文化向外扩展的范围则超过大溪文化，其文化因素向北扩展到豫中地区，向西北则进入陕东南地区。长江下游的新石器时代向四周传播最广的为良渚文化。其文化向南传播到粤北的石峡文化中，向西南扩展到赣西北的山背文化中，向北则扩展到鲁南的大汶口文化中。

综上所述，长江流域从旧石器时代早期起，就在中国古人类和古文化由南向北的流动和传播中起重要作用。新石器时代，长江流域和黄河流域的经济、文化的发展水平大体相当。新石器时代晚期，长江流域的屈家岭文化、石家河文化、良渚文化和黄河流域的龙山文化一样，已孕育了许多农业因素。这些都说明，长江流域和黄河流域一样，也是中国农业文明的发祥地。

考古发现与文献记载也是一致的。在中国古代文献中，记载稻的起源与种植之地也主要是在长江中下游。《周礼·夏官·职方氏》记载荆州、扬州："其谷宜稻。"荆扬之地处于长江中下游地区，在春秋战国时期分属楚、吴，是著名的水乡泽国。这一带历来都是我国水稻高产区，《左传·襄公二十五年》云："（楚）蒍掩书土田，度山林，鸠薮泽，辨京陵。表淳卤，数疆潦，规偃猪，町原防，牧隰皋，井衍沃。"可见，楚国曾对新开垦的土地进行过卓有成效的治理工作。对此，有学者研究发现，"江陵纪南城遗址普遍存在一层浅灰色含腐植质的文化层，厚薄结构均匀，可能是农田遗迹。楚国提拔修建期思陂有功的孙叔敖为令尹，十分重视水利排灌系统的建设。《汉书·沟洫志》：'于楚西方则通渠汉川、云梦之际；东方则通沟江、淮之间。'考古发现纪南城内有四条古河道与城外护城河相通，并东接长湖，形成护城、排灌、交通的水利系统，与周围农田关系十分密切。纪南城内西南部的陈家台，发现了成层成堆的呈乌黑色的碳化稻米，为楚都的储米粮仓所在"①。纪

① 杨权喜：《楚文化与长江流域的开发》，首届长江文化暨楚文化国际学术讨论会筹备委员会编：《长江文化论集》，湖北教育出版社 1995 年版，第 136 页。

南城东南的凤凰山，在 167 号西汉早期墓的随葬品中有成束的稻穗，表明水稻在长江流域人们心目中的重要地位。正如《史记·货殖列传》在描写这里的饮食生活状况时所叙述的那样："饭稻羹鱼。"

商周时期，稻谷的种植在黄河流域也逐步推广开来，距今 3000 多年的河南安阳殷墟遗存的甲骨文中，发现有卜丰年的"稻"字和穛（籼、粳）等不同稻种的原体字，以及关于稻谷生产丰歉的记录。在《诗经》中，也有不少关于水稻生产的描述，如《诗经·唐风·鸨羽》说："王事靡盬，不能艺稻粱，父母何尝？"《诗经·豳风·七月》："十月获稻，为此春酒，以介眉寿。"《战国策·东周策》也记载说："东周欲为稻，西周不下水，东周患之。"这些记载说明，黄河流域的稻作文化已有一定程度的发展，但由于地理气候条件不如长江流域优越，所以种植也就不如长江流域普遍。

四、稻谷在长江流域人民生活中的地位

一定生态环境下的农业创造和发展决定着人们生活方式的状况，特别是在物质文化的不断进步的情况下更是如此。人们饮食状况如何，首先和他们创造什么，生产什么有关。我国古代长江流域各民族，由于所处的生态环境主要是川泽山林，因此他们不仅创造了水田耕种、稻谷栽培和高度发达的饮食文化，也创造了村落、家族一类社会组织，以及相地观天的宗教信仰，最终形成了重视农业、讲究饮食的生活传统。

考古发掘证明，先秦时期，我国黄河流域人民的主粮是黍、稷；长江流域人民的主粮是稻谷。饮食文化分为两大系统，早在五千年前就已确立。秦汉以后，在黄河流域，黍、稷的主食地位逐步让位给麦；在长江流域，稻始终是人民的主食，在北方却被视为珍品。

在西周的青铜食器中，有一种专盛稻粱的簠，如《周金文存》中记载的"曾伯簠"，其铭文即写有"用盛稻粱"。《攈古录金文》

中记载的“叔家父簠”，其铭文也写有“用成（盛）稻粱”。簠的出现表明，稻米已成为贵族宴席上的珍馔，文献记载也证实了这一点，《左传·僖公三十年》说：“王使周公阅来聘，飨有昌歜、白黑、形盐。辞曰：‘国君，文足昭也，武可畏也，则有备物之飨，以象其德；荐五味，羞嘉谷，盐虎形，以献其功，吾何以堪之。’”杜预注释为：“白，熬稻；黑，熬黍。”“嘉谷，熬稻黍也。”孔子也曾用“食夫稻，衣夫锦，于女安乎”① 来批评他的弟子宰我不守孝道及生活奢侈。可见，食稻衣锦是当时生活水平较高的象征。

稻谷在黄河流域受到这种优遇，反映了稻谷的种植在黄河流域还不够普遍，稻谷仅是供上层贵族享用的珍品，显得十分稀贵，所以中原一带秦汉贵族墓葬中往往出土有盛稻的陶仓。但如果以此下结论说中原一带在秦汉时期就大量生产稻子并普遍食用稻米，那就十分错误了。关中地区在西汉武帝前，以食粟为主，以后食麦才成主流。而在长江流域，稻谷却是民间常食。考古发现的汉代稻谷遗址有 22 处，其中吴楚地区就有 12 处，在交趾地区还出现了“夏冬二熟”的双季稻。② 虽然有学者认为，江南的某些地区，如豫章郡，是汉代全国水稻产量最多的地区。③ 这一判断难免有夸大南方生产水平之嫌，但水稻生产在长江流域地区的稳步发展则是显而易见的事实。考古发现进一步证实了文献的记载。江陵凤凰山汉墓出土的简牍里就有关于粢米、白稻米、精米、稻秫、稻穤米的记载，墓葬中出土有水稻。马王堆汉墓出土有大量的稻粒，经鉴定“马01”—“马 04”品种分别类似今湖南晚稻品种“红米冬粘”、华东粳稻、籼黑芒和粳型晚糯，这说明汉代南方地区稻作类型丰富，

---

① 《论语注疏》卷十七《阳货》，（清）阮元校刻：《十三经注疏》，中华书局 1980 年版，第 2526 页。

② 纪南城凤凰山一六八号汉墓发掘整理组：《湖北江陵凤凰山一六八号汉墓发掘简报》，《文物》1975 年第 9 期。

③ 许怀林：《汉代江西的农业》，《农业考古》1987 年第 4 期。

籼、粳、粘以及长粒、中粒和短粒并存，且粳稻占据主导地位。①直到汉末三国时期，长沙地区出产的稻米在全国依然很有名气。曹丕指出："江表唯长沙名有好米。"② 在农业生产格局的基本前提下，稻米也相应成为吴楚地区居民基本主食，即所谓的"民食鱼稻"，且在长江流域几千年饮食史中始终未有改变。

而中原地区的情况则与此不同。由于这里自古以来就是"都国诸侯所聚会""建国各数百年岁"，因生齿日繁，以致造成"土地狭小民人众"，非努力农业生产不足以维持人民的生存。黄河流域又缺乏江南地区的山林沼泽，不可能"以渔猎山伐为业"。这就决定了必须以麦粟等旱作农业为人民饮食生活的主要来源，这是一种以粮为主的农业经济的基本结构，也说明了长江流域的稻作文化和黄河流域的粟作文化是长期并存的，中国文化的发源并不是单一的。

五、长江流域稻谷的种类

经过历代人民的精心培育，长江流域的稻谷品种日益丰富起来。概言之，稻是各类品种稻谷的总称；析言之，一些方言区称为"稌""稉"的，一般指粳稻。"籼"，指不粘之稻，虽早有而并不普遍，文献晚迟见。"粳"，指有粘性之稻，秦以后见其名。"秫""糯"，是先后表粘性的形容词，可泛称粘性强的稻米，大约南宋时才有糯稻，并以"糯"称。

据李璠先生考察：

> 稻种的演变与气候环境条件有密切的关系。由于不同地理气候条件的影响和各地区民族文化发展的历史条件，我国很早

① 湖南农学院等：《长沙马王堆一号汉墓出土动植物标本的研究·农产品鉴定报告》，文物出版社1978年版，第2页。

② （唐）欧阳询：《艺文类聚》卷八五，上海古籍出版社1999年第2版，第1449页。

就有陆稻和水稻、籼稻和粳稻以及各种早稻和晚稻品种。

近年来我国科学工作者进行了大量稻种分布考察工作，由此知道我国水稻和陆稻的资源极为丰富。它们各因海拔和纬度的不同，受不同气候条件的影响而形成各类稻种的生态型。籼、粳型的演化，其间有过渡迹象可查，这可以从南北地理分布和海拔高度的不同观察到。籼稻主要分布在华南热带和秦岭淮河以南亚热带的低洼地区，具有耐热（和耐强光）的习性。粳稻主要分布在黄河流域以北、华南热带附近的高山区、太湖地区和淮北温度较低地带，以及西南的云贵高原，具有耐寒（和耐弱光）的习性。这种气候生态型的分布，同样可以通过地理垂直分布表现出来。

据程侃声和笔者考察，在云南境内由地形最低的西双版纳、临沧（海拔 800 米左右）到最高的德宏、维西（海拔 2800 米左右）的稻种垂直分布范围，海拔在 1700 米以下为籼稻分布带，1700 米到 2000 米之间为籼粳交错分布带，2000 米以上为粳稻分布带。在交错带中稻种的变异趋势，粒形由细长变短圆；稃毛由疏到密，由短而长；叶毛由多到无；脱粒由易到难；籼型渐少，粳型渐多，或者籼、粳难分；其间中间过渡类型表现显著。这个事实有助于说明籼稻和粳稻的出现与环境条件的影响是密切相关的。

西南具有高原气候特点，日照较短，高原粳稻就是在这样条件下形成的。这种生态类型，株高叶大，感光灵敏，在长日照下较难抽穗；基本上都是晚熟类型。这种晚熟高原粳稻发展到黄河以北，北方的长日性气候环境条件下，迫使它接受影响，逐渐形成一种长日性的早熟类型。这也就是稻种由晚熟到早熟、由感光灵敏到感光迟钝的演变过程。籼稻有各种不同的气候生态型，粳稻也有各种不同气候生态型，从生态上看生物体与环境统一的辩证关系，二者之间并不存在不可逾越的鸿沟，以上大量考察的实例是一个很清楚的说明。习惯上有籼稻、粳稻和糯稻三种稻种的称呼，这只是根据稻米的粘性程度而言的。①

下面我们对这三种稻种逐一进行辨析。

（一）粳稻

什么是粳稻呢？《说文解字》说："秔，稻属。从禾，亢声。粳，俗秔。"（七上·禾部）段玉裁《说文解字注》："秔，稻属；凡言属者，以属见别也。言别者，以别见属也。重其同则言属，秔为稻属是也。重其异则言别，稗为禾别是也。《周礼》注曰：'州党族闾，比乡之属别。介次于市亭之属别。'小者属别并言，分合并见也。稻有至黏者，稬是也。有次黏者，稉是也。有不黏者，稴是也。稉比于稬则为不黏，比于稴则尚为黏。稉与稴为饭，稬以酿酒为饵餈。今与古同矣。散文稉亦称稻，对文则别。《魏都赋》：'水澍（shù）稉稌，陆莳稷黍。'《蜀都赋》：'黍稷油油，稉稻莫莫。'皆稉稻并举。《本草经》秔米、稻米殊用。陶贞白乃不能分别。其亦异矣。"

秔，是不粘的稻。《说文解字》把"粳"作为秔的俗写，"秔"是正体。现在一般通用字体写作"粳"，"秔""稉"都是"粳"的异体。《汉书·扬雄传》载《长扬赋》："驰骋粳稻之地。"《文选》作"秔稻"。"秔""稉"当为一词，现在写作"粳"。

杜甫《自瀼西荆扉且移居东屯茅屋》诗之一："烟霜凄野日，秔稻熟天风。"苏轼《吴中田妇叹》诗："今年粳稻熟苦迟，庶见霜风来几时。"古今注家往往亦以"粳"为不粘之稻。

《汉书·东方朔传》："（武帝）旦明，入山下，驰射鹿豕狐兔，手格熊罴，驰骛禾稼稻秔之地。"颜师古注："稻，有芒之谷总称也。秔，其不粘者也。"在《沟洫志》"故种禾麦，更为秔稻"下颜氏又注曰："秔，谓稻之不粘者也。"

事实上，粘与不粘本有相对性，在未有糯稻之汉、晋时期，粳确不如秫稻之粘，但与"籼"相比，无疑又是稻之粘者。故颜说

① 李璠：《中国栽培植物发展史》，科学出版社1984年版，第34页。

未周。

李时珍《本草纲目》说："粳有水旱二稻。南方土下涂泥多，宜水稻，北方地平惟泽土，宜旱稻。"粳稻按收获的迟早可分为早中晚三种。李时珍说："粳稻六七月收者为早粳，止可充食；八九月收者为迟粳，十月收者为晚粳。"粳米也是古人主要食粮。陶弘景曰："粳米，即今人常食之米。"唐释道世《法苑珠林》云："人寿十岁，时有谷名，稗子为第一美食，如今粳粮以为上食。"

（二）籼稻

什么是籼稻呢?《说文解字》曰："稴，稻不黏者。从禾，兼声。读若风廉之廉。"段玉裁《说文解字注》曰："稴，稻不黏者，凡谷皆有黏者，有不黏者。秫则稷之黏者也，穄则黍之不黏者也。稻有不黏者则稴是也。今俗通谓不黏者为秈米。"《集韵》《类篇》皆云："方言江南呼粳为秈，亦作籼，作粞。"《说文》《玉篇》皆有稴无秈，盖秈即稴字音变而字异耳。《广雅》曰："秈，粳也。浑言不别也。"可见，稴是稻子中不黏的。

段注还指出"秈即稴字音变而异"。《说文解字》没有"秈"字，秈就是稴，只是读音有点差异。不黏的稻已经有个"秔（粳）"字了，那么"稴（籼）"和秔有没有差别呢，古籍说法不一。段注引《集韵》《类篇》说明秔（粳）就是秈（籼）。而《本草纲目》则把粳与秈分列两条。"秈"条下说："秈亦粳属之先熟而鲜明者，故谓之秈。"《清河县志》也说："秈，秔之早熟者。"徐光启《农政全书》说："粳之小者谓之秈，秈之熟也早，故曰早稻，粳之熟也晚，故曰晚稻。京口大稻谓之粳，小稻谓之秈，其粒细长而白，味甘而香，九月而熟，是谓稻之上品，曰箭子。"综上所述，稴（籼）是粳稻中一种早熟品种，米粒长而细，一如宋范成大《钟山阁上望雨》诗所写："秔禾未实秈禾瘦，不用廉纤便霈然。"不过在一般文献中"秈"比较少见，足见其物不盛。

日本学者田中静一先生曾将粳稻和籼稻的特征作过比较，兹录于下：

粳稻和籼稻的特征比较①

特征	粳稻	籼稻
黏性	大	小
膨性	小	大
谷粒	短圆大	细长小
颖毛	长密	短小
叶色	浓绿	淡
叶表	有光泽	茸毛多
耐热、耐湿性	弱	强
脱粒性	难	容易

（三）糯稻

“糯”，糯米，也指糯稻，字或作“稬”。如前所述，糯稻性最粘，它是从秈、粳中长期培育而成。糯稻始见的上限，有农学史家认为，至明（公元十四世纪以后）始见秈型糯稻，这一说法所断定的时间似乎太迟。据说云南西南部的居民以吃糯米为主，其栽培糯稻的历史比内地要早。中国幅员广大，长江上游的云南等少数民族地区暂可不论，即就文献记载主要涉及的“内地”而言，糯米出现的时期也应早于明代。南宋吴自牧《梦粱录》卷十八《物产》中列有“谷之品”，其下曰：“赤稻，黄秈米，杜糯，头糯，蛮糯。”此所罗列的是俗称，但其中出现几个稻品皆以“糯”称，这无疑表明至少民间已将“糯”作为稻的一个种类。李时珍《本草纲目·谷一·稻》曰：“糯稻，南方水田多种之。……其类亦多，其谷壳有红、白二色，或有毛，或无毛。其米亦有赤、白二色。”《梦粱录》所列“赤稻”之糯，或即李时珍所述壳、米赤色之一类。

当然，至14世纪后的明代，糯稻品种更多，如羊脂糯、胭脂

① ［日］田中静一：《中国食物事典》，中国商业出版社1993年版，第12页。

糯、虎皮糯、矮糯、籼糯、青稈糯等，不胜枚举。①

据上大致可断定，糯稻作为稻的一种，始于南宋。但是，“糯”字南宋前已有。《太平御览》卷九六一引《广志》曰：“系迷（弥）树，子赤，如糯粟，可食。”又卷八三九引《云南记》曰：“雅州荣经县土田岁输稻米，……炊之甚香滑，微似糯味。”黄金贵先生认为：“需声有柔软意。‘懦’，软弱；‘嬬’，弱；‘孺’，乳子，亦柔弱；‘儒，柔也’（《说文·人部》）。‘糯’则为柔软亦即有粘性之米，并非稻之一种，而是形容词，表黏性义。上之‘糯粟’、‘糯味’，即作此用。若据此谓早有糯稻，则误矣。其实，‘糯’的形容词用法今犹见，如于壮实的菜、菱、藕等，皆可赞为‘很糯’、‘糯得很’之类。”②

一般而言，稻分为以上三种，这只是根据稻米的黏性程度来说的。实际上，在这三种以外，还有一些稻种，例如在云南地区有一种软米稻，是当地人民选育出来的一种有历史性的栽培稻类型。那么糯稻和软米稻是怎样演变而成的呢？在我国云南景洪一带的傣族以糯稻为主食，而德洪一带的傣族则以软米稻为主食。软米饭气味香腴，最好吃，以前所谓的“八宝米”就是指这种稻米。在田间有时出现一种天然变异的“油身米”，也是一种软米稻。我们现在知道，籼糯可以从籼稻中选出，粳糯从粳稻中选出，而软米稻则是从一般黏性到高一级黏性之间的一种过渡类型。由此我们可以认为不论糯稻或者软米稻，都是由籼稻或粳稻特性之一的淀粉变异所形成的栽培类型，仅是米粒淀粉及其化学结构的不同，即淀粉向糊精过渡的程度不同而已。这些类型的出现，与山区的小气候和民族生活习惯有密切关系。从子实黏性看，籼米最弱，粳米较强，糯米最强，而一般粳型糯稻又比籼型糯稻要强，软米居于二者之间。

著名农史学家李璠先生在《中国栽培植物发展史》中对稻种

---

① （明）徐光启：《农政全书》卷二十五《谷部上》，岳麓书社 2002 年版，第 384 页。

② 黄金贵：《古代文化词义集类辨考》，上海教育出版社 1995 年版，第 831 页。

的不同变异作过分析，他认为：

> 由于不同小气候的影响，不论旱稻和水稻都存在着各种不同气候的生态型；而如此复杂多变的生态型中，又随着农业区域和海拔高度的不同，或者由于高寒的山区和低热河谷（或平原）地势的不同，稻种的性质又分别为粳稻、籼稻和籼粳之间的种种过渡类型……还有一种特殊情况，如果低洼沼泽地水位升高，即由沼泽状态变成了湖泊状态时，一种深水稻（浮稻）的特殊类型被迫产生出来。文献中记载的“一丈红”和现在分布在云南滇池周围的“水涨谷”以及南方的“深水莲”等深水栽培品种都属此类。据考察，这种深水稻叶中裂生通气组织，特别发达，并与根内的气腔相通连，茎部地上节能发根分蘖，并随水伸长而快速生长，在深水中只要能露出叶尖，隔日即长出水面。这种惊人的适应性，充分说明生物体的这种性状与水位涨落的既矛盾而又能统一起来的辩证关系。①

在我国数千年的历史长河中，长江流域的劳动人民培育出许多优良的水稻品种。据记载，汉魏以来，在长沙地区就有一种香稻，“上风吹之，五里闻香”。北魏记载有“大香稻”“小香稻”，宋代记载有名为“九里香”的“香子稻”。明代亦记载有一种香稻，稻花午开暮合，香甚。在清代长江流域的泰州（今江苏中部）和湖州都进行过香稻的栽培，“以香子少许入他米煮饭，即芳香扑鼻”。现在在云南澜沧江一带，有一种名为“旱稻香谷”的地方品种，其香味可谓一家煮饭，一寨皆香！此香稻与一般栽培稻不同，除稻粒品质香腴外，它的生存力特强，能压住杂草的生长。李璠先生在云南南部景谷收集到一种香糯，更为奇特，在它生长的期间，苗期叶香，抽穗期花香，脱壳时米香，煮饭更香。这种稻谷生长的一生，就是香气满田的一生。香稻长江流域各省都有，其散发芳香气

---

① 李璠：《中国栽培植物发展史》，科学出版社 1984 年版，第 35~36 页。

味的原因，是因在化学结构上含有挥发性有机物香豆素（Coumalin或Coumarin）的缘故，它的形成与气候有关。许多热带草本植物含有这种挥发性有机物。在水稻中出现这种变异，经过人工选择，发展成为各种各样的香稻品种。①

当然，在长江流域，人们的主食种类不仅只有各种稻谷，还有麦、菰米、豆类等等，这些在考古发掘中都有实物出土，文献中也有记载，但不及稻谷的食用那么普遍。

第四节 麦

一、麦的起源

麦字在商代甲骨文中的出现，说明远在商代以前麦就已经存在，但在考古发掘中至今仍难以见到具体实物，“仅北京历史博物馆所藏山西保德县王家湾出土似为史前时期之陶片上，印有某种谷粒及芒之痕迹，颇似麦粒，确否尚待专家鉴定”②。1955年，考古工作者在安徽省亳县钓鱼台新石器时代遗址中，发现了一个大陶鬲，内盛有大量炭化普通小麦子实，遗址年代距今4000多年，因此人们认为最早在新石器时代，淮北平原就已种植小麦。又根据杨建芳先生的研究，盛麦的陶鬲应是西周时期的器物。③ 另外，根据1977年发表的碳-14测定的数据，这些小麦的距今年代为：2371±90、2440±90；490±90 BC；经过树轮校正的年代，525±100 BC。④这一数据已为大多数学者所接受，这说明那些炭化小麦属于公元前7世纪至公元前5世纪的春秋时期。到目前为止，所见出土文

① 李璠：《中国栽培植物发展史》，科学出版社1984年版，第36页。

② 安志敏：《中国史前期之农业》，收录于《中国新石器时代论集》，文物出版社1982年版，第257页。

③ 杨建芳：《安徽钓鱼台出土小麦年代商榷》，《考古》1963年第11期。

④ 夏鼐：《碳-14测定年代和中国史前考古学》，《考古》1977年第4期。

物中的麦，最早的是云南剑川县海门口遗址出土的麦穗，为殷商时期。美籍华裔历史学家何炳棣认为：“在中国数千处新石器时代文化遗址中，史前黍、稷及稻谷的资料甚多，而史前小麦则至今尚无确实物证，两相对比，适足反映麦类不像是中国原生植物。”①

大多数学者认为小麦起源于西亚及地中海东岸地区，因为这里的气候是冬春多雨，夏季炎热干燥，麦的习性恰好适应了这一地区的气候特点，其正是利用了冬春的雨水生长，而且在干旱的夏季到来之时成熟、收获。我国黄河流域的气候是冬春干旱，夏季多雨，因而每当小麦成熟之际，麦收便十分困难。而且在秦汉以前，中国的水利灌溉网尚不十分完善，种种不利因素，限制了小麦在汉代以前大面积的种植。

当然，也有些学者不同意上述观点，而认为中国也是世界上小麦的起源中心之一。特别是近年来在中国境内不断地发现野生小麦。这些发现使小麦起源一元论的观点受到了严重的挑战，但就目前的研究成果而言，确定普通小麦起源于中国，还必须要有更多的证据，无论是考古学的，还是生物学的，都需要补充。

在中国古代文献中，麦类作物的名称有麦、来、牟三字，甲骨文中就有“麦”字和“来”字。对于麦、来、牟三字的解释，自古及今，说法不一，分歧较大，但主要有以下几种观点：

一种观点认为“来”“牟”是一物，都是指大麦，以宋代罗愿《尔雅翼》为代表。罗氏在书中说：“麰者，周所受瑞麦来麰也。一作牟，又作麰，即今之大麦。《说文》云：‘牟，大也……’唯《广雅》以麰为大麦，来为小麦。按《说文》以此解来，则来、麰不应为二物，然则来、麰为大麦明矣。”

另一种观点认为“来”“麦”为一物，而且还是一字，以近人罗振玉为代表，他说：“麦，《说文解字》‘麦，从来从夕’。案此与来为一字，许君分为二字，误也。来象麦形，此从夕。殆即古降

① 何炳棣：《黄土与中国农业的起源》，香港中文大学出版社1969年版，第228页。

字，象自天降下，示天降之义。”① 台湾学者李孝定也认为：“罗说是也，来、麦当是一字。”②

针对这些不同说法，张舜徽先生在《说文解字约注》中对“来”“麦”也作了仔细的考证，他指出：“古者祭祀皆用黍、稷，知黍稷乃上世常食之谷。麦则至周之后稷始教民种之，民颂其德，至比之如天所降。《思文篇》既称‘贻我来牟’，《臣工篇》又云‘于皇来牟’；皆言后稷之功，以此为大耳。书传所云赤乌衔谷之事，语近荒怪，不足信也。来为小麦之名，而用为行来之来者，盖古人就周土而言，此麦种得自外来，与黍、稷之为西土所固有者不同，而行来之义出焉。《淮南子·地形篇》云：‘渭水多力而宜黍。’又云：‘西方宜黍。’而《诗》篇中言及黍者凡二十余见，大抵皆周《诗》，可知西土民食以黍为主。而来与麦又屡见于殷墟卜辞，则中原之地原自有麦。周之祖先，盖始得麦种于此，教民播殖。故《大雅·生民篇》又以‘诞降嘉种’颂之也。先民简朴，虽逐事物而命之名，固不必逐事物而为之字，此假借所由生也。”③ 这说明“来”是小麦的本名，小麦得自外来。但至迟在商代，中原地区就已有小麦了。这些论述与考古发掘是相一致的。

来和麦的意思已经明确了，那么牟为何物也就容易解释了。《孟子·告子上》说：“今夫麰麦，播种而櫌之。”赵歧注释为：“麰麦，大麦也。”徐锴《说文解字系传》也说：“麰，大麦也。”古训“牟”为大，故称大麦为牟麦。牟是麰的原字，麦旁是后人加的。《说文解字》云：“凡麦之属皆从麦。”

中国古代的产麦区域，主要集中在黄河中下游、陕西渭水及其

---

① 李孝定：《甲古文字集释》第五册，台湾“中央研究院”历史语言研究所1972年版，第127页。

② 李孝定：《甲古文字集释》第五册，台湾“中央研究院”历史语言研究所1972年版，第128页。

③ 张舜徽：《说文解字约注》，华中师范大学出版社2009年版，第1314~1315页。

支流、山西汾水流域、河南、山东、安徽等地。我们将《诗经》中述及麦的诗和其所对应的产麦区域列一图表，就大致上可以知道我国古代产麦区域的基本分布情况：

诗名	硕鼠	桑中	丘中有麻	生民	思文	臣工	閟宫
产地	山西	河南卫邑	河南洛邑	陕西武功	陕西镐京	陕西镐京	山东曲阜

二、麦在古代人民生活中的地位

隋唐以后，麦在黄河流域是最重要的粮食作物，元代司农司所编撰的《农桑辑要》引《士农必用》说："古农语云：彭祖寿年八百，不可忘了植蚕植麦。"由此可见麦在北方的重要性。《士农必用》可能是宋末元初在民间流行的一部日用百科全书。但麦在隋唐以前的地位又是如何呢？这却是需要我们加以注意的。

麦在先秦人民的饮食中不是占主导地位的谷物，因而对麦在先秦人民生活中的作用，不能估计过高。前面所引考古材料证明，麦子在商代的种植并不多，不可能成为一般平民的日常食物。殷墟卜辞中就记载有："月一正，曰食麦。"对此，郭宝钧在《中国青铜器时代》中指出："这就说明了麦只是新年的特食，并不是平日所得常吃的。这种食麦的卜辞只一见，有关麦字（作食物解者）的卜辞也只十余见，有关来字的卜辞亦不过二十余见，这比之黍稷类卜辞近二百见者，大有径庭。因麦是越年生草本，占地须八个月才能成熟，在殷代时种植术不可能过高，收获量不可能太丰，似殷人尚在初步培育、逐渐推广的阶段，农业的重点尚不在此，故反映于卜辞者为数较少，数少就是麦子尚未能成为普遍民食之旁证。到了周代，麦之歌咏及记录较多，但到《吕氏春秋》著录时代，在十二纪中尚有'孟春之月，……天子居青阳左个，……食麦与羊；孟夏之月，……农乃收麦升献，天子乃以彘尝麦，先荐寝庙'之语，则知到晚周时，麦子仍不是一般人可以常食之物。故如说麦子是北方人主要食粮，这话还有些笼统，如说是古代北方人贵族阶级的主要食粮，则庶乎近之。"① 可见，麦在先秦时期属于珍贵谷物，是由麦子本身的种植特性以及当时农业生产水平所决定的。

殷墟卜辞还数次出现“告麦”二字，文字学家于省吾认为这是商代统治者企图掠夺邻近部落的麦子而期待获得情报的一种占卜。胡厚宣则认为“告麦”是侯伯之国把丰收的消息告知殷王。这两种说法都反映了麦子在当时属于稀贵品种，所以商代帝王对于麦子十分关心。事实上，抢夺麦子的风气，从商代一直到春秋时期都很盛行，《左传·文公十七年》说：“襄仲如齐，拜谷之盟，复曰，臣闻齐人将食鲁之麦。”《左传·隐公三年》记载：“四月，郑祭足帅师取温之麦。”《左传·哀公十七年》记载：“楚既宁，将取陈麦……陈人御之，败。”所以，西汉学者董仲舒说：“《春秋》它谷不书，至于麦禾不成则书之，以此见圣人于五谷最重麦与禾也。”②

麦的贵重不仅是因为用麦做饭较粟饭好吃，还因为麦是接绝续乏之谷，麦的登场正是其他谷物还未成熟，而旧谷已经吃光，缺乏粮食的时候，所以古人十分重视它。

西汉时期，麦的种植得到了政府的支持，因为这时麦子大多被磨成了面粉，其作为食品的价值大大提高了。加之这时的农具和农田生产技术有所改进，小麦的种植面积显著扩大，麦子成为北方人民的常食之谷，而且其价格也有所下降。湖北云梦出土的秦简《法律答问》中一条说：“有禀菽麦，当出未出，即出禾以当菽麦，菽麦贾贱，禾贵，其论何也。”麦贱禾贵，虽属局部现象，但也足以说明麦的种植比前代普及。

古代文献中对谷物称谓的不同，可以反映出某种谷物的地位变化，如《诗经》中往往“黍稷”连称，《孟子》中则又“菽粟”连称，汉代文献中往往是“粟麦”“稻麦”复举。由此看来，在春

① 郭宝钧：《中国青铜器时代》，三联书店 1963 年版，第 110 页。

② （汉）班固：《汉书》卷二四上《食货志》，中华书局 1962 年版，第 1137 页。

秋时期以黍稷最为重要，战国时期以菽粟种植最广，而进入汉代，就以麦、粟、稻最多了。汉魏以后，我国基本上就形成了稻谷第一，小麦第二这个粮食作物构成的局面。这两者产量既丰，对人类营养又好，所以我们祖先一直把稻和麦看成最主要的粮食。而且，就中国自然地理条件而言，北方宜于种麦，南方宜于种稻。

中国北方虽以种植小麦为主，但有些地区也种植一些杂麦。宋应星《天工开物》中指出："凡麦有数种。小麦曰来，麦之长也。大麦曰牟、曰穬。杂麦曰雀、曰荞。皆以播种同时、花形相似、粉食同功而得麦名也。四海之内，燕、秦、晋、豫、齐、鲁诸道，烝民粒食，小麦居半，而黍、稷、稻、粱仅居半。西极川、云，东至闽、浙，吴、楚腹焉，方圆六千里中，种小麦者二十分而一，磨面以为捻头、环饵、馒首、汤料之需，而饔飧不及焉。种余麦者五十分而一，闾阎作苦以充朝膳，而贵介不与焉。穬麦独产陕西，一名青稞，即大麦，随土而变。而皮肤青黑色者，秦人专以饲马。饥荒，人乃食之。雀麦细穗，穗中又分十数细子，间亦野生。荞麦实非麦类，然以其粉疗饥，传名为麦，则麦之而已。"① 在这部书里，宋应星还对明代全国各种粮食的占有比例作了一个粗略的估算，他认为水稻占百分之七十，居第一，小麦占百分之十五，居第二。可见，在汉代以后，小麦在北方一直保持着主粮的地位。而杂麦的种植，或在边远地区，或作为度荒之物。如青稞多种于西藏地区，是西藏人民制作糌粑的主要原料，还可酿成青稞酒，略带甜酸味。大麦原为救荒之食，近代则主要用来生产啤酒和饴糖。

第五节　菽

一、菽的起源

中国古代的菽即是现今的大豆。菽是中国古老的谷物之一，是

---

① （明）宋应星：《天工开物》卷一《麦》，上海古籍出版社2008年版，第19~20页。

中国的特产，在许多新石器时代遗址中都发现过大豆的残留印痕。在目前所能见到的实物中，以北京自然博物馆所藏的山西侯马出土的十粒战国时期的大豆为最早，它的外形和现在栽培的大豆很相近。另在河南洛阳烧沟汉墓中所发掘出距今2000年前的陶仓上，有用朱砂写的“大豆万石”字样，陶仓是古代仿照贮藏粮食的粮仓缩制成的，可见当时大豆之多。由于世界其他各国栽培大豆的历史不过数百年，而且其原始品种也都来自中国，所以，世界公认大豆起源于中国，并把中国称为“大豆王国。”

“菽”是先秦时的名称，秦汉以来称作“豆”。豆有大小的区别，三国魏张揖《广雅》说：“大豆，菽也。小豆，荅也。”① 可知菽是指大豆，也就是黄豆。所谓小豆是指绿豆、赤豆、白豆、豌豆等。

古人以黍、稷、秫、稻、麻、大小豆、大小麦为九谷，后又以麻、黍、稷、麦、豆为五谷，其中都离不了豆，所以古人经常是拿菽与麦并称的。

二、菽在古代人民生活中的地位

先秦时期，大豆主要在黄河流域一带种植，是人们的重要粮食之一，特别是在一些贫瘠地区，更是如此。《战国策·韩策》云：“韩地险恶山居，五谷所生，非麦而豆，民之所食，大抵豆饭藿羹。一岁不收，民不厌糟糠。”《孟子·尽心上》也说：“民非水火不生活……圣人治天下，使有菽粟如水火。菽粟如水火，而民焉有不仁者乎?”《农桑辑要》引《氾胜之书》说：“大豆保岁易为，宜古之所以备凶年也。”由于大豆易于生长，穷苦的人家是经常种植的。古书里常用“啜菽饮水”来形容生活的简陋，可见它和劳动人民是经常联系在一起的。

西汉武帝时，中原地区连年灾荒，大量农民移垦东北，大豆随之引入，并成为东北地区主要粮食作物，西汉时的《氾胜之书》

① （三国魏）张揖：《广雅·释草》，（北魏）贾思勰撰，缪启愉校释：《齐民要术校释》卷二，农业出版社1982年版，第79页。

记载，当时我国北方大豆的种植面积已占全部农作物的十分之四。

唐宋以来，大豆种植地区又逐步向长江流域扩展。《宋史·食货志》记载，宋代江南一带曾遇饥荒，政府将北方盛产的大豆种子从淮北等地调运到江南各地进行种植。大约在元代初期，全国凡是可以种大豆的地区，几乎都有它的足迹了。

秦汉以前，由于人们还不了解大豆的营养价值，制作方法也比较简单，只是把它当作粗粮，主要是用豆粒做豆饭，豆叶做菜羹。西汉时，人们创造了一些加工制作法，使大豆的主要用途从主食逐步转为“蔬饵膏馔”的副食了。又考虑到豆类久存容易腐烂，人们便用盐把它腌藏起来，这便成为今日的豆豉。后来造豉法逐渐提高、改良，遂发明了酿造酱油的方法。此外，这时的人们还能制造豆芽，据《神农本草经》说：“大豆黄卷，味甘平。”大豆黄卷就是指豆芽。

汉代豆制品的最重大的发明，就是制造出了豆腐。豆腐发明的确切年代，虽缺乏史料可资考定，但经推断，至少也有2000多年的历史。据《天禄识余》记载：“豆腐，淮南王刘安造，又名黎祁。”许多学者都认为，在刘安之前，豆腐已经问世。刘安不过是嗜好豆腐，推行其制造方法的一人罢了。洪光住先生在《中国豆腐》一书中说：“西汉人发明豆腐是有条件的。这种可能性在于：当人们在食用过滤后的豆浆时，为了调味而加入食盐或盐卤，为了治病而加入石膏时，无意中发明了豆腐，这是极自然的事。”①

宋代以后，豆腐在民间已十分普及了。宋人陆游《豆腐》诗云：“拭盘推碾转，洗釜煮黎祁。”他还自注说：“蜀人名豆腐曰黎祁。”一些酒店也有煎豆腐一类的菜售卖，如吴自牧《梦粱录》说：“更有酒店兼卖血脏、豆腐羹、熬螺蛳、煎豆腐、蛤蜊肉之属，乃小辈去处。”“又有卖菜羹饭店，兼卖煎豆腐、煎鱼、煎鲞、烧菜、煎茄子，此等店肆乃下等人求食粗饱，往而市之矣。”可见豆腐是一般平民百姓的食品。特别是农村中的穷苦人家，日常除蔬菜外，无力享受鱼肉一类高价的食品，而豆腐价格较低，又能自己

① 洪光住：《中国豆腐》，中国商业出版社1987年版，第12页。

制造，而且营养丰富（现代科学证实，豆腐含有大量氨基酸，蛋白质可消化率达90%以上，堪称“植物肉”），故而能成为历史悠久的大众食品。和豆腐相关联的豆食品还有豆腐皮、豆腐干、千张、油豆腐及腐乳等，近代还出现了豆奶，可见豆的用途是非常广泛的。

第六节　麻

在中国古代谷食品种中，有关麻是芝麻还是大麻的问题，一直存在争议，这多少与以往的研究没有注重考古学、医学等方面的研究成果有关。

麻属五谷之一是汉代经学家们提出来的，但麻为何物，他们并没有指明，因此，我们只能从汉代经学家的著述中找出解决这一问题的线索来。

《周礼·天官·笾人》说：“朝事之笾，其实麷蕡。”郑玄注曰：“熬麦为麷，麻曰蕡。”《说文解字》说：“蕡，杂香草。”张舜徽《说文解字约注》说：“蕡与芬，实一语。湖湘间称香气甚者曰香蕡蕡，或曰蕡香。”① 郑玄认为麻就是蕡，而大麻子无香味，只有脂麻（即芝麻）吃起来才香蕡蕡，唐代诗人王维亦有“香饭进胡麻”的诗句，可见，五谷中的麻应指脂麻为当。

早在南北朝时，就有人明确指出脂麻为谷食。元代王祯《农书》也认为：“古诗言麻麦……乃今之白脂麻也。”明代宋应星在《天工开物》中更明确指出：“今之麻仁（大麻仁），止用入药，未以充食民生之用，今古无异，岂得便以火麻当古谷食而以脂麻归之异域哉！”

以上这些论断已被当今的考古发现所证实。1954年，在浙江吴兴钱山漾和杭州水田畈新石器时代遗址中，都发现了芝麻的炭化籽粒。② 芝麻实物内部已空，所剩种皮尚好，其颗粒较现在栽培品

① 张舜徽：《说文解字约注》，华中师范大学出版社2009年版，第217页。

② 浙江省文物管理委员会：《吴兴钱山漾遗址第一、二次发掘报告》，《杭州水田畈遗址发掘报告》，《考古学报》1960年第2期。

种略大。在这些实物未出土之前，一般都认为中国芝麻是从西域引进的，即西汉时张骞出使西域，从中亚细亚的佛尔哈那州带回芝麻种子，在黄河流域一带种植，以后传播到长江和珠江流域。由此，人们认为古代文献中所谓五谷中的麻是指大麻。但是，考古发现充分证实了中国早在新石器时期就已经有了芝麻，而且在中国的种植至少有四五千年的历史。

从药理上分析，许多医书都指出大麻的花、叶、壳都有毒，其仁虽无毒，但多食损血脉、滑精气、痿阳气，妇人多食易发带疾，故而不能作为粮食大量食用。而芝麻营养价值高，味道好，又无毒无害，据《名医别录》和李时珍《本草纲目》等书记载，芝麻其性甘平无毒，可治伤中虚羸，补五内，益气力，长肌肉，填骨连脑，久服，经身不老。

芝麻的适应性很强，是一种良好的耐旱作物，“大旱方大熟”①。所以在中国古代早期社会中，灌溉条件比较差的情况下，芝麻的种植就十分适宜。

芝麻在中国古代人民生活中的地位，不及黍、稷、稻、麦诸种。汉代经学家郑玄在对五谷的两次解释中，一次没有提到麻，一次把麻列五谷之末，可见麻在郑玄眼里的地位似不太高，这可能与芝麻的产量不如黍、稷、稻、麦、豆诸物有关。所以，我们认为汉代经学家把芝麻列为五谷是十分勉强的。

芝麻是中国古代人民十分喜爱的食物，在古代诗文中有：“一饭胡麻几度春，服之可为仙矣。”盛赞了芝麻的食用价值。同时，早在魏晋时期，人们就能用芝麻磨制“香油”，其浓香馥郁，是广受人们欢迎的珍贵佐食佳品。明代时，宋应星《天工开物》中记载：“麻菽二者，功用已全入蔬饵膏馔之中。”由此可见，从明代以后，芝麻已主要用来作为人民的蔬菜、糕饼、油脂等副食了。

在中国古代社会中，人们的粮食种类不止以上这五、六种，还有菰米、蚕豆、小豆、花生等，这些在考古发掘中都有实物出土，

---

① （宋）庄绰撰，萧鲁阳点校：《鸡肋编》卷上“胡麻等油料”，中华书局 1983 年版，第 32 页。

但远不及以上诸种谷物食用普遍。大体而言，在中国古代，黍、稷、麦、菽是北方人民的主要食粮，稻米、菰米是南方人民的主要食粮。这一传统主食结构的形成，影响着中国人民几千年的饮食习俗。

第二章

五畜与中国肉食的起源

中国古代早期人民的饮食生活，并非单一依靠谷类食物，肉类食物在人民的生活中也占有一定的比例，“如果不吃肉，人是不会发展到现在这个地步的”①。

在远古时期，由于农业不甚发达，先民的生活来源主要是依靠渔猎和采集，所以，有人把这一时代称之为“肉食时代”②。

恩格斯指出：

> 根据所发现的史前时期的人的遗物来判断，根据最早历史时期的人和现在最不开化的野蛮人的生活方式来判断，最古老的工具是些什么东西呢？是打猎的工具和捕鱼的工具，而前者同时又是武器。但是打猎和捕鱼的前提，是从只吃植物转变到

① ［德］恩格斯：《劳动在从猿到人转变过程中的作用》，《马克思恩格斯全集》第 20 卷，人民出版社 1965 年版，第 515 页。

② 吴其昌：《甲骨金文中所见殷代农稼情况》，《张菊生先生七十生日纪念论文集》，商务印书馆 1937 年版。

> 同时也吃肉，而这又是转变到人的重要的一步。肉类食物几乎是现成地包含着为身体新陈代谢所必需的最重要的材料；它缩短了消化过程以及身体内其它植物性的即与植物生活相适应的过程的时间，因此赢得了更多的时间、更多的材料和更多的精力来过真正动物的生活。这种在形成中的人离植物界愈远，他超出于动物界也就愈高。正如既吃肉也吃植物的习惯，使野猫和野狗变成了人的奴仆一样，既吃植物也吃肉的习惯，大大地促进了正在形成中的人的体力和独立性。但是最重要的还是肉类食物对于脑髓的影响；脑髓因此得到了比过去多得多的为本身的营养和发展所必需的材料，因此它就能够一代一代更迅速更完善地发展起来。①

可见，吃肉对人是十分有益的，在一定意义上说，肉类食物是人类发展的重要催化剂。

中国古代文献中也记载，远古时先民的饮食是以食肉和植物子实为主的，《礼记·礼运篇》说："昔者……未有火化，食草木之实、鸟兽之肉，饮其血，茹其毛。"东汉王充《论衡·齐世篇》中也说："上世之民，饮血茹毛，无五谷之食。"随着社会的进化，农业生产的发展，人类逐渐摆脱了饮血茹毛的生活，鸟兽被家畜所代替。农业和畜牧业的发明，是人类社会经济的巨大飞跃，对于人类社会的发展产生了极为深远的影响。但是，对于农业和畜牧业谁先产生的问题，至今人们的看法还未完全统一。

东半球的农业，按照摩尔根的观点，是在畜牧业发明之后产生的。当时人们种植谷物，是为了饲养家畜，马克思据此在《摩尔根〈古代社会〉一书摘要》中认为："园艺之起，在东半球，似乎与其说是由于人类的需要，不如说是由于家畜的需要。"恩格斯在《家庭、私有制和国家的起源》中也有类似的见解，他说："十分可能，谷物的种植在这里首先是由牲畜饲料的需要引起的，只是到

① ［德］恩格斯：《劳动在从猿到人转变过程中的作用》，《马克思恩格斯全集》第20卷，人民出版社1965年版，第515页。

后来，才成为人类食物的重要来源。”马克思和恩格斯在这里用了“似乎”或“可能”等词，很有分寸，这说明马克思和恩格斯对于他们的这个观点，是有所保留的，并不认为这是一个可以到处套用的公式。但是，在我国的一些著作中，也套用了这一观点，即肯定我国局部或全部地区，都是先有畜牧业，然后在此基础上再发展农业的。

事实上，中国古代许多民族的社会经济生活，并非是单一的，而是有多种不同成分。大体而言，在漫长的旧石器时代，主要从事渔猎和采集；到了新石器时代，农业开始发展，华夏族还兼营畜牧业，许多考古发掘都充分证实，这时的华夏族已形成了以农业为主、畜牧业为辅的经济文化类型。然而，有些氏族部落则沿着另一条路径发展，原始农业停滞或衰颓，主要还是采取游牧或渔猎方式。如东北、北方和西方的少数民族，大都如此，但他们还是需要以农业作为补充经济，或逐步向农业过渡。考古学上大量新石器时代出土遗存和民族学上的大量材料，均可说明这一问题。如果说农业是从采集经济发展而来，那么畜牧与狩猎也应有密切关系，前者源于后者，这是基本情况，是大体符合历史实际的。即使在古代比较发达的农业经济区域，渔猎和畜牧仍然要占据一定地位。

总之，农业和畜牧业的发明是变更人类饮食的首次革命，它标志着人类能控制自己的食物补给，使人类有了稳定的食源。农业为人类提供谷食和家畜饲料，家畜饲料的需求在促使人类扩大谷物种植面积的同时，也推动了农业的发展；畜牧业为人类提供了可靠的肉食来源，吃肉使得人类的体质增强，因而大大提高了人类征服自然的能力，也使人类有充沛的精力去从事农业生产。因此，畜牧业的发明，丰富了人类的饮食生活，自它产生以来，人类就再也离不开它了。

第一节 家畜品种

中国古代驯养家畜、家禽的起源是相当早的，传说“黄帝……淳化鸟兽虫蛾”。考古发掘也表明，从我国史前的新石器时代文化到商代青铜文化来临之前，我国农业经济里的畜养业在各地已经有了牢固的基础。人类文明生活中饲养的几种主要家畜，即通常所谓的六畜——马、牛、羊、鸡、犬、豕，大都已经普遍饲养，供人食用。有的还被育成较稳定的品种，所以到了商代，猪、马、牛、羊等都已有了相当好的品种，与后来的品种已经很接近，可以说后世的主要家畜、家禽品种在当时都已具备。春秋以后，伴随着战争的频繁发生和农业的发展，马、牛等大型牲畜已成为军事、农耕和交通的役力，较小的畜禽，如羊、猪、犬、鸡、鸭等，自然而然地成了长江流域人民肉食的品种。同时它们也是宜于小农饲养，增长最快的畜禽。《诗经》中的“执豕于牢”“鸡鸣于埘”等诗句，反映的就是这一情况。畜牧业的兴旺在考古材料中亦有反映。在湖北江陵望山一号墓出土的战国时期的铜鼎里，就有牛、羊、猪、鸡等的遗骸，这说明这些牲畜主要是供人们食用的。

一、猪

（一）家猪的驯养

从我国新石器时代遗址发掘的材料来看，新石器时代我国家畜数量最多的是猪，家猪饲养在各个从事农业的氏族公社中的地位仅次于农业。这是因为家猪的驯养和原始农业有着密切的关系，猪不同于牛羊等家畜，它不能远距离放牧，只有在人类开始定居下来以后，才有可能圈养，而人类的定居是以从事农业生产为前提的。再则，只有农业相当地发展了，才能给养猪业提供必要的饲料。从考古材料中可以看出，凡已出现原始农业的地方，都有养猪的遗迹出现，说明养猪与农业一开始便结下了不解之缘。家畜和农业的相互依存，在艺术上也有反映，在浙江河姆渡出土的稻穗纹陶盆残片中，稻穗纹旁边就刻着一只猪。

在黄河流域的磁山文化、仰韶文化和龙山文化的许多遗址里，都有猪的遗骨出土，愈到后期数量愈有所增加，而且成年猪的比重也越来越大，这同后一时期的农业比较发达，粮食储备较多，饲料比较丰富是直接相关的。

在我国南方的几个较早的新石器时代遗址中，例如广西桂林甑皮岩遗址（距今11310—7580年）和浙江余姚河姆渡遗址都有家猪的骨骸出土，而且桂林甑皮岩遗址的家猪骨骸也是我国迄今所见的最早家畜骨骸。河姆渡遗址的家猪骨骸较多，根据对出土的七十二头较完整的标本进行鉴定的结果，少年个体（包括幼猪）约占总数的54%，成年个体（二至三岁）占34%，老年个体仅占10%。这些比例说明两种现象，第一，养猪是为了食肉，所以少年与成年两类标本约占90%；第二，农业生产水平尚低，没有充足的粮食饲养，所以小猪的宰杀率较高，这与黄河流域新石器时代出土的猪骨现象基本上是一致的。

华北地区的地形被沟谷切割，长江中下游地区因河流湖泊纵横分布，使得我国早期的文明地区缺乏开阔的牧场，食草动物（牛、羊、马）也就缺少赖以生活的草被。这些因素导致我国先民畜养的对象不是牛或绵羊，而是猪。新石器时代遗址发现的动物骨骼多以猪为主，可以证明这一推测：以猪为主的家畜饲养影响中国文明既深且巨，它和以小米或稻米为主的农耕共同形成我国食米吃肉的文明。华夏族的人民不喝乳类，不吃乳酪，自成为一类饮食文化圈，和西方民族截然不同，而这种差别，早在新石器时代就已形成。

(二) 猪在人们生活中的地位

殷商以后，肉猪在人们生活中的地位日趋重要，甲骨文中的“家”字，即可映证这一情况，“家”字从“宀”从“豕”，说明猪已成为人类家居必养之物。“陈豕于室，合家而祀”，这正是家字的本义。① 由此看来，殷商时，每家必养猪，若一家不养，则何以家祭？

家猪生长快，繁殖力强，饲养方便，特别是到秦汉时期，外形肥壮、肉质佳美的良种猪已经培育成功，有的品种沿续于今，如四川的内江猪等。因此，有些专家根据解放以来各地出土的汉代陶猪模型认为，目前我国的某些优良家猪品种，可以在汉代陶猪的外型

① 王仁湘：《新石器时代猪的意义》，《文物》1981年第2期。

上，看到各自的早期形象，它们之间显然存在着某些联系。①

由于猪的喂养面广，所以猪肉成了人们生活中最普通的肉食来源。但是，一般平民的日常饮食中也不是经常有肉吃的。这是由于猪的畜养，需要大量谷物作为饲料，《说文解字》释“猪”为：“以谷圈养豕也。”这证明古人养猪用谷物。只有在人民生活有多余谷物的情况下，才有可能喂养猪，一般平民家庭喂养的猪不会过多。在汉代，一些地方的官吏“劝民农桑”，提出的理想就是户养“二母彘、五鸡”或“一猪、雌鸡四头”②。史书之所以颂扬这些官吏的“德政”，正说明了许多地区并不能达到这个理想的标准。喂猪不多，就不可能经常宰杀，因此，平民只有逢年过节才有机会吃上肉。《礼记·王制》规定：“士无故不杀犬豕，庶人无故不食珍。”什么人可以经常吃上猪肉呢？除了诸侯大夫以外，孟子的理想是七十岁以上的可以吃肉，《孟子·梁惠王》中说：“鸡、豚、狗、彘之畜，无失其时，七十者可以食肉矣。”他认为家畜是每家都有力量和工夫去饲养的，只要不错过繁殖的季节，那么七十岁以上的人就可以有肉吃了。这从反面说明，即便是老年人，也不是经常有肉吃。秦汉时期，一般平民吃不起肉，就买些猪下水来调剂一下生活，如舌、心、肺、胃、肠、肝、头、蹄。《东观汉记》中记载：“闵仲叔客居安邑，老病贫寒，不能买肉，日买一片猪肝。”有钱人家对于食用猪肉非常讲究，从长沙马王堆出土的肉食标本分析，食用猪以出生二个月至半年之间为佳。

从史料上来看，猪的饲养在秦汉时期极为普遍。秦汉时期有许多“牧豕人”，他们分布在南北各地，年龄不同，经历各异，如西汉时蜀地富人家奴“持梢牧猪”。据梁家勉先生主编的《中国农业科学技术史稿》中说，在汉代我国就已经形成了五个类型的优良猪种，它们分别是：

---

① 张仲葛：《出土文物所见我国古代家猪品种的形成和发展》，《文物》1979年第1期。

② 王褒：《僮约》，（清）严可均辑：《全汉文》卷四二，商务印书馆1999年版，第424页。

华南猪 华南广东等地出土的青瓦猪，从外形看，头短宽，耳小而直立，颈短阔，背腰宽广，臀部及大腿发育极为良好，四肢短小，可以代表华南小耳型猪。从这种体态可以推知，我国汉代的华南猪已具备早熟，易肥等优良特点。

华北猪 天津市武清县等地汉墓出土的青瓦猪及其仔猪，从外形看，头部长而直，耳大下垂，体形较大，具有华北大耳型猪的特征。

四川猪 四川出土的东汉陶猪，从外形看，头短宽，颜面凹曲。耳中型半垂，体躯短宽，四肢坚实，当为著名的荣昌猪、内江猪的祖先。

大伦庄猪 泰州、泰县、如皋等县的大伦庄猪，是我国优良种猪之一。泰州新庄汉墓出土的滑石猪，头嘴短小，颈短，腿短而小，背宽微凹，腹部下垂，臀部发达，具有大伦庄猪的特征。

贵州猪 近年贵州出土的汉代陶猪，从外形看，体形小而丰圆，嘴尖细而短，为脂肪型猪种。这是西南少数民族精心选育的适合当地条件的优良猪种。

汉代许多地区养猪以放牧为主，贫穷百姓亦可以此为业。由于放牧成本低廉，故猪的饲养量也比较可观，这对改善人们的饮食结构，增加肉食成分起到了重要作用。

东汉魏晋南北朝时气候变冷，降水量减少，使养猪业由以放牧为主转向舍养为主。舍养需要大量的粮食，这就使养猪业以小规模为主，在民间再也看不到“泽中千足彘”或大群养猪的情况。但猪能为农民制造肥料，养猪可以利用农副产品，因此小规模的家庭养猪业作为农民一项重要的副业，仍保持着兴旺的势头。成书于唐前期的《朝野佥载》记载：“洪州（治今江西南昌）有人畜猪以致富，因号猪为乌金。”

宋代以降，养猪技术取得了较大的进步，“家多豢养，皆置栏圈，未尝牧放。乐岁尤多，捣米有杜糠以为食”①。此外，各地还因地制宜发展养猪业。如近水地区利用萍藻和水生植物饲猪，以扩

① （宋）谈钥：《嘉泰吴兴志》卷二十《风俗·物产》，嘉业堂刻本。

大饲料来源。元代王祯《农书》中记录宋元时期的养猪经验："尝谓江南水地多湖泊，取萍藻和近水诸物，可以饲之。"① 又记山区养猪："凡占山者用橡食，或食药苗，谓之山猪，其肉为上。"这是一种瘦肉型的肉猪，肉味鲜美。宋代轶事小说《仇池笔记》引四川后蜀时的一位和尚写的《蒸豚诗》云："嘴长毛短浅含膔，久向山中吃药苗。蒸处已将蕉叶裹，熟时兼用杏浆浇。红鲜雅称金盘饤，香软真堪玉筋挑。若把毡根（即指羊）来比并，毡根自合吃藤条。"此外，酒糟也被人们用作饲料，如"浮梁人张世宁，淳熙癸卯暮冬之月，酿白酒五斗，欲趁新春沽买，徐夕酒成，既篘取之矣，复汲水拌糟于瓮，规以饲猪"②。

二、牛

（一）牛的驯养

牛类的驯化，不会晚于猪的饲养。在考古遗存中，如浙江余姚河姆渡，长江中下游的圩墩、菘泽和马桥等处新石器时代遗址，大多出土过水牛的遗骸，说明从河姆渡文化、马家浜文化、良渚文化，直到湖熟文化的居民，可能都饲养水牛，同时，这也表明家水牛的畜养与水稻的种植有密切的关系，因为在上述文化遗址中，大都也有水稻的遗存发现。

在大致以秦岭与淮河以北的中国北方，包括中原地区，这里已知最早的新石器时代文化是距今7000多年的磁山、裴李岗文化，一些考古学家认为，这一时期的居民可能已经开始饲养黄牛。③ 中国北方新石器时代的水牛，首先出现在大汶口文化（前3835—前2240年）的遗存中。在大汶口遗址和王因遗址，除了黄牛以外，还有家水牛的遗骸出土。在龙山文化中，邯郸涧沟村遗址和长安客

---

① （元）王祯：《农书·农桑通诀五·畜养篇第十四·养猪类》，中华书局1962年版，第43页。

② （宋）洪迈：《夷坚丁志》卷七《张方两家酒》，（清）陆心源辑：《十万卷楼丛书》，光绪己卯刻本。

③ 中国社会科学院考古研究所编：《新中国的考古发现和研究》，文物出版社1984年版，第194~195页。

省庄遗址也都有水牛遗存出土。① 在殷墟中，所发现的水牛骨也比黄牛骨要多。② 这说明，在先秦时期，水牛可以生活在黄河流域或淮河以北的地区。

（二）牛在人们生活中的地位

在新石器时代，人们养牛的目的是继承渔猎时代的生活，以食其肉、用其皮骨为主。殷商时，牛成为一种隆重的祭祀用的牺牲。事实上，牛作为牺牲的历史很悠久，所谓“伏羲氏教民养六畜，以充牺牲用以容”的传说，曾被认为是我国进入原始畜牧业时代的标志。《史记・五帝本纪》认为尧时就“用特牛礼”，即选用牡牛作为祭品。在商代甲骨文中，关于牛的记载，最多的就是指用于祭祀的牺牲，有的每次达三四百头，比用羊和猪充牺牲的数量多。陈梦家在《殷墟卜辞综述》中指出：“甲骨文字中有牢、宰是牺品，乃指一种圈养的牛羊。”牛作为祭祀的牺品，其实还是被人当作肉食，《尚书・微子》就指出：“今殷民乃攘窃神之牺牷牲用以容。”可见，殷人已在暗自分享祭祀用的牛肉了。

由于牛在商代还没有应用于农业生产中，因而牛在商代人的饮食生活中并不显得特别珍异。郭宝钧先生认为：“殷代祀典，卯牛用羊的卜辞多至不可胜数，用牲少者数十，多者数百，在埋葬遗迹中，我们也确曾于小屯 C 区房基旁发现祭牲数百，这些兽类，骨架齐全，可知当日是全骨肉掩埋的。以此推证，当日纣王之悬肉为林、积肉为圃的奢糜（《韩非子・喻老》‘纣为肉圃’）并非必无之事。这时贵族们食肉，自不虑缺乏，所以肉祭或数十人共肉食的大鼎，如司母戊鼎、牛鼎、鹿鼎等即适应需要而制。”③ 这反映出商代的畜牧业是很繁盛的。贵族们食肉，主要是取之于牛，以牛肉为肉中上品。

---

① 中国社会科学院考古研究所编：《新中国的考古发现和研究》，文物出版社 1984 年版，第 194～195 页。

② 北京大学考古教研室商代周组编：《商周考古》，文物出版社 1979 年版，第 41 页。

③ 郭宝钧：《中国青铜器时代》，三联书店 1963 年版，第 116 页。

在西周，牛在六畜中是最贵重的一种。在周代祭祀和享宴中，用牛的数量比商代有所减少，如成王于洛邑王城告成之祭，对文王只用一只骍牛，对武王也是只用一只骍牛，这比之商代祭祀，减色实多。到东周时，物质生活虽然越来越丰富，但大量用牛作祭祀的现象也不多见，用三百条牛作祭祀的在文献中仅一见，这就是《史记·秦本纪》中所说："秦德公……用三百牢于鄜畤，作伏祠。"

中国古代礼制规定：太牢是最隆重的祭礼，所谓太牢是三牲齐备，即牛、羊、猪三种牺牲俱全，牺牲二字皆从牛，可见古代珍贵的食物是以牛作为标志的。没有牛的即称少牢。《礼记·王制》指出："天子社稷皆太牢，诸侯社稷皆少牢。"《国语·楚语》中也有类似的论述："其祭典有之曰：国君有牛享，大夫有羊馈，士有豚犬之奠，庶人有鱼炙之荐，笾豆脯醢，则上下共之。"即说牛是国君的祭品，羊是大夫的祭品，猪是士以下人员的祭品。在西周还有规定哪个阶级和阶层的人们才有权利享受吃牛肉的制度，《礼记·王制》说："诸侯无故不杀牛。"虽然这种规定并没有严格施行，但说明了牛肉的尊贵。春秋战国时期，牛肉还是比较稀贵的，《左传·僖公三十三年》记载，秦师袭郑，到达滑国，郑国的商人弦高准备到成周去做买卖，碰到秦军。为了稳住秦军，他先送给秦军四张熟牛皮，后送12头牛犒劳秦军。同时又派人向郑国报告。给几万人的秦军送去12头牛犒劳，这在当时已算是一份有分量的礼物了。

以农为立国之本的古代中国，养牛从来为历代王朝所重视。早在周代，朝廷就设有专门向贵族供应肉牛的官员，即牛人，他的职责为"掌养国之公牛，以待国之政令。凡祭祀，共其犒牛、求牛，以授职人而刍之。凡宾客之事，共其牢礼积膳之牛；飨食、宾射，共其膳羞之牛；军事，共其犒牛；丧事，共其奠牛"①。这就是说牛人掌理畜养国家的公有牛只，供给国家的需要。凡有祭祀，供给享牛和求牛。招待宾客和王者与诸侯宴饮及行射礼时，都要供给膳

---

① （清）孙诒让：《周礼正义》，中华书局1987年版，第923~930页。

羞所需的牛。有军旅事，供给犒劳将士的牛只。有丧祭，供给祭奠所需的牛只。

周代的牛人对后世出现的养牛管理机构有着较大的影响，从秦汉以来的2000多年中，凡属朝廷所需的肉类，无论是大小宴会所需，或供应皇室祭祀的牺牲，均归九卿中的光禄和太常二卿直接掌理。到隋唐时太常寺的廪牺署，以至宋朝光禄寺的牛羊司，都是这样发展起来的。这些设置主要是为皇室、京官管理肉类的消费，把生产出来经过挑选的肉畜献给他们去享受。

汉唐时期，牛的饲养规模和数量有显著增长。在《史记·货殖列传》中，不少人家有“牛蹄角千”（合166头），富比“千户侯”，养牛规模比周代大幅度增长。伴随养牛业的发展，长江流域各地牛的品种也在增多。除了通用的耕牛，劳动人民还培育了一些肉牛品种。《广志》记载的十余个品种中，就有一些是肉牛，如犩牛，如牛而大，肉数千斤，出蜀中；麟牛，似鹿又似羊，肉美。三国初年刘表在荆州“有千斤大牛，刍豆十倍于常牛，负重致远曾不若一羸牸，魏武入荆州以享军”①。这种大牛，不能负重犁地，只堪作专供食用的肉牛。马王堆一号汉墓也出土有炙牛肉的残骸。

汉唐时期牛的价钱较高，在《九章算术》里，一头牛的价格在1800钱左右，羊约250钱，豕在300钱至900钱之间。② 因此，只有王公贵族和豪富之家才能宰得起牛，各级官员置办宴会都要杀牛。曹植《箜篌引》诗就有“置酒高殿上，亲交从我游。中厨办丰膳，烹羊宰肥牛”的记载。

宋代以降，牛的饲养技术也达到了较高的水平，如周去非《岭外代答》卷四云：“今浙人养牛，冬月密闭其栏，重藁以藉之。暖日可爱，则牵出就日，去秽而加新，又日取新草于山，唯恐其一不饭也。浙牛所以勤苦而永年者，非特天产之良，人为助亦多

① （宋）李昉等编：《太平御览》卷八九八《兽部十》，中华书局2011年版，第3218页。

② 宋杰：《九章算术与汉代社会经济》，首都师范大学出版社1994年版，第68页。

矣!”此外,《陈敷农书》对此也有详细的阐述。

这些牛除用来耕作外,有的也作食用,如“饶州乐平县白石村民董白额者,以侩牛为业,所杀不胜纪”①。由于食者众多,故有人作《食牛诗》曰:“万物皆心化,唯牛最苦辛。君看横死者,尽是食牛人。”② 如果单家独户的贫苦百姓杀不起牛,他们就合资共买,宰杀分肉,如《九章算术·盈不足章》就记载了126家共买一牛的情况。以上这些史料证明,牛肉在长江流域人民的饮食生活中,虽然占有一席之地,但不可能经常吃到,牛肉是一种较稀贵的肉食品种。

三、羊

(一)羊的家养

家养羊的出现要晚于猪和牛。中原地区几个时代较早的新石器时代遗存里都没有羊的骨骸。磁山遗址的动物群中没有羊,裴李岗遗址中也没有发现羊骨,只有陶制的羊头,但造型简单,羊角粗大,形状似野盘羊的角,不大可能是家羊。西安半坡遗址中的绵羊标本很少,也不能确定是家羊。郑州西郊仰韶文化遗址的家羊骨,仅是骨制的半圆形细长的食器,也难肯定为家羊。所以中原地区仰韶文化遗存中是否有家羊,尚需做深入的研究。三门峡庙底沟二期文化遗存中的家山羊,是中原地区新石器时代最早的记录,为公元前3000年左右。山东城子崖遗址中的羊骨被鉴定为殷羊,是一种与殷代的绵羊同种的家绵羊,说明在龙山文化(前2400—前2000年)遗存中已经有家山羊与家绵羊了。南方的家羊较普遍地出现在良渚文化的遗存中③。

---

① (宋)洪迈:《夷坚甲志》卷一三《董白额》,(清)陆心源辑:《十万卷楼丛书》,光绪己卯刻本。

② (宋)洪迈:《夷坚乙志》卷一三《食牛诗》,(清)陆心源辑:《十万卷楼丛书》,光绪己卯刻本。

③ 中国社会科学院考古研究所编:《新中国的考古发现和研究》,文物出版社1984年版,第196页。

（二）羊在在人们生活中的地位

在商代考古发掘的遗存中，羊的发现逐步多了起来，仅次于猪、牛。历代供祭祀的牺牲和肉食都少不了羊，在商代甲骨文中用羊作牺牲的记载就非常多，如“三百羊，用于丁”等①。在周代，还专设一职，掌理羊牲的供给，“羊人，掌羊牲。凡祭祀，饰羔。祭祀，割羊牲，登其首。凡祈珥，共其羊牲。宾客，共其法羊。凡沈、辜、侯、禳、衅、积，共其羊牲。若牧人无牲，则受布于司马，使其贾买牲而共之”②。这就指出羊人掌理羊牲的职能。凡是祭祀，羊人都要洗净所用的羊只，并剖割羊牲，升羊首。行衅时，供给所需的羊牲。接待宾客，供给法定所需的羊只。凡沉、辜、侯、禳、衅与祀天神等祭，供给羊牲，如果牧人没有羊牲，便向司马领取货币，使贾人买来供应。

在中国古代，羊是吉祥如意的象征，《说文解字》释“羊”为“祥也”。羊肉甘美，所以《说文解字》释“美”为“甘也，从羊从大，在六畜主给膳也”。羊在六畜中的地位仅次于牛，《礼记·王制》规定：“大夫无故不杀羊。”在乡饮酒礼中，只有乡人参加，就吃狗肉，如有大夫参加，就另加羊肉。《礼记·月令》中说：“孟春之月……天子食麦与羊。”可见，羊在先秦时期主要是供给权势者享用的。

烹羊炮羔，是中国烹调的一个传统。古代羊肴，品目繁多，据《礼记》等书记载，西周“八珍”之一就有“炮羊”③，北魏贾思勰的《齐民要术》中载有 14 种羊菜，品名有：腩炙（烤羊肉）、肝炙、羊盘肠（羊灌肠）、豉丸炙（煎丸子）、五味脯（五香腊羊肉）、羊蹄腥（煨羊蹄）、羊节解、胡炮肉（烤羊灌肠）、蒸羊（清蒸羊肉）、筒炙羊（竹筒烤羊）、羊肉酱等。

---

① 罗振玉：《殷墟书契续编》，艺文印书馆 1970 年版，第 47 页。

② （清）孙诒让撰，王文锦、陈玉霞点校：《周礼正义》卷五十四《夏官司马·羊人》，中华书局 1987 年版，第 2393~2395 页。

③ （汉）郑玄注，（唐）孔颖达疏：《礼记注疏》，见清阮元校刻《十三经注疏本》。

在宋代饮食中，羊肉占有重要的地位。羊肉作为最主要的肉食食品，从皇宫到民间，无不以食羊肉为美事。皇宫内的肉食品，几乎全用羊肉，而不用猪肉。这不但是习惯，而且还上升到作为宋朝“祖宗家法”之一的高度。如《后山谈丛》所言：“御厨不登彘肉。”李焘《续资治通鉴长编》记载辅臣吕大防为哲宗讲述祖宗家法，其一即“御厨止用羊肉”。① 为供应皇宫，每年要从陕西等地要运来数万只羊。宋仁宗时，宫中的食用量达到最高额，竟日宰羊280只，一年即10万余只，食用量之大是惊人的。

宋王朝南渡后，黄河流域的大批居民也随之南移。他们把原来生长于冀鲁豫地区的绵羊带到江南，利用当地丰富的野草资源和养蚕剩下的桑叶、蚕沙来饲养绵羊。由于蚕沙、桑叶含有丰富的蛋白质，性凉能清湿热，可预防羊体受湿热生病。经过漫长的风土驯化，结果在南宋培育成耐湿热的著名品种——湖羊。《嘉泰吴兴志》中所说的“今乡土间有无角斑黑而高大者曰胡羊”②，即指此。这种羊具有肉质肥美、皮裘花纹美丽、繁殖力强等优点，非常适合当地的自然条件。

清代时，食羊之风更为盛行，羊肉的烹制技术也更高超，全羊席就是这时出现的，可谓集中国古代羊肴之萃。袁枚《随园食单》称：“全羊法有七十二种，可吃者不过十八九种而已。此屠龙之技，家厨难学。一盘一碗，虽全是羊肉，而味各不同才好。”徐珂《清稗类钞》记载：“清江庖人善治羊。如设盛筵，可以羊之全体为之，蒸之、烹之、炮之、炒之、爆之、灼之、熏之、炸之；汤也、羹也、膏也、甜也、咸也、辣也、椒盐也。所盛之器，或以碗，或以盘，或以碟，无往而不见为羊也，多至七八十品，品各异味。”展示了古代厨师烹制羊菜的聪明才智。

四、狗

（一）狗的驯化

狗是被人类最先驯化的动物，它第一个走进家畜的行列，在世

---

① （宋）李焘：《续资治通鉴长编》卷四八〇，中华书局2004年版。

② （宋）楼钥：《嘉泰吴兴志》卷二十《风俗·物产》，嘉业堂刻本。

界上所有地区概不例外。狗的驯化是在狩猎的基础上产生的，狗被驯养之后，人类发现，其较易繁殖，人们不太费气力就可以获得肉食，于是便引起了人类对其他动物的驯服，我们可以说狗的驯养开创了人类驯服动物的道路。

在我国新石器时代遗址中，都无一例外的有家犬遗骨，其时代可以早到距今7000至8000年左右，如武安磁山、新郑裴李岗、余姚河姆渡等新石器时代早期遗址都有家犬的遗骸出土。黄河下游的大汶口文化遗址中有大量的家犬遗骸出土，在山东胶县三里河出土的狗形鬶，① 造型逼真，生动地表现了我国新石器时代家犬的形态特征。在商周时期的墓葬中，家犬遗骸仍是出土家畜遗骸的大宗。我们可以认为，狗是中国新石器时代一直到商周时期最主要的家畜之一。

(二) 狗在人们生活中的地位

狗除容易喂养、繁殖力强等特点之外，宰杀也相对容易，因而在先秦时期，食狗之风十分盛行。《左传·昭公二十三年》记载：鲁国的大夫叔孙被晋国扣留，“吏人之与叔孙居于箕者，请其吠狗，弗与。及将归，杀而与之食之”。《国语·越语》记载，越王勾践为鼓励繁殖人口，规定“生丈夫，二壶酒，一犬；生女子，二壶酒，一豚”。即生男孩的奖一条狗，生女孩的奖一头猪。《晏子春秋》记载，齐景公的猎狗死了，要用棺殓之，还准备祭祀，后经晏婴谏止，于是齐景公“趣庖治狗，以会朝属”。可见在先秦时狗肉也可以登大雅之堂。

《礼记·王制》规定：“士无故不杀犬豕”，这种规定到战国时期就没有什么约束力了，屠狗者日渐增多，以至成了社会上的一种专门职业，如战国时刺客聂政，即“家贫，客游以为狗屠”②，刘

---

① 吴汝祚：《山东胶县三里河遗址发掘简报》，《考古》1977年第4期。

② (汉) 司马迁：《史记》卷八六《刺客列传第二十六》，中华书局1959年版，第2505页。

邦的大将樊哙也“以屠狗为事”①。屠狗专业户的出现，说明了社会上养狗普遍，食狗肉的人多。同时还意味着饮食不再受社会阶级的限制，有钱买肉，即可食之，这是人们生活条件稍有改善的一个标志。秦汉时期，人们食用狗肉十分讲究，选择的原则是选幼不选壮，选壮不选老，也就是说，以食小狗为上，从马王堆出土的肉食标本分析，小狗以豢养一年以内的为佳。

一般而言，在魏晋以前，北方杀食狗肉之风似比长江流域更盛，文献记载比比皆是。而魏晋南北朝以后，大批北方人口涌入长江中下游地区，带动了长江流域养狗业的发展，北方的食狗之风迅速在长江流域兴起。文献中有很多关于长江流域养狗的记载，如《三国志・吴书》《晋书》中的《吴隐之传》及《艺术传》，《搜神记》《续搜神记》《述异记》《列仙传》《华阳国志》《南齐书》等，涉及建康、吴郡、会稽、闽中、鄱阳、荆州、南中等地区，也就是说今天的江苏、浙江、湖北、江西、四川、福建在当时是南方养狗的主要地区。

《续搜神记》中记载有狗救主人的故事，《述异记》中亦记载有陆机养狗送信的故事。只有在普遍养狗之后，才会产生有关狗的趣事。这些记载表明狗已进入长江流域人民的生活，为长江流域人民所喜爱。长江流域养狗业的兴起，使不少人从事屠狗、贩狗行业。南齐开国功臣王敬则，少时屠狗，后为吴兴太守，后“入乌程，从市过，见屠肉枅，叹曰：‘吴兴昔无此枅，是我少时在此所作也。’召故人饮酒说平生，不以屑也。”② 这些材料说明长江流域的屠狗贩肉之风是很普及的，不过，唐宋以后，狗逐步退出肉用畜的范围，但在近现代食狗肉之风又流行开来。

五、鸡

中国是世界上最早养鸡的国家，在中国新石器时代早期的一

① （汉）班固：《汉书》卷四一《樊郦滕灌傅靳周传第十一》，中华书局1962年版，第2067页。

② （南朝梁）萧子显：《南齐书》卷二六《列传第七・王敬则传》，中华书局1972年版，第482页。

些遗址中，如磁山、裴李岗和北辛等文化遗址中，均有鸡的遗骸出土。这说明家鸡在黄河流域驯化的年代可以早到公元前6000年左右，这也是国内外已知最早的记录。中原地区仰韶文化和龙山文化的遗存也有许多家鸡的遗骸出土，可见新石器时代黄河流域的居民饲养家鸡较普遍。湖北京山屈家岭、天门石家河等遗址中，也出土了一些陶鸡模型，说明当时这些地方的先民已开始饲养家鸡①，其在长江流域驯化的年代可以早到公元前五六千年左右。

在商代，鸡被大量用于祭祀中的牺牲，郭沫若在《中国古代社会研究》一书中指出："用鸡的痕迹在彝字中可以看出，彝字在古金文及卜辞均作二手奉鸡的形式。鸡在六畜中应是最先为人所畜用之物，故祭器通用的彝字竟为鸡所专用，也就是最初用的牺牲是鸡的表现。"殷墟中就曾发现大批用作牺牲的鸡骨。甲骨文中也有鸡字，这说明，商代的养鸡业是十分兴盛的。周代还设有"鸡人"官职，掌管祭祀、报晓、食用所需的鸡。战国至秦汉时，鸡是上自贵族下至平民都爱饲养和食用的家禽，鸡肉和鸡蛋在秦汉饮食生活中有重要位置。在大多数汉墓中，我们都可以找到鸡骨，而长沙马王堆一号汉墓和江陵凤凰山167号汉墓则出土有成批的鸡蛋。马王堆一号汉墓遣策中有"鸡白羹一鼎瓠菜"的简文，《居延汉简释文合校》则有"鸡子五枚"的记录。可见，在长江流域一般的家庭中，鸡肉与鸡蛋是待客的常菜。

历代统治者都很注重民间养鸡业，并把民间养鸡业的兴旺与否，作为衡量地方官员的政绩的标准之一，并认为民间理想的户养是二头母猪，五只鸡或一头母猪，五只母鸡。②《三国志·魏书》记载：三国魏人杜畿任河东（今山西）太守时，很重视畜牧业，他下令每户都要饲养猪、鸡等家禽，并订有章程，于是"百姓勤

① 王仁湘：《中国史前饮食》，青岛出版社1997年版，第81页。

② （北魏）贾思勰撰，缪启愉校释：《齐民要术校释》，中国农业出版社1982年版。

农，家家丰实”，他本人也受到统治者的嘉奖。

秦汉以后，养鸡业成为中国最为发达、最为普及的一种家禽饲养业，遍布大江南北的家家户户。滕白《观稻》诗中“稻穗登场谷满车，家家鸡犬更桑麻”句，可为明证。《嘉泰吴兴志》卷二十《物产》载道：“鸡……今田家多畜，秋冬月乐岁尤多，盖有粞谷之类为食也。”农家往往以其作为补贴日常生活的一种手段。如“郝轮陈别墅畜鸡数百”，谓之“羹本”①。而有的人家，养鸡数更是多达百数。②

养鸡业的发达还可从人们食用鸡只的数量可以看出。如洪迈《夷坚志》载：“唐州相公河杨氏子，娶于戚里陈氏，得官至宣赞舍人。平生喜食鸡，所杀不胜计。”③ 又载：“（嘉州）杨氏媪嗜食鸡，平生所杀，不知几千百数。”④

我国劳动人民在长期的养鸡实践中，精心培育出许多优良品种。早在战国时代，就已有鲁鸡和越鸡的区分。《庄子·杂篇·庚桑楚》说：“越鸡不能伏鹄卵，鲁鸡固能之矣。”陆德明《释文》曰：“越鸡，司马向云：小鸡也，或云荆鸡；鲁鸡，大鸡也，今蜀鸡。”这说明此时长江流域已经形成了鸡的原始品种类型。⑤《尔雅·释畜》云：“鸡大者蜀。”又云：“鸡三尺为鶤。”郭璞注：“阳沟巨鶤，古之良鸡。”《艺文类聚》卷九十一引《庄子》佚文提到“羊沟之鸡”，司马彪注：“羊沟，斗鸡之处。”可见“鶤”是一种体大善斗的鸡。《齐民要术》中也记载了鸡的众多不同品

---

① （宋）陶穀：《清异录》卷二《禽名门·羹本》，四库全书文渊阁本。

② （宋）庄绰撰：《鸡肋编》卷上《一鸡擅场》，中华书局1983年版，第8页。

③ （宋）洪迈：《夷坚丙志》卷一四《杨宣赞》，（清）陆心源辑，《十万卷楼丛书》，光绪己卯刻本。

④ （宋）洪迈：《夷坚丙志》卷三《常罗汉》，（清）陆心源辑，《十万卷楼丛书》，光绪己卯刻本。

⑤ 梁家勉主编：《中国农业科学技术史稿》，中国农业出版社1992年版，第151页。

种。宋代陆佃说："鸡有蜀、鲁、荆、越诸种，越鸡小，蜀鸡大，鲁鸡又其大者。"① 并对比了各地鸡种的优劣。明代李时珍在《本草纲目》中也列养了鸡的七个变种，介绍了各地不同的鸡。② 清代张宗法在《三农纪》中说："产朝鲜者尾长，江南产者足短，蜀产臀团无屋，楚产并高三尺。"指出了不同鸡种的特征。我国历史上培育的优良鸡种有，河北、山东一带的九斤黄，体大肥硕，肉嫩味鲜，体重九斤，羽毛黄色，故名九斤黄，是世界著名的肉用鸡，还有湖南的桃源鸡，辽宁大骨鸡、四川的鸦鸡、湖北的伧鸡等。

中国古代历史上用鸡制作的名菜可谓是种类繁多，不胜枚举，如北京的芙蓉鸡片和三不粘、山东德州扒鸡、四川的宫保鸡丁、广东的盐焗鸡、太爷鸡、江苏的叫化鸡、安徽的无为熏鸡、河南的道口烧鸡、湖南的五元神仙鸡、江西的三杯鸡、陕西的葫芦鸡、清代宫廷的口蘑肥鸡汤等等，这反映出鸡是人们最常食用的家畜品种，在这种常食的基础上，经过千百次实践，才有可能创造出味道万千、风格迥异的各类品种出来。

第二节　渔和猎

渔猎经济是中国古代人民生活的一个重要来源，特别是在中国古代早期社会，渔猎业在人们的饮食生活中更占有不可缺少的地位。

俗话说："靠山食兽，近水食鱼。"从新石器时代文化遗址的地理位置的分布状况可以看出，当时人们的居址多坐落在傍近小河的丘陵或高地上，这就说明了当时人们的经济生活除以农业为主外，渔猎是人们饮食生活的辅助手段。大体上而言，时代愈早，渔猎经济在人们的饮食中所占的比重愈大，时代愈晚，农业愈进步，

---

① （宋）陆佃：《埤雅》卷六《释鸡》，见《摛藻堂四库全书荟要》，清乾隆刊刻本。

② （明）李时珍著：《本草纲目》第四十八卷《禽部》，人民卫生出版社 2005 年版，第 2583 页。

渔猎经济在人们饮食中所占的比重就愈小。

一、渔

我们国家江河纵横，湖泊众多，海域辽阔，渔业资源十分丰富。自从人类学会用火之后，鱼类便成为人类的主要食物来源之一。在浙江余姚河姆渡文化遗址中，鱼和龟鳖类遗骨数量很多，淡水鱼骨随处散见，滨海河口的鲻鱼骨也不少，说明早在新石器时代人类就普遍地在食用鱼类。在一些新石器时代的文化遗址中，还发现了多种原始捕鱼工具，有带倒刺的鱼骨镖头、骨制钓鱼钩、木浮标、鱼叉等，这说明这一时期人们的生活是“以佃以渔”。① 据《竹书纪年》记载，夏王帝芒曾“东狩于海，获大鱼”，可见海洋渔业在上古时代也开始兴起了。

在上古至商周时期，人们食用鱼的种类有十几种之多，殷墟出土的鱼骨，就有鲻鱼、黄颡鱼、鲤鱼、青鱼、草鱼及赤眼鳟等六种，后五种至今仍是人们普通食用的鱼类。②

《诗经》中也提到了不少鱼类，如《诗经·衡门》说：“岂其食鱼，必河之鲂……岂其食鱼，必河之鲤。”可见黄河里的鲂与鲤，是中原一带人们心目中的美味。鲿、鲨、鲂、鳢、鰋、鲤是贵族宴会宾客的下酒物，《诗经·鱼丽》说：“鲿鲨……鲂鳢……鰋鲤，君子有酒，旨且有。”鳣、鲔、鲦、鲿、鰋也多用于祭祀，为享祀嘉肴，《诗经·潜》说：“有鳣有鲔，鲦鲿鰋鲤。以享以祀，以介景福。”综合考古发掘资料和历史文献，可以看出，我国先秦时食用鱼的种类主要有以下几种：

鲤，自古以来，鲤为名贵鱼类，《诗经》中有“岂其食鱼，必河之鲤”。鲤鱼是人们最主要的食用鱼。黄河的鲤鱼味道鲜美，北魏杨衒之《洛阳伽蓝记》有“洛鲤伊鲂，美如牛羊”的赞语。

鳣，《说文解字》及一些注释家认为是鲤鱼，这是错误的。郭

---

① 郭彧译注：《周易·系辞下》，中华书局2010年版，第304页。

② 伍献文：《记殷墟出土之鱼骨》，《中国考古学报》1949年第4期。

璞《尔雅注》指出："鳣，大鱼，似鱏而短鼻，口在颔下，体有邪行甲，无鳞，肉黄，大者长二、三丈，今江东呼为黄鱼。"张舜徽指出："鳣之不同于鲤者，以体形特长为异耳。长鱼谓之鳣，犹长木谓之梴也。"① 实际上，鳣即今之中华鲟，其作为食用鱼类，是有悠久历史的。

鲔，商周时期以鲔为上品，多用于祭祖。《大戴礼记·夏小正》说："二月祭鲔，……鲔之至有时，美物也。"《周礼》："渔人，春献王鲔。"《礼记·月令》说："季春，荐鲔于寝庙。"鲔是何物呢？郭璞《尔雅注》指出："鲔，鳣属也。大者名王鲔，小者名鮛鲔。"李时珍《本草纲目》也说："鲔，其状如鳣，腹下色白。"鲔即白鲟，体长一般为二至三公尺，体重十至三十公斤，现在主要生活在长江中下游地区，但在先秦时，在黄河也可捕到。

鲂，《诗经》中多次提到鲂，郭璞《尔雅注》指出："江东呼鲂鱼为鳊。"鳊与鲂亦双声一语之转。鳊鱼头小，缩项，穹脊阔腹，扁身细鳞，大者长二尺，腹内有肪。鲂类中的团头鲂，即今日脍炙人口的"武昌鱼"，做法以清蒸最负盛名，它入口鲜美柔嫩、清香可口，回味无穷。

鳡，郭璞《尔雅注》指出："今鳡额白鱼。"鳡，又名翘嘴白，分布较广，体长 200 毫米左右，重 150 至 200 克，为我国习见食用鱼类之一。

以上仅是先秦时期几种分布较为广泛的鱼类，人们可食用的鱼远不止这些品种，《诗经》中出现的鱼名，就有十多种鱼可供食用。成书于西汉的《尔雅》，记载了三十多种食用鱼，东汉时期的《说文解字》，鱼名已达到七十多种，鱼类品种的名称不断增多的现象，反映出人们对于鱼已有了比较精细的分类认识，对于食用鱼也越来越讲究。

---

① 张舜徽著：《说文解字约注》，华中师范大学出版社 2009 年版，第 2850 页。

淡水鱼的养殖在商周时已出现，春秋时就十分普及，齐国的陶朱公就是靠养鱼致富的。① 为了防止过度补捞造成种群数量下降，夏天人们就不从事捕鱼，《逸周书·大聚》中指出："禹之禁，夏三月，川泽不入网罟，以盛鱼鳖之长。"夏季鱼长势快，捕鱼不利于鱼的生长，所以在先秦时，人们在夏季是很少食鱼的。而在春、秋、冬三季可以有五次捕鱼的机会，人们食鱼，也主要在这些季节。

周代朝廷中设有"渔人"职司，② 向周王进献饮食中所需的各种鲜鱼、干鱼，还设有"鳖人"这一职司，他的职责是"春献鳖蜃，秋献龟鱼"。从渔人和鳖人的分工中，可以看出鱼在周人饮食中是不可缺少的副食，且龟、鳖、蚌、蛤、螺是可以上国宴的美味。事实上，早在商代，人们食龟肉就十分普遍，并把龟甲作为占卜之用，目前出土的甲片就达十多万，其中的龟肉已先被食用。周代用龟甲占卜亦如商朝。春秋时期，龟鳖已作为国家的贵重礼品，《左传》记载："楚人献鼋（大鳖）于郑灵公，公子宋与子家将见，子公之食指动，以示子家，曰：'他日我如此，必尝异味。'及入，宰夫将解鼋，相视而笑。公问之，子家以告。及食大夫鼋，召子公而弗与也，子公怒，染指于鼎，尝之而出。公怒，欲杀子公。"③ 后子公先下手，杀了灵公，由分鼋不均，导致父子相杀，其鼋味的珍美及在他们饮食中的地位可想而知。

中国古代，普通人家平日要改善生活，大约是以鱼来补充，因为《礼记》中曾规定牛、羊、猪、狗不得无故宰杀。特别是士阶层以下人们的平常食用，多系鱼肉，《国语·楚语》指出："士食鱼炙。"《孟子·告子篇》也说："鱼，我所欲也；熊掌亦我所欲也。二者不可得兼，舍鱼而取熊掌者也。"可见，鱼是可欲之物，也是能经常吃得着的。《战国策·齐人有冯谖者》："长铗归来乎，

---

① 贾思勰撰，缪启愉校释：《齐民要术校释》，中国农业出版社 1982 年版，第 253 页。

② 孙诒让撰，王文锦、陈玉霞点校：《周礼正义》卷一《天官冢宰》，中华书局 1987 年版。

③ 杨伯峻编著：《春秋左传注》，中华书局 1995 年版，第 677~678 页。

食无鱼。”鲍彪注解为：“孟尝君厨有三列，上客食肉，中客食鱼，下客食菜。”这三种人在饮食上的区别，就形象地说明了鱼在古代人民饮食生活中的地位。

二、猎

在古代人民的饮食生活中，渔与猎是连在一起的。狩猎活动最早发端于旧石器时代，人们的食物大部分靠狩猎获得。新石器时代以后，随着人们实践经验的不断丰富，对动物活动规律的进一步熟悉，狩猎方法越来越多，效率也越来越高。在新石器时代和商代的文化遗址中，经常可以发现狩猎工具，如镞、弹丸、网坠、木矛等，甲骨文中的矢、弹、网等字，都是象形文字。当时打猎的方法，见于甲骨文记载的有车攻、犬逐、焚山、矢射、布网、设阱等。

在商代，人们已能捕获种属颇多的野兽、野禽等，甲骨文中已识别的与野兽有关的文字有麋、鹿、狐、獐、兕、野猪等，从殷墟和其他商代遗址出土的动物遗骸中已鉴定出更多的野生动物，如四不象鹿、梅花鹿、獐、虎、獾、猫、熊、兔、黑鼠、竹鼠、犀牛、貘、狐、豹、乌苏里熊、扭角羚、田鼠等。这些野兽为商代人民提供了各种野味，丰富了他们的饮食。

周代对狩猎也十分重视，并有“兽人”专掌这一事务，即“掌罟田兽，辨其名物，冬献狼，夏献麋，春秋献兽物。时田，则守罟，及弊田，令禽注于虞中。凡祭祀、丧纪、宾客，共其死兽、生兽”①。这是说兽人掌管负责用网来捕取野兽，辨别它们的名号物色。冬天供献狼，夏天供献麋，春秋两季供献各种兽物。四时田猎的时候，负责守候兽网。停止田猎时，命令参加田猎的人把捕取的野兽集中在虞人所植虞旗的地方。凡有祭祀丧祭及招待宾客，供应活的或死的野兽。

商周时期，王公贵族都喜田猎，《礼记·王制》指出：“天子

---

① 孙诒让撰，王文锦、陈玉霞点校：《周礼正义》卷一《天官冢宰·兽人》，中华书局 1987 年版，第 296~330 页。

诸侯无事则岁三田，一为干豆（肉晒干后放在豆盘里供祭祀用）；二为宾客；三为充君之庖。”可知这些猎物主要是用于食用的。《周礼·夏官司马》记载：每年冬季，王府都要举行大规模的田猎，而猎到的禽兽是“大兽公之，小兽私之”。这个记载和《诗经·七月》中“言私其豵，献肩于公”是一致的。狩猎的战利品中，大动物首先献给周王，然后才顺次分给各级贵族享用，民众能够私享的只能是那些小动物。

古代君王都喜食山珍野味，《左传》记载：晋灵公因“宰夫胹熊蹯不熟，杀之，寘诸畚，使妇人载以过朝”①。《左传》记载楚国太子商臣杀其父楚成王，“以宫甲围成王，王请食熊蹯而死，弗听”②。孟子也说过想吃熊掌的话。可见，珍禽野味在贵族饮食中是占有一席之地的。身居山区的平民，也能时常享受野味，《汉书·地理志》记载，秦汉时期，南方人民就“以渔猎山伐为业”。

总之，从我国古代畜牧、渔猎业的起源和在人民生活中的地位可以看出，畜牧、渔猎是我国古代人民获得肉食的重要来源。特别是在先秦时，我国的畜牧业、渔猎业和农业是平行发展，二者相得益彰，都大大丰富了先秦人民的饮食生活。只是到了后期，随着农业和畜牧业的发展，狩猎业的比重逐渐下降，但猎物作为一种美味，其地位则上升了。

---

① 杨伯峻编著：《春秋左传注》，中华书局1995年版，第655~656页。
② 杨伯峻编著：《春秋左传注》，中华书局1995年版，第515页。

第三章

蔬果与中国园圃业的起源

蔬菜瓜果业是农业经济的一个重要组成部分，从新石器时代起，蔬菜瓜果就开始成为先民生活中的副食来源。《国语·鲁语》记载了中国远古传说时代烈山氏之子柱“能植百谷百蔬”，说明我国古代种植蔬菜，同谷物几乎具有同样悠久的历史。所以，《尔雅·释天》在解释“饥馑”二字时说：“谷不熟为饥，蔬不熟为馑。”① 这里谷蔬并提，正好揭示了主食和副食之间的密切关系。

考古资料证明，在距今六千年前仰韶文化时期，我国就已开始种植蔬菜，如在西安半坡遗址发掘出的一个陶罐中就收藏着芥菜或白菜的菜籽。在距今5000年左右的浙江吴兴钱山漾和杭州水田畈等新石器时代文化遗址中，也发现有花生、蚕豆、两角菱、甜瓜子、毛桃核、酸枣核、葫芦等。这表明，我国在新石器时代便已有了初级园艺。

从商代甲骨文中的“囿”“圃”等字可知，在商代就有以蔬菜

① （晋）郭璞注，（宋）邢昺疏：《尔雅注疏》，中华书局1980年影印阮元校刻本。

瓜果为主要栽培对象的菜园了，园圃经营已与大田谷物经营存在着一定的区别。西周以后，这种区别更为明显，蔬菜瓜果生产已逐渐形成一种脱离粮食生产而独立的专门职业。《论语》上记载："樊迟请学稼，子曰：'吾不如老农。'请学为圃，曰：'吾不如老圃。'"① 可知在春秋时期，"圃"与"农"已经成为分开的两种专业了。到战国时，见于记载的，更有不少的人"为人灌园"。可见当时园艺确与农耕分家，园圃经营的专业性大大加强。这种分工的产生和发展，是为着适应人类物质生活多方面的需要，是社会生产不断进步的一种表现。

秦汉时期，园圃业的经营有了较大程度的发展。当时各主要农业区域，或是"桔柚之乡"，或多"园圃之利"，或有"枣栗之饶"，或为"果布之凑"，普遍经营园圃业。在一些新开发的农业区域，园圃业也得到迅速发展。各地城郊地区的园圃业更是发展显著，蔬菜瓜果生产已成为人们致富的重要途径，司马迁在《史记·货殖列传》中，列举当时一些可以致富与"千户侯"相等的产业部门，如经营"千树"以上的果木，"千亩""千畦"以上的蔬菜。这时，不仅在城郊出现了大量以经营园圃为业的菜农、果农，而且城居的贵族官僚、豪强地主也往往在城郊地区经营大规模的果园、菜圃，《晋书·江统传》指出："秦汉以来，风俗转薄，公侯之尊，莫不殖园圃之田，而收市井之利。渐冉相放，莫以为耻。"当时皇室苑囿占地辽阔，其中有不少果园，据《西京杂记》和《三辅黄图》所记，在这些果园中，就有果木十多种。如梁孝王"筑东苑，方三百余里"，其中"奇果异树毕备"。② 曹植就拥有"园果万株"，其自言"寡人之圃，无不植也"。③ 这都是大规模经营园圃的实例。可以认为，我国蔬菜瓜果的种植，在秦汉时期

---

① 张燕婴译注：《论语·子路》，中华书局 2007 年版，第 188 页。

② （汉）班固：《汉书》卷四十七《文三王传第十七》，中华书局 1962 年版，第 2208 页。

③ （曹魏）曹植：《籍田赋》，严可均辑《全三国文》卷一三，商务印书馆 1999 年版，第 125 页。

就初具规模了。

第一节　蔬菜的主要品种

种菜成为专门职业以后，在长期人工栽培的过程中，蔬菜品种也逐渐丰富起来。单就取用的部位来讲，有采食其叶的（如白菜之类），有采食其茎的（如芹菜之类），有采食其根的（如山药之类），有采食其花的（如金针菜之类），有采食其果的（如辣椒之类），有采食其芽的（如豆芽之类），等等，品种繁多，不可尽举。今天我国日常吃的蔬菜，约有160多种，在同一种类之中，又各有许多不同变种，比世界上任何国家的蔬菜品种都要多。这是我们祖先在长期种菜工作中不断改进向前发展的结果，也是留给后世的宝贵的生活遗产。

在比较常见的一百多种蔬菜中，我国原产和从国外引入的大约各占一半。我国原产的蔬菜，最早的多见载于《诗经》，其中有葵、韭、葑、荷、芹、薇等十多种，下面我们对古代蔬菜的几个主要品种作一介绍。

葵，葵在古代被称为"百菜之主"。① 它是人类在采集活动中较早栽培和直接采食营养体的蔬菜植物之一。葵作为菜蔬，最早见于《诗经·七月》："七月烹葵及菽。"葵、菽并列，说明它们都是当时比较重要的农作物，据此推知，葵菜在西周时已被人们驯化。春秋时，葵的地位更加显赫，《汉书·董仲舒传》记载："公仪子（休）相鲁，之其家见织帛，怒而出其妻；食于舍而茹葵，愠而拔其葵，曰：'吾已食禄，又夺园夫女红利乎？'"② 可见葵是那时园夫的主要种植物。当时葵菜还是祭祀佳品，《周礼·醢人》中有："馈食之豆，其实葵菹。"祭祀进食的豆中，盛的是酱秋葵。可见葵菜不仅可作鲜蔬，还可作腌菜，《仪礼·少牢馈食礼》说：

① （宋）罗愿：《尔雅翼》，文渊阁《四库全书》本。

② （汉）班固：《汉书》卷五六《董仲舒传第二十六》，中华书局1962年版，第2521页。

“葵菹在北”，菹即腌菜。

另外，还有以“葵丘”命名的两个地方，一在今山东淄博西，即《左传·庄公八年》齐襄公派连称、管至父戍守之葵丘；一在今河南兰考境内，即《左传·僖公九年》齐桓公会诸侯之葵丘即是。由此可知，至迟在西周后期，葵已被当做上等菜蔬在我国黄河中下游普遍栽培了。据《管子》记载：“桓公北伐山戎，出冬葵布之天下。”可见，葵菜在春秋时齐桓公伐山戎时，就已在全国普遍种植和食用了。此外，巴地也有葵园①，马王堆一号汉墓出土有葵的种子②。

采葵时只需采葵叶，所谓“采葵莫伤根，伤葵根不生”③。葵可以作羹，可以制作成腌菜，也可以晒干后食用。汉诗中有“采葵持作羹”之语④，《四民月令》说：“九月作葵菹，干葵。”⑤ 据黎虎先生统计，在魏晋南北朝时，葵的品种已有 10 余个⑥，著名的有紫茎葵、白茎葵、鸭脚葵、蜀葵、落葵、防葵等，这些品种在长江流域都有种植。

紫茎葵是这个时期新开发的品种，《齐民要术·种葵》中首先记载。紫茎葵不仅北方有种植，在长江流域也有种植，著名田园诗人陶渊明就有“流目视西园，晔晔荣紫葵”的诗句。

白茎葵以前就有，大叶小花，比紫茎葵略胜，宜收做干菜。

鸭脚葵也是这个时期的新品种，《齐民要术》中首先记载。鸭

---

① （晋）常璩撰，刘琳校注：《华阳国志校注·巴志》，巴蜀书社 1984 年版。

② 湖南农学院等撰：《长沙马王堆一号汉墓出土动植物标本的研究·农产品鉴定报告》，文物出版社 1978 年版，第 16 页。

③ （唐）欧阳询等编纂：《艺文类纂》卷八二《草部下》，上海古籍出版社 1982 年版，第 1417 页。

④ （宋）郭茂倩编：《乐府诗集》卷二五，中华书局 1979 年版。

⑤ （汉）崔寔撰，石声汉校注：《四民月令校注》，中华书局 1965 年版。

⑥ 参见徐海荣、徐吉军主编：《中国饮食史》第三卷，杭州出版社 2015 年版。

脚葵花短而叶大，南北方均有种植。南朝刘宋文学家鲍照作《远葵赋》曰："别有鸭脚、豚耳。"鸭脚即鸭脚葵。

蜀葵又称吴葵、胡葵、戎葵，这是前代就有的品种，魏晋以来种植很广。南朝刘宋颜延之有《蜀葵赞》，称之为"物微气丽，卉草之英，艳逾众葩，冠冕群英"。其他人也有咏蜀葵的作品，如梁王筠有《蜀葵花赋》、陈虞繁有《蜀葵赋》等，唐代也有不少歌咏蜀葵的诗。

落葵又名露葵、蔠葵，南朝陶弘景《名医别录》中介绍说：落葵又名承露，人家多种之，可作酢食，冷滑。

防葵的根叶似葵花子根，香味似防风，《名医别录》中说："防葵生临淄川谷，及嵩山太室少室。"防葵既有自然生长，又有人工栽培。《名医别录》所载，大概指的是野生的。

在中国古老的蔬菜品种中，惟有葵最脍炙人口。但是，由于葵菜的变异性比较狭窄，在历史的演变过程中竞争不过同一时期从十字花科植物野油菜中发展起来的白菜，所以古葵自宋代以后，就逐渐脱离人们的餐桌，沦为野生，或作为药用了。现在重庆、四川、鄂西等地区尚有葵菜，别名又为冬寒菜、滑肠菜。食法是取其嫩叶作汤，但如超过嫩叶期，就不好吃了，作为蔬菜的意义不大。

菘，即白菜，是十字花科芸苔属草本植物，芸苔属的栽培植物在我国蔬菜中占有极其重要地位。它们被利用的历史可能比其他粮食作物还要古远，因为它不需要等到结实，就可以作为食物来采集。在距今6000多年的西安半坡遗址中发现的菜籽就属芸苔类植物，专家鉴定为白菜或芥菜的菜籽。

菘是我国古代的常见蔬菜之一，一年四季均有食用，宋代陆佃《埤雅》中说："菘性隆冬不凋，四时常见，有松之操，故其字会意。"

"菘"字出现大约在汉代以后，在汉代以前菘菜被归为"葑"类，大概是因为在秦汉之间那种吃起来无滓而有回甜味的真正"菘菜"，才刚从"葑菜"之中分化出来。关于菘在中国种植的历史记录就有数种，例如三国时期吴人张勃《吴录》记载：陆逊攻襄阳时，“雇人种豆菘”。①《三国志·吴书·陆逊传》中也有类似的话。《名医别录》中说：“菜中有菘，最为常食。”古人认为菘是蔬菜中的佳品，《南齐书》中记载南朝齐隐士周颙认为，“春初早韭，秋末晚菘”味道最好，宋代苏轼也曾用“白菘类羔豚，昌土出熊蹯”的诗句来赞美白菜味道之鲜美。

现在菘的种类较多，但主要分为小白菜和大白菜，由于它们都原产于我国，所以国际上小白菜的学名叫 Brassica chinensis，大白菜的学名叫 Brassica pekinensis（即结球白菜），就是在芸苔属后边加上了中国和北京的字样。一般而言，大白菜主要产于北方，长江流域种植的多为小白菜，当然，也有一定数量的大白菜。

南齐时，“尚书令王俭诣晔，晔留俭设食，盘中菘菜鱁鱼而已”②。这些记载说明，自秦汉以来菘菜在我国长江流域已成为一种重要的蔬菜。

在很长时期内，菘只产于江南（长江下游）。苏恭《唐本草》说：“菘菜不生北土，有人将子北种，初一年半变为芜菁也，二年菘种都绝。将芜菁子南种，亦二年都变。土地所宜如此。”这种现象也表明菘是在江南风土条件下形成的地方性的栽培类型，之后，由于栽培技术的改进，逐步形成各种适应不同风土条件的新品种，原有的风土限制即被突破了。宋以后，特别是明以后，白菜生产已遍及南北各地了。③

菘菜传到南北各地之后，出现许多新品种。在唐代，苏恭在《唐本草》中记有三种菘：“有牛肚菘，叶厚最大，味甘；紫菘，叶薄细，味少苦；白菘似蔓菁也。”据宋人苏颂的《图经本草》中考察说：“扬州一种菘，叶园而大…… 啾之无滓，绝胜他土者，此所谓白菜。”可见，唐时已选育出白菘，宋时已正式称呼为白菜，所以白菜品种的出现和命名大概在唐宋时期。长江流域的青菜如油

① （宋）李昉等撰：《太平御览》卷九七九，中华书局 1985 年版。

② （唐）李延寿撰：《南史》卷四三，中华书局 1975 年版。

③ 参见叶静渊《从杭州历史上的名产黄芽菜看我国白菜的起源、演化与发展》，载《太湖地区农史论文集》，中国农业遗产研究室 1985 年版。

菜、瓢儿白之类的白菜大概来源于“牛肚菘”，而武昌特产的红菜苔在唐时已经是著名的蔬菜了。

芥，芥菜是我国特产的蔬菜之一，由于古代人民对芸苔属中某些植物甘辣风味的爱好，在采集野生种类的过程中，芥菜这种具有辛辣风味、滋味爽口的蔬菜，就被选择并保留下来。

在先秦时期，人们食芥是食籽而轻茎叶的，在湖南长沙马王堆一号汉墓中，就出土有外形完整的芥籽①，《礼记·内则》中有“鱼脍芥酱”。郑玄注为：“食鱼脍者，必以芥酱配之。”芥菜籽还具有“发汗散气”② 的功能，所以我国古代又有“菜重姜芥”③ 的说法，可见芥菜可帮助人们驱除风邪，减少疾病。

芥菜在中国各地种植十分广泛，经过长期培育，变种也很多，根据利用部位的不同如根、茎、叶就可分为不同品种。如叶用的有雪里蕻、大叶芥等；茎用的变种有著名的四川榨菜；根用的变种有云南的紫大头菜等。这都是我国古代劳动人民在改造植物习性上的成就。

芹，芹有水芹和旱芹之分，我国古代，芹主要指水芹，《诗经·泮水》中的“思乐泮水，薄采其芹”，就是指的水芹。芹菜原产于湖北蕲春一带，这里是明代著名医学家李时珍的故乡，因此，他在《本草纲目》中指出，芹“其性冷滑如葵，故《尔雅》谓之楚葵。《吕氏春秋》：‘菜之美者，云梦之芹。’云梦，楚地也。楚有蕲州、蕲县，俱音淇。罗愿《尔雅翼》云：‘蕲地多产芹，故字从芹，蕲亦音芹。’”可知芹实产于湖北蕲州，即现在蕲春县，后才传播到各地的。

芹菜是一种味道鲜美的蔬菜，在先秦时期，还可作为祭品。《周礼·醢人》说：“加豆之实，芹菹兔醢。”此外，古代人们不仅

① 湖南农学院等：《长沙马王堆一号汉墓出土植物标本研究》，文物出版社 1978 年版，第 16 页。

② （宋）王安石：《字说》，《王安石全集》第一册，复旦大学出版社 2016 年版。

③ （南朝梁）周兴嗣《千字文》，岳麓书社 2002 年版，第 49 页。

把芹菜作为食用，而且还了解到芹的药用价值，《神农本草经》中就指出芹菜可“止血养精，保血脉、益气，令人肥健嗜食”，且这些看法已被现代医疗科学所证明。

芜菁，即葑，又名蔓菁，殷周以来就已成为我国的重要菜蔬之一，它起源于一种具有辛辣味的野生芸苔属植物，其根与萝卜很相象。《诗经》中就记载有：“采葑采葑，首阳之东。”① 张舜徽《说文解字约注》指出：“葑即芜菁也，亦名蔓菁也。蔓与芜，声之转耳。盖缓言之则为芜菁，急言之，则为葑矣。此乃芸苔之变种，今俗称大头菜，又此物之变种也。”芜菁的根在先秦时就已加工成腌菜，《周礼·醢人》中就记载有“菁菹”。现在驰名中外的湖北襄樊腌大头菜，就是用芜菁制作的。

芜菁在先秦时，以产于现在的江苏太湖一带的为最好，《吕氏春秋·本味篇》指出：“菜之美者，具区之菁。”

栽培芜菁的好处是四季常有，其抗病能力强，管理可粗可细，如果年成不好，种一些芜菁可以补充粮食的不足，所以，古代人们是十分重视种植芜菁的。唐人《刘宾客嘉话录》有一段关于三国时期诸葛亮种芜菁做军粮的记载：“诸葛亮所止，令士兵独种蔓青……取其才出，即可生啖，一也；叶舒可煮食，二也；久居随以滋长，三也；弃去不惜，四也；回则易寻而采之；五也；冬有根可劚食，六也。比诸蔬属，其利不亦溥乎？曰信矣。三蜀之人，亦呼蔓青为诸葛菜。”自此以后，在长江中上游一带，蔓青的种植有了较大的发展，至今在西南一带人们还呼芜菁为诸葛菜。

莱菔，俗称萝卜。李时珍《本草纲目》中说：“莱菔上古谓之芦菔，中古转为莱菔，后世讹为萝卜，南人呼为萝瓝（bó 博）。”萝卜是我国最古老的栽培作物之一，《诗经》中的“采葑采菲”②的菲即指萝卜。

萝卜在我国最初是作为药用，后才发展为食用。萝卜菜作为食用，一般只食其根，根有红有白，有长有圆，有大有小，有一二两

---

① 王秀梅译注：《诗经·唐风·采苓》，中华书局2006年版，第56页。
② 王秀梅译注：《诗经·邶风·谷风》，中华书局2006年版，第44页。

重的，也有一二十斤重的，有适于生吃色味俱佳的，也有供加工腌制的。李时珍《本草纲目》中指出："大抵生沙壤者脆而甘，生瘠地者坚而辣。根叶皆可生、可熟、可菹、可酱、可豉、可醋、可糖、可腊、可饭，乃蔬中最有利益者。"

胡萝卜原产欧洲，李时珍《本草纲目》认为其应是元代时从西域传入，但是南宋江浙的地方志中已提及此物，说明李时珍的说法不太确切。① 胡萝卜来自海外是没有问题的，最初的时期传入可能是宋代，元代时随着中外经济文化交流的加强而广泛传播开来。元《镇江志》记载："又有一种名胡萝卜，叶细如蒿，根长而小，微有荤气，故名。"② 宫廷饮食著作亦载此物，称："味甘平，无毒，主下气，调利肠胃。"③ 从此胡萝卜成为长江流域菜蔬中一个重要品种，现在长江流域各地都有栽种。

莲藕，食用莲藕在我国有悠久的历史，1973 年，河南郑州市博物馆在市郊大河村新石器时代遗址中发现炭化莲子一粒，被贮存在一个瓦器之中。辽宁出土的两粒汉墓中的莲子，经试验还能发芽生长。马王堆一号汉墓出土有藕的实物。四川出土的汉代画像砖上的采莲图，形象地展现了汉代人取藕的场面。④

莲的不同部位均有不同名称，《尔雅》云："荷，芙蕖，其茎'茄'，其叶'葭'（xiá 霞），其本'蔤'（mì 密），其华'菡萏'，其实'莲'，其根'藕'，其中'的'，的中'薏'。"

早在先秦时期，人们就爱好食藕，《诗经》中有不少对莲的描写，如《诗经·陈风·泽陂》中有"彼泽之陂，有蒲与荷""有蒲与莲""有蒲菡萏"。莲藕既可当水果吃，又可烹饪成佳肴，还可做粥饭和制成藕粉。

---

① （宋）常棠：《澉水志·物产门·菜》，见《宋元方志丛刊》，中华书局 1990 年版。

② （元）俞希鲁撰：《镇江志》卷四《土产》，清道光二十二年丹徒鲍氏刊本。

③ （元）忽思慧撰：《饮膳正要》卷三《菜品》，明景泰七年内府刻本。

④ 四川省博物馆：《四川彭县等地新收集到一批画像砖》，《考古》1987 年第 6 期。

莲藕有栽培的，也有野生的，李时珍《本草纲目》中指出："白花藕大而孔扁者，生食味甘，煮食不美；红花及野藕，生食味涩，煮蒸则佳矣。"可见古人对于食藕是有一定研究的。

韭，韭菜起源于我国，在我国栽培的历史可以上溯到远古，《夏小正》中记载："正月囿有韭。"韭菜是古代五菜之一，很受人们重视，先秦时曾作为祭品，《诗经》中有："四之日其蚤，献羔祭韭。"①《礼记·王制》中有："庶人春荐韭。"即指春日祭祀用韭。

韭菜的种植简便易为，《尔雅》指出："一种而久者，故谓之韭，韭者，懒人菜。"可见韭菜一种可经历多年。西汉时期，在皇室太官经营的园圃中，还用温室栽培韭菜，《汉书》记载："太官园种冬生葱韭菜茹，覆以屋庑，昼夜然蕴火，待温气乃生。"②《盐铁论·散不足篇》中说，当时民间富者多食"冬葵温韭"。温室的出现和发展，为园圃业创造了新的生产条件，开辟了在低温季节和低温地区进行园圃栽培的新途径，这比欧洲类似设施的出现早一千多年，充分显示了我国古代广大劳动人民同大自然斗争的能力。

韭菜四季常青，一生可剪数十次，终年供人食用，所以古人曾把韭菜和稻子相提并论，《尔雅》中说："稻曰嘉蔬，韭曰丰本，联而言之，岂古非重视欤！"

古人认为韭是对人体极有好处的食物，长沙马王堆汉墓出土的《十问》将韭说成是"百草之王"："草千岁者唯韭。"它受到天地阴阳之气的熏染，胆怯者食之便勇气大增，视力模糊者食之会变得清晰，听力有问题者食之则听觉灵敏，春季食用可"苛疾不昌，筋骨益强"③。因此，与葵、芹等蔬菜一样，中国各地韭的种植十

① 王秀梅译注：《诗经·豳风·七月》，中华书局 2006 年版，第 222 页。

② （汉）班固撰：《汉书》卷八九《循吏列传第五十九·召信臣传》，中华书局 1962 年版，第 3642 页。

③ 汉墓帛书整理小组：《马王堆汉墓帛书（肆）》，文物出版社 1995 年版。

分广泛。

韭菜属于时令性蔬菜，季节性强，对气温要求高，一般而言，长江流域各地区均有韭菜种植，远比黄河流域要广泛。如上游的四川及汉中地区有“弱韭长一尺”①。南朝萧齐尚书驾部郎庾杲之生活俭朴，清贫自守，“食唯有韭菹、瀹韭、生韭杂菜。或戏之曰：‘谁谓庾郎贫，食鲑常有二十七种。’言三九也”②。常食韭菜被认为是生活贫穷的标志，可见当时韭菜是下层贫穷百姓日常食用的蔬菜，随处皆有。南朝梁元帝萧绎《玄览赋》中有“金盐玉豉，尧韭舜荣”的记载，表明皇室的餐桌上也有韭菜。梁沈约《行园诗》“时韭日离离”的诗句，则正是对江南兴旺的韭菜种植景象的描绘。

茄子，茄子原产印度，西汉时传入我国，但直到魏晋南北朝时期才在各地广泛传播和种植。在中国各地，特别是长江下游的江南地区，茄子的种植非常普遍，以致有些地方用茄子命名。《资治通鉴》卷九十四记载晋成帝咸和三年（328年）政府军平定苏峻叛乱事，多次提到建康附近有地名茄子浦，如“陶侃、温峤军于茄子浦”，“（郗）鉴帅众渡江，与侃等会于茄子浦”。《类篇》注云：“盖其地宜茄子，人多于此树艺，因以名浦。”建康是当时南方的政治经济中心，人口众多，商品交换活跃，在郊区很可能有专门种植茄子等蔬菜的基地，以满足城市需要。因此，由于这一地方种植茄子的时间长，规模大，则名气也大，以所种蔬菜得名是很正常的。梁代文学家沈约的《行园》诗有“紫茄纷烂漫”的句子③，描写的就是建康郊外茄菜园的风光。

梁吴兴（今浙江湖州）太守蔡樽在任职期间，“不饮郡井水，

① （北魏）贾思勰撰，缪启愉校释：《齐民要术校释》卷三《种韭第二十二》，中国农业出版社1982年版，第144页。

② （南朝梁）萧子显撰：《南齐书》卷三十四《列传第十五·庾杲之传》，中华书局1972年版，第615页。

③ （唐）欧阳询编，汪绍楹校：《艺文类聚》卷六五《产业部上·园》，上海古籍出版社1982年版，第1162页。

斋前自种白苋紫茄，以为常饵"①。蔡樽在屋前自种茄子，作为日常饮食用菜，其清廉节俭可嘉，由此亦可知茄子当时已是老百姓的家常菜。宋人苏颂也说："茄子，旧不著所出州土，云处处有之。今亦然。……茄之类有数种：紫茄、黄茄，南北通有之；青水茄、白茄，惟北土多有。"② 郑清之《咏茄》诗云："青紫皮肤类宰官，光圆头脑作僧看。如何缁俗偏同嗜，入口元来总一般。"③

岭南也是茄子传入较早的地区，晋人嵇含《南方草木状》记载："茄树，交广草木经冬不衰，故蔬圃之中种茄，宿根有三五年者，渐长枝干，乃成大树，每夏秋盛热，则梯树采之，五年后树老子稀，即伐去之，别栽嫩者。" 这可能是茄子的另一品种。

茄子的烹饪方法很多，蒸、炒、煎、炸均可，在《齐民要术》卷九《素食》中还介绍了一种茄子加工方法——"缹茄子法"，即把还没有长成的茄子用竹刀或骨刀破成四条（不用铁刀，用铁刀茄子会变黑），用开水渫去腥气，细切葱白，把油熬香，将香酱清、葱白连同茄子一起下锅，煮熟后再放入花椒和姜末。

蕹菜，又名空心菜，蕹菜系旋花科番薯属一年生或多年生草本植物，原产地是长江中下游，江苏邗江就出土有蕹菜籽实④。东晋裴渊《广州记》曰："蕹菜，生水中，可以为菹也。"⑤ 嵇含《南方草木状》记述则更为具体："蕹菜叶如落葵而小，性冷味甘，南人编苇为筏作小孔，浮于水上，种子于水中，则如萍根浮水面。及长，茎叶皆出于苇筏孔子，随水上下。南方之奇蔬也。" 由此可

---

① （唐）姚思廉撰：《梁书》卷二一《蔡樽传》，中华书局 1973 年版，第 333 页。

② （宋）苏颂撰：《本草图经》菜部卷一七，安徽科学出版社 1994 年版，第 590 页。

③ （宋）厉鹗辑撰：《宋诗纪事》卷六二，上海古籍出版社 1983 年版，第 1549 页。

④ 扬州市博物馆编：《扬州西汉"妾莫书"木椁墓》，《文物》1980 年第 12 期。

⑤ 参见贾思勰撰，缪启愉校释：《齐民要术校释》卷十，中国农业出版社 1982 年版，第 625 页。

见，蕹菜也应属于水生蔬菜，如今长江沿岸各地均有种植。

竹笋，为一种根茎类蔬菜烹饪原料。《尔雅·释草》云："笋，竹萌"，时人认为笋是一种美味蔬菜，中国南方各地都有，品种极其繁多。据宋代僧人赞宁《笋谱》所载，主要供食用的竹笋，按产地划分有旋味笋、箭笋、钓丝竹笋、木竹笋、庐竹笋、对青竹笋、慈母山笋、锺龙竹笋、篨篨笋、汉竹笋、邻竹笋、少室竹笋、新妇竹笋、茎竹笋、簟竹笋、鸡头竹笋、篔筜笋、篃笋、篻竹笋、篛竹笋、服伤笋、狗竹笋、慈竹笋、棘竹笋、鸡胫竹笋、扁竹笋、篨竹笋、水竹笋、古散竹笋、秋芦竹笋、鹤膝竹笋、石篮竹笋等30余种；按品味，分为苦笋、淡笋2种；按采获季节又可分为冬笋（腊笋）、春笋和夏初的笋鞭，其中品质以冬笋最佳，春笋次之，笋鞭最劣。

据徐吉学先生在《中国饮食史》一书中考证，长江流域各地的人们普遍喜爱食笋。① 周密《齐东野语》卷十四《谏笋谏果》载："里人喜食苦笋……黔人冬掘苦笋萌于土中，才一寸许，味如密蔗，初春则不食，惟僰道人食苦笋。四十余日出余土尺余，味犹甘苦相半。"苏轼《送笋芍药与公择二首》之一云："久客厌虏馔，枵然思南烹。故人知我意，千里寄竹萌。骈头玉婴儿，一一脱锦绷。庖人应未识，旅人眼先明。我家拙厨膳，彘肉芼芜菁。送与江南客，烧煮配香秔。"② 又《和黄鲁直食笋次韵》云："饱食有残肉，饥食无余菜。纷然生喜乐，似被狙公卖。尔来谁独觉，凛凛白下宰。一饭在家僧，至乐甘不坏。多生味蠹简，食笋乃余债。萧然映樽俎，未肯杂菘芥……"③ 梅尧臣《腊笋》诗亦记有食笋事："南冈深竹养，下有鹧鸪鸣。破腊初挑箘，夸新欲比琼。荐盘香更

---

① 徐海荣、徐吉军主编：《中国饮食史》卷四，杭州出版社2015年版，第41页。

② 苏轼撰，王文诰等辑注：《苏轼诗集》卷一六，中华书局1982年版，第817页。

③ 苏轼撰，王文诰等辑注：《苏轼诗集》卷二二，中华书局1982年版，第1170页。

美，案酒味偏清。马援当时见，曾将《禹贡》评。”①

芋，又称芋头、毛芋和芋艿。《管子·轻重甲篇》云：“春日事耜，次日获麦，次日薄芋，古教民种芋者，始此矣。”可见，芋的种植在中国有悠久的历史，其在魏晋南北朝时期有飞跃性的发展，成为一重要的蔬菜品种。②

芋的主要产区是四川，早在晋代已形成系列品种。据《广志》记载：“蜀汉既繁芋，民以为资，凡十四等：有君子芋，大如斗，魁如杵簇；有车毂芋，有锯子芋，有旁巨芋，有青边芋，此四芋多子；有谈善芋，魁大如瓶，少子，叶如散盖，绀色，紫茎，长丈余，易熟，味长，芋之最善者也，茎可作羹臛，肥涩，得饮乃下；有蔓芋，缘枝生，大者次二三升；有鸡子芋，色黄；有百果芋，魁大，子繁多，亩收百斛（种以百亩，以养彘）；有早芋，七月熟；有九面芋，大而不美；有象空芋，大而弱，使人易饥；有青芋，有素芋，子皆不可食，茎可为菹。凡此诸芋，皆可干腊，又可藏至夏食之。又百子芋。出叶俞县（今云南大理东北）。有魁芋，无旁子，生永昌县（今湖南祁阳）。有大芋，二升，出范阳（今河北定兴）、新郑（今河南新郑）。”这十四等中，大多产于四川，其中以谈善芋品质最好，为当时的名芋种。

除《广志》外，其他文献也有关于四川产芋的记载。与《广志》几乎同时成书于晋代的《华阳国志》说：“汶山郡都安县（今四川灌县）有大芋，如蹲鸱也。”故芋又有蹲鸱之名。书中还记述三国末年蜀被魏灭后，原蜀安汉县令何随去官，行无干粮，乃“取道侧民芋，随以绵系其处”，作为补偿。左思《蜀都赋》中有“瓜畴芋区”的句子。西晋末年，李雄攻成都，军队缺粮，“掘野芋而食之”[5]。这些都说明在魏晋时期，四川种芋非常普及，芋田随处可见，是人们日常饮食中的一部分。李雄部所掘野芋，其实不

① （宋）梅尧臣著，朱东润编年校注：《梅尧臣集编年校注》卷一八，上海古籍出版社 2009 年版，第 503 页。

② 参见黎虎、邓瑞全：《魏晋南北朝时期的食物原料》，载《中国饮食史》卷三，杭州出版社 2015 年版。

一定是野芋，很可能是荒芜多年自生自长的芋田。

长江下游地区也有许多芋田。左思《吴都赋》中“徇蹲鸱之沃”句，就是对当时真实情况的反映。

芋既可以当蔬菜，也可以作主食。魏晋南北时期，人们更多的是把芋当作主食。芋的吃法很多，可以煨烤，可以蒸煮，也可以腌制。煨烤是直接放在小火上烤熟，蒸煮则是将芋放入釜甑中加热至熟，腌制是在蒸煮至熟后加盐制成，前两种是主食的加工方法，可以代替主食充饥。《齐民要术》卷二把芋放到粮食类来介绍，并说：“芋可以救饥馑，度荒年。”后一种方法则可以长时期保存，为日常用菜。以芋作原料可制成芋子酸臛，具体配方和加工方法为：“猪羊肉各一斤，水一斗，煮令熟。成治芋子一升，别蒸之，葱白一升，著肉中合煮，使熟。粳米三合，盐一合，豉汁一升，苦酒五合，口调其味，生姜十两，得臛一斗。”① 当然这种羹臛绝不是那些为糊口而终日劳作的下层百姓所能享受的，而是有钱人家餐桌上的美味。能将简单的芋头加工得如此精细，显示了当时的饮食水平。

茭白，别名菰菜、茭旬、菰手、茭瓜。盛产于长江流域，特别是江南。陆游《邻人送菰菜》诗云：“张苍饮乳元难学，绮季餐芝未免饥。稻饭似珠菰似玉，老家此味有谁知？”②

莼菜，为水生类蔬菜烹饪原料，既有野生的又有人工栽培的，盛产于江南太湖、西湖等地。西晋文学家张翰在外为官，因思故乡“吴中菰菜、莼羹、鲈鱼脍”，弃官“命驾而归”。③ 可见莼菜为吴、越人所珍。《太平寰宇记》卷九一《江南东道·苏州·吴县》云：“在砚山馆娃宫旁，有石鼓一枚，山顶有池，池上生莼菜，岁充贡献，虽亢旱，池水未曾枯竭。”这些遗址，应有悠久的历史。

---

① （北魏）贾思勰撰，缪启愉校释：《齐民要术校释》卷八《羹臛法第七十六》，中国农业出版社 1982 年版，第 463 页。

② （宋）陆游撰，钱仲联校注：《剑南诗稿》卷七八，上海古籍出版社 2015 年版，第 4250 页。

③ （唐）房玄龄等撰：《晋书》卷九三《张翰传》，中华书局 1974 年版，第 2384 页。

宋人杨蟠《莼菜》诗："休说江东春水寒，到来且觅鉴湖船。鹤生嫩顶浮新紫，龙脱香髯带旧涎。玉割鲇鱼迎刃滑，香炊稻饭落匙圆。归期不待秋风起，漉酒调羹似去年。"① 莼菜与茭白在当时并称江东名菜。

薤，即藠（jiào 音叫）头，薤是我国原产的一种古老栽培蔬菜，古代五菜之一。其鳞茎如指头大，可作蔬菜，也可加工为酱菜。薤是一种富于营养而味美的蔬菜，李时珍《本草纲目》中说："物莫美于芝，故薤为菜芝。"薤不仅作为蔬菜，还可作为调料，能去除肉的腥气，所以《礼记·内则》中说："脂用葱，膏用薤。"

葱，古代五菜之一，先秦时期中国各地就广为种植，如巴蜀地区有"别落披葱"的记载。②《礼记》的一些篇章中就有不少用葱的记录，如《曲礼》篇中有："凡进食之礼……葱渿处末。"《内则》篇中有："脍，春用葱。"这说明古人进食喜用葱，吃肉更须用葱以佐口味。所以宋代陶穀《清异录》指出："葱即调和众味，文言谓之和事草。"同时，由于各种菜肴均可用葱，增加香气，故葱又有"菜伯"之称。

葱有大葱，小葱之别，《齐民要术》中说："三月别小葱，六月别大葱。七月可知大小葱。夏葱白头小，冬葱白头大。"此外还有洋葱，俗称葱头，由西亚传入我国，在我国古代尚无栽种，近代才发展起来。洋葱营养丰富，已成为我国人民喜爱的蔬菜。

姜，生姜是人们日常生活中不可缺少的调料，又是香料，也是药用植物资源。早在先秦时长江流域各地都有种植，湖北江陵战国楚墓中就出土过生姜，现藏湖北省博物馆内，马王堆一号汉墓也出土有姜片实物③。

我国古代把葱、薤、韭、蒜、兴蕖（阿魏）这五种带有刺激

---

① （宋）厉鹗辑撰：《宋诗纪事》卷一六，上海古籍出版社 1983 年版，第 414 页。

② （唐）欧阳询编撰：《艺文类聚》卷三五引王褒《僮约》，上海古籍出版社 1982 年版。

③ 湖南农学院等编：《长沙马王堆一号汉墓出土动植物标本的研究》，文物出版社 1978 年，第 16~17 页。

味的蔬菜称之为五辛，佛教徒按戒律不许吃五辛，认为五辛有浊气，唯独姜气清，不在戒食之列，深谙饮食之道的孔子在《论语·乡党》中也说过："不撤姜食。"

姜在古代还被广泛用于治病除邪上，姜，《说文解字》释为"御湿之菜也"。王安石《字说》中也认为："姜能强御百邪，故谓之姜。"

姜的食法很多，《本草纲目》中指出："生啖熟食，醋酱糟盐，蜜煎调和，无不宜之，可果可蔬。"特别是在烹调和腌制肉时放一点姜，能除去肉的腥膻，又可使菜味清香可口，《礼记·内则》中记载古代腌制牛肉时，要放一点"屑桂与姜，以洒诸上而盐之"。

我国产姜之地甚多，但以长江流域的姜较为著名，如先秦时有"和之美者，阳朴之姜"的说法，① 阳朴在古代的蜀郡。后世如湖南茶陵东乡姜，湖北来凤凤头姜等，都享有一时一地的盛誉。

以上蔬菜品种是我国古代经过人工栽培和人工保护的十多种常食蔬菜，并都起源于我国，在先秦文献中，还可以看到一些蔬菜名称如蒲、茅、蕨、蓼、蘋、薇、蒿、苋、茭白、藻、荸荠、荇、蘩、藜、荼等，这些蔬菜，虽然都起源于我国，但多为野生，经济价值不高。

第二节　瓜果的主要品种

与蔬菜一样，中国古代的瓜果种类繁多，种植历史也很悠久。《诗经》中说："六月食郁及薁"，"七月食瓜，八月断壶。"② 而在《周礼·场人》中明确指出，场人的职责是"掌国之场圃，而树之果蓏珍异之物"。可见，在先秦时期，人们已注意到种植瓜果。

原产于中国的瓜果种类很多，我们现在食用的一些基本瓜果，

① 张万彬、殷国光、陈涛译注：《吕氏春秋·孝行览·本味》，中华书局 2007 年版，第 115 页。

② 王秀梅译注：《诗经·豳风·七月》，中华书局 2006 年版，第 220 页。

在古代文献中都能见到，如甜瓜、葫芦、柑橘、枇杷、龙眼、荔枝、桃、杏、李、枣、柿、梅、苹果等。中国的许多瓜果对世界各国瓜果生产的发展，起过重要作用。如在国外梨树火疫病对西洋梨树危害很大，但原产我国的杜梨、沙梨对这种病害具有很强的抵抗能力，因而传播于世界各地。在世界各国广为栽种的一些果树中，有不少是从中国引种过去的，如银杏、中国李、柑、橙、桃、枣、猕猴桃、荔枝、龙眼等，可见，我国栽培果树的种类之多和历史之悠久，中国是世界上最大的瓜果原产地。下面仅就我国古代几种常食的瓜果品种，作一些介绍。

甜瓜，古代单言瓜者，一般指甜瓜，是当水果吃的。甜瓜，又称甘瓜、果瓜。"甜瓜之味甜于诸瓜，故独得甘甜之称。"①

甜瓜是我国最古老的瓜种之一，在浙江钱山漾和杭州水田畈等新石器时代文化遗址中就出土过甜瓜子，《诗经·生民》中的"麻麦幪幪，瓜瓞唪唪"，《夏小正》中的"五月乃瓜"，均指的是甜瓜，说明在先秦时期，中国就已普遍栽培甜瓜了。另外，1972 年在长沙马王堆汉墓的一具保存完好的女尸的食道中，还发现了 138 粒半甜瓜籽，籽粒外形完整，呈褐黄色，经鉴定，它们和我们今天所栽培的甜瓜种子完全相同。② 这一发现说明，南方栽培甜瓜也有悠久的历史。《广志》云："旧阳城御瓜。有青登瓜，大如三升魁。有桂枝瓜，长二尺余。蜀地温长，瓜至冬熟。有春白瓜，细小小瓣(瓜籽)，宜藏，正月种，三月成；有秋泉瓜，秋种，十月熟，形如羊角，色黑黄。"③ 阳城为春秋时楚地，所谓"旧阳城"当指此，这里出美瓜，秦汉时作贡品，故称"御瓜"。更令人惊奇的是，长江上游的蜀地，瓜可以在冬天成熟。

甜瓜亦名香瓜，种类很多，王祯《农书》指出："瓜品甚多，

---

① (明)李时珍撰：《本草纲目·果部》卷三三，人民卫生出版社 2005 年版，第 1879 页。

② 湖南农学院等编：《长沙马王堆一号汉墓出土动植物标本的研究》，文物出版社 1978 年版，第 8 页。

③ (北魏)贾思勰撰，缪启愉校释：《齐民要术校释》卷二，中国农业出版社 1982 年版，第 110 页。

不可枚举。以状得名，则有龙肝、虎掌、兔头、狸首、羊髓、蜜筒之称；以色得名，则有乌瓜、白团、黄扁、白扁、小青、大斑之别，然其味不出乎甘香而已。"

甜瓜多为生吃，作膳用的很少。用作膳的是菜瓜，即李时珍《本草纲目·菜部》所记："俗名稍瓜，南人呼为菜瓜。"明代王世懋在其所作的《瓜蔬疏》中认为："瓜之不堪生啖而堪酱食者曰菜瓜，以甜酱渍之，为蔬中佳味。"其实菜瓜也可生吃，只是滋味比甜瓜稍次而已。这些品种至今在各地都广为种植。

南瓜，李时珍《本草纲目》云："南瓜种出南番，转入闽浙，今燕京诸处亦有之矣。"据元代王祯《农书·农桑通诀》记载："浙中一种阴瓜，秋熟色黄如金，皮肤稍厚，可藏至春，食之如新。疑此即南瓜也。"有人认为我国现有南瓜栽培种中的"中国南瓜"，有可能为原产于浙中的这种阴瓜①。长江上游少数民族地区也盛产南瓜，如《金川琐记》载："两金川俱出南瓜，其形如巨橐，围三四尺，重一二百斤，每岁大宪，巡宪必携数枚去，每枚辄用四人舁之。"大小金川在四川省大渡河上游，是藏族等少数民族聚居地区。在云南的栽培南瓜中有一种"面条瓜"，瓜肉呈条丝状，煮熟后很象面条，是大理剑川一带特产。昆明附近又有一种"无壳瓜子南瓜"。

丝瓜，是云贵高原的原生植物，我国云南西双版纳等地有野生丝瓜。丝瓜首先在长江流域栽培，以后才逐步传到北方。李时珍说："此瓜老则筋丝罗织，故有丝罗之名（丝瓜或曰天罗，或曰布瓜），昔人谓之鱼鰦，或云虞刺，始自南方来，故曰蛮瓜。"②

苦瓜，"原出南番，今闽广种之"③。有人认为，长江上游的云贵高原可能也是其原产地之一。④ 至今，苦瓜在长江流域各地已

---

① 李璠：《中国栽培植物发展史》，科学出版社 1984 年版，第 143 页。

② （明）李时珍：《本草纲目·菜部》第二十八卷，人民卫生出版社 2005 年版，第 1702 页。

③ （明）李时珍：《本草纲目·菜部》第二十八卷，人民卫生出版社 2005 年版，第 1705 页。

④ 李璠：《中国栽培植物发展史》，科学出版社 1984 年版，第 143 页。

广为种植，成为人们喜食的蔬菜品种之一。

葫芦，先秦时期把葫芦称为瓠、匏壶、匏瓜等。葫芦是我国最古老的栽培蔬菜之一，在不少新石器时代遗址中都发现过炭化葫芦遗物。距今7000年的浙江余姚河姆渡遗址出土的葫芦种籽，是迄今最早的葫芦标本。在河南新郑裴李岗遗址中出土过葫芦皮，稍晚的杭州水田畈新石器时代晚期遗址，也有葫芦的遗存。

《酉阳杂俎》说："儋崖种瓠成实，率皆石余"，这是黎族地区情况。"西南夷"的地区亦然，如《蛮书》卷二提到四川永昌西北的大雪山地区"其土肥沃，种瓜瓠长丈余，冬瓜亦然，皆三尺围。"这些都是少数民族地区种瓠的较早记载。

葫芦全身均可利用，匏叶小时可采嫩叶作为蔬食，所以《诗经·瓠叶》中有："幡幡瓠叶，采之烹之。君子有酒，酌言尝之。"到了成熟期，叶子有苦味，就吃果实，故又有"八月断壶"之说，瓠干硬的外壳还可作瓢杓和乐器。张舜徽先生在《说文解字约注》中指出："今湖湘间称细长者为护瓜，殆即瓠音之变。又称圆大而形若壶芦者为瓢瓜，谓其可中剖为二，用以作瓢也。许以匏训瓠，犹以瓢训瓠也。瓢、匏为古双声，浑言无别耳。若析言中，则未剖者为瓠，皆状其形之圆也。"①葫芦至今在长江流域都广为种植，成为一种最普遍的蔬菜品种之一。

枣，我国是枣的故乡，在河南新郑裴李岗新石器时代遗址中，湖北江陵楚墓和汉墓中，以及长沙马王堆汉墓中，都保存着较完整的枣干果。

翻开古代文献，在《诗经》《夏小正》《山海经》《尔雅》《广志》中都有种枣食枣的记载。枣是古代人们非常喜欢的果品之一，营养价值很高，几乎全身都是宝，李时珍《本草纲目》记载："大枣味甘无毒，主治心邪，安中养脾，平胃气，通九窍，助十二经，补少气，少津液，身中不足，大惊，四肢重，和百药，久服轻身延年。"枣不仅可生吃，还能调剂主食，代替粮食，又能加工各种副

---

① 张舜徽：《说文解字约注》"瓠"字注，华中师范大学2009年版，第1765页。

食品。

我们祖先经过世世代代的辛勤培育，在不同土壤、气候条件下，培育出了丰富多采的枣的优良品种。《齐民要术》中说："青州有乐氏枣，丰肌细核多膏，肥美为天下第一。父老相传云，乐毅破齐时，从燕来齐所种也。齐郡西安广饶二县，所有名枣，即是也。"后世出现的山东、河北的金丝小枣、无核枣，山西运城的相枣，河南的灵宝圆枣，浙江的义乌大枣等，都是脍炙人口的上品。

农谚说："桃三杏四梨五年，枣树当年就还钱。"因为枣树耐旱，栽培容易成活，一般栽植两三年或者一两年就见果了，如果管理得好，百年以上的"老寿星"照样果实累累，可谓"一年栽树，百年受益"。

栗，我国栽培栗的历史很早，在河南裴李岗、浙江河姆渡、西安半坡等新石器时代遗址中均有栗果遗存，在湖北江陵楚墓和长沙马王堆汉墓中都有栗果出土。

栗自古以来就受到人们重视，被列为五果之一，所谓五果，据宋代罗愿《尔雅翼》说："五果之义，春之果莫先于梅，夏之果莫先于杏，季夏之果莫先于李，秋之果莫先于桃，冬之果莫先于栗。五时之首，寝庙必有荐，而此五果适于其时，故特取之。"与枣一样，栗也可作为粮食备荒，《战国策·燕策》中说："南有碣石雁门之饯，北有枣栗之利，民不由田作，枣栗之实，足食于民。"《韩非子》中记载："秦大饥，应侯请曰：'五苑之草著，蔬菜、橡果、枣栗，足以活民，请发之。"① 《庄子·外篇·山木》记述孔子困于陈蔡时，也是靠食栗充饥。

在古代，人们食栗的方法很多，其中一种就是做成甜食，《礼记·内则》说："枣栗饴蜜以甘之。"还可以蒸食，《仪礼·聘礼》说："夫人使下大夫劳以二竹簠方，玄被纁里，有盖，其实枣蒸栗择，兼执之以进。"另外，栗还可炒食，这种方法后世尤为盛行，风味别具一格。

---

① 陈秉才译注：《韩非子·外储说右下》，中华书局2007年版，第240页。

桃，桃是我国最古老的栽培果树之一，在浙江余姚河姆渡、吴兴钱山漾、杭州水田畈、上海青浦县崧泽等新石器时代遗址中都发现过桃核。《左传》《尔雅》《礼记》中都有关于桃的记载，《诗经》中“桃之夭夭，灼灼其华”的诗句，更为人所共知。① 此外，《诗经》还明确记载“园有桃，其实之肴”②。这些考古和文献资料的记载都反映了我国在先秦时期就广泛地种植桃树了。

桃的种类很多，《本草纲目》中说：“桃品甚多，易于栽种，且早结实……其花有红、紫、白、千叶、二色之殊。其实有红桃、绯桃、碧桃、缃桃、白桃、乌桃、金桃、银桃、胭脂桃，皆以色名者也；有绵桃、油桃、御桃、方桃、扁核桃，皆以形名者也；有五月早桃、十月冬桃、秋桃、霜桃，皆以时名者也。并可供食。”

现在国际上公认的桃是我国原产。中国桃在西汉初年由我国西北传入伊朗和印度，再由伊朗传到希腊，之后再传到欧洲各国，所以印度现在还把桃称为“秦地持来”。

李，李与桃在古代往往并提，因为它们同属蔷薇科，又同于春天开花，都属古代五果之列。如《诗经·抑》中有：“投我以桃，报之以李。”在湖北江陵凤凰山西汉墓葬中曾出土过李核，足以证明李树在我国长江流域早已栽培成种。

李以品种多、产量高、口味独特，深受人们的欢迎。晋文学家傅玄在《李赋》中写道：“或朱或黄，甘酸得适，美逾蜜房。浮彩点驳，赤者如丹。入口流濊，逸味难原。见之则心悦，含之则神安。”明代王象晋《群芳谱》亦云：“李实有离核、合核、无核之异。小时青，熟则各色，有红有紫有黄有绿，又有外青内白、外青内红者。大者如杯如卵，小者如弹如樱，其味有甘酸苦涩之殊。性耐久，树可得三十年，虽枝枯，子亦不细。”

李的种类可达数百，著名的李种有缥李、麦李、青皮李等。缥李在南北方都有种植，如长江中游的房陵（今湖北房县）缥李即

---

① 王秀梅译注：《诗经·周南·桃夭》，中华书局2006年版，第12页。

② 王秀梅译注：《诗经·魏风·园有桃》，中华书局2006年版，第136页。

为有代表性的良种，晋人傅玄《李赋》、潘岳《闲居赋》、王廙《洛阳赋》等作品中，都提及房陵缥李，可见其在当时的知名度。

杏，杏起源于中国北方、西北和东北地区，《夏小正》中说：“四月，囿有见杏。”以后的文献如《管子》《礼记》等书中都有关于杏的记录。

杏的种类不多，《本草纲目》仅有下列数种：“诸杏叶皆圆而有尖，二月开红花，亦有千叶者不结实。甘而有沙者为‘沙杏’，黄而带酢者为‘梅杏’，青而带黄者为‘柰杏’，其‘金杏’大如梨，黄如桔。《西京杂记》载‘蓬莱杏’花五色，盖异种也。按王祯《农书》云：‘北方肉杏甚佳，赤大而扁，谓之金刚拳’。”

中国杏在西汉时，由张骞带到西域，传到西亚及地中海地区，我们可以说，古代西亚、希腊栽培的杏都是由中国传入的。

梅，原产于我国，栽培历史十分悠久，在河南安阳殷墟和湖北江陵楚墓中都有梅核出土。《诗经·终南》记载：“终南何有，有条有梅。”说明梅在先秦时就已在我国广泛栽种了。

最初人们种梅是为了食用梅果，后来才发展为供观赏用。在商周时期，梅果广泛用于人们的饮食之中，是作为一种调味品出现的，《尚书·说命》中指出：“若作和羹，尔惟盐梅。”可见梅与盐一样重要。

梅果可分为青梅（绿色）、白梅（青白色）、花梅（带红色）三种，除供调味和食用外，还可制作蜜饯和果酱，如未熟的果经过加工就是乌梅。

柰，柰是苹果的古代名称，是我国最重要的果树之一。湖北江陵楚墓中曾出土过柰核。关于柰的最早记载，见于西汉司马相如的《上林赋》：“亭柰厚朴”。古代的柰除指今天的苹果外，还包括花红、海棠果（红果）等品种，晋代郭义恭《广志》说：“柰有白青赤三种，张掖有白柰，酒泉有赤柰。”

花红，又称林檎。长江下游的东吴之地，林檎品种较多，据范成大《吴郡志》卷三十《土物下》载：“蜜林檎，实味极甘如蜜，虽未大熟，亦无酸味。本品中第一，行都尤贵之。他林檎虽硬大，且酣红，亦有酸味，乡人谓之平林檎，或曰花红林檎。皆在蜜林檎之下。”又曰：“金林檎，以花为贵。此种，绍兴间有南京得接头，至行都禁中接成。其花丰腴艳美，百种皆在下风。始时折赐一枝，惟贵戚诸王家始得之。其后流传至吴中，吴之为圃畦者，自唐以来，则有接花之名。今所在园亭皆有此花，虽已多而其贵重自若。亦须至八九月始熟，是时已无夏果，人家亦以饤盘。”

人们对柰进行多种形式的加工，汉代即已存在。刘熙《释名》中有柰油、柰脯的记载，可知当时人们已能捣实为油，暴干为脯，而汉代后则多为生食，或作制酒之用。到明代王象晋的《群芳谱》中，就开始把柰称为苹果，他说：“苹果出北地，赵燕者尤佳。树身耸直，叶青似林檎而大。果如梨而圆滑，生青，熟则半红半白，或全红，光洁可爱玩，香闻数步，味甘松。未熟者食如棉絮，过熟又沙烂不堪食，惟八九分熟者最美。”

我国古代的苹果比较小，现在我国广泛栽培的大苹果，是近代从欧美等国引进的。

梨，梨的原产地在中国，我国的先民很早就开始对梨进行选择和培育。《诗经·晨风》中的“隰有树檖”与《甘棠》中的“蔽芾甘裳”中的“甘裳”与“树檖”即指野梨，由此可见，早在三千年前，我国已注意到野生梨的利用。到汉代时，梨已成为一种十分重要的果品了，当时已培育出许多优良品种，有果形特大、味甜多汁、香气宜人等各种特色。

梨在全国各地都有种植，如杭州就产有雪糜、玉消、陈公莲蓬梨、赏花（甘香）霄、砂烂数个品种的梨。① 而苏州韩墩“产梨为天下冠，比之诸梨，其香异焉”②。范成大《吴郡志》卷三十云：“韩梨，出常熟韩丘。皮褐色，肉如玉。每岁所生不多，价极贵。凡梨削皮切片，不移时，色必变。惟韩梨虽经日不变，所以独

---

① （宋）吴自牧撰：《梦粱录》卷一八《物产·果之品》，浙江人民出版社 1980 年版，第 164 页。

② （宋）叶绍翁撰：《四朝闻见录》卷五戊集《韩墩梨》，收录于《历代笔记小说大观·宋元笔记小说大观》，上海古籍出版社 2012 年版，第 5001 页。

贵。”又秀州产有丑梨，“貌虽恶，而味绝胜”，曾作为贡品，供皇帝品尝。① 江东宣、歙二州所产的梨，质量也较好。如宣州所产的乳梨，“皮厚而肉实，其味极长”。歙州之梨，“皆津而消”②。江宁府、信州等地出产的石鹿梨，形小，其叶如茶，其根如小拇指，颇为奇特。四川果、普、夔数州也生长着大片的梨树，其中不乏佳果，如夔州巫山一带，据陆游的《入蜀记》中记载，这里“出美梨，大如升”。

到明代，梨的种类更多，据《本草纲目》记载：“梨有青黄红紫四色。乳梨即雪梨，鹅梨即绵梨，消梨即香水梨也，俱为上品，可以治病。其它青皮、早谷、半斤、沙糜诸梨，皆粗涩不堪，止可蒸煮及切烘为脯尔。昔人言梨，皆以常山、真定、山阳、钜野、梁国、睢阳、齐国临淄、钜鹿、弘农、京兆、邺都洛阳为称，盖好梨多产于北土，南方惟宣城者为胜。”

柑橘，柑橘在我国的种植至少有三千年的历史，《尚书·禹贡》就记载了当时古扬州栽种“包橘柚”以充赋税的情况。战国时楚国诗人屈原曾作《橘颂》，对橘树的高贵品质进行歌颂，借以自况坚贞。

我国柑橘主要产于南方，有橘、柑（甜橙）、柚三大类，我国古代柑橘往往并称，李时珍《本草纲目》对此作了区别，他说：“橘实小其瓣味微酸，其皮薄而红，味辛而苦；柑大于橘，其瓣味甘，其皮稍厚而黄，味辛而甘。”

荆楚之地，自古就以盛产橘柚而驰名。《禹贡》记荆州“包匦菁茅”，孔传认为“包”即是指橘柚。《山海经·中山经》载“荆山”“纶山”“铜山”“葛山”“贾超之山”“洞庭之山”等均多“橘櫾（柚）”。《吕氏春秋·本味》记载：“果之美者，……江浦之橘，云梦之柚”，江浦、云梦都在楚地，故当时楚国的

---

① （宋）陆埈：《丑梨》，（清）厉鹗辑撰，《宋诗纪事》卷五三，上海古籍出版社 1983 年版，第 1359 页。

② （宋）罗愿撰：《新安志》卷二《木果》，见《宋元方志丛刊》，中华书局 1990 年版，第 1679 页。

“橘柚之园”为各国所垂涎。①《晏子春秋·内篇杂下》记载了晏子使楚，楚王用当地特产橘来招待他的故事。《楚辞》中有屈原著名的《橘颂》：“后皇嘉树，橘徕服兮，受命不迁，生南国兮。……”《史记》卷一二九《货殖传》说：“蜀汉及江陵千树橘”，收入可“与千户侯等”，都表明从战国到秦汉，蜀楚柑橘生产的规模和收入是很可观的。在长沙马王堆西汉墓中，记载死者随葬品的竹简上有“橘一笥”字样，以及几个香橙种核，为楚地自古盛产柑橘类果树提供了物证。三国时期孙吴丹阳太守李衡非常赞赏太史公“江陵千树橘，当封君家”的话，“密遣客十人于武陵龙阳汜洲上作宅，种柑橘千株。……吴末，衡柑橘成，岁得绢数千匹，家道殷足”②。六七十年后，即东晋咸康年间，李衡所种的柑橘树还在。这一带的其他地区，如洞庭湖流域，也有一定规模的柑橘种植，隋唐时期荆湘成为柑橘重要产地，就是这一时期打下的基础。

巴蜀地区也是柑橘的传统产区，三国蜀及之后的晋政府还设有专门的官员负责柑橘的生产和征收，称橘官或黄柑吏。据《华阳国志》记载，巴郡江州巴水北（今重庆津江一带）、鱼复（今重庆奉节）、朐忍（今重庆云阳、开县及万州等地直到湖北利川等地）都设有橘官，犍为南安县则有柑橘官社。西晋张华《博物志》记载：“成都、广成、郫、繁、江源、临邛六县生金橙。”但柑、橘、橙类水果，古代文献常常混称，至于巴蜀所产柑橘的品种，文献记载也不多，如《广志》中说成都有平蒂柑”“大如升，色苍黄”，又说“南安县出好黄柑”。

秦汉以来江浙地区柑橘种植相当发达，以至于一批以种柑橘为生的橘户被政府编入橘藉。据任昉《述异记》载，三国吴之绍兴地区，“多柑橘园，越人岁出橘税，谓之橙橘户，亦曰橘籍”。橘

① 张万彬、殷国光、陈涛译注：《吕氏春秋·孝行览·本味》，中华书局2007年版，第115页。

② （晋）陈寿撰：《三国志》卷四八《吴书·孙休传》，中华书局2005年版，第855页。

户每年向政府交纳大批柑橘以充税赋，一般情况下不允许脱离橘藉，以保证柑橘的生产。至南朝时，江浙一带的柑橘园随处可见，在沈约、徐陵等著名文学家的作品中，都有许多关于柑橘及柑橘园的内容。江浙出产的柑橘中，以黄柑最负盛名，不仅晋及南朝的文人多有诗赋赞美，北方少数民族统治者对黄柑也非常喜爱，北魏太武帝拓跋焘于宋元嘉二十七年（450年）攻打刘宋时，曾在汝南、彭城、瓜步等地向对方索要黄柑①，可知江浙黄柑早已驰名北方了。

宋代以后，橘柑在江南的种植又有了长足的发展，且名品倍出，韩彦直在《橘录》序中说道："然橘亦出苏州、台州，西出荆州而南出闽广数十州，皆本橘耳，已不敢与温橘齿，矧敢与真柑争高下耶？"而温州又推泥山之柑为最好。泥山为平阳所属的一个孤屿，"地不弥一里，所产柑，其大不七寸围，皮薄而味珍，脉不粘瓣，食不留滓，一颗之核才一二，间有全无者"。②

苏州洞庭之柑橘，可与温州相颉颃。洞庭橘场在太湖之中的洞庭山，这里"四面皆水也，水气上腾，尤能辟霜。所以洞庭柑橘最佳，岁收不耗，正为此尔"③。其果"皮细而味美"④。范成大《吴郡志》卷三十云："其品特高，芳香超胜，为天下第一。浙东、江西及蜀果州皆有柑，香气标格，悉出洞庭下。"

关于金橘，张世南《游宦纪闻》记载："金橘产于江西诸郡。有所谓金柑，差大而味甜。年来，商贩小株，才高二三尺许。一舟可载千百株。其实累累如垂弹，殊可爱。价亦廉，实多根茂者，才直二三镮。往时因温成皇后好食，价重京师；然患不能久留，惟藏绿豆中，则经时不变。"⑤ 梅尧臣有诗赞曰："南方生美果，具体

① （清）陈梦雷编：《古今图书集成·博物汇编·草木典》卷二二九，中华书局1934年影印本。

② （宋）韩彦直撰：《橘录》卷上《真柑》，文渊阁《四库全书》本。

③ （宋）庞元英撰：《文昌杂录》卷四，乾隆雅雨堂刻本。

④ （宋）韩彦直撰：《橘录》卷中《洞庭柑》，文渊阁《四库全书》本。

⑤ （宋）张世南撰，张茂鹏点校：《游宦纪闻》卷二，中华书局1981年版，第11页。

橘包微，韩弹有轻薄，楚萍知是非。甘香奉华俎，咀嚼破明玑，欲换齑盐腹，盈奁忽我归。”①

我国柑橘名品很多，如湖北秭归的脐橙、广东新会的甜橙，潮州的潮柑，四川江津的鹅蛋柑，浙江温州的蜜柑，江西南丰的蜜橘，福建龙溪的良橙，等等。橘柑营养丰富，滋味优美，是我国果树中特产珍品之一，现在世界各国栽培的柑橘果树，几乎都是来源于我国或者与我国柑橘品种有亲缘关系。

枇杷，原产长江流域，最早种植的应是长江流域西南地区。晋人郭义恭《广志》云：“枇杷，冬花，实黄，大如鸡子，小者如杏，味甜酢。四月熟，出南安、犍为、宜都。”② 犍为正是“西南夷”故地，南安亦应是犍为郡之县，在今四川夹江县。《南中八郡志》说：“南安县出好枇杷。”③ 宜都在今湖北省宜都县，属楚国故地。《荆州风土记》说：“宜都出大枇杷。”现在湖北西部（长阳、恩施一带）海拔 300 米到 1000 米地带以及在宜昌北部和南部高山悬崖处都有野生枇杷生长。在四川大渡河流域汉沅县朝路口海拔 1100 米处，泸定县烹坝乡的后山一带和会理县内西乡海拔 1800 米处，西藏察隅海拔 2000 米左右的地方都有野生枇杷的分布，可见，长江中上游地区是枇杷的原产地，并沿长江向下传播，至唐宋时，长江下游的江南地区已普遍种有枇杷。《梦粱录》卷十八《物产·果之品》曰：“枇杷无核者名椒子。东坡诗云：‘绿暗初迎夏，红残不及春。魏花非老伴，卢橘是乡人。’”宋人梅尧臣《依韵和行之枇杷》诗：“五月枇杷黄似橘，谁思荔枝同此时？嘉名已著《上林赋》，却恨红梅未有诗。”④ 宋人范成大《两木·枇杷昔所

---

① （宋）梅尧臣著：《刘元忠遗金橘》，朱东润编年校注，见《梅尧臣集编年校注》卷二六，上海古籍出版社 2009 年版，第 709 页。

② （北魏）贾思勰撰，缪启愉校释：《齐民要术校释》卷十《五谷果蔬菜茹非中国物产者非中国物产者·枇杷》，中国农业出版社 1982 年版，第 584 页。

③ （宋）李昉等撰：《太平御览》卷九七一，中华书局 1985 年版。

④ 梅尧臣著：《依韵和行之枇杷》，朱东润编年校注：《梅尧臣集编年校注》卷二五，上海古籍出版社 2009 年版，第 503 页。

嗜》云："枇杷昔所嗜，不问甘与酸。黄泥裹余核，散掷篱落间。春风折勾萌，朴樕如榛菅。一株独长成，苍然齐屋山。去年小试花，玲珑犯冰寒。化成黄金弹，同登桃李盘。"

综上可见，蔬菜瓜果在我国古代人民生活中占有不可缺少的地位，人们很早就懂得了"五谷为养，五果为助，五畜为益，五菜为充"① 的道理。它们之间是相辅相存的，正如李时珍《本草纲目》中所指出的："木实曰果，草实曰蓏。熟则可食，干则可脯。丰俭可以济时，疾病可以备药，辅助粒食，以养民生。"在我国古代史籍中，有关"百姓饥饿，人相食，悉以果实为粮"，"皆以枣栗为粮"，"饥饿皆食枣栗"之类的记载不胜枚举，反映出蔬果作物在救灾度荒中所起的作用。

《管子·立政》中提出："瓜瓠荤菜百果不备具，国之贫也；瓜瓠荤菜百果备具，国之富也。"管子把蔬菜瓜果的发展状况作为衡量国家贫富的标准之一。《尔雅·释天》说过："蔬不熟为馑，果不熟为荒。"也认为蔬菜瓜果的丰歉是确定整个农业收成好坏的重要依据，可见其重要性。

随着社会的发展，特别是古代城市的形成，各地园圃业相继完善，它所提供的蔬菜瓜果的栽培品种也越来越多，逐步地满足着人们日常生活的需要。同时，园圃业在整个社会经济中的地位也日趋重要。

① 《黄帝内经·素问·脏气法时论篇第二十二》，四部丛刊本。

第四章

先秦时期的烹饪技艺

中国古代的烹饪，技艺精湛，源远流长，是一份珍贵的文化遗产。烹饪一词是由“烹”和“饪”组合而成的。在古代汉语里，“烹”作“烧煮”解释，如《左传》说：“水、火、醯、醢、盐、梅，以烹鱼肉”①，“饪”即“煮熟到适当程度”。“烹”和“饪”组合在一起，意思就是“烧煮熟食物”。但是，“烹”和“饪”一旦成为固定词组“烹饪”，就具有相对独立的意义，而不简单等同于“烹”和“饪”的词素意义相加。

烹饪一词的含义是随着人类饮食文化的发展而变化的。在人类社会的早期，饮食生活水平极其低下，与此相对应，烹饪的含义是很简单的。这个时期烹饪的含义就是用火直接烧烤动植物以供食用。陶器的产生，为煮食物提供了物质条件，这时烹饪一词的含义就增加了新的内容——煮。至此，烹饪就具有“烧”“煮”两层含义。由于金属锅的产生和动物油的运用，烹饪一词的含义又增添了

① 杨伯峻编著：《春秋左传注·昭公二十年》（修订本），中华书局1981年版，第1419页。

炸炒这一层内容。随着中国饮食逐步形成主食和副食两大类，烹饪就不单指副食，如肉、鱼、蔬菜的烧烤、煮炖和炸炒，而且也包括主食的制作，如米饭、馒头、饼、点心等。盐的发现和运用，逐步形成了调味的概念，同时也产生了腌制菜肴，这样，烹饪又增添了一个内容——腌制。此外，酿酒业的兴起以及茶的饮用，又进一步丰富了烹饪的含义。

由此看来，烹饪这个概念的内涵和外延不是固定不变的，在不同的历史阶段，它的含义和侧重点是不同的。那么，烹饪的概念应该怎样界定呢？我们可以认为，所谓烹饪即是指食物的加工制作过程。如果将烹饪看作一个大系统的话，那么，它下面将有若干个子系统：主食蒸烤系统；菜肴烹调系统；饮料制作系统；其他辅助系统等。

中国在世界上被誉为“烹饪王国”，这是因为中国的烹饪技术，有着几千年的悠久历史，早已成为一种独特的技艺，这种技艺每一环节无不闪耀着我国古代劳动人民的智慧之光。

第一节 食物加工技术

从谷物到饭食，从畜禽到菜肴，食物都经过了一个初加工的过程，这也是食物由生食到熟食的必经之路。

远古时，人类的食物是没有经过任何加工的。《韩非子·五蠹》中说：“上古之世，人民少而禽兽众，……民食果蓏蚌蛤，腥臊恶臭，而伤害腹胃，民多疾病。”① 另外，《淮南子·修务训》中也说过：“古者，民茹草饮水，采树木之实。”② 这些都是对远古饮食生活状况的写照。

到了新石器时代，我们的祖先在采集经济的基础上发明了农业，在渔猎经济的基础上发明了家畜饲养业，从而有了较为稳定可靠的食物来源，同时，人们对食物也就开始进行了一些简单的粗加

① 陈秉才译注，《韩非子·五蠹》，中华书局2007年版，第265页。

② 顾迁译注，《淮南子·修务训》，中华书局2009年版，第263页。

工。我国新石器时代的考古不仅发现了大量农业生产工具，而且还发现了许多粮食加工工具。在黄河流域的新石器时代西安半坡文化遗址中，出土的谷物加工工具有碾盘、碾棒等。① 这两件工具的操作方法为：人们在加工谷物时，是把谷物放在碾盘上，然后用碾棒把谷物碾碎，成为糁，以便煮食。而在南方的新石器时代文化遗址中，则以石臼、陶臼、木杵为多，例如在浙江河姆渡文化遗址中，就发现有加工稻谷用的木杵。这种木杵是一根长 92 厘米，柄粗 5 厘米左右的木棍，下端做成突出的锤瘤，瘤径 8.3 厘米，上细下粗，重心在下，便于舂捣。② 使用时，把稻谷倾放于地上的小洞中，手持木杵，一提一放，频繁舂捣，便可使稻谷脱壳。《周易·系辞》中说的“断木为杵，掘地为臼”③，指的就是这类加工方法。但这种加工方法，存在着明显的不足——即加工出的米与土常常混杂在一起，正如张舜徽在《说文解字约注》“臼”字注中所指出的：“太古掘地为臼，米与土自相杂，故重在择米；其后既穿木石为臼，而米渐纯洁。”④ 说明这种加工方法是在不断完善的，例如，人们在掘地为臼的时候，常在臼内生火，使臼土坚硬，不易与米相杂，这也为陶臼的诞生奠定了基础。在以后稍晚一些的新石器时代文化遗址中，常有陶杵或陶臼一类加工工具出土，如浙江吴兴钱山漾出土有一种外表为尖锥形的大陶臼，江苏吴县草鞋山出土有陶杵。

总之，新石器时代的谷物加工工具，黄河流域以碾盘、碾棒为多；长江流域以木杵、陶杵、陶臼、石臼为多。碾盘适宜加工小米，杵臼适宜加工大米，可见这些粮食加工工具正是适应两大流域

---

① 中国社会科学院考古研究所编：《西安半坡》，文物出版社 1963 年版。

② 梅福根、吴玉贤：《七千年前的奇迹》，上海科学技术出版社 1982 年版，第 53 页。

③ 黄寿祺、张善文撰：《周易译注》卷九《系辞下传》，上海古籍出版社 2001 年版，第 572 页。

④ 张舜徽：《说文解字约注》（第二册）卷十三，华中师范大学出版社 2009 年版，第 1750 页。

的不同物产和不同食俗应运而生的。

商周时期，粮食加工方法并无多大改进。“粮食加工及饮食炊饪烹调等程序，无非是舂之磨之，以省咀嚼；煮之蒸之，以助消化；烹之调之，以和五味；干之腌之，以便携带和贮藏，如此而已。然即此已是积累若干年历史经验始能达到，均非一蹴可及。殷周人谷粒去皮之法，大致是凭借臼舂或石磋。殷墟出土有石臼、石杵，但臼甚小，恐不足以应多数人大量的需要。”① 商代粮食加工方法仍然采用杵臼，这从甲骨文中的“舂”可以得到证明，甲骨文“舂”字就像两手捧杵打在禾上之形。张舜徽《郑学丛著》指出：“舂，撞也，以手捣粟者，持杵不断撞击之也。上古以手捣粟，故舂字从持杵临臼上，实象其事。”② 这种原始的加工方法，仍难以提供大量净米去满足人们吃饭的需要，所以从殷墟出土的殷人牙齿分析，殷人牙齿磨损都非常严重。例如在河南安阳西北的武官大墓中，有几个人头骨的牙齿是磨成平齐的样子，和后人的牙齿明显不同，这主要是由于商代人的食物很粗糙，而久食带壳的谷子，咀嚼运动的幅度大，牙齿就易磨损。这反映了商代的谷物加工不甚发达，一般平民对谷物的食法是连壳一起煮食，只有商代贵族才有权享受去过壳的净米。

西周时，舂谷已有所普及，据《诗经·大雅·生民》记载：当时人们为了祭祀和庆贺节日，常聚在一起，“或舂或揄，或簸或蹂，释之叟叟，蒸之浮浮”。这段文字描写的场景为有的人在舂米，有的在扬弃糠皮，有的在淘米，然后把米做成饭，从侧面也反映了一般平民已开始注重饮食的细化了。

春秋时期，石磨出现，先秦时把石磨称为“硙”或“礳”，《世本·作篇》中说：“公输班作硙。”公输班是春秋末年鲁国著名工匠，所以又称鲁班。东汉许慎的《说文解字》也认为：“硙，磨

① 郭宝钧：《中国青铜器时代》，生活·读书·新知三联书店 1963 年版，第 112 页。

② 张舜徽：《郑学丛著·演释名》，华中师范大学出版社 2005 年版，第 320 页。

也。古者公输班作硙。”何谓硙呢？张舜徽在《说文解字约注》中指出：“合两石琢其中为齿相切以磨物为硙。北人谓之硙，江南谓之磨，实一物也。”也有人认为，石磨在新石器时代的河南省永城县造律台曾出土过。① 如果这种说法准确的话，那么，在商周以前见于记载的石磨仅此这一处。而大量出土的却是杵臼、碾盘、碾棒等加工工具。从新石器时代至战国时期，已有48处遗址发现有杵臼，其中新石器时代有30处，夏、商时期有13处，西周至战国时期有5处。从这一统计数字可以看出，西周以后，杵臼逐步递减，其原因可能是杵臼都被比较先进的工具石磨取而代之了。

从杵臼、碾盘到石磨，以及从粒食到精米面的出现，都经过了一段相当长的艰难创造的过程，所以，古诗中有云：“须知盘中餐，粒粒皆辛苦。”

春秋战国以后，谷物的加工逐步由畜力和水力代替了人力去推动石磨、石碓，其中，石碓也是一种将谷物去皮的工具。东汉桓谭《新论》中说：“伏羲氏制杵臼，万民以济。及后人加巧，因延力借身重以践碓，而利十倍杵臼。又复设机关，用驴骡牛马及役水而舂，其利乃百倍。”② 这样，谷物的加工便可大量的进行，人们的饮食状况也由此有了较大的改善。

谷物的加工如此繁杂，而肉食加工则更为考究，因为在中国古代烹饪技艺中，割与烹具有同等的重要性。割是指对肉的初加工，商周时期，人们对肉的解剖和分类十分讲究，《孟子》就记载有人认为“伊尹以割烹要汤”③，就是指商代的伊尹，他是以善于割烹而当上商汤的宰相。

西周时，有专门官员负责加工肉，即“内饔和外饔”。《周礼·天官·内饔》指出：内饔掌理王者与后世子的肴馔切割烹与

---

① 安志敏：《中国史前期之农业》，《中国新石器时代论集》，文物出版社1982年版。

② （汉）桓谭：《桓子新论》，载于《丛书集成新编》，新文丰出版公司1985年版。

③ 万丽华、蓝旭译注：《孟子·万章上》，中华书局2006年版，第211页。

调味等事项，以及各种美味的菜肴，杀牲盛馔进食于王者的时候，负责陈列鼎俎，把牲体装在鼎俎里。并事先挑选各种美味的菜肴、酱腌的肉和菜、以及珍奇的食品，准备进献，供应王室其他成员的肴馔。认辨出有腥、臊、膻、香等臭味不能吃的食品：午夜里叫的牛，它的肉一定会象朽木一样的臭；细毛很少的羊，长毛又纠结在一起，它的肉膻味一定很重；脚股里侧没有毛，行走又显得急躁的狗，它的肉一定有臊味；毛色暗淡没有光泽的鸟，叫的声音又沙沙的，它的肉一定会有腐朽的臭味；老是睁开眼睛注视远方，睫毛相交的猪，它的肉必定会有腥味；背脊黑，前足又有杂色斑纹的马，它的肉必定会有蝼蛄的臭味。

什么样的牲畜适宜宰割呢？《礼记·内则》认为："牛曰'一元大武'，豕曰'刚鬣'，豚曰'腯肥'，羊曰'柔毛'，鸡曰'翰音'，犬曰'羹献'，雉曰'疏趾'，兔曰'明视'。"① 意思是指牛要选肥壮得把蹄印印得深的，猪要选用颈毛坚硬的，乳猪要选胖乎乎的，羊要选用毛柔软而细密的，鸡要选用鸣叫声长而且响亮的，狗要选喂得好、长得肥的，野鸡要选用脚趾分开的，兔子要选用眼大目明的。可见，周代人们已知如何选用无病、无特殊腥臊气味而又健壮的牲畜了。

《周礼》所记外饔的职掌与内饔相仿，只不过内饔重在对内，即掌理王室的割烹煎调等事务，而外饔则掌理祭祀、宴会宾客和慰劳将士的割烹及肉食供应。《周礼》指出："外饔：掌外祭祀之割亨，共其脯、脩、刑、膴，陈其鼎俎，实之牲体、鱼、腊。凡宾客之飧饔、飨食之事，亦如之。邦飨耆老、孤子，则掌其割亨之事，飨士庶子，亦如之。师役，则掌共其献赐脯肉之事。凡小丧纪，陈其鼎俎而实之。"②

---

① 杨天宇：《礼记译注·曲礼下第二》，上海古籍出版社 2004 年版，第 50 页。

② 吕友仁译注：《周礼译注·天官冢宰第一》，中州古籍出版社 2004 年版，第 53 页。

从《周礼》所述内外饔的职掌可以看出，西周贵族食肉是十分讲究的。首先要挑选适宜屠宰的牲畜，辨别牲畜各个部位，然后再进行宰割。先秦时期“庖丁解牛”的故事就是这方面长期经验的积累：“庖丁为文惠君解牛，手之所触，肩之所倚，足之所履，膝之所踦，砉然响然，奏刀騞然，莫不中音，合于《桑林》之舞，乃中《经首》之会。文惠君曰：‘嘻，善哉！技盖至此乎？’庖丁释刀对曰：‘臣之所好者道也，进乎技矣。始臣之解牛之时，所见无非牛者；三年之后，未尝见全牛也；……良庖岁更刀，割也；族庖月更刀，折也。今臣之刀十九年矣，所解数千牛矣，而刀刃若新发于硎。’”① 这则故事说明先秦时期已有技艺纯熟的屠夫出现。

据文献记载，商代宰割牲畜的方法主要是对剖牲体，甲骨卜辞中的杀牲曰卯，甲骨文写作“ꟻ”，就是对剖的意思。周代对宰割的分类较为细致，大的分法称“豚解”，分作七个部位，即“七体”；细的分法称“体解”，即分为“二十一体”，每类都有专名。在这个基础上，再对不同的部位进行不同的烹制。如肉多体实的部分称“胾”“大脔”，它们都是大块的肉。有的再加以细切叫“脍”，如孔子有“脍不厌细”② 之说，脊椎两侧的精肉称“膴”“胸”“胑”等，这些部位的肉可鲜烹，或者腌干。其他如舌、心、肺、胃、肠等则根据不同的食用要求，被制作成各种肴馔，是所谓“庶羞”的主要原料。

对肉切割的目的在于便于烹饪，其次，对肉的切割还具有礼仪性的意义，古人在正式场合进食时，各式各样的菜肴都有固定的位置，取食也按一定程序进行，这些都是由肉的不同形状所决定的。再次，中国古代的菜肴，除了祭品外，所有实际享用的肉食，无不切得大小适口。最后，对肉的切割还关系到菜肴的美观，它使烹饪上升到艺术的高度，以供人们欣赏。

---

① 孙通海译注：《庄子·养生主》，中华书局2007年版，第55页。
② 张燕婴译注：《论语·乡党第十》，中华书局2006年版，第140页。

第二节 烹饪技艺

烹饪是从人类学会使用火开始的。有关考古资料证明，中国烹饪方法是由少渐多，烹饪技艺是由简单到复杂，逐步地发展的。

人类食用熟食是从烹饪技术的发明开始的。从旧石器时代考古资料分析，中国原始烹饪术的发明，至今已有180万年左右的历史。山西省芮城县西侯度遗址出土的许多烧过的哺乳动物的肋骨、鹿角和马牙，就是当初人类食用后留下的遗存。人类在这时虽然能使用火来烧熟食物，但还不会制造火，所有的火只是保存的自然火种。人类的饮食革命，是从人工取火开始的，在旧石器时代中后期，人类就能够用燧石取火了，有人根据旧石器时代中期个别遗址中发现的遗物，结合民族学资料，认为用黄铁矿打击燧石而产生的火花可以达到取火的目的，所以我国古代有“燧人取火”的传说。火对烹饪技术的发展具有特殊重要的意义，因为火不仅能够熟食，改变人类茹毛饮血的生活状况，而且能“以化腥臊”①。消除动物的臭味，使食物的味道鲜美起来，这就把人类的饮食生活提高到一个新的历史阶段。但是，人类在能够制造火以后的很长一个历史阶段，其烹饪方法还是十分简单的，主要采用以下几种烹饪方法：

烧，不同于现在意义的烧，这是一种最原始、最简便的烹饪法，即不用任何烹饪器，直接把兽肉或植物放入火中烧熟。在旧石器时代的山西西侯度、云南元谋、陕西蓝田等多处文化遗址中都发现了烧过的兽骨，以及在北京人遗址所发现的烧骨和烧过的朴树籽，都表明当时人们即已采用这一烹饪法。②

烤，先秦时称为炮，即直接把兽肉置于火堆旁烤，或者将兽肉用粘土包起来，放置在火堆中烤，又或者将兽肉用树枝、竹杆串起来，斜插在火堆旁烤或架在火堆上方悬烤。烤法较之烧法进步，是

---

① 陈秉才译注，《韩非子·五蠹》，中华书局2007年版，第267页。

② 贾兰坡等：《三十六年来的中国旧石器考古》，《文物与考古论集》，文物出版社1986年版，第1~17页。

因为它是利用火的辐射力，来使食物烤熟，所以这种方法的出现晚于烧烹饪法。

石烙，这是一种通过烧热的石板传热来把食物烙熟的方法，即将食物置放在扁平的天然石板上，再将石板放在火堆上，这样，石板上的火候较为温和，不致烧焦食物，郑玄在注释《礼记》说："中古未有釜甑，释米捋肉，加于烧石之上而食之耳，今北狄犹然。"① 就是指石烙法。

石烹，即在土坑或其他盛水的容器中装上水和食物，然后将一些烧红的石块投入水中，如此周而复始多次，使水沸腾，从而将食物煮熟。

以上这四种烹饪方法，在陶烹饪器没有出现以前，存在了相当长的时间，所以谯周《古史考》云："古者茹毛饮血；燧人氏钻火，始裹肉而燔之，曰'炮'；神农时食谷，加米于烧石之上而食之；黄帝时有釜甑，饮食之道始备。"② 类似的记载，在《礼记》等书中亦可见到。这些传说把劳动人民的创造全加在几个"神化"了的人物头上，这是与史实有些出入的，但是，它表明了人类学会烹饪有一个发展过程，并且认为烹饪方法是随着饮食器皿的不断完善而逐渐多样化的。

新石器时代，由于农业、畜牧业有了一定程度的发展，烹饪的水平也必然有所提高。人们生活中常用的一些简单炊器，大都已经出现，有陶鼎、陶甑、陶釜、陶罐、陶盆之类。在新石器时代的一些遗址中，曾发现过灶坑，就是用来做饭的。另外，在掘地为灶的同时，人们还制造出了可以搬动的陶灶，如浙江河姆渡出土的陶灶，长约 50 厘米，宽约 30 厘米，制作有两耳可以用于提拿搬动，其结构科学，使用安全，可够多人炊用。这些出土的炊器说明，从新石器时代起，人类的烹饪方法就逐渐多起来了，因为炊器的多样化是与馔食的多样化是分不开的。

---

① （汉）郑玄注，（唐）孔颖达疏：《十三经注疏·礼记正义》卷二一《礼运第九》，北京大学出版社 1999 年版，第 666 页。

② （三国）谯周：《古史考》，载于《龙溪精舍丛书》第二函。

考古发掘出的商周以前的炊器，多属蒸煮之器，可以认为，商周以前的烹饪方法以煮蒸食物为主，郭宝钧在《中国青铜器时代》一书中，考证了商周时期的烹饪方法，他认为："殷周熟食之法，主要的不外蒸煮二事。"① 在煮蒸二种烹饪方法之中，煮法又产生于蒸法以前，这里分别对二者进行介绍。

煮，是一种最普通的烹法，它是将食物和水放于烹饪器中，再用火直接烧烹饪器，通过烹饪器受热、传热，使水沸腾来煮熟食物。这种烹法的特点是水要浸漫过所煮的东西。当时用于煮食物的炊具主要是釜、鼎、鬲、罐等。这些器皿在商代以前并没有什么区别，都是作为锅来使用。但在西周以后，釜和鼎这两种煮器，似乎有所分工。釜主要用于煮谷物或蔬菜，如《诗经》中说："于以湘之，维錡及釜。"② 这是用釜来煮苹菜的记载，所以，釜主要是平民使用的烹饪器。鼎则用于煮肉，因为鼎在周代，已不再单纯是一种炊器了，而成为一种礼器，是各级贵族的专用品，被视为权力的象征，广大平民绝对不能使用鼎。鼎作为炊煮器，贵族们也主要用来煮肉，或陈放肉类和其他珍贵食品。《周礼·天官·亨人》说："亨人：掌共鼎镬，以给水火之齐。"③ 郑玄注曰："镬所以煮肉及鱼腊之器，既熟乃盛于鼎。"④

鬲是在釜、鼎以后产生的，主要用于煮粥，"殷墟似乎是人各一鬲，而且是鬲皆用陶，即贵族墓也不例外。以鬲煮粥，只是把米和水放入鬲中加火漫煮，米熟即得。"⑤ 先秦时期，贵族饮食是盛馔用鼎，常饪用鬲。西周铜鬲较多，但其使用也仅限于贵族。

---

① 郭宝钧：《中国青铜器时代》，生活·读书·新知三联书店 1963 年版，第 113 页。

② 周振甫译注：《诗经·召南·采苹》，中华书局 2002 年版，第 22 页。

③ 吕友仁译注：《周礼译注·天官冢宰第一》，中州古籍出版社 2004 年版，第 55 页。

④ （汉）郑玄注，（唐）贾公彦疏：《周礼注疏·天官冢宰第一·亨人》，载于《汉魏古注十三经》，中华书局 1998 年版。

⑤ 郭宝钧：《中国青铜器时代》，生活·读书·新知三联书店 1963 年版，第 113 页。

蒸，凡是利用水蒸气把食物烹熟的就叫作蒸。蒸的方法，通常都是锅中放着水，上面架着蒸具，与水保持距离，纵令沸滚，水也不致触及食物，使食物的营养价值全部保持在食物内部，不致遭到破坏。所以，蒸气烹饪是一种先进的烹饪法，我国是世界上最早使用蒸气烹饪的国家。

蒸烹饪器是在煮烹饪器的基础上发展起来的，蒸法比煮法出现要晚一些。距今六千年左右的西安半坡新石器时代遗址中出土的陶甑，是目前所能见到的最早蒸器。蒸饭所用的甑都分为两节，下节三空足如鬲，是盛水的地方，上节大口中腹如盆是放米的地方，米和水之间有箅子隔开。张舜徽在《说文解字约注》中指出："甑之为言层也，增也，以此增益于釜上，高立若重屋然。古以瓦，今以竹木为之，有穿孔以通气，所以炊蒸米麦以成饭也。"① 甑的出现使我国古代早期社会的烹饪方法基本得到完善，所以《古史考》认为黄帝时即有釜甑，故饮食之道始备。可知甑的出现是饮食条件具备的重要标志。

关于先秦时期有没有"炒"这种烹饪方法，现在存在着不同的意见，美籍华裔著名学者张光直认为："在周代文献里，……最主要的似乎是煮、蒸、烤、炖、腌和晒干。现在在烹饪术中最重要的方法，即炒，则在当时是没有的。"② 我国也有学者同意这种看法，认为"现在烹饪术中最重要而又常见的方法——炒，当时尚未发明"。③

事实上，考古资料已经证明，炒这种烹饪法最迟在春秋时期就已出现。1923 年在河南省新郑县春秋时期的墓葬中出土的"王子婴次之炒炉"，据考古工作者鉴定，就是一种专作煎炒之用的青铜炊器，该炉高 11.3 厘米，长 45 厘米，宽 36.6 厘米，形状类似长

① 张舜徽：《说文解字约注》（第二册）卷十三，华中师范大学出版社 2009 年版，第 1750 页。

② 张光直：《中国青铜时代》，生活·读书·新知三联书店 1983 年版，第 228 页。

③ 王慎行：《试论周代的饮食观》，《人文杂志》1986 年第 5 期。

方盘，上面刻有“王子婴次之庚炉”。对此，陈梦家在《寿县蔡侯墓铜器》一文中指出：“东周时代若干盘形之器并不尽皆是水器。《礼记·礼器》注云：‘盆，炊器也。’似指新郑所出‘王子婴次之炒炉’。”① 且这一炊器的质地也比较薄，很适于作煎炒使用。

“炒”字的发展是有一个过程的，《说文解字》中没有“炒”字，在汉代杨雄的《方言》中却已出现了原始的“炒”字，他说：“熬、聚、煎、备、鞏、火干也。”晋代郭璞对此注曰：“聚即鬻字也。”宋代《广韵》把鬻读为“初爪切”，正是chǎo音，到之后不久所编的《集韵》时，就正式出现了“炒”字。可见，在先秦时期的烹饪方法中不是没有炒法，而是没有今天的炒字，它是由上述几种字形所代替了。

在先秦文献中，也有关于炒菜的记载，如《楚辞·大招》中的“煎鲼臛雀，遽爽存只”②，所描述的就是一种烹饪方法，是指在锅中放少量的油，等油热后，将食物放入，反复翻搅至熟。与此相映证的是，在楚国区域内也相继出土了一些可作煎炒之用的器具，如1978年湖北随县曾侯乙墓曾出土了一个炉盘，盘分上下两层，下层为一炉，炉下有三足，出土时炉内还有木炭，实际就是一个烧木炭的炭炉。上层为一盘，盘与炉基本等大，出土时盘上有两条鱼，鱼肉虽然已经腐烂消失，但从鱼骨的形态看，这是一条鲫鱼和一条鳙鱼的骨骼。曾侯乙墓中这件制作相当精美讲究的炉盘，其两边还有青铜质的环练提梁，一如现代的炒锅。另外，在1979年4月，江西靖安也出土了一件自铭为“炉盘”的铜制器具，形状和曾侯乙炉盘大体相同，其时代比曾侯乙墓要早一百多年。这些都说明在先秦时期已出现了专作煎炒之用的炊具，人们已经开始运用煎炒之法进行烹饪。不过，当时的炒烹饪法，不如现代的技艺高，煎炒之间也没有严格的区别，同时炒菜的品种也不够多，但它对后世中国烹饪技艺的发展和提高，却有着不可估量的影响。

---

① 陈梦家：《寿县蔡侯墓铜器》，《考古学报》1956年第2期。

② （战国）屈原撰，林家骊译注：《楚辞·大招》，中华书局2009年版，第228页。

综上所述，不难看出，在原始社会后期，虽然有了简单的烹饪手段，但技术尚未形成。到了商周时期，由于生产力的发展，加上劳动人民的创造，各种炊具相继出现，我国早期的烹饪技术和一些基本烹饪方法才初步形成。春秋战国以后，食物品种不断增多，人们的烹饪技术也在不断发展，从而创造出了众多的烹饪方法，经粗略统计，就达 25 种之多，如汆、抄、炒、炸、浸、烙、烤、烹、涮、焗、煮、贴、炮、溜、煎、煨、煸、煲、熬、炖、烧、蒸、焖、烩、爆等。① 所有这些方法为中国烹饪技艺的形成和发展奠定了基础。

第三节　饭、膳、羞、饮

中国古代人们的饮食，是按两个基本的组成部类划分的，这便是饮与食。② 饮是清水和菜汤，食是用谷物做成的饭。即使就一顿饭而言，也仍然可以分为饮和食，只是饮常常是指菜汤。这种饮与食以并列对举的形式，在古文献中多次出现，例如《礼记 · 檀弓下》记载："齐大饥，黔敖为食于路，……敖左奉食，右执饮，曰：'嗟，来食！'"③ 孔子也说过："贤哉！回也。一箪食，一瓢饮，在陋巷。人不堪其忧，回也不改其乐。"④ 他还说："饭疏食，饮水，曲肱而枕之，乐亦在其中矣！"⑤ 孟子也说过"箪食壶浆以迎王师"。⑥ 从这些句子里，可以清楚地看到，一餐饭的最低限度要包括一些水和一些谷类食物，它们不仅是相对独立的生活必需

---

① 张起钧：《烹调原理》，中国商业出版社 1985 年版，第 35 页。

② 程俊英译注：《诗经 · 大雅 · 公刘》，上海古籍出版社 2016 年版，第 522 页。

③ 杨天宇：《礼记译注 · 檀弓下第四》，上海古籍出版社 2004 年版，第 133 页。

④ 张燕婴译注：《论语 · 雍也第六》，中华书局 2006 年版，第 75 页。

⑤ 张燕婴译注：《论语 · 述而第七》，中华书局 2006 年版，第 92 页。

⑥ 万丽华、蓝旭译注：《孟子 · 梁惠王下》，中华书局 2006 年版，第 40 页。

品，也是缺一不可的餐饭统一体。

然而，在正式的场合里，或者是在贵族的生活中，饮食便不再是两个部类。《礼记·内则》将饮食分为饭、膳、羞、饮四个主要部类，即"饭：黍、稷、稻、粱、白黍、黄粱，稰、穛。膳：膷、臐、膮、醢、牛炙，醢、牛胾、醢、牛脍，羊炙、羊胾、醢、豕炙，醢、豕胾、芥酱、鱼脍，雉、兔、鹑、鴽。饮：重醴，稻醴清、糟，黍醴清、糟，粱醴清、糟。或以酏为醴。黍酏、浆、水、醷、滥。酒：清、白。羞：糗饵粉酏。"① 《周礼·天官》所记膳夫的职责，也是"掌王之食饮膳羞，以养王及后、世子，食用六谷，膳用六牲，饮用六清，羞用百有二十品"②。这几部分，简言之，就是饭（主食）、菜肴（副食）和饮料。

一、饭

古人对饭食是非常重视的，以饭作为主食的中国饮食结构，在先秦时期就已确立，自今未变。《论语·乡党》有一句关于饮食安排的话："肉虽多，不使胜食气。"③ 宋代朱熹的《论语集注》释为："食以谷为主，故不以肉胜食气。"④ 就是告诫人们不要使吃肉的量超过吃饭的量。

商周时期人们的饮食多为粒食，即用没有加工过的谷物做饭，而身份较尊贵的人才可以吃上经过杵舂的米，或者把谷物擀碎，成为糁，用来煮粥作羹。直到春秋战国时期，人们才普遍吃上比较干净的米粒，但是做麦饭，还是粒食。

古人煮饭，稍稠一些、像糊一样的就叫饘，稀而水多就叫粥，

① 杨天宇：《礼记译注·内则第十二》，上海古籍出版社 2004 年版，第 339 页。

② 吕友仁译注：《周礼译注·天官冢宰第一》，中州古籍出版社 2004 年版，第 46 页。

③ 张燕婴译注：《论语·乡党第十》，中华书局 2006 年版，第 140 页。

④ （宋）朱熹注：《论语集注》，载于《钦定四库全书·四书章句集注》。

《左传》中有这样的话："饘于是，鬻于是，以餬余口。"① 普通人家的日常饮食，不外是吃饘喝粥。粥的历史比饭要早一些，当人们发明陶器之后，就开始将粮食煮为粥了。甲骨金文中无"饭"字，却有"粥"的本字"鬻"字，其字正作鬲中煮米，热气升腾之形。

古代粥的种类很多，五谷均可煮粥，梅花、菊花、茶叶也可入粥，李时珍《本草纲目》中共列出各种粥共48种，其中有不少沿传至今，如糯米粥、赤小豆粥、绿豆粥、苡仁粥、莲子粥、芡实粥、百合粥、马齿苋粥、葵菜粥等。古人认为粥可以作为药用，就像今日的药膳一样。宋代诗人张耒专门写过一篇《粥记》，其中说："早晨起，食粥一大碗。空腹胃虚，谷气便作，所补个细，又极柔腻，与肠胃相得，最为饮食之妙诀。"陆游就此写过一首《食粥》诗："世人个个学长年，不悟长年在目前。我得宛丘平易法，只将食粥致神仙。"这里的"宛丘"就是指的张耒，因为他是河南宛丘县人。由此看来，早上喝稀饭，在中国已有很久的历史了。

蒸饭之法，在中国沿用了几千年，早期蒸饭是把米从米汤中捞出，用箪子放在甑中蒸，《诗经》说："挹彼注兹，可以餴饎。"② 什么叫"餴"呢？《说文解字》释"餴"为"滫饭也"。《玉篇》说："餴，半蒸饭。"③ 这种烹饪方法是先把米下水煮之，等到半熟，漉出放进甑中去蒸。这样蒸熟之饭，颗粒不粘，味甘适口。"饎"《说文解字》释为"酒食也"。郑玄注释《仪礼·特牲馈食礼》说："炊黍稷曰饎。"④ 用黍稷蒸饭就为餴饎。从殷墟出土的炊器中可以看出，陶甑、陶甗、铜甗等蒸器，其数量远不如陶鬲、铜鬲、铜鼎等煮器多，陶鬲所在皆是，可知人们蒸饭的时候并不

① 杨伯峻编著：《春秋左传注·昭公七年》（修订本），中华书局1981年版，第1295页。

② 周振甫译注：《诗经·大雅·泂酌》，中华书局2002年版，第438页。

③ （南朝梁）顾野王：《玉篇》，载于《续修四库全书·经部·小学类》卷九。

④ （汉）郑玄注：《仪礼注·特牲馈食礼》，载于《汉魏古注十三经》，中华书局1998年版。

多，这是因为蒸饭较之煮粥费时费事，而且用粮多，一般有地位的人才以此为常，普通人家逢上喜事才吃上蒸饭。

吃饭在中国虽已有几千年的历史，大体延续，但古人在长期生活中也有一些新花样。古代饭的名目繁多，基本上可以分为两大类。一类是以单一谷物制成的饭，不仅五谷可以做饭，大麦、菰米等都可以用来做饭。在很长的一段时期中，平民百姓是以"黄粱饭"即用好的小米做的饭为佳品，杜甫在《佐还山后寄》一诗中就曾赞咏黄粱饭的香美，"白露黄粱熟，……颇觉寄来迟。味岂同金菊，香宜配录葵"。人们熟知的"黄粱美梦"的故事，也是写的做黄粱饭。另一类是多种原料制作的饭，例如《礼记》"八珍"中的"淳熬"，就是以旱稻、黍米加肉酱的饭。唐代的"御黄王母饭""清风饭""团油饭"等都是用多种原料配合而成的。如"团油饭"就是煎虾、鱼炙、鸡鹅、猪羊肉、鸡子羹、饼灌肠、蒸肠菜、粉餈、粔籹、蕉子、姜桂、盐、豉等十多种原料与稻米相配而成。

中国菜讲究技艺，中国饭也不例外。北魏贾思勰的《齐民要术·飧饭》中就记录了不少做饭的技法。宋代赵希鹄在《调燮类编》中指出："粥水忌增，饭水忌减。"① 这是说煮粥饭时，水和米的比例须一次调配得当，不能中途增减，否则就不好吃。这在今天仍然如此。同时，饭与菜一样，也注意色香味形。明代有一种"桃花饭"，据周履靖《群物奇制》记载：是"以梅红纸盛之，温后去纸和匀，则红白相间"②，使饭变成了一种令人喜悦的颜色，还说："藕皮和茭米食，则软而甜。"《齐民要术》记载，做饭要用"香浆"，清人李渔《闲情偶寄》中主张饭要加"香露"。苏轼《物类相感志》中认为做饭时放点芒硝，可以保持颗粒完整分明，形象好看。

---

① （清）赵希鹄：《调燮类编》卷三《粒食》，人民卫生出版社 1990 年版，第 88 页。

② （明）周履靖：《群物奇制》，载于《丛书集成新编》，新文丰出版公司 1985 年版。

饭是中华民族最为丰富和最为基本的食物，清代袁枚认为："粥饭本也，馀菜末也。……往往见富贵人家，讲菜不讲饭，逐末忘本，真为可笑。"① 他这种观点，至今仍有一定的现实意义。

另外，在主食之中，中国古代还有面条，据日本历史学家研究证实，中国是面条的发祥地，早在公元六世纪中期，中国南北朝时代的《齐民要术》中就有面条制作方法的记载，而意大利是18世纪才普及细面条和通心粉的。② 实际上我国面条还可追溯到更远的历史。

二、膳羞

膳羞即指菜肴，中国古代的烹饪艺术也正是在菜肴的制作上表现出来的。郑玄在注释《周礼·天官·膳夫》时说："膳，牲肉也，膳之言善也。"③ 古代饮食之善者必备肉，所以古人总以肉训膳。"羞"，郑玄注为："有滋味者"，"出于牲及禽兽以备滋味，谓之庶羞。"羞字在金文中像手持或双手进献之形，所以《说文解字》释"羞"为"进献也"。羊为膳食中的佳品，羞字从羊，与美、善同义，可见，膳羞就是以肉为主体加工制成的美味佳肴。

羞又有百羞之称，自然其制作也是多种多样的了，综合古代文献，可以看出，羞除指古代的肉肴外，还指用粮食加工精制而成的滋味甚美的点心。但膳羞连用时，古人往往是指菜肴。

商代以前，人们制作菜肴主要是靠水煮盐拌，缺乏常用的调味品。到商代，食物种类和调味品增多，人们的烹饪技艺有了一定程度的进步，制作菜肴开始注意五味调和了。商代精于烹饪的伊尹曾说："凡味之本，水最为始。五味三材，九沸九变，火为之纪。时疾时徐，灭腥去臊除膻，必以其胜，无失其理。调和之事，必以甘

---

① （清）袁枚著，别曦注译：《随园食单·饭粥单》，三秦出版社2005年版，第265页。

② 《长江日报》1988年3月22日，转引自新华社东京1988年3月19日电。

③ （汉）郑玄注，（唐）贾公彦疏：《周礼注疏·天官冢宰第一·膳夫》，载于《汉魏古注十三经》，中华书局1998年版。

酸苦辛咸，先后多少，其齐甚微，皆有自起。鼎中之变，精妙微纤，口弗能言，志弗能喻，若射御之微，阴阳之化，四时之数。故久而不弊，熟而不烂，甘而不哝，酸而不酷，咸而不减，辛而不烈，淡而不薄，肥而不腻。”① 商代菜肴的品类固不可考，然鲁迅先生在《中国小说史略》中认为，伊尹为商汤讲述烹饪的事可以称为我国最早的小说，中间虽不免有虚构成分，但伊尹的调味理论至少是这一时期的人们烹饪经验的总结，是应该加以肯定的。

周代是先秦时最讲究饮食的时期，周代的烹饪技术也超过商代。周代从事饮食业的人特别多，据《周礼》记载，负责周王室饮食的官员近2300人，计膳夫152个，庖人70个，内饔128个，外饔128个，烹人62个，甸师335个，兽人62个，渔人344个，鳖人24个，腊人28个，食医2个，酒正110个，酒人340个，浆人170个，凌人94个，笾人31个，醢人61个，醯人62个，盐人62个，幂人31个。② 占整个周朝官员总数的58%。这一数字说明周王室饮食管理机构的规模庞大以及宫廷中庖厨之事的重要。也正是这一庞大的饮食机构，把周代的菜肴制作技艺提高到了一个新的水平。周代菜肴已渐形成色、香、味、形这一中国烹饪的主要特点，周代名肴“八珍”，即用多种烹调方法制作的八种供周王室食用的肴馔，足以体现了当时烹饪艺术的成就。《礼记·内则》记有“八珍”的烹调方法③，兹录如下：

（1）淳熬：“煎醢，加于陆稻上，沃之以膏，曰淳熬。”

（2）淳母：“煎醢，加于黍食上，沃之以膏，曰淳母。”

（3）炮：“取豚若将，刲之刳之，实枣于其腹中，编萑以苴之，涂之以谨涂，炮之，涂皆干，擘之，濯手以摩之，去其皽；为稻粉糔溲之，以为酏，以付豚，煎诸膏，膏必灭之；钜镬汤，以小

---

① 张双棣等译注：《吕氏春秋·孝行览·本味》，中华书局2007年版，第114页。

② 吕友仁译注：《周礼译注·天官冢宰第一》，中州古籍出版社2004年版，第46~77页。

③ 杨天宇：《礼记译注·内则第十二》，上海古籍出版社2004年版，第348页。

鼎，芗脯于其中，使其汤毋灭鼎，三日三夜毋绝火，而后调以醯醢。”

(4) 捣珍：“取牛、羊、麋、鹿、麕之肉，必胨，每物与牛若一，捶，反侧之，去其饵，熟出之，去其皽，柔其肉。”

(5) 渍：“取牛肉，必新杀者，薄切之，必绝其理，湛诸美酒，期朝而食之，以醢若醯、醷。”

(6) 为熬：“捶之，去其皽，编萑，布牛肉焉，屑桂与姜，以洒诸上而盐之，干而食之。施羊亦如之。施麋，施鹿，施麕，皆如牛羊。欲濡肉，则释而煎之以醢。欲干肉，则捶而食之。”

(7) 糁：“取牛、羊、豕之肉，三如一，小切之，与稻米，稻米二、肉一，合以为饵，煎之。”

(8) 肝膋：“取狗肝一，幪之以其膋，濡，炙之，举燋其膋，不蓼。”

“淳熬”“淳母”分别是用旱稻、黍米做成的肉酱盖浇饭。炮豚是先烤后炸再炖的乳猪，最后调以肉酱。捣珍是一种经过捶打而后烧成的里脊肉块。渍是一种用于生吃的酒浸牛肉干，并蘸以酱、醋和梅子酱。熬是用姜、桂皮、盐腌制而成的牛、羊、麋、鹿、麇肉干。糁是用牛、羊、猪肉、稻米煎成的糕饼，肝膋是用火烤蒙着狗油的狗肝。

周代“八珍”的出现，是中国烹饪形成为一门艺术的重要标志，显示了周人的精湛技艺和饮食的科学性。以炮豚为例，人们首先将小猪洗剥干净，腹中实枣，外部包以湿泥后烤干，剥泥取出小猪，再以米粉糊涂遍猪身，用油炸透，切成片状，配好作料，然后再置于小鼎内，把小鼎又放在大镬中，用文火连续炖三天三夜，起锅后用酱醋调味食用。这一种菜共采用了烤、炸、炖三种烹饪方法，而工序竟达十多道，其吃法之讲究可想而知。“八珍”开创了用多种烹饪方法制作菜肴的先例，后世令人眼花瞭乱的各种菜肴，均是在此基础上发展起来的，甚至在菜名上也袭用“八珍”。唐代诗人杜甫在《丽人行》中写道：“黄门飞鞚不动尘，御厨络绎送八珍。”这时的“八珍”是指什么呢？俞安期在《唐类函》中说：“按《礼》所谓八珍者，其品则牛羊麋鹿麇豕狗，皆所以养老者也。后世则侈云龙肝、凤髓、豹胎、鲤尾、鹗炙、猩唇、熊掌、酥酪蝉。”可见唐代“八珍”用料比周代要高级多了。清代菜肴中也出现了“上八珍”“中八珍”“下八珍”,① 除沿用前代的山珍外，另加了一些海味，如燕窝、海参之类。现今一物兼有八味的食品也称“八珍”，如“八珍糕” “八珍面”，都是集八味于一体，是“八珍”的新发展。

“八珍”的名称，历经三千多年，随着历史的发展，它的内容虽然在不断更新，但其名称却历代相沿，这反映了周代“八珍”在中国饮食史上具有不可磨灭的地位。

中国烹饪技艺在春秋战国时达到了一个新的高峰，这时的菜肴精美多样，标志着当时人们的生活水平和文明程度都比前代有所提高。楚国的饮食，最能反映当时的烹饪水平。《楚辞》对楚人的饮食结构及菜肴品种作了详尽的记载，例如《楚辞·招魂》中说：“室家遂宗，食多方些。稻粢穱麦，挐黄粱些。大苦咸酸，辛甘行些。肥牛之腱，臑若芳些。和酸若苦，陈吴羹些。胹鳖炮羔，有柘浆些。鹄酸臇凫，煎鸿鸧些。露鸡臛蠵，厉而不爽些。粔籹蜜饵，有餦餭些。瑶浆蜜勺，实羽觞些。挫糟冻饮，酎清凉些。华酌既陈，有琼浆些。”② 另一首诗《大招》里写道：“五谷六仞，设菰梁只。鼎臑盈望，和致芳只。内鸧鸽鹄，味豺羹只。魂乎归来！恣所尝只。鲜蠵甘鸡，和楚酪只。醢豚苦狗，脍苴蓴只。吴酸蒿蒌，不沾薄只。魂兮归来！恣所择只。炙胡烝凫，煔鹑陈只。煎鲼臛雀，遽爽存只。魂兮归来！丽以先只。四酎并孰，不涩嗌只。清馨冻饮，不歠役只。吴醴白糵，和楚沥只。”③《楚辞》虽然是一篇文学作品，但它表现出的饮食文化是源于现实生活的。如果要了解这一时期的烹饪技艺和菜肴品种，这段文字是不容忽视的，尽管篇

---

① 中国烹饪百科全书编委会编：《中国烹饪百科全书》，中国大百科全书出版社 1992 年版，第 7 页。

② （战国）屈原著，林家骊译注：《楚辞·招魂》，中华书局 2009 年版，第 215 页。

③ （战国）屈原著，林家骊译注：《楚辞·招魂》，中华书局 2009 年版，第 238 页。

幅不长，却是非常丰富和完整，可以说是一份既有价值又有趣味的古代食谱。这一食谱中诱人的美味，应当是当世的珍肴，《淮南子》中就有“荆吴芬馨”的记载。① 在上面这些佳肴里，肉食就达三十多种，除常见的六畜外，还有鳖、蠵（大龟）、鲤、鲭、凫（野鸭）、豺、鹩鹑、鹄（黄鹂）等等。在烹饪上，楚人继承了西周以来的烹饪特点，讲究用料选择、刀工、火候，在做法上更富有变化，如“胹鳖炮羔”的做法就与“八珍”中“炮豚”相似。在调味上，楚人更为考究，“大苦咸酸，辛甘行些”，即是说在烹调过程中把五味都适当地用上。《楚辞》在对膳、羞、饮的描述中都涉及了五味调和问题，在一定程度上反映了楚人对五味已有了较深入的了解。

楚国的一些名肴有的还流传至今，江苏省徐州地区的传统名菜“霸王别姬”，相传是在楚汉之争时，项羽被刘邦围困在垓下（今安徽省灵璧县南），处于四面楚歌中，其美人虞姬为楚霸王项羽解愁消忧，用甲鱼和雏鸡为原料，烹制了这道美菜，项羽食后很高兴，精神振作。后来这道菜的制作流传到民间，因用甲鱼与雏鸡制菜，具有较强的滋补作用，故人们都喜食此菜，这道菜也逐渐出名，特别是经菜馆名厨师加工烹制后，其味更佳。因该菜制法相传出于霸王别姬之时，故后人称它为“霸王别姬”。此菜不仅在徐州盛名，而且在湖南、湖北也都享有盛誉。

中国的菜肴制作到汉代就初步形成了一个完整的体系，据1972年长沙马王堆一号汉墓出土的简策记载可知，西汉时精美肴馔已近百种。而到明清时，各地菜系就已形成，宫廷菜也出现了，大批名菜名点诞生，中国古代菜肴制作由此达到了最高水平。

三、饮料

中国古代与饭在一起用的饮料，主要是指汤、水、酒。酒已有专章，此不赘述。汤古代称为羹，羹是汤的古音，《左传》说：

---

① （汉）刘安等编著，（汉）高诱注：《淮南子·齐俗训》，上海古籍出版社1989年版，第121页。

"楚子城陈、蔡、不羹。"①《正义》在解释"羹"说:"古者羹臛之字,音亦为郎",重读则为汤。不过古代的羹一般说比现在的汤更浓一些。羹字从羔从美,羔是小羊,美是大羊,可知最初的羹主要是用肉做的,所以《尔雅》中有"肉谓之羹"② 的说法。后世才有以蔬菜为羹,于是羹便成为普通汤菜的通称,不专指肉煮的了。

最初的羹,称之为太羹,即太古的羹,它是一种不加五味的肉汁,这也是羹的最原始的做法。后来随着烹饪技术的进步,制羹的技术才逐渐复杂起来,大约从商代起,五味就已放入羹中,《古文尚书·说命》篇中有:"若作和羹,尔惟盐梅。"③ 用盐和梅子酱来调羹,这是羹的基本味道。到春秋时,羹的调制达到了一个较高的水平,《左传》记载晏子对齐景公说:"和如羹焉,水、火、醯、醢、盐、梅,以烹鱼肉,燀之以薪,宰夫和之,齐之以味,济其不及,以泄其过。"④ 这里叙述了制肉羹的过程和原料。鱼肉放在水中用火煮,然后再用醋、酱、梅子和盐来调和,在煮制过程中要提防"过"和"不及"。这种"过"和"不及"主要是指味道与火候。可见,当时人们已认识到做羹的关键在水火和五味,水火掌握好了可以使五味适中,否则就使人难以下咽,齐桓公的饔人易牙,就是这时调羹的名手。

在古代,中国羹的名目很多,几乎所有可以入口的动物肉都可以作羹,其名称随着肉的品种不同而各异,见于古代文献中的羹名有羊羹、豕羹、犬羹、兔羹、雉羹、鳖羹、鱼羹、脯羹等,这些羹除用肉外,还要加上一些经过碾碎的谷物,这是古代羹的传统作法,所以,郑玄在《礼记·内则》注中说:"凡羹齐宜五味之和,

---

① 杨伯峻编著:《春秋左传注·昭公七年》(修订本),中华书局 1981 年版,第 1327 页。

② 胡奇光、方环海:《尔雅译注·释器第六》,上海古籍出版社 2004 年版,第 222 页。

③ 《古文尚书》,载于《续修四库全书·经部·小学类》。

④ 杨伯峻编著:《春秋左传注·昭公二十年》(修订本),中华书局 1981 年版,第 1419 页。

米屑之糁。”① 普通人家如要食羹，多用藜、蓼、芹、葵等菜来代替肉，《韩非子》中有“粝粢之食，藜藿之羹”②，说明平民的饮食就是靠“藜藿之羹”来作下饭之菜。而贵族们食羹，除羹中的原料讲究以外，还注意与饭菜的搭配，《礼记·内则》记载，雉羹宜配麦饭，脯羹、鸡羹宜配折稌（细米饭），犬羹、兔羹宜于加糁。《仪礼·公食大夫礼》记载，牛羹宜于藿叶（豆叶），羊羹宜于苦菜，豕羹宜于薇菜等。

总体来看，羹在中国古代饮食中占有十分重要的地位，人们日常佐餐下饭，都以羹为主，羹是最大众化的菜肴，所以，《礼记》中说：“羹、食，自诸侯以下至于庶人，无等。”③ 只是到隋唐以后，随着烹饪技艺的发展，人们对菜肴加工的花样越来越多，羹在菜肴中的地位也随之下降，逐渐和辅助性菜肴——汤的地位差不多了。

中国古代贵族在夏天进食时，还喜好喝一些冷饮，据《周礼》记载，周代设有专管取冰用冰的官员，称为“凌人”。每到隆冬，“凌人”负责凿冰，并把它存放于“凌阴”（冰库）之中。《诗经·七月》中就有这样的描绘：“二之日凿冰冲冲，三之日纳于凌阴。”④ 藏在“凌阴”中的冰，到天热时，作冰镇佳肴美酒之用。当时有一种青铜器，称为“鉴”，类瓮，口较大，就是用来盛冰，以冷冻膳羞和酒浆，后人称为“冰鉴”，这在楚墓中出土较多，这是因为楚国地处南方，气候炎热，人们更爱冷饮的缘故。《楚辞·招魂》中就有“挫糟冻饮，酎清凉些”⑤ 的句子，郭沫若翻译为：

---

① （汉）郑玄注，（唐）孔颖达疏：《十三经注疏·礼记正义》卷二十七《内则第十二》，北京大学出版社 1999 年版，第 842 页。

② 陈秉才译注：《韩非子·五蠹》，中华书局 2007 年版，第 269 页。

③ 杨天宇：《礼记译注·内则第十二》，上海古籍出版社 2004 年版，第 345 页。

④ 周振甫译注：《诗经·豳风·七月》，中华书局 2002 年版，第 217 页。

⑤ 林家骊译注：《楚辞·招魂》，中华书局 2009 年版，第 216 页。

“冰冻甜酒，满杯进口真清凉。”可见，早在先秦时期，我国就已在夏天开始喝冷饮了。到了后来，各种饮料品种就更多了，这充分反映了古代人民无穷的创造性和智慧。

第五章

商周饮食礼仪与文化

商周是中国古代文明的勃兴时期，中华饮食礼俗的主体构成部分便是在这一时期奠基的。然而，由于文献记载的简略，迄今为止，商周文明的许多问题尚未得到最后确认①，其中如饮食礼俗问题便是如此。2500多年前，孔子就曾经发出过这样的感叹："夏礼，吾能言之，杞不足征也；殷礼，吾能言之。宋不足征也。文献不足故也，足，则吾能征之矣"。②

孔子去古未远，又在秦始皇焚书之前，并且生活在保存商周典章礼仪制度极多的鲁国，但是，他在谈到夏商礼俗时，尚且感到文献不足，我们今天如果仅依靠文献资料来研究商周饮食礼俗，那就更为困难了。所以，时下有人就认为："殷人嗜酒，照理应盛行燕享之礼、饮酒礼。周以后的馈食礼实滥觞于商，也从一个侧面证明殷商应有燕礼、食礼。可是从文献和卜辞里探索殷商此类礼节竟不

---

① 参见宋健《超越疑古，走出迷茫》（1996年5月16日在夏商周断代工程会议上的发言提纲），《光明日报》1996年5月21日。

② 张燕婴译注：《论语·八佾第三》，中华书局2006年版，第29页。

易为，因为材料很少。”①

因此，要弄清周代的饮食礼俗，首先，应着力考证商代的饮食礼俗，因为“殷因于夏礼，所损益可知也；周因于殷礼，所损益可知也”②。从物质文化形态上来看，商周也是比较接近的，都称之为中国的青铜时代，只是在发展程度上有所差异，但在礼俗上有着鲜明的继承性。其次，必须努力借助当代考古资料，以补充文献训诂考证之不足，文献与考古两者结合起来，这样才会有所突破。

第一节 饮食方式

饮食方式是人们在一定条件下饮食生活的样式和方法，属于人类文明与文化的一个范畴，且与人类文明与文化的发展紧密相连。有些社会学家就把文化看作人类生活的样式，如美国的威斯勒就认为文化是不同民族的生活形式，我国的梁漱溟先生也认为文化是人的生活样法。把文化仅仅定义为生活方式或样式，自然是不够全面的。但他们关于文化的定义有一点是很重要的，就是指出了文化与人们的生活有着密切的关系。

历史唯物主义认为，人们的生活方式取决于生产方式的性质，取决于直接生活资料的生产和再生产的特征。恩格斯在《家庭、私有制和国家的起源》1884年第1版序言中说：“根据唯物主义观点，历史中的决定性因素，归根结底是直接生活的生产和再生产。但是，生产本身又有两种。一方面是生活资料即食物、衣服、住房以及为此所必需的工具的生产；另一方面是人类自身的生产，即种的繁衍。一定历史时代和一定地区内的人们生活于其下的社会制度，受着两种生产的制约：一方面受劳动的发展阶段的制约，另一方面受家庭的发展阶段的制约。”③

① 陈成国：《先秦礼制研究》，湖南教育出版社1991年版，第185页。

② 张燕婴译注：《论语·为政第二》，中华书局2006年版，第22页。

③ ［德］马克思、恩格斯：《马克思恩格斯选集》第4卷，人民出版社1972年版，第2页。

恩格斯的这段话说明了人类社会有什么样的物质生活资料的生产方式，人们就有什么样的生活方式。物质生活资料的生产方式不仅决定着物质生活消费的性质、方式和水平，而且“制约着整个社会生活、政治生活和精神生活的过程”①。当生产方式发生变革的时候，人们的生活方式也必然会或快或慢地发生相应的变革。因此，我们只有把饮食生活方式同物质生产方式联系起来，才能准确地判断商周文明与文化的发展水平以及商周礼俗的社会本质。

一、分食制与席地而食的礼俗事象

一般认为，中国传统的宴席方式是共享一席的合食制。遇有喜庆，无一不是以大宴宾朋，其特征可用“食前方丈”来概括。这种“津液交流”② 的合食制虽然显得热烈隆重，但从卫生的角度来看却并不妥当，这种在一个盘子里共餐的合食传统，确实有改良必要。然而，这种传统在中国并不古老，存在的历史也就只有一千多年。在商周时期，人们的饮食方式都是实行分食制。

分食制的历史可以上溯到远古时期。在原始氏族社会里，人们遵循着一条共同的原则，这就是对财物的共同占有、平均分配。当时，氏族内食物是公有的，食物煮熟以后，按人数平均分配，一人一份。这时住所中既没有厨房和饭厅，也没有饭桌，一个家庭的男女老少，都围坐在火塘旁进餐。所以，在新石器时代的地穴式、半地穴式和地面式的住所中，都毫不例外地发现有火塘遗迹。这些火塘大多设在房子的中心部位，其形式有圆形、方形或瓢形诸种，凹下地面。如在裴李岗和仰韶等新石器时代文化遗址中，都发现有火塘的遗迹。火塘在远古人类生活中是不可缺少的，大多设置在远古人住所的中心部位，这反映了原始家族围灶烧烤食物，共尝滋味，享受天伦之乐的一种食俗。在这些火塘遗迹旁，还常发现有陶罐或

① ［德］马克思：《政治经济学批判》序言，《马克思恩格斯选集》第2卷，人民出版社1972年版，第82页。

② “津液交流”是王力先生对合食状况的描写与讽刺，见王力《劝菜》一文（聿君编：《学人谈吃》，中国商业出版社1991年版）。

陶釜，人们便是利用这些炊器在火塘上烧煮食物，然后平均分吃，这就是最原始的分食制。

历史唯物主义还认为，生活方式虽然受一定生产方式的制约，并且随着生产方式的变革或早或迟地相应发生变革，但是，生活方式一旦形成一种模式，它就具有一定的稳定性和相对的独立性，并不是生产方式变了，生活方式就马上发生相应的变化。

当历史进入殷商西周时，中华民族便从原始野蛮时代步入了青铜时代的门槛，社会分工日趋细密、固定，物质生产方式也有了长足的进步，但是，人们的饮食方式却并未发生相应的变化，还是在实行分食制。考古工作者在对殷墟的发掘中曾发现一个有趣的现象："殷墟出土陶鬲破片占大量，一鬲容积，只可足一人一餐之用，似乎是人各一鬲，而且是鬲皆用陶（辛村西周卫侯墓约有25墓各出一陶鬲，即贵族墓也不例外）。以鬲煮粥，只是把米和水放入鬲中加火漫煮，米熟即得。"① 这一出土的饮食器具证明了当时实行的是分食制。

为什么在商周乃至汉唐这样一个很长的历史时期中国都盛行分食制呢？我们认为这个问题不仅与远古社会平均分食的传统饮食方式有关，而且，由于这时能影响它发生变化的外部条件也不成熟，因为合食、会食制的形成，是与新家具的出现以及烹饪技术的发展、肴馔品种的增多有关的。

在先秦时期，中国先民习惯于席地而坐，席地而食，或凭俎案而食，人各一份，清清楚楚。中国先民为何要席地而食呢？郭宝钧先生说："原来殷周时代尚无桌椅板凳，他们还是继承着石器时代穴居的遗风（那时穴内铺草荐），以芦苇编席铺在庭堂之内，坐于斯，睡于斯，就是吃饭也在席上跪坐着吃。甲骨文中有[illegible]字即'飨'字（《殷虚书契前编》（肆），页二一），像二人相对跪坐就食形，二人中间的[illegible]形就像簋中满盛食物。还有[illegible]字即'即'字（《殷虚书契前编》（陆），页五），像一人跪坐就食形。又有[illegible]字，

① 郭宝钧：《中国青铜器时代》，生活·读书·新知三联书店1963年版，第113页。

即‘既’字（《铁云藏龟》一七八），像一个食毕掉头不再食之形，这些字都是当日跪坐吃饭的写实。”①

殷周时期人们席地而食，除了与当时无桌椅板凳这一因素外，更主要的恐怕还与当时的住房较为低矮、窄小有关，《左传·襄公二十八年》中有则故事可说明这一问题，齐臣庆舍与别人搏斗时，“犹援庙桷，动于甍”②。庆舍在被人刺伤后，还能拉着房顶的梁柱，况且还是当时最宏伟的建筑物——宗庙，由此可想一般建筑的高度了。正是因为房屋低矮而简陋，使得室内空间狭小，人们在室内只能席地坐卧与饮食。在新石器时代，所谓席地而坐，实际上就是坐在地上。当时人们建造住房时，为了室内干燥舒适，就把泥土的地面先用火焙烤，或是铺垫坚硬的“白灰面”，同时在上面铺垫兽皮或植物枝叶的编织物。这些铺垫的东西，就是后代室内离不开的必备家具“席”的前身，当时人们饮食生活中常用的陶制器具都是放在地面上使用的。

进入殷商时期以后，随着生产力的发展，工艺技术水平的提高，必然引起人们日常生活的面貌发生了一些变化。在室内用具上，席的使用已十分普及了，并成为古代礼制中的一个规范。当时无论是王府还是贫苦人家，室内都铺席，但席的种类却有区别。贵族之家除用竹、苇织席外，还有的铺兰席、桂席、苏熏席等，王公之家则铺用更华贵的象牙席，工艺技巧已达到十分高超的地步。

铺席多少也有讲究。西周礼制规定天子用席五重，诸侯三重，大夫两重。且这些席的种类、花纹色彩均不相同，《周礼·春官·司几筵》云：“掌五几、五席之名物，辨其用与其位。凡大朝觐、大飨射，凡封国、命诸侯，王位设黼依，依前南乡，设莞筵纷纯，加缫席画纯，加次席黼纯，左右玉几。祀先王，昨席亦如之。诸侯

---

① 郭宝钧：《中国青铜器时代》，生活·读书·新知三联书店 1963 年版，第 118 页。

② 杨伯峻编著：《春秋左传注·襄公二十八年》（修订本），中华书局 1981 年版，第 1148 页。

祭祀席，蒲筵缋纯，加莞席纷纯，右雕几；昨席，莞筵纷纯，加缫席画纯。筵国宾于牖前，亦如之，左彤几。”①

这就告诉我们，司几筵之职，要掌握五几、五席的名称和种类，辨明它们的用途和陈放的位置。凡有大朝觐礼、大飨射礼、封建邦国、策命诸侯，王者的席位必须摆设绣有黑白斧形的屏风，在屏风前，面向南方铺设用莞草编织的席子，用白组作边缘。上面再铺以云气纹饰为边缘的五彩蒲席。之上再铺黑白斧纹边的桃枝竹席。屏风左右摆设玉几。祭祀先王的席和酢席也是如此。诸侯祭祀的席位是，下面铺设以赤组为边缘，用蒲草编织的席子，上面加上以白组为边缘的莞草席。右面摆设雕几。酢席的席位是下面铺设以白组为边缘的莞草编织的席子，上面加上绘有云气纹饰为边缘的五彩蒲席。宴享宾客也是如此，右面设红色几案。

后来，有关用席的等级意识逐渐淡化，住房内只铺席一重，稍讲究一点的，再在席上铺一重，谓之“重席”。下面的一块尺寸较大，称为“筵”，上面的一块略小，称为“席”，合称为“筵席”。郑玄在《周礼》注中云：“铺陈曰筵，籍之曰席。”② 贾公彦疏曰：“凡敷席之法，初在地者一重即谓之筵，重在上者即谓之席。”筵铺满整个房间，一块筵周长为一丈六尺，房间大小用多少筵来计算。席因为铺在筵上，一般质料比筵也要细些。

商周民众在平时进食或举行宴会时，食品、菜肴都是放在席上或席前的案上，一些留存下来的礼器，如俎、豆、簠、簋、觚、爵等饮食器，都是直接摆在席上的。正如郭宝钧先生所说：“原来殷周遗存的青铜礼器，分盛肉、盛饭、盛酒、盛水四种，而四种中又有制作、升进、食用三种不同的用途，他们能放在筵席上的也只是食用的一种。”③ 文献与考古资料都证明商周之民是席地而食的，

---

① 吕友仁译注：《周礼译注·春官宗伯第三·司几筵》，中州古籍出版社 2004 年版，第 266 页。

② 吕友仁译注：《周礼译注·春官宗伯第三·司几筵》，中州古籍出版社 2004 年版，第 266 页。

③ 郭宝钧：《中国青铜器时代》，生活·读书·新知三联书店 1963 年版，第 118 页。

一二人是如此，大宴宾客也是如此，主人和客人也都是坐在席上，无席而坐是被视为有违常礼的，后世的筵席、席位、酒席等名称就是由此发展而来的。

商周礼制规定，席子要铺得有规有矩，所以后来孔子说："席不正，不坐。""君赐食，必正席先尝之。"①《墨子·非儒》篇说："哀公迎孔子，席不端弗坐，割不正弗食。"②《晏子春秋·内篇杂上》说："客退，晏子直席而坐。"③ 由此看来，所谓"席不正"，就是席子铺的不端正，不直，歪歪斜斜，或坐席摆的方向不合礼制。

席地而食也有一定的礼节，首先，坐席要讲席次，即坐位的顺序，主人或贵宾坐首席，称"席尊""席首"，余者按身份、等级依次而坐，不得错乱。其次，坐席要有坐姿。要求双膝着地，臀部压在后足跟上。若坐席双方彼此敬仰，就把腰伸直，是谓跪，或谓跽。坐席最忌随随便便，《礼记·曲礼上》曰："坐毋箕。"④ 也就是说，坐时不要两腿分开平伸向前，上身与腿成直角，形如簸箕，这是一种不拘礼节、很不礼貌的坐姿。因此，商周时很注重人的坐姿，如殷墟甲骨卜辞中说："王占曰：不□若兹卜，其往，于甲酒咸。"⑤ 其中□字就像一人跪坐在筵席之上，也反映了商周时酒筵上是有坐席的。

商周时，富贵人家的席前还常置有案，其制式一般都非常矮小，这是为了与坐在席上相适应而设计的。案的起源较早，在山西襄汾陶寺新石器时代晚期文化遗址中，考古工作者曾在此发现了一

① 张燕婴译注：《论语·乡党第十》，中华书局2006年版，第143、145页。

② 李小龙译注：《墨子·非儒下》，中华书局2007年版，第170页。

③ 陈涛译注：《晏子春秋·内杂篇上第五》，中华书局2007年版，第271页。

④ 杨天宇：《礼记译注·曲礼上第二》，上海古籍出版社2004年版，第13页。

⑤ 郭沫若主编：《甲骨文合集》975反，中华书局1979年版。

些用于饮食的木案①。木案平面多为长方形或圆角长方形，长约 1 米，宽约 30 厘米左右，案下三面有木条做成的支架，高仅 15 厘米左右。木案出土时都放置在死者棺前，案上还放有多种酒具，有杯、觚和用于温酒的斝。稍小一些的墓，棺前放的不是木案，而是一块长 50 厘米的厚木板，板上照例也摆有酒器。陶寺文化遗址还发现有与木案形状相近的木俎，也是长方形，略小于木案，俎上放有石刀、猪蹄或猪肘。这是我们现在所见到的年代最久远的一套反映饮食方式的实物，可以看出，当时人们进食与烹饪都是坐在地上的。

在殷商的文化遗址中也有不少俎案出土的实例，如“安阳西北冈 1001 号殷王陵也发现过木俎 3 件，形制、纹饰、大小相同，还出有双兽头雕之石俎 1 件。殷墟大司空村 62M53 一座属两套觚、爵等列的一般贵族墓内，也随葬石俎一件，长 22. 8 厘米、宽 13. 4 厘米、高 12 厘米，两面均雕有两个兽面纹。传世还有晚商时的蝉纹铜俎……商代王墓有出 4 件俎几，一般贵族墓至多 1 件俎几，可见这种宴飨或祭祀场合所用的礼器，也是有‘优至尊’的等级之分的”②。

这种小食案都是与分食制相联系的，我们在发掘出的汉代画像石、画像砖以及壁画上，常常可以看到一人面前一个食案，席地而食的进餐场景。

《史记·孟尝君列传》中也从侧面记载了东周以来分食制的情况：“孟尝君在薛，招致诸侯宾客及亡人有罪者，皆归孟尝君。孟尝君舍业厚遇之，以故倾天下之士。食客数千人，无贵贱一与文等。孟尝君待客坐语，而屏风后常有侍史，主记君所与客语，问亲戚居处。客去，孟尝君已使使存问，献遗其亲戚。孟尝君曾待客夜

① 参见《1978—1980 年山西襄汾陶寺墓地发掘简报》，《考古》1983 年第 1 期；高炜：《陶寺龙山文化木器的初步研究——兼论北方漆器起源问题》，《中国考古学研究》第二辑，科学出版社 1986 年版。

② 宋镇豪：《夏商社会生活史》，中国社会科学出版社 1994 年版，第 318 页。

食，有一人蔽火光。客怒，以饭不等，辍食辞去。孟尝君起，自持其饭比之。客惭，自刭。士以此多归孟尝君。孟尝君客无所择，皆善遇之。"①

如果不是实行分食制，而是众人在一起同桌合食的话，就不会出现客人以为"饭不等"而导致自杀的悲剧了。

商周时期这种席地分食的饮食方式，对后世的东亚等国也都产生过较大影响。日本学者木村春子等人在《中国食文化事典》中说："古代的中国，实行每人一份的分餐制；食案的排列，如同席地便餐那样，人们是坐在席垫上进食的。这种饮食方式被朝鲜半岛和日本继承了。到了宋代，由于椅子和桌子的普及使用，出现了饭和汤用各人专用的碗盛、菜肴用大的共同餐具装，而众人用筷子到共用餐具中夹取进食的聚餐方式。"② 如今许多日本人还保持着席地而食的习惯。

上文所述，充分证明一定生态环境下的文化创造和发展决定着人们饮食方式的状况。人们的饮食方式如何，主要是与他们的创造和生产水平有关。在远古时，由于生产力水平低下，中国先民只能生活在低矮的居室内，由此而产生了与此相适应的席地或凭低矮俎案分食的习俗。而随着中国古代建筑技术的发展，中国房屋的空间逐渐加高，以及烹饪技术的进步，肴馔品种的增多，使人们对居家器具有了更新更高的需求，而后世的合食、会食方式也便是随着这种物质文化的进步而产生的。

二、进食方式及进食器具

商周时期，人们的进食方式可以说是手抓与用筷子、匙叉进食并存。

手抓食物进食是原始时代遗留下来的传统，商周时期仍有沿

---

① （汉）司马迁：《史记》卷七五《孟尝君列传第十五》，中华书局1963年版，第2253页。

② ［日］木村春子等：《中国食文化事典》，引自赵荣光译《饮食文明论》，黑龙江科学技术出版社1992年版，第136页。

袭。商周青铜铭文中的“飨”字便写作[illegible]，像两人正伸手抓取盘中食①。

《左传·宣公四年》中记载这样一件事：“楚人献鼋于郑灵公。公子宋与子家将见。子公之食指动，以示子家，曰：‘他日我如此，必尝异味。’及入，宰夫将解鼋，相视而笑。公问之，子家以告。及食大夫鼋，召子公而弗与也。子公怒，染指于鼎，尝之而出。公怒，欲杀子公。”② 这里，从“食指动”到“染指于鼎”，都是手食的动作。

如果以上这则记载的手食信息还不够明确的话，那么，《礼记》中所揭示的周代手食礼节就比较清楚了。《礼记·曲礼上》云：“共食不饱，共饭不泽手。毋抟饭，毋放饭。”③

什么叫“共饭不泽手”呢？郑玄注曰：“为汗手不洁也。泽谓挼莎也。”孔颖达疏云：“共饭不泽手者，亦是共器盛饭也。泽谓光泽也。古之礼，饭不用箸，但用手，既与人共饭，手宜洁净，不得临食始挼莎手乃食，恐为人秽也。”④ 可见，“挼莎”就是揉搓双手，因为这样做容易引起手上出汗，然后抓取饭食则不卫生。什么叫“毋抟饭”呢？郑玄云：“为欲致饱不谦。”孔颖达疏云：“共器若取饭作抟，则易得多，是欲为饱，非谦也。”而“毋放饭”，郑玄释曰：“去手余饭于器中，人所秽。”所以这段话的完整意思就是：大家在一起进食，不可只顾自己吃饱。如果和大家一起吃饭，就要注意手的清洁。不要用手搓饭团，不要把多余的饭放进盛饭的器具中。

《礼记·曲礼上》还说：“饭黍毋以箸……羹之有菜者用梜，

---

① 参见《陕西出土商周青铜器》（一），文物出版社 1979 年版，图版八八，图版说明第 13~14 页。

② 杨伯峻编著：《春秋左传注·宣公四年》（修订本），中华书局 1981 年版，第 677 页。

③ 杨天宇：《礼记译注·曲礼上第一》，上海古籍出版社 2004 年版，第 18 页。

④ 郑玄注，孔颖达疏：《十三经注疏·礼记正义》卷二《曲礼上》，北京大学出版社 1999 年版，第 61 页。

其无菜者不用梜。”① 郑玄注云：“梜犹箸也，今人或谓箸为梜提。”孔颖达疏云：“有菜者为铏羹是也。以其有菜交横，非梜不可，无菜者谓大羹湆也，直歠之而已。其有肉调者，犬羹、兔羹之属，或当用匕也。”这段注疏说明，当时人们对进食品种所采用的器具是有所不同的，不能随便混用，有礼仪规定。

《礼记·丧大记》亦云：“食粥于盛不盥，食于篹者盥。”② 郑玄注云：“盛，谓今时杯盂也。篹，竹筥也。歠者不盥手，饭者盥。”孔颖达疏云：“此一节明食之杂礼。食粥于盛不盥者，以其歠粥不用手，故不盥。食于篹者盥者，篹谓竹筥，饭盛于篹，以手就篹取饭，故盥也。”这就是说，用杯碗盛稀粥喝，不必洗手，用手从竹筥中抓取干饭吃则要洗手。

以上这些文献记载说明，商周时期的人们，确实有以手抓取食物的进食方式，甚至在后来很长一段时期，中国一些边远地区仍盛行手食，如新疆的维吾尔族、台湾的高山族都有吃手抓饭的习俗。

事实上，当今世界的非洲大陆、西亚、印度次大陆、东南亚、大洋洲、中南美洲的土著民族，一般都是用手抓食物送到口中去的，而且，绝大多数土著民族是以右手进食的，《管子·弟子职》云：“右执挟匕。”③《礼记·内则》也有言：“子能食食，教以右手。”④ 这一点中外各国都是相同的，有趣的是，在手食方式的其他方面也有许多共同之处。日本人类学家石毛直道曾在世界主要的手食地带进行人类学实地考察，有过数百次手食的经验，他说：“进餐前后的洗净，右手的进食，来客时的男女隔离进食，这样一

① 杨天宇：《礼记译注·曲礼上第一》，上海古籍出版社 2004 年版，第 18~21 页。

② 杨天宇：《礼记译注·丧大记第二十二》，上海古籍出版社 2004 年版，第 577 页。

③ 李山译注：《管子·弟子职》，中华书局 2009 年版，第 328 页。

④ 杨天宇：《礼记译注·内则第十二》，上海古籍出版社 2004 年版，第 358 页。

些规则，就是伊斯兰教徒的饮食礼节。”① 这些规则也与商周先民的进食规则有许多共同之处。石毛直道还举例说：“右手手食的这一点，印度和伊斯兰是相同的。伊斯兰世界的许多地方都是手食文化，预先按人份分配食物的习惯很不流行，一般都是把手伸到共同的食器内来吃……除印度外，手食文化的人们，除了直接与嘴接触的饮料用容器，就很少将食物分别分配给个人了。如果将食物盛到一个个分开的小食器内，用手抓起来吃显然是很不方便的，特别是碗状器皿就更不方便，手食不可避免会出现潦乱，而限定一个共同使用的食器，则可以极大地避免食物的浪费，也许正是由于这个共同器皿的物理条件维持了手食的习惯吧。或者，这也可以叫作远古时代的同一食物聚集吃法吧。可见，人类旧有的饮食方式，是更多地残留在手食文化之中了。”②

为什么商周先民在已经有了食具之时，还在采用手食方式呢？从文献记载来看，似乎这种方式多出现在一些纪念仪式和招待来宾之中，大概先民想用同食一锅饭来表示亲密一家，也许是基于这种民族心理最终而形成了一种饮食礼俗。

商周时期，虽然存在手食这种方式，但它并不是一种主要进食方式，主要进食方式是用餐匙和筷子之类，因为考古资料证实，当时人们使用餐匙、餐叉和筷子已十分普及了。(参见图一)

餐匙：餐匙是现代比较通俗的一个名称，在古代则有它的专用名称，称为“匕”，又名为“柶”。《说文解字》释“匕”为“相与比叙也。匕，亦所以用比取饭，一名柶，凡匕之属皆从匕”。《广雅·释器》曰：“柶，匕也。”③《方言》又说：“匕谓之匙。”可见，匕、柶、匙都是指同一物，只是由于各地方言不同，才形成了不同的字音。

---

① ［日］石毛直道著，赵荣光译：《饮食文明论》，黑龙江科学技术出版社1992年版，第83页。

② ［日］石毛直道著，赵荣光译：《饮食文明论》，黑龙江科学技术出版社1992年版，第84页。

③ （清）王念孙：《广雅疏证·释器》，中华书局1983年版。

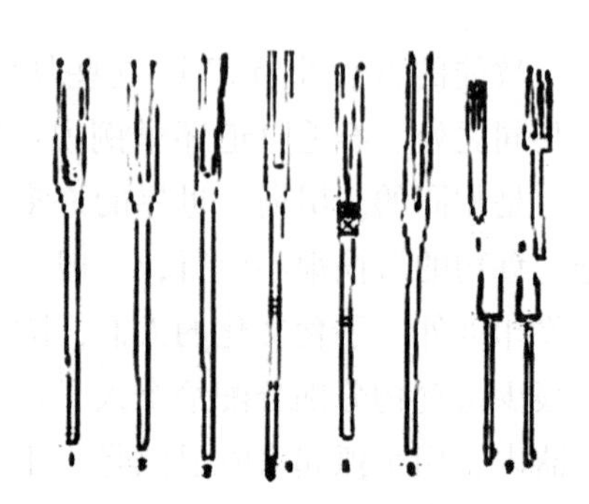

图一 先秦时期的餐叉

餐匙在新石器时代的许多文化遗址中都有发现，主要是以兽骨为材料制作的，也有少量陶制的。其形状有匕形和勺形两种。匕形的呈长条状，末端有一个比较薄的边口。勺形的明显可分为柄和勺两部分，造型比较规则。餐匙实物以匕形出土的为多，勺形和近似勺形的较少。

黄河流域是出土新石器时代餐匙最多的地方。在河北武安磁山文化遗址中，发现有骨餐匙 23 件，而在河南裴李岗文化遗址中发现有许多陶勺，出土时多放置在陶罐内，既可以此分配食物，又可以此作进食器具。在长江流域的河姆渡文化遗址中，也曾出土过一件制作十分标准的骨餐匙，它的勺形匙头与现代餐匙十分接近，区别在于前者平而后者凹。在甘肃永靖大何庄齐家文化遗址中，曾出土骨匙 106 件，柄部都有穿孔，随葬时放置在死者腰部一侧。可见，齐家文化的居民平时就将餐匙悬在腰间，以备随时取用。

过去有人认为中国先民进食只是用手，而不用餐具。以上这些考古发掘表明，中华民族最迟在公元前 5000 年就已开始使用餐匙了，这比西方一些国家使用餐匙的历史要悠久得多。

餐匙的出现是与农耕和定居生活的需要相适应的，由农耕所生产出来的小米和大米，简便的食用方法就是饭食，所以采用餐匙进食是很自然的事，即使用餐匙进食肉，也十分方便，因为匙头有较薄的边口。

餐匙虽然在我国使用了近 5000 年之久，而它的形状并没有多大变化，依然是以匕形为主，勺形为辅。但是，到了商周青铜时代以后，社会生产力有了很大发展，餐匙不论在形状和质料方面都有了明显变化，匕形餐匙开始退出餐桌，勺形餐匙逐渐大量流行起来。

商周时期，匕的制作材料主要是青铜、木材、兽骨等。根据《三礼》等文献记载，商周时吉礼祭祀用匕，多用棘木制作，称为棘匕；丧礼所用匕，则用桑木制作，称作桑匕。

匕的用途在古文献中多有记载，它可以用来舀饭，也可以用来舀羹、舀汤、舀牲体、舀粮食等。郑玄在注《仪礼·少牢馈食礼》云："匕所以匕黍稷。"他在注《仪礼·士昏礼》中又云："匕所以别出牲体也。"可见匕的用途是十分广泛的。由于匕的功用不同，其大小、长短也不一样。王仁湘先生对此曾作过专门考证，他说："据《三礼》记述，周代的匕有饭匕、挑匕、牲匕、疏匕四种，形状相类，大小有别。对于这些匕的作用，容庚先生以为可分为三种，即载鼎实、别出牲体、匕黍稷；陈梦家先生则归纳为两种，即牲匕和饭匕。所谓挑匕、牲匕和疏匕，都属大匕，是祭祀或宾客时，由鼎中镬中出肉于俎所用。这些匕较大，正是考古发现的大匕，它们都铸成尖勺状，主要是为了匕肉的方便。饭匕是较小的匕，是直接用于进食的。大约从战国中晚期开始，随着周代礼制的崩溃，大匕渐渐消失。直接进食的小匕，也向着更加轻便实用的方向发展。"①

西周以后，匕逐渐向圆勺形发展，可舀流质食物，古人还用它来从盛酒器中挹取酒，然后注入饮酒器中。但这种用于挹取酒水的匕，比一般的饭匕容量要大，有些可容一升，如《周礼·冬官·考工记》云："梓人为饮器，勺一升。"② 西周以来考古发现的匕也常与鼎、鬲或酒器同出。

---

① 王仁湘：《中国古代进食具匕箸叉研究·匕篇》，《考古学报》1990年第3期。

② 吕友仁译注：《周礼译注·冬官考工记第六·梓人》，中州古籍出版社2004年版，第609页。

箸：又名筷子，而筷子之名始于明代。明代李豫亨《推篷寤语》中说："世有误恶字而呼为美字者，如立箸讳滞，呼为快子，今因流传之久，至有士大夫间，亦呼箸为快子者，忘其始也。"①明代陆容《菽园杂记·卷一》亦有类似的说法，他说："民间俗讳，各处有之，而吴中为甚。如舟行讳'住'、讳'翻'，以'箸'为'快儿'，'幡布'为'抹布'。"②

这都是因为"箸"字音接近"滞""住"字，所以反其意而称之，先名快速之"快"，后来又因为快子多为竹制，又加上竹头。

箸的起源很早，《韩非子·喻老》云："昔者纣为象箸而箕子怖，以为象箸必不加于土铏，必将犀玉之杯；象箸玉杯必不羹菽藿。"③

此外，在《史记·宋微子世家》《淮南子·说山训》《论衡·龙虚篇》《新书·连语》等文献中均有"纣为象箸"的记载。

根据考古发现，最早的铜箸出土于殷墟的一座墓葬之中，20世纪30年代在殷墟西北冈出土过铜箸三双，梁思永先生据同出器物认为："以盂三、壶三、铲三、箸三双之配合，似为三组颇复杂之食具。"④ 陈梦家先生也发表意见说："箸皆原有长形木柄，后者似为烹调的用具。"⑤ 这种装有木柄的箸较大，不适于用来进食，陈先生认为其作为一种烹调用具是较为适当的。而类似于如今的筷子是在春秋时期出现的。

从我们所掌握的文献与考古材料来看，要准确地给箸的始作年代作一个定论还十分困难，日本人类学家石毛直道对此推测说："殷周青铜器中占有很大比重的是饮食用的餐具。那些青铜器不是日常饮食时使用的器具，而是在宗庙等祭祀之时，为了祭祀神祇或

① （明）李豫亨：《推篷寤语》，隆庆五年李氏思敬堂刊本。

② （明）陆容：《菽园杂记》卷一，中华书局1985年版，第8页。

③ 陈秉才译注，《韩非子·喻老》，中华书局2007年版，第125页。

④ 梁思永：《梁思永考古论文集》附录《殷墟发掘展览目录》，科学出版社1959年版。

⑤ 陈梦家：《殷代铜器》，《中国考古学报》1954年第7期。

祖先神灵用于供奉礼仪的食器——礼器。在那种礼仪的场合，作为礼器之一的筷子不是已经出现了吗？在神和人之间，不再是用手持食物相互交接的形式，这种形式因筷子的出现而有了中介物。或者正是基于对祭祀时献祭的神圣食物尽可能不用手接触的观念，才促使筷子的出现吧？”① 石毛直道先生认为筷子是作为一种祭祀的礼器而产生的，中国也有学者推测，中国烹调术的特点是把食物切成小块，用碗盛着，要将这小块食物从碗中送进嘴里，于是便产生了筷子，但具体年代，尚不得而知。

商周礼制规定，箸有其特殊的用途，《礼记·曲礼上》说：“羹之有菜者用梜，其无菜者不用梜。”引郑玄注曰：“梜，犹箸也。”这是因为在羹汤里用箸捞菜方便，用餐匙则不好用，因为匙面较平，不容易夹起菜叶。所以商周礼制规定匙为主要用作吃饭的工具，《礼记·曲礼上》说：“饭黍毋以箸。”郑玄注曰：“贵其匕之便也。”而箸限定在用于食羹之上，而不能用于吃饭，并未见用于其他方面的记载，因此，在商周时期，箸的使用反而不如匙普遍。这种进食方式对后世有较大影响，秦汉以来，历代用箸大体都是以食菜为主，吃饭则大多使用匕，这些现象大概是由于礼节规定和先秦用箸、用匕的传统影响所致。

从以上礼书中所规定的饭与匕、羹与箸的关系来看，商周时期的进食方式与烹饪方式有着相辅相成的内在联系。在一定意义上可以说，中国古代沿用至今的独具特色的进食方式，正是依存于中国传统的烹饪方式的。

第二节　饮食礼器及其组合形式

一、饮食器具礼制化

提到饮食礼器，不能不从饮食器具谈起，因为饮食礼器是在饮

① ［日］石毛直道，赵荣光译：《饮食文明论》，黑龙江科学技术出版社1992年版，第89页。

食器具的基础上发展而成的。

饮食器具的出现，是人类历史发展到一定阶段的产物，也是人类历史发展规律的客观产物。一般而言，饮食器具产生于农业经济出现之后。在新石器时代，人类开始种植庄稼，收获粮食，人类食物的品种得到了扩大。为了解决粮食的烹饪、储藏和饮水的搬运问题，炊具和食具的创制也就成了当时人类生活的共同要求。这时制陶技术的发明，一定程度上满足了当时人类炊饪、饮食、储藏的生活需要。

相传“神农耕而陶”，这反映了从事农耕的氏族部落定居下来以后，有了制陶的需要和条件。人类学会烧制陶器以后，运用陶土首先烧制出来的就是具有炊具和食具双重作用的陶罐，以后才逐渐由陶罐演化出专门的炊具和食具来。因为在新石器时代，农业生产尚处于原始萌芽状态，粮食产量还很有限，并不能完全满足人类食用的需要，肉食在先民生活中仍占重要地位，所以最初的陶罐既可用于煮饭，也能用来盛肉。可以说，陶罐的问世之日，也正是炊具和食具的诞生之时。

在中原地区的裴李岗、仰韶和龙山等各个时期的新石器时代文化遗址中，发现数量最多的遗物，首屈一指的就是陶制饮食器具，它包括炊器、食器和饮器等。这些考古资料证实，这时的人们还是饭用土簋，饮用土杯，饮食器的制作停留在陶土质的阶段。但是到了商周时期，一跃而为辉煌的青铜时代，饮食器具的制作材料由陶土为主逐步过渡到以青铜为主，饮食器具日趋完整和配套。这些青铜制作的饮食器具，其形制之精巧，纹饰之优美，令人惊叹不已，并由此而成为礼器。

如果说饮食器具的出现是人类历史发展到一定阶段产物的话，同样，饮食器具的礼制化也是人类历史发展到一定阶段而形成的现象。随着商周礼制的出现，社会上需要有一种东西作为衡量社会身份等级的标志物，这样，人们日常生活中须臾不可离开的饮食器具便起了这种作用。例如，在商代初年，青铜饮食器的性质与功能可能与陶制饮食器没有什么大的区别，但是，由于商代礼乐制度的不断加强，它的性质与功能就起了变化。这时，青铜鼎已不再单纯是一种炊器了，而成为礼乐制度中的重要内容之一，被赋予了神圣的色彩，成为贵族的专用品以及统治权力的象征。这些青铜饮食礼器是区别商周贵族内部等级关系和社会身份地位的标志物，孔子将这种现象称之为："信以守器，器以藏礼。"① 这就是说，只有具备了某种威信，才能享有其所得器物，而这些器物又能体现出尊卑贵贱，代表当时之礼，表明各级贵族身份等级的高低。因此，有学者指出："用礼来表现大小奴隶主贵族的等级身份，就各种礼典的内容来说，不外有两个方面：其一，礼家称之为'名物度数'，就是将等级差别见之于举行礼典时所使用宫室、衣服、器皿及其装饰上，从其大小、多寡、高下、华素上显示出尊卑贵贱，我们把这种体现差别的器物统称之为'礼物'。"②

二、商周饮食礼器种类及功能

商周时期的青铜礼器主要是炊器、食器、酒器等等，以下我们对这些饮食礼器、组合形式及其在礼制上的功能逐一考论。

炊器主要是煮牲肉、调味和蒸煮黍、稷、稻、粱的器具，主要有鼎、鬲、甗等。

鼎：鼎是商周时期最常用的炊器，大体相当于现在的锅，主要用于煮肉或盛肉。形状大多是圆腹、两耳、三足，也有四足的方鼎。最早的青铜鼎都是仿照陶鼎而制作的，但又具备陶鼎所没有的某些特征，如鼎的两耳一般立在口缘上，目的是在取用鼎时，用鼎钩将鼎钩起。现已出土的鼎，最大的高1米多，重达875公斤，如商代后期的后母戊方鼎；最小的高不过几寸。随着时代或地域的不同，鼎的形制也有所变化。概言之，商代前期多为圆腹尖足，也有柱足方鼎和扁足鼎。商代后期尖足鼎逐渐消失，分裆鼎增多。到西周后期，扁足鼎和方鼎也基本消失了。(参见图二)

---

① 杨伯峻编著：《春秋左传注·成公二年》（修订本），中华书局1981年版，第788页。

② 沈文倬：《略论礼典的实行和〈仪礼〉书本的撰作》，《文史》第15辑。

太保方鼎
西周早期青铜鼎
天津市艺术博物馆藏

太克鼎
西周中期青铜鼎
上海博物馆藏

图二 鼎

从具体用途上说，商周时期的鼎可分为炊器、食器和盛器三种类型，所以考古发现中有的鼎底留有烟灰痕，是为炊器，有的却没有，是为食器或盛器，但以炊器为多。

从形式上说，商周时期的鼎又可分为镬鼎、升鼎和陪鼎三大类。镬鼎形体极大，多无盖，用来煮白牲肉。《周礼·天官·亨人》云："掌共鼎镬。"① 郑玄注："镬，所以煮肉及鱼腊之器，既熟，乃陈于鼎，齐多少之量。"把镬中的熟肉放到大鼎中去，叫作"升"，《仪礼·士冠礼》云："载合升。"② 郑玄注："煮于镬曰亨，在鼎曰升。"升是献的意思，就是实牲，故这类盛肉的大鼎称作"升鼎"，也称"正鼎"，周代各级贵族用鼎的制度，是以升鼎为中心，所以古人称它为正鼎。陪鼎是升鼎之外的另一种鼎，主要是盛放佐料的肉羹，与升鼎相配使用，故称"陪鼎"。

---

① 吕友仁译注：《周礼译注·天官冢宰第一·亨人》，中州古籍出版社2004年版，第55页。

② （汉）郑玄注：《仪礼注·士冠礼》，载于《汉魏古注十三经》，中华书局1998年版。

早在商代，用鼎制度就已萌芽，在商代二里岗期墓葬中，已可见到以鼎随葬和用鼎多寡，来判定墓主身份高低的现象①。到了西周以后，比较完整的用鼎制度就已形成了。在先秦文献中，对于这套用鼎制度的记述，主要见之于《仪礼》，《仪礼》虽然写定于战国时期，但内容大都源于西周古礼。南宋时，杨复对此作了整理，写出了《仪礼旁通图·鼎数图》，对《仪礼》中有关用鼎制度作了整理和归纳，兹录如下：

一鼎（特豚无配）：特豚。

《士冠》“醮子”。（特豚载合升。煮于镬曰亨，在鼎曰升，在俎曰载。载合者，明亨与载皆合左、右胖。）

《士昏》“妇盥馈舅姑”。（特豚合升，侧载右胖，载之舅俎；左胖载之姑俎。）

《士丧》“小敛之奠”。（特豚四剔去蹄，两胉脊肺。）

《既夕》“朝祢之奠”。（《既夕》朝庙有二庙则馔于祢庙，有小敛奠乃启。）

三鼎（特豚而以腊、鱼配之）：豚、鱼、腊。

《特牲》。（有上、中、下三鼎，牲上鼎，鱼中鼎，腊下鼎。）

《昏礼》“共牢”。（陈三鼎于寝门外。）

《士丧》“大敛之奠”。（豚合升，鱼祢鲋九，腊左胖。）

《士丧》“朔月奠”。（朔月用特豚、鱼、腊，陈三鼎如初。）

《士虞》“迁祖奠”。（陈鼎如殡。）

五鼎（羊、豕曰少牢。凡五鼎皆用羊、豕，而以鱼、腊配之）：羊、豕、鱼、腊、肤。

《少牢》。（雍人陈鼎五，鱼鼎从羊，三鼎在牛镬之西，肤从豕，二鼎在豕镬之西，伦肤九，鱼用鲋十有五，腊一纯。）

---

① 湖北省博物馆、北京大学考古专业“盘龙城发掘队”：《盘龙城一九七四年度田野考古纪要》，《文物》1976年第2期。

《聘礼》“致飧众介，皆少牢五鼎”。

《玉藻》“诸侯朔月少牢”。

少牢五鼎，大夫之常事。又有杀礼而用三鼎者，如《有司彻》“乃升羊、豕、鱼三鼎，腊为庶羞，肤从豕，去腊、肤二鼎，陈于门外如初”，以其绎祭杀于正祭，故用少牢而鼎三也。又士礼特牲三鼎，有以盛葬奠加一等用少牢者，如《既夕》“遣奠”：“陈鼎五于门外”是也。

七鼎：牛、羊、豕、鱼、腊、肠胃、肤。

《公食大夫》。（甸人陈鼎七，此下大夫之礼。）

九鼎：牛、羊、豕、鱼、腊、肠胃、肤、鲜鱼、鲜腊。

《公食大夫》上大夫九俎。九俎即九鼎也。鱼、腊皆二俎，明加鲜鱼、鲜腊。牛、羊、豕曰大牢。凡七鼎、九鼎皆大牢，而以鱼、腊、肠胃、肤配之者为七，又加鲜鱼、鲜腊者为九。①

杨复将西周用鼎制度大体分为五种等级，对此，邹衡先生也有类似的观点，邹衡、徐自强在《商周铜器群综合研究·整理后记》中说：

据礼书记载，当时的奴隶主贵族用列鼎的数目因其身份的高低而有所不同，从而形成了一套比较严格的用鼎制度。关于各级贵族用列鼎数目，按其规定，大体说来，可以分为五等：

一鼎　据《士冠礼》《士昏礼》《士丧礼》《士虞礼》和《特牲》的记载，“一鼎”的鼎实是豚，并规定为“士”一级用。

三鼎　据《士昏礼》《士丧礼》《士虞礼》《特牲》和《有司彻》等记载，情况比较复杂，鼎实也不完全一样，《士丧礼》说是豚、鱼、腊，《特牲》说是豕、鱼、腊，而《有司彻》则说是羊、豕、鱼，即所谓“少牢”。这是“士”一级在

① （宋）杨复：《仪礼旁通图》，清康熙十二年通志堂刊本。

特定场合下用的。《孟子·梁惠王下》也说到士用“三鼎”。

五鼎 《聘礼》《既夕》《少牢》《有司彻》《玉藻》等都有“五鼎”的记载，其鼎实大概是羊、豕、鱼、腊、肤五种，亦称“少牢”。《孟子·梁惠王下》：“前以士，后以大夫；前以三鼎，而后以五鼎”，与《少牢》《有司彻》等记载相合，可见“五鼎”是“大夫”一级用的。

七鼎 《聘礼》《公食大夫》和《礼器》都有记载，其鼎实为牛、羊、豕、鱼、腊、肠胃、肤七种，即所谓“大牢”，是“卿大夫”用的。

九鼎 《聘礼》《公食大夫》都有记载，其鼎实为牛、羊、豕、鱼、腊、肠胃、肤、鲜鱼、鲜腊九种，亦称“大牢”。《周礼·宰夫之制》记载：“王日一举，鼎十有二”，郑《注》：“十二鼎为牢鼎九、陪鼎三”，可见“九鼎”是天子用的，但东周的国君宴卿大夫时也用“九鼎”。①

以上记载都是将用鼎制度分为五等，也有分为四等的记载，如何休注《公羊传·桓公二年》云：“礼祭：天子九鼎，诸侯七，卿大夫五，元士三也。”② 两者不同之处在于“士”用鼎上，从以上所引《仪礼》中的记载来看，士礼用三鼎还是一鼎，往往与用礼的隆杀之别有关，如“婚礼”中的初婚将亲迎用三鼎，而妇馈舅姑则用一鼎。俞伟超先生认为：“但在墓葬材料中，用三鼎还是一鼎随葬，显然不是因为用礼的隆杀之别，可能是由上士（即元士）、中士、下士这种等级上的差别所决定。”③ 这种分析是比较合乎情理的。

在商周时期所形成的一套按照贵族身份和礼仪隆杀不同而使用

① 郭宝钧：《商周铜器群综合研究》，文物出版社 1981 年版，第 208 页。

② （汉）何休注：《春秋公羊传注·桓公二年》，载于《汉魏古注十三经》，中华书局 1998 年版。

③ 俞伟超：《周代用鼎制度研究》，《先秦两汉考古学论集》，文物出版社 1985 年版。

不同的饮食礼器的制度中，用鼎制度是其核心，用鼎多少是“别上下、明贵贱”的标志。鼎不仅是一种礼器，而且是政权的象征，在《左传》《逸周书》《墨子》等文献中，有夏禹收九州之金，铸为九鼎，遂以为传国之重器的记载。所以后世称取得政权叫“定鼎”，国家的栋梁大臣称为“鼎辅”，就好像锅底下的足托着大锅一样。正是因为鼎在社会生活中有如此重要的价值，所以，在商周饮食礼俗中，用鼎制度也就成了其中的主要内容，直至西汉以后，才逐渐退出历史舞台。

鬲：鬲是殷周时最常见的炊器之一，《尔雅·释器》说：“鼎，款足者，谓之鬲。”① 《汉书·郊祀志》云：“鼎空足曰鬲。”释“款”为“空”。鬲的作用与鼎相似，属于鼎类。最初形式的青铜鬲就是仿照陶鬲制成的，它的形状是大口，袋形腹，其下有三个较短的锥形足，这种奇特的设计是为了使鬲的腹部具有最大的受火面积，使食物能较快地煮熟。商代鬲的袋腹都很丰满，上口有立耳，颈微缩。因为三个袋腹与三足相连，而且鬲足较短，习惯上把袋腹称为款足。(参见图三)

商周时期，鬲也属礼器，但到春秋晚期，鬲基本上退出了礼器的行列，而到战国晚期，不论是在祭器或在炊具的范围内，已不再见鬲这一器物。因此，容庚先生在《殷周青铜器通论》中指出：“鬲发达于殷代，衰落于周末，绝迹于汉代，此为中国这时期的特殊产物。”②

甗：甗相当于现在的蒸锅，《仪礼·少牢馈食礼》曰：“廪人概甑、甗、匕与敦于廪爨。”③ 郑玄注：“廪人，掌米入之藏者。”由此可知，甗、甑都是用以烧饭的。

甗分为上下两部分，上部分为甑，放置食物，下部分为鬲，放

---

① （汉）郑玄注，（唐）孔颖达疏：《十三经注疏·尔雅注疏》卷第五《释器第六》，北京大学出版社 1999 年版，第 146 页。

② 容庚、张维持：《殷周青铜器通论》，文物出版社 1984 年版。

③ （汉）郑玄注：《仪礼注·少牢馈食礼》，收录于《汉魏古注十三经》，中华书局 1998 年版。

云雷纹鬲
西周中期青铜鬲
陕西省博物馆藏

㐌鬲
西周晚期青铜鬲
陕西省博物馆藏

图三　鬲

置水。甑与鬲之间有箅，箅上有通蒸气的十字孔和直线孔。青铜甗也是由陶甗演变而来的，流行于商代至战国时期，商至西周的甗是把甑和鬲铸成一件，圆形，侈口（口沿向外撇），有两直耳（或称立耳，耳直立口沿之上）。春秋战国时期的甗、甑和鬲可以分开，直耳变为附耳（耳在器身外侧）。甗盛行于商周时期，至汉代就比较少见了。(参见图四)

食器是指盛饭菜和进食的用具，主要有以下几种：

簋：簋是用来盛煮熟的黍、稷、稻、粱等饭食，形体犹如大碗的器具。陶簋在新石器时代就已出现了，青铜簋是在商代中期发展起来的。簋的形态变化最多，起初是流行无耳簋，大口，颈微缩，腹部均匀地膨出，下承圈足。在此形制的基础上，又出现了器侧装有一双手执双耳的簋，盛行于商代晚期。西周和春秋晚期的簋常带盖，有二耳或四耳。这一时期还出现了圈足下加方座或附有三足的簋。战国以后，簋就很少见到了，逐渐演化成了大碗。(参见图五)

商周时期，簋与鼎等饮食具的性质一样，也曾作为象征贵族等级的器物,《周礼·地官·舍人》曰:“凡祭祀共簠簋，实之陈之。”

据考古发现，簋往往成偶数出现，《仪礼·公食大夫礼》中

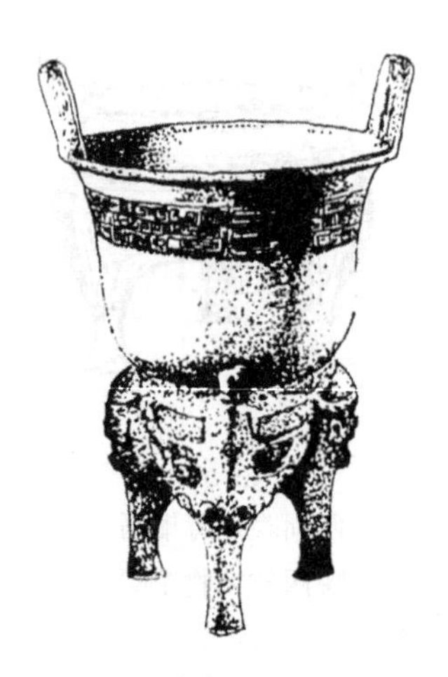

饕餮纹甗
西周早期青铜甗
陕西周原文管所藏

兽面纹大甗
西周早期青铜甗
故宫博物院藏

图四 甗

说："正馔设黍稷八簋。"《仪礼·聘礼》亦云："堂上八簋，盛黍稷。"

在商周饮食礼俗中，鼎与簋还有一种相配使用制度，因为这两种礼器，一个是盛放牲肉，一个是盛放黍稷，都是用来盛放人们的主要食物，人们自然也就把这二者作为标志贵族等级的主要礼器。据礼书记载，天子用九鼎配八簋，诸侯用七鼎配六簋，大夫用五鼎配四簋，元士用三鼎配二簋或一鼎无簋。如《仪礼·聘礼》云："饪一牢在西，鼎九，羞鼎三……堂上之馔八。"郑玄注云："堂上八豆、八簋、六铏两簠、八壶。"又有："腥一牢在东，鼎七……西夹六。"郑玄注云："西夹六豆、六簋、四铏两簠、六壶。"①

1960年，考古工作者在陕西扶风齐家村一个窖藏发掘出了一套形制、花纹和铭文相同的中友父簋，共二器。另外，在陕西宝鸡

① （汉）郑玄注：《仪礼注·聘礼》，收录《汉魏古注十三经》，中华书局1998年版。

㾓簋
西周懿孝时期青铜簋
陕西周原文管所藏

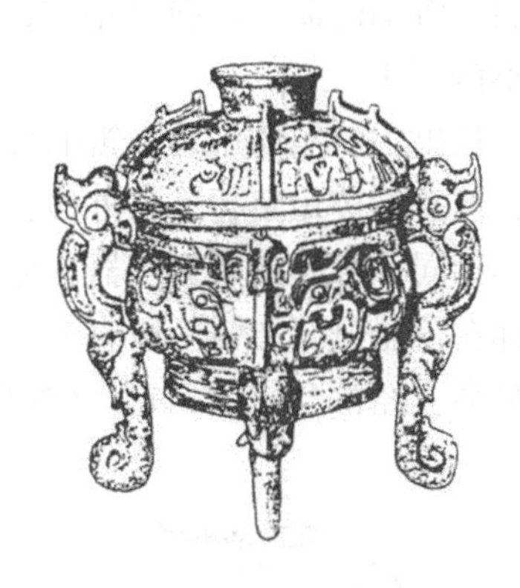

乙公簋
西周早期青铜簋
北京市文管处藏

图五　簋

茹家庄強伯墓出土的儿簋，共四器。① 在河南三门峡上村岭西周晚期至春秋早期的墓葬中，考古工作者也发现，随葬的青铜簋有六器、四器和二器之别，与礼书中记载的情况相符。以上这些都是饮食上存在等级差别的例子。

簠：簠是盛稻粱的食器，《仪礼·聘礼》和《礼仪·公食大夫礼》中均有稻粱盛于簠的说法。《周礼·地官·舍人》郑玄注云："方曰簠，圆曰簋。"② 因为在商周之时，贵族们的主食为黍稷，盛于簋，而稻粱为珍食，主要用于宴享和祭祀，故方其器形，以别于簋。

郭宝钧先生说："在殷周之时，稻用于宴享较晚，故簠器铸造亦较晚，约始自西周后期……因簠的前身，仿竹编的筐为之。故篆

① 参见宝鸡茹家庄西周墓发掘队《陕西省宝鸡市茹家庄西周墓发掘简报》，《文物》1976年第4期。

② （汉）郑玄注，（唐）贾公彦疏：《周礼注疏·地官司徒第二·舍人》，载于《汉魏古注十三经》，中华书局1998年版。

文筐字、簠字的边框，皆象编竹形，《史免簠》《尹氏簠》并以筐自名。竹编的器，器腹原不深，铸铜效之，故簠的初制都无直壁，腹不深。”①

从出土的实体来看，簠的形状多为长方形，和盨的形状有些相像，但簋的棱角突折，口外侈，有四条短足，有盖。盖与器的形状大小相同，合起来成为一器，分开则成为两个器皿。晚期的簠，一般都在盖器口部加铸一段直壁。簠在东周时期十分流行，在贵族们的宴会上经常会使用到它。(参见图六)

伯公父簠
西周晚期青铜簠
陕西周原文管所藏

仲彤盨
西周晚期青铜盨
陕西扶风县博物院藏

图六 簠与盨

盨：盨是盛放黍、稷、稻、粱等饭食的器具。盨出现于西周中期，流行于西周晚期，到东周时便已基本消失。盨名不见于《三礼》，所以宋代以来有人便将盨与簋混为一谈，到了清末才有学者将盨与簋分开。

盨是由弇口圈足簋发展而来的，两者用途基本相同，故有的盨，如瘐盨、伯鲜盨等径自名为簋。盨的形状为椭方形，敛口，两耳，圈足，有盖。盨一般成偶数组合，如扶风县出土的仲彤盨。

盨和簠也往往成偶数组合，如《礼记·明堂位》说：“有虞氏

① 郭宝钧：《商周铜器群综合研究》，文物出版社 1981 年版，第 137 页。

之两敦，夏后氏之四连，殷之六瑚，周之八簋。”① 这里所说的“瑚”即簠，故《左传·哀公十一年》云：“孔文子之将攻大叔也，访于仲尼。仲尼曰：‘胡簋之事，则尝学之矣；甲兵之事，未之闻也。’”②

豆：豆在商代早期是一种食器，初为陶制，青铜豆就是由陶豆演变而来。从甲骨文“豆”和金文“豆”的豆字看，都是表示奉豆而内盛黍稷，可知豆最初是盛饭食。

西周青铜豆主要是盛肉和盛菹醢，《说文解字》云：“豆，古食肉器也。”《诗经·大雅·生民》云：“卬盛于豆。”③《毛传》曰：“豆，荐菹醢也。”菹就相类于今天的咸菜、酸菜，醢相类于肉酱。

豆的形状如同后世的高脚盘，用于盛肉酱、咸菜，古人吃饭蘸食这些食物时，就显得十分方便。豆大多数有盖，盖上有支撑物可仰置，腹间两侧有环形耳。(参见图七)

豆也是一种重要的礼器，它在西周时常以偶数组合出现，故有“鼎俎奇而笾豆偶”的说法。用豆的多少，是地位高下的表现和权力大小的象征，《周礼·秋官·掌客》说：凡诸侯之礼，上公豆四十，侯伯豆三十有二，子男二十有四。《礼记·礼器》亦云：“礼有以多为贵者。……天子之豆二十有六，诸公十有六，诸侯十有二，上大夫八，下大夫六。”然而，也有豆以奇数组合的记载，如《礼记·乡饮酒义》云：“乡饮酒之礼，……六十者三豆，七十者四豆，八十者五豆，九十者六豆，所以明养老也。”④ 当然，从考古发掘来看，豆以偶数的组合较为多见。

---

① 杨天宇：《礼记译注·明堂位第十四》，上海古籍出版社 2004 年版，第 398 页。

② 杨伯峻编著：《春秋左传注·哀公十一年》（修订本），中华书局 1981 年版，第 1667 页。

③ 周振甫译注：《诗经·大雅·生民》，中华书局 2002 年版，第 426 页。

④ 杨天宇：《礼记译注·乡饮酒义第四十五》，上海古籍出版社 2004 年版，第 826 页。

兽形豆
西周晚期青铜豆
河南三门峡上村岭出土

镂空花座豆
西周晚期青铜豆
陕西岐山县文化馆藏

图七　豆

酒器是古代人们用来饮酒、盛酒、温酒的器具，有些酒器还兼有盛水的功能，酒器主要有以下几种：

爵：相当于后世的酒杯。早期的爵是陶制的，商代开始出现青铜爵。爵也是最早的青铜礼器之一，其形制是圆腹，前有倒酒用的流，后有尾，旁有鋬（把手），口上有两柱，下有三个尖高足。少数爵为单柱或无柱，还出土过罕见的方腹爵。爵盛行于商周，尤以商代最多，春秋战国时已很少见。随着时代变化，爵的各个部分也有不同的演化。商前期的爵多为平底，柱很短，并紧靠流折，商后期和西周的爵多为凸底，柱离流折较远，流与杯口之际有双柱。（参见图八）

根据《礼记·礼器》所云，爵的容量为一升，但事实上古代爵的容量悬殊很大，并没有统一的规格，甚至有大型或特大型的。爵为商周时地位较高的人所用，《礼记·礼器》说："宗庙之祭，贵者献以爵，贱者献以散。"①

角：角是由盛酒器发展为饮酒器的。《周礼·考工记·梓人》

① 杨天宇：《礼记译注·礼器第十》，上海古籍出版社2004年版，第288页。

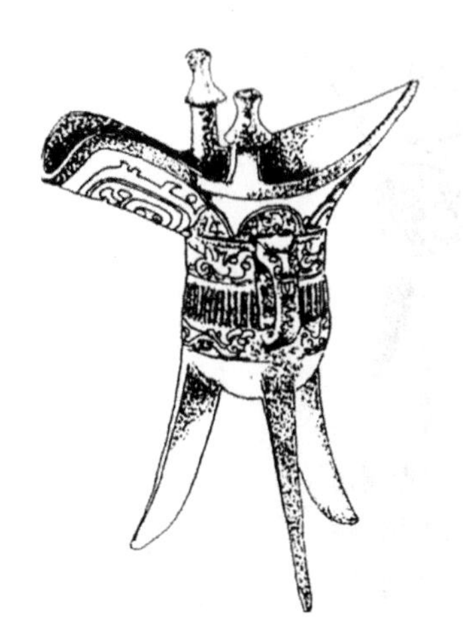

父辛爵
西周穆王时期青铜爵
陕西周原文管所藏

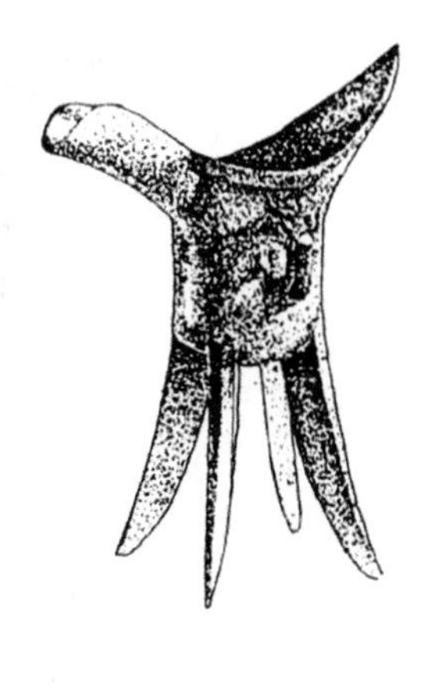

索琪爵
西周早期青铜爵
上海博物馆藏

图八 爵

贾公彦疏引《韩诗》说："一升曰爵，二升曰觚，三升曰觯，四升曰角，五升曰散。"① 从出土实物看，角虽比爵大些，但并不大于它的三倍。自宋以来，定爵形器无流而具两翼若尾者为角，多有盖。这种器形流行于商周之际，但考古发掘出来的数量甚少。（参见图九）

饮酒用角的都是一些身份较低之人，《礼记·礼器》说："宗庙之祭……尊者举觯，卑者举角。"

觚：从考古发掘来看，爵和觚是最基本的成组酒器，也是最早的青铜礼器之一。商周时的《燕礼》《大射礼》《特牲馈食礼》中都使用觚。《论语·雍也》云："子曰：'觚不觚，觚哉！觚哉！'"②

① （汉）郑玄注，（唐）贾公彦疏：《周礼注疏·冬官考工记第六·梓人》，收录于《汉魏古注十三经》，中华书局1998年版。

② 张燕婴译注：《论语·雍也第六》，中华书局2006年版，第81页。

西周早期青铜角
陕西省博物馆藏
图九　史迹角

觚的形状是长身、侈口，口和底部都呈喇叭状，主要盛行于商和西周。商代前期的觚较商代后期和西周的粗短一些。（参见图十）

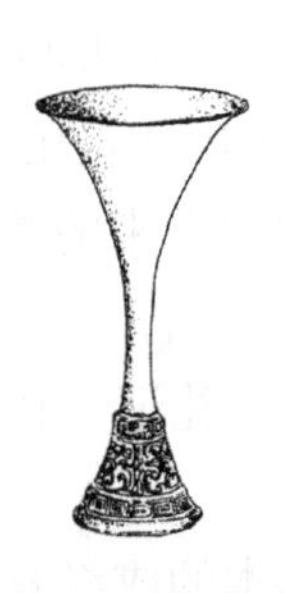

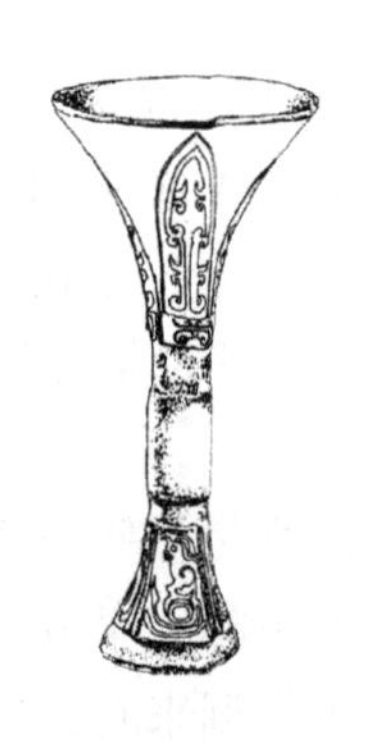

旅父乙觚
西周穆王时期青铜觚

蕉叶鸟纹觚
西周穆王时期青铜觚

图十　觚

觯：觯不仅是饮酒器，也是礼器，《仪礼》十七篇中用觯之例很多。觯的形状似水瓶，圆腹、侈口、圈足，大多数有盖，这种形状的觯多为商代器。西周时有作方柱形而四角圆的。春秋时演化成

长身、侈口、圈足，形状像觚。(参见图十一)

父庚觯
西周早期青铜觯
上海博物馆藏

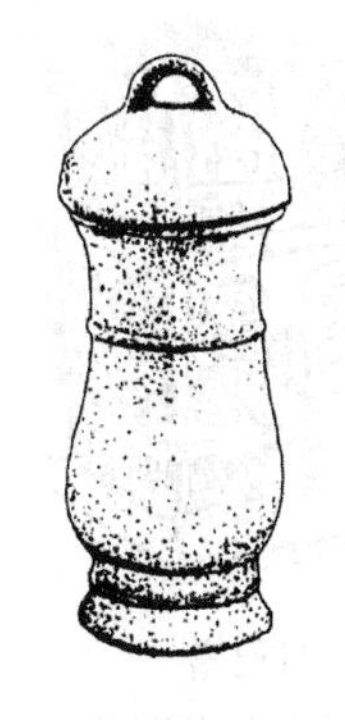

带盖觯
西周早期青铜觯
陕西省文管会藏

图十一　觯

尊：尊本为盛酒之器，上边的“酋”，即酒的古字，或说为盛酒之器。下边从“寸”，似用手举盛酒之器。所以《说文解字》释尊曰：“酒器也，从酋，廾以奉之。《周礼》六尊：牺尊、象尊、箸尊、壶尊、太尊、山尊，以待祭祀宾客之礼。”

尊为酒器的共名，凡是酒器都可称尊。青铜器中专名的尊特指侈口，高颈，似觚而大的盛酒备饮的容器。也有少数方尊和形制特殊的尊，模拟鸟兽形状，统称为鸟兽尊，主要有鸟尊、象尊、羊尊、虎尊、牛尊等。在商周青铜礼器中，尊占据着仅次于鼎的重要地位。“飨礼、食礼亦必用尊，故约之曰以待祭祀宾客之礼。”①(参见图十二)

彝：在商周青铜器铭文中，常将“尊”“彝”二字联用，作为青铜礼器的共名，因此这两种器物的名称比较混乱。比如，有人认为，尊之作鸟兽形者又谓之彝；如“尊彝”连称，则为礼器之共

---

①（汉）许慎撰，(清）段玉裁注：《说文解字注》“尊”字注，凤凰出版社2015年版，第1304页。

日己尊
西周中期青铜尊
陕西省博物馆藏

盠驹尊
西周中期青铜尊
中国历史博物馆藏

图十二 尊

名。彝盛行于商至西周中期，主要用于祭祀。《周礼·春官·司尊彝》曰："司尊彝，掌六尊、六彝之位，诏其酌，辨其用与其实。春祠、夏禴，祼用鸡彝、鸟彝，皆有舟；其朝践用两献尊，其再献用两象尊，皆有罍。诸臣之所昨也。秋尝、冬烝，祼用斝彝、黄彝，……凡四时之闲祀——追享、朝享，祼用虎彝、蜼彝。"① 祼是灌祭，所谓灌祭是酌郁鬯酒献尸不饮，而灌于地的一种祭名。

《周礼》中所说的六彝，已无法与古器形一一对照。如今在商周考古发掘中，较为多见的是方形彝，由于在先秦文献中未见以方彝为礼器的名称，宋人便将以这类器物形体为方形而名之。后世所出的方彝铭文中也未发现器名，因而今人仍沿用宋人之说。方彝也是盛酒器，器形为有屋顶形盖，下有圈足，每一边中央都留有或大或小的缺口，大多有四条或八条棱脊，且因为时代不同，器形也略有变化。(参见图十三)

斝：斝是一种温酒器，也可用于饮酒，但斝量大，饮用起来不

① 吕友仁译注：《周礼译注·春官宗伯第三·司尊彝》，中州古籍出版社 2004 年版，第 263 页。

师遽方彝
西周青铜彝
上海博物馆藏

日己方彝
西周早期青铜彝
陕西省博物馆藏

图十三　彝

大方便。斝的形状在商代至西周早期有一定变化，其基本式样似爵，但比爵大，有三足，口前部有两柱，也有两柱在口中间的，圆口，平底，也有圜底，无流和尾，有大鋬可执。（参见图十四）斝盛行于商代，也用于祭祀时的灌尊，《礼记·明堂位》云："灌尊，夏后氏以鸡夷，殷以斝，周以黄目。"①

三、从商周酒食器的组合看"商礼"与"周礼"的差异

以上我们对商周饮食礼器作了一个简略的考论，且了解到这些饮食器具已经成为"明贵贱"的重要标志。同时，考古工作者还发现了一个有趣的现象，即商周两代在饮食礼器的组合上存在着不同的风格。

从商周墓葬中青铜饮食礼器的出土情况看，商代的奴隶主贵族主要是以酒器的多少来表示身份地位的，随葬的器物常见的是觚、

① 杨天宇：《礼记译注·明堂位第十四》，上海古籍出版社2004年版，第396页。

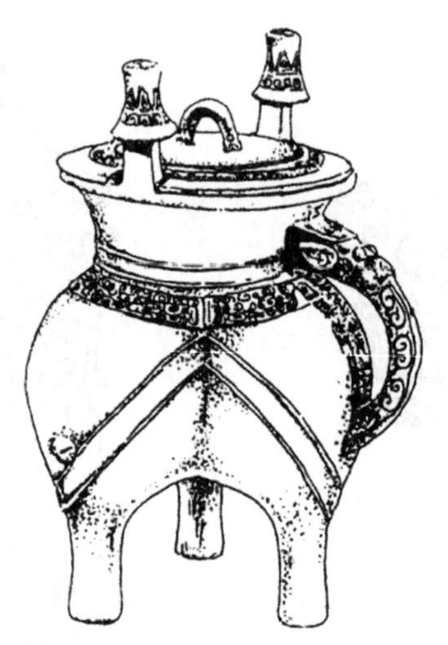

西周穆王时期青铜斝
陕西周原文管所藏
图十四 斝

爵，有的还有斝（参见图十四），组合方式一般是数量相等的二器或三器，如1觚、1爵、1斝，或2觚、2爵、2斝，或5觚、5爵、5斝等。其套数的多少表明了身份地位的高低，特别是觚、爵，几乎在所有的墓葬中，它们都是有规律地配合出现，犹之周礼中的鼎、簋相配一样。据目前所掌握到的资料，商代早期有5套、4套、2套、1套的区别。商代后期，随着青铜铸造技术的发展，大型墓葬中随葬礼器的套数也激增，有的已达几十套。再加上其他各种器物，如鼎、甗、甑、尊等，一个墓葬中的铜器可多至数百件。

从西周中期起，青铜礼器中炊食器的比重逐渐增加，酒器相对减少。鼎成为表示身份地位的主要标志，并逐渐形成了一套严格的用鼎制度。一般是：士用一鼎或三鼎，大夫用五鼎，卿用七鼎，国君用九鼎。同时配合一定数目的簋，如四簋与五鼎相配，六簋与七鼎相配，八簋与九鼎相配，而其他器物，如盘、匜、壶等的数目也有相应的规定。（参见图十五）

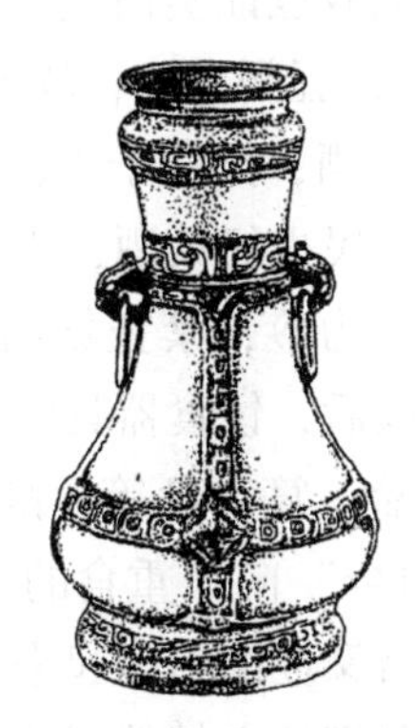

图十五　西周青铜盘、匜、壶

商周青铜礼器的组合问题，学者似很早就注意到了，邹衡、徐自强先生在《商周铜器群综合研究·整理后记》中就指出：郭宝钧的遗著“对各期器类的兴灭作了比较详细的统计和研究，把商周时代的礼乐器群分成了三种组合，并分别代表了三个时期：1. 早商至西周早期为‘重酒的组合’；2. 西周中期至东周初年为‘重食的组合’；3. 春秋、战国时期为‘钟鸣鼎食’的组合”。接着，邹、徐先生又指出：“商代前期，青铜礼器有了很大的发展，据不完全统计，到目前为止，经发掘和采集的早商铜礼器已有 200 件左右，其中以酒器居多，炊食器次之，水器最少，尚未见乐器。最近在湖北黄陂盘龙城发现的一座早商中型墓（李家咀 M2）中，其随葬铜礼器的分布情况很值得注意。那就是：凡酒器大都置于椁内，而炊食器都在椁外。椁内近棺，椁外远棺，也就是说，凡墓主人生前特别喜爱因而看重的物件，置于身旁，而墓主人认为次要的物件，则放在稍远的地方。再结合早商铜礼器中各种器类所占不同的比例，可以看出，早商铜礼器已经是‘重酒的组合’，而轻炊食器的组合，与西周早期以来‘重食的组合’有所不同。这也许能从一个侧面反映了‘商礼’与‘周礼’的不同。”①

---

① 郭宝钧：《商周铜器群综合研究》，文物出版社 1981 年版，第 205 页。

文献记载也证实商代尚酒之风盛行，《尚书·酒诰》说商人“庶群自酒，腥闻在上，故天降丧于殷。”①《大戴礼记·少闲》称纣“荒耽于酒，淫泆于乐，德昏政乱”②。

商代平民也好饮酒，崇饮之风渗透到社会生活的各个方面。而西周以殷亡为鉴，禁止饮酒，因此从考古发掘出的文物中可以看出，西周以后，饮食器具中炊器的比重增大，酒器相对减少，比较多见的是鼎、簋、盘等，鬲、甗、豆次之，酒器最少，反映了由“重酒的组合”向“重食的组合”转变这一事实，然而，到了西周末期，酒器又逐渐增多起来。

以上我们从文献整理的角度，也结合了一些考古材料来研究商周的饮食器物，目的在于揭示当时的饮食礼制。尽管如此，可能也很难做到完全反映出当时的复杂情况，因为有些在文献中出现的礼制在实际社会中并不一定能够得以施行；有些施行起来又可能发生了一些变化，而这在礼书中并没有反映出来；而有些考古材料与文献记载有出入，这些问题都有待进一步深化研究。

第三节 乡饮酒礼探微

乡饮酒礼是周代盛行一时的饮食礼仪。由于古代文献对这种礼仪的产生、内容、特点及其影响的记载十分简略，后人对此也缺乏深入的研究，从古至今许多经学家对此也是均含混其词，不甚理解。本章试图通过对乡饮酒礼的探讨，为中国饮食礼俗理出一个头绪来。

一、何谓“乡”与“飨”

“乡饮酒礼”又称之为“乡礼”。什么是“乡”呢？

乡，甲骨文作“[illegible]”，字形像两人围着盛有食物的食器跪而对

① 慕平译注：《尚书·周书·酒诰》，中华书局2009年版，第186页。

② （清）王聘珍撰，王文锦点校：《大戴礼记解诂·少闲第七十六》，中华书局1983年版，第220页。

食，这里的两人并非实指，而是泛指多人，之所以不描画更多的人，是因为殷商甲骨造字时，以形表义常要受到一些局限，不可能完全按实际物象的原貌来描摹。例如乡字，就无法在“[illegible]”字中再加上一个人①，只能以二人来表示众人。此外，文字作为一种书面语言符号，是一种高度的抽象，没有必要像绘画那样将其所表达的事物一丝不差地描摹下来。明白了这个道理，那么，先民为什么要用两人相向而食的形象来记录“乡”字也就不难理解了。

在远古时，人类的生存条件十分艰难，为了战胜自然，人类常常过着群居的生活，一个群居的团体，就是一个谋食集团，同时又是一个平均分配，共同分享获取食物的共食集团。当人们经过一天的采集或渔猎活动以后，围聚在同一个火堆周围，相向而坐，分享大家共同的劳动果实时，无疑会感到这个团体对每一个成员来说是多么重要，这种意识表现在文字上就变成了两人相向而食的“乡”，甲骨文用这个“乡”字来表示一个群居的团体，是十分合适的。

这种将群饮共食与群居团体相联系起来的意识，在中国先民中是特别强烈的，即使后来进入农耕社会，当中国先民已失去同饮共食的社会条件时，乡饮聚食活动却仍沿行不衰。所以后来小篆的“乡”字，加一个“食”字，作“飨”，表示乡人共聚饮酒的意思。《说文解字》释“飨”曰：“乡人饮酒也。从乡，从食，乡亦声。”

“乡”在反映早期先民群居共聚饮食之意的基础上，又演化成一级行政单位的名称，所以，在《说文解字》中“乡”与“飨”是有区别的。

周代乡的管辖范围是十分广泛的，达到一万二千五百家，《周礼·地官·大司徒》中说：“五家为比，使之相保；五比为闾，使之相受；五闾为族，使之相葬；五族为党，使之相救；五党为州，

---

① 参见刘志基《汉字古俗观奇》，上海文艺出版社 1994 年版，第 49 页。

使之相赒；五州为乡，使之相宾。”①

春秋时，齐国统治者为了打破宗法贵族的特权，创立了一套全新的居民管理系统，虽然有些组织名称与《周礼》中不尽一致，有些甚至是一种理想的安排，但乡还是保留下来了。如《管子·立政》云：“分国以为五乡，乡为之师；分乡以为五州，州为之长；分州以为十里，里以为尉；分里为十游，游为之宗。十家为什，五家为伍，什伍皆有长焉。”

自西周以来，历代基本上都保持了乡级建制，“乡”作为一级行政单位，一直延续到今天，可谓是源远流长。

《说文解字》对“乡”字解释为：“国离邑，民所封乡也。啬夫别治。封圻之内六乡，六卿治之，从䣈，皀声。”许慎没有把乡邑之所以称“乡”的来历说清楚，清人段玉裁对此曾作过解释说：“其字从䣈，皀声。从䣈者，言其居之相邻也。《周礼》令一乡中相保，以至于相宾，《孟子》言：死徙无出乡，相友相助，相扶持亲睦。名曰乡者，取其相亲。礼莫重于相亲，故乡饮、乡射原非专为六乡制此礼也，而必冠之以乡字。乡大夫、乡先生者，谓民所亲近者也。”② 段氏认为乡邑名“乡”，取义于乡人“相亲”，而“礼莫重于相亲”，所以乡人群聚饮酒也便冠以“乡饮酒礼”。

事实上，我们在前面已经指出，在商周古文字中，“乡”字并不从䣈，而是一个象形字，像两人相向而食，由此看来，乡邑的“乡”之来历，不仅仅是由于段氏所言的“相亲”，更重要的是取义于“共食”。所以，杨宽先生认为：乡“来源很是古老，大概周族处于氏族制时期已经用‘乡’这个称呼了，是用来指那些共同饮食的氏族聚落的。进入阶级社会以后，周族成了统治者，他们还把郊内‘国人’居住的聚落称为‘乡’。西周、春秋时，各国把国

---

① 吕友仁译注：《周礼译注·地官司徒第二·大司徒》，中州古籍出版社 2004 年版，第 127 页。

② （清）段玉裁《经韵楼集·与黄绍武书论千里第三札》，上海古籍出版社 2008 年版，第 328 页。

都称为‘国’，国都的四郊地区称为‘郊’，四郊以外的地区称为‘野’，在郊以内的乡邑分设为‘乡’，在野的聚落分设为‘遂’”①。

从以上“乡”“飨”本以同一字形所表示的历史文化现象中，我们不难看出后世的“乡人饮酒”“乡饮酒礼”与原始人群同居共食的密切联系。尽管后世的“乡饮酒礼”已与远古时期氏族成员的同居共食有了许多变化，但它们之间的渊源关系却是很难否定的。在以饮食维系一个群居单位这个基本点上，乡饮聚会无疑是远古时代群居共食的继承，并延续至后代。

在中国人的传统观念里，人与人之间关系的亲密莫过于“吃的是一锅饭”，而分立门户自成一体，则不免被视为“另起炉灶”，因而“乡饮聚会”“乡饮酒礼”之类就成了联络情感、增进友谊的有效手段。而这种观念习俗的来源，可以从“乡”字的形义联系中所透视出原始的文化蕴涵中一窥究竟。

二、腊祭与乡饮酒礼

先民是在什么时候、什么情况下举行“乡饮酒礼”呢？《仪礼·乡饮酒礼》和《礼记·乡饮酒义》等典籍中均语焉不详。这些经典的作者们大约认为这是先民约定俗成之事，不必记载，因此，我们只能依据后世文献进行考察。

孔颖达在《礼记·乡饮酒义》正义中指出，举办乡饮酒礼有四种情况：“一则三年宾贤能；二则乡大夫饮国中贤者；三则州长习射饮酒也；四则党正蜡祭饮酒。”这四事皆所谓“乡饮酒礼”。孔颖达这一说法源于《周礼·地官》，因此，我们可以从《周礼·地官》中去探寻乡饮酒礼的线索。

《周礼·地官》中记“乡大夫”职云：“正月之吉，受教法于司徒，退而颁之于其乡吏，使各以教其所治，以考其德行，察其道

---

① 杨宽：《“乡饮酒礼”与“飨礼”新探》，《古史新探》，中华书局1965年版。

艺。……三年则大比，考其德行、道艺，而兴贤者、能者。乡老及乡大夫帅其吏与其众寡，以礼礼宾之。”① 郑玄注云：“谓合众而尊宠之，以乡饮酒之礼，礼而宾之。”

什么人是贤者呢？西周时贤者的标准是指有勇力和有武艺的人，选贤的工作是通过射礼来进行的，所以乡饮酒礼和乡射礼总是连在一起的。

《周礼·地官》中还进一步揭示了腊祭或乡饮酒礼的内容，其“党正”职云：“国索鬼神而祭祀，则以礼属民而饮酒于序，以正齿位：壹命齿于乡里，再命齿于父族，三命而不齿。”② 郑玄注曰：“国索鬼神而祭祀，谓岁十二月大腊之时建亥之月也。正齿位者，乡饮酒义所谓六十者坐，五十者立侍。六十者三豆，七十者四豆，八十者五豆，九十者六豆是也。”

根据郑玄的注解，《周礼·地官·党正》这段话可以解释为：到了年终腊祭的时候，聚集党里民众于学校里举行乡饮酒礼，按照年龄大小排定坐次。有一命爵服的，在乡里宾客中按年龄编排位置的上下。有二命爵服的，与同姓宾客按年龄编排位置的上下。有三命爵服的，则不必与宾客比较年龄的大小，而坐于东首上位。

由此我们可以发现，乡饮酒礼的举办时间一般都在冬季，从“国索鬼神”而祭祀之日的“大腊”起，到“正月之吉”，这段时间均为农闲，人们有闲暇在此时习礼，选拔贤人，考其德行，并教以尊敬长老及孝悌之道。所谓“大腊”，《风俗通》云：“周曰大腊，汉改为腊。”

至于腊祭的时间，《说文解字》“腊”字曰：“冬至后三戌，腊祭百神。”清人段玉裁注云：“腊本祭名，因呼腊月、腊日耳。《月令》‘腊先祖五祀’，《左传》‘虞不腊矣’，皆在夏正十月，腊即蜡也。《风俗通》云：‘《礼传》夏曰嘉平，殷曰清祀，周曰大

---

① 吕友仁译注：《周礼译注·地官司徒第二·乡大夫》，中州古籍出版社2004年版，第148页。

② 吕友仁译注：《周礼译注·地官司徒第二·党正》，中州古籍出版社2004年版，第153页。

腊。’皇侃曰：‘夏殷蜡在巳之岁终。’皇说是也。《秦本纪》‘惠王十二月初腊’，记秦始行周正亥月大蜡之礼也。始皇三十一年十二月更名腊曰嘉平。十二月者，丑月也。始皇始建亥，而不敢谓亥月为春正月，但谓之十月朔而已。《项羽纪》书汉之二年冬，继之以四月，可证也。更名腊为嘉平者，改腊在丑月用夏制，因用夏名也。腊在丑月，因谓丑月为腊月，《陈胜传》书腊月是也。汉仍秦制，亦在丑月，而用戌日，则汉所独也。《风俗通》曰：‘腊者，接也，新故交接，大祭以报功也。汉家火行，火衰于戌，故曰腊也。’高堂隆曰：‘帝王名以其行之成而祖，以其终而腊，火生于寅，盛于午，终于戌，故火家以午祖、以戌腊。’按，必在冬至后三戌者，恐不在丑月也。”

这里，段玉裁及所本皇侃等说的意思是，腊祭的具体月份因夏、商、周三代岁首月建的不同而不同，夏之“嘉平”在丑月（夏正十二月），殷之“清祀”在子月（夏正十一月），周之“大腊”在亥月（夏正十月），至秦始皇三十一年十二月（丑月）更名腊为嘉平，恢复了夏代腊礼后，以夏历十二月为腊月，行腊祭的习俗就固定下来了。

下列夏、商、周历三正的月份和季节对应表，可以清楚地反映出三代岁首异建的情况：

月建	寅	卯	辰	巳	午	未	申	酉	戌	亥	子	丑
夏历	正月	二月	三月	四月	五月	六月	七月	八月	九月	十月	十一月	十二月
	春	春	春	夏	夏	夏	秋	秋	秋	冬	冬	冬
殷历	二月	三月	四月	五月	六月	七月	八月	九月	十月	十一月	十二月	正月
	春	春	夏	夏	夏	秋	秋	秋	冬	冬	冬	春
周历	三月	四月	五月	六月	七月	八月	九月	十月	十一月	十二月	正月	二月
	春	夏	夏	夏	秋	秋	秋	冬	冬	冬	春	春

在腊祭的具体日期上，秦以后有所变化，《说文解字》说："冬至后三戌，腊祭百神。"这是汉代的制度，"戌"为天干日名，冬至后三戌，是指冬至二十多天的戌日。

为什么要以戌日为腊呢？前引东汉应劭《风俗通义》中的话说："腊者，接也，新故交接，故大祭以报功也。汉家火行，火衰于戌，故曰腊也。"① 这句话的意思是，腊本来是新年与旧年交接的日子，但汉朝为火德，火衰于水，水位于北方，故逢戌为腊。可见，腊并不是固定在戌日的，而是依各朝德行来确定，所以《岁华纪丽》说："祖日为盛，腊日为衰，魏以土而用辰，晋以金而取丑。"

由此看来，在汉魏两晋时，都有选择对本朝吉利的日期举行腊祭的习俗。

五行交替变化的理论，从科学上讲，无任何价值可言，只能引起混乱，故在晋朝以后，人们便不再依据五德始终变化之说来确定腊日，而是使其固定在夏历十二月初八，俗称"腊八"，乡饮酒礼也主要是在这一时间内举行。

我们认为，腊祭与乡饮酒礼的关系，可以概括为，乡饮酒礼是腊祭中的一个节目，它是在周王室强化礼治的基础上形成的，而腊祭则是其原型与全貌。

《礼记·射义》中说："古者诸侯之射也，必先行燕礼；卿大夫、士之射也，必先行乡饮酒之礼。"② 可知在乡饮酒礼之后，一定还要举行射礼，而射礼乃是起源于先民的田猎活动之中③，所以段玉裁《说文解字注》说："郑（玄）注《月令》曰：'腊谓以田猎所得禽祭也。'《风俗通》亦曰：'腊者，猎也。'按猎以祭，故其祀从肉。"这说明腊祭之俗是出于三代先民处于狩猎阶段时的遗风。

---

① （汉）应劭撰，王利器校注：《风俗通义校注》卷八《祀典》，中华书局1981年版，第379页。

② 杨天宇：《礼记译注·射义第四十六》，上海古籍出版社2004年版，第833页。

③ 此一论说参见杨宽《射礼新探》，《古史新探》，中华书局1965年版。

文献记载表明，腊祭是周民族沿袭已久的最盛大的饮酒节和联欢节。《礼记·玉藻》云："凡尊，必上玄酒。唯君面尊。唯飨野人皆酒。"郑玄注云："蜡饮故不备礼。"① 孔颖达疏云："飨野人谓蜡祭时也。野人贱不得比士，又无德，又可饱食，则宜贪味，故唯酒而无水也。"这说明乡民在腊祭时可以不用礼的约束，尊中不用水，而用酒。

《礼记·杂记下》云："子贡观于蜡。孔子曰：'赐也，乐乎？'对曰：'一国之人皆若狂，赐未知其乐也。'子曰：'百日之蜡，一日之泽，非尔所知也。张而不弛，文武弗能也。弛而不张，文武弗为也。一张一弛，文武之道也。'"② 可见，腊祭后的乡民聚饮活动是符合休养生息的自然法则的。

综上所述，我们还可以看出，随着西周礼治的加强，腊祭中礼的成分也在不断增强，也正因为先民的乡饮酒活动中逐渐注入了不少礼节，最终才形成了乡饮酒礼。

三、乡饮酒礼的仪式化

在西周初年，所谓"乡人饮酒"只是乡里百姓的饮酒聚餐活动，尚未演变出某些比较仪式化的礼仪，像《仪礼·乡饮酒礼》那样，以及《诗经·豳风·七月》中的"朋酒斯飨，曰杀羔羊，跻彼公堂，称彼兕觥，万寿无疆"③，就是乡人饮酒聚会于乡学的场面，《毛传》对此也解释说："飨，乡人饮酒也。其牲，乡人以狗，大夫加以羔羊。"由此可见，先秦时的"乡饮酒"活动是乡民的欢宴节和饮酒节，并无繁多的仪节，所以，杨宽先生指出，乡饮酒礼"起初的礼节该是很简的，后来贵族在不断举行中，就越来越繁，《仪礼·乡饮酒礼》记述的，该已是春秋、战国间比较繁复

① 杨天宇：《礼记译注·玉藻第十三》，上海古籍出版社2004年版，第368页。

② 杨天宇：《礼记译注·杂记下第二十一》，上海古籍出版社2004年版，第50页。

③ 周振甫译注：《诗经·召南·采苹》，中华书局2002年版，第555页。

的一种"①。从根本上来说，"乡饮酒礼"的制度化和程式化是中国古代宗法制度的产物。宗法制度源于原始社会父系家长制家庭公社成员之间的牢固的亲族血缘联系，是这种血缘联系与社会政治等级关系密切交融、渗透、固结的产物。它的确立期在西周。

宗法之"宗"，"宀"为房顶，"示"为神主，合指供奉神主之位的庙宇，其原始义为"尊神庙也"。宗法制度以血缘亲疏来辨别同宗子孙的尊卑等级关系，以维系宗族的团结，故十分强调"尊祖敬宗"。而实现这一目的的极好形式，是隆重庄严的祭祀与宴饮活动。商人也有繁复的祭祀与宴饮仪式，但不像西周人那样具有严格的宗法意义。

众所周知，商代王位的传授在商代中期以前是兄终弟及，而到了西周，则改为嫡长子继承制。天子由嫡长子继承，是天下的大宗；其余诸弟为诸侯，对天子而言是小宗。诸侯亦由嫡长子继承，对被封为卿大夫的诸弟而言是大宗；卿大夫便是小宗。卿大夫也由嫡长子继承，对被封为士的诸弟而言是大宗；士便是小宗。士的嫡长子仍为士，其余诸弟为平民。这种宗法制度确立了各级储君无可争辩的地位，形成了一个以周天子为共主的庞大宗族血缘体系，大大小小的宗主掌握着各级政权，维护着宗族内部的尊卑等级，这就为号称"礼仪三百，威仪三千"的各种礼乐仪式的产生提供了牢固的基础。

宗法制度是一种复杂而又有序的血缘政治构架，其实质就是规定贵族以及血亲关系内部的亲疏关系，并以此区分等级名分，因为制定各种礼乐仪式的基本精神就是为了"讲礼于等"②。即一切和政治有关的礼乐仪式，都要严格区分等级，讲究君臣上下，否则就有"无礼以定其位之患"③。例如，在"乡饮酒礼"中，要把来宾

---

① 杨宽：《"乡饮酒礼"与"飨礼"新探》，《古史新探》，中华书局1965年版。

② 杨伯峻编著：《春秋左传注·昭公十三年》（修订本），中华书局1981年版，第1355页。

③ 杨伯峻编著：《春秋左传注·昭公十六年》（修订本），中华书局1981年版，第1419页。

按地位高低分成“宾”“介”“众宾”三个等次，按照规定去完成一套从“谋宾”“迎宾”“献宾”“旅酬”直至“送宾”的繁琐礼节，以此来区别贵贱，培养人们“尊让洁敬”① 的精神。此外，人们日常生活中的燕礼、射礼、相见礼等，也都是在宗法等级关系上形成的各种繁文缛节的大杂烩，从不同的仪式要求上来表明不同的身份等级，体现了宗法利益的不可侵犯性。

四、乡饮酒礼的形式

《仪礼·乡饮酒礼》和《礼记·乡饮酒义》等篇，对于“乡饮酒礼”的繁琐形式及行礼意义，均有介绍，兹条录如下：

1. 请迎宾客

这一礼仪又可分为以下几个程序：

（1）谋宾，即商议请哪些贤能的人作为宾客，由主人（乡大夫）和乡先生（乡中教师）一起商议来宾人选和名次，宾客又分为三等，即宾、介（陪客）和众宾。宾、介都只一人，众宾可有多人，并选定其中三人为众宾之长，由主人亲自去通知被邀请的宾客何时赴宴。

（2）铺陈主宾、主人、副宾的坐席，摆设酒尊和水盆等器具。

（3）召请宾客，肉煮熟后，乡大夫亲自到宾客府上，催请宾客，主宾和众宾客都跟随乡大夫一起到来。

（4）迎宾。辅佐乡大夫行礼的相在庠门外迎接宾客，经过三揖三让，把宾客迎入庠中堂上。

2. 进酒礼仪

主宾之间的进酒礼节称为“献”“酢”“酬”。这是什么意思呢？主人进宾客之酒曰“献”；宾客回报主人之酒曰“酢”；主人先自饮，再劝宾客饮之酒曰“酬”。“献”“酢”“酬”谓之一献。一般而言，“乡饮酒礼”以一献为度，《仪礼·士冠礼》云：“乃醴宾，以壹献之礼。”郑玄注曰：“壹献者，主人献宾而已，即燕无

---

① （汉）郑玄注：《仪礼注·乡饮酒礼》，载于《汉魏古注十三经》，中华书局 1998 年版。

亚献者。献、酢、酬，宾主人各两爵而礼成。”《诗经·小雅·瓠叶》云：“君子有酒，酌言献之……酌言酢之……酌言酬之。”这里表示的就是一献之礼。《左传·昭公元年》载：“赵孟、叔孙豹、曹大夫入于郑。郑伯兼享之。子皮戒赵孟，礼终，赵孟赋瓠叶。子皮遂戒穆叔，且告之。穆叔曰：‘赵孟欲一献。子其从之。’”①

穆叔从赵孟所赋的《瓠叶》诗中，就知道赵孟欲行一献之礼。杨伯峻先生对此注云：“据《礼记·乐记》郑玄注，一献，士饮酒之礼。一献，主人向宾进酒一次。进酒仅一次，其他食品仪节相应减少、减轻。”接着，杨先生还说：“古人飨礼，飨后必宴，即燕。《鄂侯鼎铭》云：‘噩侯驭方内品于王，乃鄛止，驭方畓（侑）王。王休（赐也）宴。’可证飨礼终即宴。飨礼只是形式，献宾（向宾客进酒）不用酒而用醴（仅有酒味之甜汁），且不能饮尽，仅品尝而已。是以飨后必宴，宾主始能尽欢。燕礼可以‘无算爵’（不限杯数）。如果飨礼隆重，如九献、七献，则宾客向主人还敬次数相应增多，作乐与酬币（主人劝客饮酒所给之礼品）亦繁重，为时长，宴礼将隔日举行。此次郑君享赵孟，只用一献，用时不长，故享礼完毕后即行宴礼。”

“乡饮酒礼”属于较低层次士族的饮食礼节，所谓士，也就是当时社会中的一种“自由农民”，住在郊区的乡遂之中，在阶级分野上应当属于贵族，但是属于贵族的最低层②。所以只行一献之礼。天子飨诸侯，则有九献、七献、五献之礼，《周礼·秋官·大行人》记载五等诸侯来朝天子，天子飨诸侯之礼：上公九献，侯伯七献，子男五献。如《国语·晋语四》云：“公弗听，遂如楚，楚成王以周礼享之，九献，庭实旅百。”③

“乡饮酒礼”在主宾之间的一献之礼完毕后，主人又向介（陪

---

① 杨伯峻编著：《春秋左传注·昭公元年》（修订本），中华书局1981年版，第1208页。

② 杨向奎：《宗周社会与礼乐文明》，人民出版社1992年版，第335页。

③ （战国）左丘明，尚学峰、夏德靠译注：《国语·晋语》，中华书局2007年版，第212页。

宾）进酒，然后介又对主人还敬。主人再向众宾进酒，由众宾之长三人代表拜受饮酒，众宾也随着饮酒。

3. 奏乐礼仪

“乡饮酒礼”在进行过程中，还要演奏和演唱一些宴飨歌，以赞颂周朝、周天子，以及歌颂亲亲之谊，达成团结之旨，所以这些飨宴诗歌，已成为“乡饮酒礼”中的一个重要部分。这些诗歌主要有《诗经·小雅》中的《鹿鸣》《四牡》《皇皇者华》《吉日》《白华》《瓠叶》《鱼丽》《南有嘉鱼》《宾之初筵》《南山有台》，《诗经·周南》中的《关雎》《葛覃》《卷耳》，《诗经·召南》中的《鹊巢》《采蘩》《采苹》等。

演唱和演奏这些诗歌都是有其用意的，杨宽先生曾对其中几首的用意作过探讨，他说：“因为《鹿鸣》有‘我有嘉宾，德音孔昭’‘我有旨酒，以燕乐嘉宾之心’云云，可以借来作为迎宾之辞；《四牡》有‘王事靡盬，不遑启处’‘不遑将父’‘不遑将母’云云，可以借来赞扬宾客的勤劳；《皇皇者华》有‘周爰咨诹’‘周爰咨谋’‘周爰咨度’‘周爰咨询’云云，无非借此表示要对宾客咨询请教之意。春秋时人们在交接中歌唱《诗》和赋《诗》，都是这样断章取义的。”① 杨宽先生的分析十分有理。在古代文献中常可见到古人用鹿鸣来比拟宴会嘉宾和笙瑟构成的宴会盛况。鹿，性善温顺，喜群好客，每当独觅美味，从不贪食自吞，总要鸣群邀众，共食共尝。正因为如此，“鹿鸣宴”经久不衰，不断发展，一直延续至清代。(参见图十六)

程俊英先生也认为：《皇皇者华》“是一个使者出外调查民间情况的诗。旧说是送征夫之词，并非诗的本意。所以会有这个误解，是因为《鹿鸣》《四牡》《皇皇者华》这三首诗，后来被周统治者谱了乐调在宴会上弹奏，劳使臣时演奏《四牡》，遣使臣时演奏《皇皇者华》，其实和诗的内容并不相合”②，只是取其中的有

---

① 杨宽：《“乡饮酒礼”与“飨礼”新探》，《古史新探》，中华书局1965年版。

② 程俊英：《诗经译注·皇皇者华》，上海古籍出版社1985年版。

图十六 清代的鹿鸣宴

关含义。

此外，其他演奏、演唱的诗歌，都属乡饮酒礼中的正式节目，均为“正歌”，即合乎礼乐之正的歌。这些“正歌”演唱完后，就由乐工报告乐正“正歌备”，再由乐正报告宾，正式的礼乐，到此完备。

4. 旅酬

所谓旅酬，即以次序劝人饮酒。《仪礼·乡饮酒礼》曰：“司正升相旅，曰‘某子受酬’。受酬者降席，司正退立于序端，东面。受酬者自介右，众受酬者受自左，拜、兴、饮，皆如宾酬主人之礼。辩，卒受者以觯降，坐奠于篚。”郑玄注：“旅，序也。于是介酬众宾，众宾又以次序相酬。某者，众宾姓也。同姓，则以伯仲别之；又同，则以且字别之。”《礼记·乡饮酒义》云：“介酬众宾，少长以齿。”

旅酬之礼是在正献之礼以后进行，它是众宾相酬之礼。众宾按照年龄大小排列，长者、尊者在前，幼者、卑者在后。也就是说，旅酬是由尊者酬于卑者，《中庸》云：“旅酬下为上，所以逮贱也。”①

宾客中第一尊长者受介酬，第一人受酬后，即为酬者；由第二人受酬，第二人受酬后，即为酬者；由第三人受酬，如此递转相酬，直到最后一人，这犹如今之接力跑。《左传·襄公二十三年》中云：“既献，臧孙命北面重席，新尊挈之。召悼子，降，逆之。大夫皆起。及旅，而召公鉏，使与之齿。”② 这里所说的“旅”即“旅酬”之礼。

5. 无算爵

所谓“无算爵”即饮酒不计爵数。旅酬完后，主人请求撤去俎，以便宾客坐下，然后，“说履，揖让如初，升，坐。乃羞，无算爵，无算乐”③。宾主脱掉鞋子，相互拱手谦让，和初来时一样，登堂坐下，再进献食物，于是连续不断地举爵饮酒，不计数量，醉而后止，同时乐工不断伴奏和歌唱，尽欢而止，这就叫“无算爵，无算乐”。郑玄对此注云：“算，数也。宾主燕饮，爵行无数，醉而止也。”“燕乐亦无数，或间或合，尽欢而止也。”

“乡饮酒礼”完毕后，主人送宾时，乐工要奏《陔夏》之乐，主人送到门外两次行拜礼。第二天，主宾穿着昨天的服饰去主人家拜谢主人，并吃便饭。

在上述各项礼节中，以进酒献宾之礼最为重要，它是表示对宾客尊敬程度的标志。这些礼节，用现代人的眼光看来是十分繁琐的，有些甚至是不必要的可笑举动，但根据文献资料之记载，在西周到战国这一历史时期，这种形式的乡饮酒礼已蔚为风气，十分平常和自然。人们不仅在饮食生活中，就是日常家庭的晨昏定省，宗祠中依时祭祖，官员平民间均相见以礼，亲友交往也要尽礼，一切

---

① 王国轩译注：《大学中庸译注·中庸》第十九章，中华书局2006年版，第90页。

② 杨伯峻编著：《春秋左传注·襄公二十三年》（修订本），中华书局1981年版，第1078页。

③ 郑玄注：《仪礼注·特牲馈食礼》，载于《汉魏古注十三经》，中华书局1998年版。

依礼办事，礼是政治、思想、道德的总规范，明定君臣、父子、夫妻、主仆、主佃关系的准则。礼节之多，现代人实在难以想象，所谓“繁文缛礼”一点不假。

五、乡饮酒礼的作用与意义

唐人萧昕留存下来的《乡饮赋》中，将乡饮酒的仪式和意义说得十分精彩简明，兹录如下：

> 乡饮之制，本于酒食，形于尊俎；和其长幼，洽其宴语；象以阴阳，重以宾旅。此六体者，礼之大序。至如高馆初启，长筵初肆，众宾便仙入门，主人稽首而再至，则三揖以成礼，三让以就位。贵贱不共其班，少长各以其次。然后肴粟具设，酒醴毕备；鼙鼓递奏，工歌咸萃。以德自持，终无至醉。夫观其拜迎拜送，则人知其洁敬；察其尊贤尚齿，则我欲其无竞。君若好之，寔曰邦家之庆；士能勤之，必著乡曲之行。今国家征孝秀，辟贤良，则必设乡饮之礼，歌《鹿鸣》之章，故其事可得而详。立宾立主，或陛或堂，列豆举爵，鼓瑟吹簧……①

第四节 宴礼与餐前行祭

一、宴会礼仪

《仪礼》和《礼记》中所记述的“乡饮酒礼”主要发生在西周乡民之间，王公贵族的宴席则有“燕礼”和“公食大夫礼”，“燕”通“宴”，所以《仪礼》与《礼记》中的“燕礼”，即为“宴礼”。“燕礼”比“乡饮酒礼”的菜肴远为丰富。

---

① （唐）萧昕：《乡饮赋》，（清）董诰等编：《全唐文》卷三五五，中华书局1983年版。

宴席在西周时就已具雏形，是菜品的组合艺术，具有聚餐式、规格化、社交性的特征。所谓聚餐式，是指多人围坐畅谈，愉情悦志，飞觞醉目的一种进餐方式；所谓规格化，是指宴席庖制精细，肴馔配套，餐具漂亮，礼节有秩；所谓社交性，是指通过饮宴来加深彼此了解，敦睦亲谊。西周时期的王公宴席，基本上具有了以上这几种特征。

先秦文献中常以“累茵而坐，列鼎而食”“食前方丈，罗致珍羞，陈馈八殷，味列九鼎”来形容西周王室的宴席，而鼎的多少也就象征着宾客的身份、宴席的等级以及肴馔的丰盛程度。

与此同时，王公宴席的各种饮食礼节也已经十分完善，《三礼》中记载了不少种类宴筵的礼仪。后世许多重要的食礼，大多可以在周礼中寻找到渊源，可见其影响久远。

首先，我们以“燕礼”为例作一些说明。所谓“燕礼”，即国君宴请群臣之礼，其节文与形式与“乡饮酒礼”大同小异，不同的是场面更加宏大，来宾更众，歌唱、吹奏的乐曲更多，饮食更为丰富。其形式为：“献君，君举旅行酬，而后献卿；卿举旅行酬，而后献大夫；大夫举旅行酬，而后献士；士举旅行酬，而后献庶子。俎、豆、牲体、荐、羞，皆有等差，所以明贵贱也。”①

这就是说，饮酒时，宰夫（宴会主持人）先敬献国君，国君饮后举杯向在坐的来宾劝饮；然后宰夫向大夫献酒，大夫饮后也举杯劝饮；然后宰夫又向士献酒，士饮后也举杯劝饮；最后宰夫献酒给庶子。燕礼中应用的餐具饮器、食物点心、果品酱醋之类，都因地位的不同而有差别。由此可见，席位有尊卑、献酒有先后、食用有差别，都是用来分别贵贱的，故曰：“燕礼者，所以明君臣之义也。”②

西周时，“燕礼”往往与“射礼”联合举行，先行“燕礼”，

---

① 杨天宇：《礼记译注·燕义第四十七》，上海古籍出版社 2004 年版，第 844 页。

② 杨天宇：《礼记译注·燕义第四十七》，上海古籍出版社 2004 年版，第 843 页。

后行“射礼”。西周初年以武立国，特别注重射礼，《礼记·射义》云：“古者诸侯之射也，必先行燕礼。”①

射礼是在宴饮后比赛射箭，“燕射礼”主要行于诸侯与宴请的卿大夫之间，比“乡射礼”高一等级，其具体仪节可以在《仪礼·大射》中看到，同时在出土的东周铜器刻纹图案上更可看到具体的描绘，在这些图案上可以清楚地找到劝酒、持弓、发射、数靶、奏乐的片断，这些图案也即成为了研究西周宴礼的形象资料。

西周贵族们行“燕射礼”的场面，在《诗经》中也有一些描写，其中，最形象、精彩的要数《诗经·小雅·宾之初筵》了。诗中描述了西周幽王宴会大臣贵族的情形，从中我们可以看到西周王室宴会礼仪的基本概况以及国王及群臣失仪纵酒、行为放荡的生活，兹录如下：②

原文	译文
（一）	
宾之初筵，	宾客初到各就席，
左右秩秩。	左右揖让不失礼。
笾豆有楚，	杯盘碗盏摆整齐，
肴核维旅。	鱼肉果蔬全陈列。
酒既和旨，	酒味既醇又甘美，
饮酒孔偕。	觥筹交错真热烈。
钟鼓既设，	钟鼓乐器都齐备，
举酬逸逸。	络绎不绝频举杯。
大侯既抗，	虎皮靶子竖起来，
弓矢斯张。	张弓搭箭如满月。
射夫既同，	射手云集靶场上，
献尔发功。	表演技艺逞英杰。

① 杨天宇：《礼记译注·射义第四十六》，上海古籍出版社2004年版，第833页。

② 译文参考程俊英《诗经译注》，上海古籍出版社1985年版。

发彼有的，　　人人争取中目标，
以祈尔爵。　　以祈对手罚一爵。

（二）

籥舞笙鼓，　　执籥起舞笙鼓和，
乐既和奏，　　众乐齐奏声铿锵，
烝衎烈祖，　　进献有功的先祖，
以洽百礼。　　用来配合这百礼。
百礼既至，　　百礼已经陈于庭，
有壬有林。　　隆重盛大又堂皇。
锡尔纯嘏，　　神灵赐你大福泽，
子孙其湛。　　子孙个个都欢畅。
其湛曰乐，　　人人喜悦又快乐，
各奏尔能。　　各献其能把酒酌。
宾载手仇，　　宾客各自找对手，
室人入又。　　主人相陪比短长。
酌彼康爵，　　斟上满满一杯酒，
以奏尔时。　　以献你所尊敬者。

（三）

宾之初筵，　　宾客入席叫声请，
温温其恭。　　态度温雅又恭敬。
其未醉止，　　酒过一巡人未醉，
威仪反反。　　仪表庄重又自矜。
曰既醉止，　　酒过三巡醉态露，
威仪幡幡。　　举止失措皆忘形。
舍其坐迁，　　起坐无时没礼节，
屡舞仙仙。　　手舞足蹈不停歇。
其未醉止，　　他们还未喝醉时，
威仪抑抑。　　仪容庄重礼不悖。
曰既醉止，　　待到喝得酩酊醉，
威仪怭怭。　　嬉皮笑脸骨头轻。
是曰既醉，　　当他已经喝醉了，

不知其秩。	普通礼节也不晓。

（四）

宾既醉止，	宾客已经喝醉了，
载号载呶。	又是叫来又是闹。
乱我笾豆，	打翻杯盘和碗盏，
屡舞僛僛。	跌跌撞撞把舞跳。
是曰既醉，	还说这是喝醉酒，
不知其邮。	糊里糊涂不害臊。
侧弁之俄，	头上歪戴鹿皮帽，
屡舞傞傞。	疯疯癫癫把舞跳。
既醉而出，	如果喝醉就出门，
并受其福。	宾主同受他的福。
醉而不出，	已经醉了不出门，
是谓伐德。	这就叫做败德行。
饮酒孔嘉，	宴会喝酒本好事，
维其令仪。	可要礼仪来维持。

（五）

凡此饮酒，	参加宴会尽贵族，
或醉或否。	有人清醒有醉倒。
既立之监，	设立酒监察礼节，
或佐之史。	又设史官写报导。
彼醉不臧，	酗酒本来是坏事，
不醉反耻。	反说不醉是脓包。
式勿从谓，	不要随人乱劝酒，
无俾大怠。	害他失礼又胡闹。
匪言勿言，	别人不问别多嘴，
匪由勿语。	语涉非礼勿乱道。
由醉之言，	醉汉话儿不可靠，
俾出童羖。	胡说公羊没犄角。
三爵不识，	饮限三杯也不知，
矧敢多又。	怎敢劝他再执盏。

《宾之初筵》是一首全面、生动描写西周宴会礼仪的诗作，这首诗把宾客出场、礼仪形式、宴席食物与食器的陈列、音乐侑食和射手比箭写得清楚有序、生动简洁，宴会气氛热烈而活跃，这显然是当时“燕射礼”的艺术描写以及所应遵守的规范程序。当然，“燕射礼”参与者的主要目的是饮酒作乐，因此左右揖让，射箭不过是形式。诗中所描写的饮宴礼乐的盛大场面，远比《仪礼》《礼记》所记形象多了，使人们对于西周宴会礼仪形式和实际情况有了进一步的感性认识。

西周贵族的饮宴，不仅在席位、进食等方面有礼仪之规，同时在不同的宴会上，馔肴和饮品、醯酱等物的摆放上，也有一定的规矩，不得错乱。一般宴席的肴馔食序，大抵是先酒、次肉、再饭。后世人们宴客，也是先上茶，再摆酒肴，最后是鱼肉饭食，每次食完将席面清洁一次，仍继承着西周时宴会礼仪的食序。

二、餐前行祭

吃饭前祭祀祖先和神灵，是商周饮食礼俗的一个重要内容。中国先民早在新石器时代便已有了这种传统，而到商周之时，此风便愈演愈烈，他们在进餐前，一般都得象征性地荐祭先民，称为汜祭，也称周祭和遍祭。早在甲骨文中便有这种记载，所谓“来丁巳尊鬳于父丁，宜卅牛”，当含有在世者祭祖时的食礼意味。①

餐前祭祖和神灵，在西周时已成为一种制度。《周礼·天官·膳夫》云：“膳夫授祭，品尝食。”② 郑玄注：“礼，饮食必祭，示有所先。”郑玄在注《礼记·曲礼上》亦云：“祭先也，君子有事不忘本也。”孔颖达疏云：“君子不忘本，有德必酬之，故得食而种种出少许，置在豆间之地，以报先代造食之人也。”孔子

① 此说参见宋镇豪《夏商社会生活史》，中国社会科学出版社 1995 年版，第 314 页。

② 吕友仁译注：《周礼译注·天官冢宰第一·膳夫》，中州古籍出版社 2004 年版，第 46 页。

也主张进餐前必须祭祀先人，他说："虽疏食、菜羹、瓜祭，必齐如也。""君赐腥，必熟而荐之；君赐生，必畜之。侍食于君，君祭，先饭"①，等等。皇侃疏云："祭谓食之先也。夫礼食，必先取食种种，出片子置俎豆边，名为祭。祭者，报昔初造此食者也。"

祭祀礼仪完毕后，行礼之人可将祭礼的食品吃掉，《礼记·祭统》云："夫祭有馂。馂者，祭之末也，不可不知也。是故古之人有言曰：'善终者如始。'馂其是已。是故古之君子曰：'尸亦馂鬼神之余也。'惠术也，可以观政矣。是故尸谡，君与卿四人馂；君起，大夫六人馂，臣馂君之余也；大夫起，士八人馂，贱馂贵之余也；士起，各执其具以出，陈于堂下，百官进，彻之，下馂上之余也。"② 郑玄注曰："进，当为馂。"馂也就是吃祭祀后剩下的食物。其他礼事结束后，均馂，如《仪礼·士昏礼》云："媵馂主人之余，御馂妇余……妇馂姑之余。"

这些记载反映出餐前行祭，这一程序是少不了的，所以后来《淮南子·说山训》中就说："先祭而后飨则可，先飨而后祭则不可。"③ 旧注："礼，食必祭，示有所先；飨，犹食也，为不敬，故曰不可也。"这些文献都证明，饮食前祭祀祖先和神灵，是商周乃至秦汉饮食礼俗不可缺少的一部分。

餐前行祭的礼俗之发生，从理论上来分析，是与原始宗教联系在一起的。但是，如果究其源头，则又与上古初民的"万物有灵"观念密不可分，这一论点是英国文化人类学之父泰勒于19世纪70年代在其名著《原始文化》中提出来的④。他认为在宗教产生之

---

① 张燕婴译注：《论语·乡党第十》，中华书局2006年版，第141页，第145页。

② 杨天宇：《礼记译注·祭统第二十五》，上海古籍出版社2004年版，第637页。

③ （汉）刘安等编著，（汉）高诱注：《淮南子·说山训》，上海古籍出版社1989年版，第182页。

④ ［英］爱德华·泰勒：《原始文化·万物有灵论》，上海文艺出版社1992年版。

前，处在野蛮状态的原始人从对影子、回声、呼吸、睡眠、水中映象等现象，尤其是在对梦魇现象的感受中，以为人自身有两个实体：一为躯体，一为灵体。二者可合可离，如梦魇是灵体暂时离开躯体所致，死亡则是灵体与躯体的永久性分离。将这一观念移到自然界，原始人笃信自然界万物无一不附有灵体，具有灵性，在其可视的有形体背后深藏着无所不在的神灵。

泰勒的“万物有灵论”现已被学术界广泛地用来解释原始宗教的起源。以“万物有灵”为基础的原始宗教包括了各种祭祀礼仪，也可以说，早期的宗教仪式也主要是祭祀，这些祭祀仪式就是后世商周时礼祭祖先和神灵的渊源。

祭祀总是同人类的某种祈求心理分不开的，而这种祈求又是以奉献饮食的形式反映出来。《诗经·小雅·楚茨》云：“苾芬孝祀，神嗜饮食。卜尔百福，如几如式。”“先祖是皇，神保是飨。孝孙有庆，报以介福，万寿无疆！”①

从《诗经》和《三礼》中可以发现，殷周时无论是大祭和薄祭，都是以最好的食物侍之。

《礼记·表记》云：“殷人尊神，率民以事神，先鬼而后礼。”②殷人认为祖先死后变为神灵，能保佑殷人，也能降下灾祸。殷代尚未形成后世那样以天、帝为二，祖先神配天作为特征的天神观念。祖先神是殷代神权崇拜的主要对象，它是地上的人在天国的投影。殷人对于祖先征服自然、创建商王朝的巨大功绩的赞颂与怀念是在饮食祭祀中进行的，所以，在考古发掘中殷商的祭品屡见不鲜。

殷商祭祀的祭品，称之为牺牲，甲骨文中提到的动物牺牲数量很大，一次杀死的牲畜可多达1000头上下。殷商墓中经常发现整狗、整马、整猪、整鸡、整鱼，或是狗头、羊头、猪头、牛头，或是牛腿、羊腿、马腿、猪腿。所以，郭宝钧先生在《中国青铜器

---

① 周振甫译注：《诗经·小雅·楚茨》，中华书局2002年版，第343、344页。

② 杨天宇：《礼记译注·表记第三十二》，上海古籍出版社2004年版，第724页。

时代》中说："殷代祀典，卯牛用羊的卜辞多至不可胜数，用牲少者数十，多者数百，在埋葬遗迹中，我们也确曾于小屯C区房基旁发现祭牲数百，这些兽类，骨架齐全，可知当日是全骨肉掩埋的。以此推证，当时纣王之'悬肉为林'，积肉为圃的奢靡（《韩非子·喻老》'纣为肉圃'），并非必无之事。这时贵族们食肉，自不虑缺乏，所以肉祭或数十人共肉食的大鼎，如司母戊鼎、牛鼎、鹿鼎等即适应需要而制。"①

在西周，牛在六畜中是最贵重的一种，在周代祭祀中，用牛的数量比商代有所减少，如成王于洛邑王城告成之祭，对文王只用一头骍牛，对武王也是只用一头骍牛，它比之商代祭祀，减色实多。到东周时，物质生活虽然有了发展，但大量用牛作祭祀的现象也不多见，用三百头牛作祭祀的在文献中仅一见，这就是《史记·秦本纪》中所说："德公元年，初居雍城大郑宫。以牺三百牢祠于鄜畤。"②

中国古代礼制规定，太牢是最隆重的祭礼，所谓太牢是三牲齐备，即牛、羊、猪三种牺牲俱全，牺牲二字皆从牛，可见古代珍贵的食物是以牛作为标志的。没有牛的即称少牢，《礼记·王制》说："天子社稷皆大牢。诸侯社稷皆少牢。大夫、士宗庙之祭，有田则祭，无田则荐。"③《国语·楚语》中也有类似的论述："其祭典有之曰：国君有牛享，大夫有羊馈，士有豚犬之奠，庶人有鱼炙之荐，笾豆脯醢，则上下共之。"这是说牛是国君的祭品，羊是大夫的祭品，猪是士以下人员的祭品。

除牛、羊、猪三牲以外，商周时也用谷物、果蔬乃至虫草之类作祭品，《礼记·祭统》云："水草之菹，陆产之醢，小物备矣。三牲之俎，八簋之实，美物备矣。昆虫之异，草木之实，阴阳之物

① 郭宝钧：《中国青铜器时代》，生活·读书·新知三联书店1963年版，第116页。

② （汉）司马迁：《史记》卷五《秦本纪》，中华书局1963年版，第184页。

③ 杨天宇：《礼记译注·王制第五》，上海古籍出版社2004年版，第153页。

备矣。凡天之所生，地之所长，苟可以荐者，莫不咸在，示尽物也。”①

可见，商周时用作祭祀祖先和神灵的食物已经是相当丰富了。商周时进餐之前礼祭祖先和神灵的礼俗对后世产生过较大的影响，并一直在古代中国传承着，当代著名学者夏丏尊先生曾风趣地说：“他民族的鬼，只要香花就满足了；而中国的鬼，仍依旧非吃不可。死后的饭碗，也和活时的同样重要，或者还要重要。”② 这一点确实是具有中国传统特色的。

① 杨天宇：《礼记译注·祭统第二十五》，上海古籍出版社2004年版，第633页。

② 夏丏尊：《谈吃》，韦君编：《学人谈吃》，中国商业出版社1991年版，第4页。

第六章
先秦时期的饮食文献

中国拥有璀璨的文化典籍，在这些典籍里，有着丰富的饮食生活资料。但是，这些资料并不集中于某几部书内，而是散见于经、史、子、集之中。除此之外，还存在着一些非文字的饮食生活资料。故而，我们今天所能见到的有关饮食生活史的资料，大体上可分为两类：一类是非文字记录的饮食资料，一类是有文字记录的文献。

第一节　非文字的饮食资料

非文字记录的史料又分为两种形式：一种是遗物，一种是人们的口头传说和风俗习惯等，这里我们着重介绍古代人们在生活实践中留下的各种遗物。因为在漫长的历史长河中，人们不仅创造了可供生存的饮食，而且还创造了反映当时人们饮食生活的各种器物，所以，我们可以通过这些器物，观察到人类的饮食是如何发展的，以及人类为饮食所作的各种努力，这对于我们复原古代人们的物质文化生活，有着很大的帮助。

一、原始社会的艺术作品

在原始社会的造型艺术中，彩陶是富有特色的工艺美术品，也是新石器时代文化的重要特征，它体现了当时绘画艺术的水平和人们的生活水平。彩陶上美丽的花纹图案，从简单的几何纹饰到动植物纹样，朴素而真实地反映了当时人类的渔猎、采集的饮食生活。

新石器时代的彩陶，距今已有大约五、六千年的历史，这一时期的彩陶有陶盆、陶罐、陶壶、陶碗等饮食器具，制作者在这些饮食器具上描绘出各种纹饰，如几何图形、人面纹、鱼纹、鸟纹、蛙纹、鹿纹等等，形态别致，富有生活气息。

山东龙山文化黑陶高足杯

饮食生活是艺术的源泉，彩陶艺术如此丰富多彩，优美而又实用，是由于它植根于当时人们的饮食生活之中。彩陶纹饰中的鱼、蛙、鹿、鸟、植物的枝叶、果实等，都是人们在采集、渔猎、农耕等生活中经常接触到的食物。例如，在河南庙底沟出土的彩陶上，大量的植物纹装饰，反映了中原地区的居民这时的农业生活就已十分发达。西北地区的马家窑文化出土的彩陶上，动、植物纹样各占有一定比例，说明他们是以渔猎和农业为生的。稍后于马家窑的西北地区半山和马厂文化的彩陶上，以植物纹为主，在某些彩陶的纹饰中还有农作物图案，可见半山、马厂的居民的饮食是以农作物为主的。由此可知，彩陶是与远古人们饮食的发展相一致的。彩陶艺术对于帮助我们了解先民的饮食结构，无疑是大有裨益的。

二、商、周青铜饮食器及其纹饰

大约在公元前2000年左右，我国进入了青铜时代的初期，这也标志着我国社会步入了一个新的文明时期。

目前保存的青铜器，光是铸有铭文的就有上万件，不铸铭文的青铜器，无疑要多得多，这其中又以饮食器为主。食器有鼎、鬲、甗、簋、簠、盨等，酒器有爵、觚、斝、尊、壶、卣、罍等。在这些青铜饮食器类方面，西周和商是有明显的继承关系的，但两代侧重又有所不同：商代青铜器中以酒器的门类最为丰富，而西周时代则着重于发展饪食器。

西周中期伯定盉

根据现今从墓葬中发掘的材料，商代最简单的青铜酒器是以爵、觚、斝合成一组。爵是三足有流的酒杯，觚是容酒器，斝是灌酒器。在这个基础上扩大和发展，又增添了盉、尊、卣、壶、罍等中型、大型的饮器和容酒器。此外，更高级的容酒器还有方彝、兕觥、牺尊等。这些五花八门的青铜酒器的存在，是需要以大量粮食的消耗为前提的。它反映了商代农业生产比前代有了较大的发展，可供贵族们剥削和榨取到的粮食愈来愈多，因而能够大量地酿造各种酒类。另外，酒器的品种和数量之多，表明了商代奴隶主贵族沉溺于酒的情形确实存在。这些豪华的青铜器中酌享的美酒，都是用奴隶们的劳动和智慧酿制而成的。

周朝人们的习惯与殷人不同，周初的酒器大为减少。在取得政权以前，周人也没有大量饮酒的风俗。周武王伐商，历数商纣王的罪状，酗酒便是其中之一。后周公以此作为鉴戒，颁布《酒诰》，严禁周人酗酒，这就是周代初年青铜酒器大为减少的原因。

青铜酒器的比例大为减少，食器的数量就相应增加。西周青铜食器的主体是鼎、鬲、甗和簋、盨、簠。周代贵族列鼎而食，所谓列鼎是指大小相次成单数排列的盛放各种肉食的鼎。贵族等级愈高，使用的鼎愈多，他们能享受到肉食类的品种也愈多。据记载，天子用九鼎，诸侯用七鼎，卿大夫用五鼎，士用三鼎。宗周王臣的礼数也与此相仿。西周列鼎制度的存在也得到考古发掘的证实。宝鸡茹家庄强（渔）伯之妾的墓中，发现了五件一组的列鼎。河南三门峡上村岭虢国墓中，按墓的等级不同，随葬的青铜鼎有七件、五件和三件之分。这种青铜列鼎的陪葬制度，所反映的正是西周以来统治阶级各个等级在饮食上的差别。

青铜簋是盛饭食的器物，它的使用和鼎不同之处是以偶数组合。据记载，天子用八簋，诸侯六簋，大夫四簋，士二簋。传世的青铜簋，也以偶数为多。河南三门峡上村岭西周晚期至春秋早期的墓葬中，随葬的青铜簋有六器、四器和二器之别，与记载的情况相符。这些都是饮食上的等级差别的明证。

周代减少酒器的铸造，并不是要禁绝饮酒，不过是要有节制而已。西周中晚期的青铜酒器主要是壶和盉。一组青铜饮食器中，通常要配一对方壶或圆壶。盉是调酒味的器，主要是盛水调和酒的浓度。但是，终周一代，青铜酒器的铸造从未达到商代的程度。

值得注意的是，在周代青铜鼎上，常装饰有一种名为饕餮的纹饰。它们是一些被夸张了的或幻想中的动物头部的正面形象。这种纹饰，是宋朝人根据《吕氏春秋》一书而定名为饕餮纹的。《吕氏春秋·先识览》说："周鼎著饕餮，有首无身，食人未咽，害及其身，以言报更也。"《左传·文公十八年》亦曰："缙云氏有不才子，贪于饮食，冒于货贿，……谓之饕餮。"这些古代神话传说都说明饕餮是非常贪吃的。周人在青铜饮食器上装饰饕餮纹是有深意的，它主要是告诫人们不可贪于饮食，贪吃必将害己，因此，我们认为，饕餮纹实际上反映了周人提倡饮食节俭的思想。

商、西周青铜饮食器上的纹饰内容，绝大多数都与当时人类的生活极为密切，有些是人们常吃的动物，如鱼、蛙、龟、羊、牛、鸟等。到了东周，青铜饮食器的纹饰上描写现实生活的题材出现了。藏于四川省博物馆的战国早期出土的宴乐攻战纹壶就是如此，壶上绘有宴乐、采集、狩猎等场面，形象地表现了当时贵族们的生活情景和饮食状况。

商、周青铜器在一定程度上反映了中国历史和文化的发展进程，以及当时社会生活的部分面貌，是研究商、周饮食的物质证据。

第二节 甲骨文、金文中的饮食文献资料

俗语说：巧妇难为无米之炊。研究饮食生活，主要的还是依靠有文字记录的饮食史料，正像生米之于熟饭。不占有充分的史料，谁也不可能写出有价值的著作。

甲骨文是目前所知我国最早而且有系统的书写文字之一，其已经具备构字法则（传统所谓"六书"）、句型文法。在甲骨文之前，中国文字已经历了一段很长时间的发展。当时商代的文字资料，主要有陶文、玉石文、甲骨文和金文，而以晚商的甲骨文为最多。

目前所发现的甲骨大约有15万片，刻有4500多个单字。这些甲骨文所记载的内容极为丰富，涉及到商代社会生活的诸多方面，不仅包括政治、军事、文化、社会习俗等内容，而且涉及当时天

龟腹甲卜辞　丙 69

文、历法、气象、地理、方国、世系、家族、人物、职官、征伐、刑狱、农业、畜牧、田猎、交通、宗教、祭祀、疾病、生育、灾祸等，是研究中国商代社会历史、文化、语言文字的极其珍贵的第一手资料。

甲骨文中有关商代社会生产的内容很丰富。在农业方面，甲骨文记载了黍、稷、麦、耒、稻等不同的农作物的名称，同时还记载了风雨、降水对农业收成的影响。在畜牧业方面，记载了马、牛、羊、鸡、犬等各种动物的名称，且根据甲骨文记载，可以了解到当时这些动物的畜养量较大，并有专门牢厩，贵族们祭祀时常杀掉大批牛羊。不仅如此，甲骨文还记载了鹿、麋、豕、象、虎、狐等各种猎物的狩猎及食用方法等。

商代农业生产已经成为重要生产部门，因此，甲骨文中有许多是否“受年”的卜辞。如：“乙丑卜，韦贞，我受年。”“丙子卜，韦贞，我受年。”　“甲子卜，来岁受年，来岁不其受年，八月。”“贞，商受其年，三月。”“南土受年。”卜问“受年”，即是卜问谷物年成可好，是否获得丰收。卜问“受黍年”，即是卜问黍的年成如何。还有卜问是否“有雨”的卜辞，天气晴雨对农业亦有极大的关系，当然也是出行的重要条件。殷商统治者如此关心庄稼的收成说明农业生产在社会生活中的重要地位。

甲骨文中的田字，是当时在大块土地上整治成的，有比较好的排水系统的规则的熟田的直接反映，表明了商人在土地的整治、管理方面已有较好的规划。

商代以黍稷为主要农作物。但卜辞中记载的农作物有黍、稷、粟、麦、稻等多种作物名称，这与当时的情况是相符的，例如一般情况认为，水稻的种植在中国的南方，但在郑州白家庄商代遗址中，就曾发现有稻壳的痕迹，似为外地贡品。

至于家畜，马、牛、羊、豕、鸡、犬等“六畜”已经普遍地饲养，在商王朝中还有专职宰、臣管理牲畜的放牧。商代贵族祭祀时牛、羊等家畜的大量使用，说明当时畜牧业的发达以及在社会经济生活里的重要地位。马作为贵族不可或缺的交通工具和车兵不可分割的组成部分，受到贵族的重视。

在商代考古发掘的遗存中，羊的发现逐渐多了起来，仅次于猪、牛。对于在北方草原地区居住的人民来说，肉食来源主要是羊。历代供祭祀的牺牲也都少不了羊，在商代甲骨文中用羊作牺牲的记载就非常多，如“三百羊，用于丁”等。

金文是指铸刻在殷周青铜器上的铭文，也叫“钟鼎文”。所谓青铜，就是铜和锡的合金。中国在夏代就已进入青铜时代，铜的冶炼和铜器的制造十分发达。商周更是青铜器的时代，青铜器的礼器以鼎为代表，乐器以钟为代表，“钟鼎”是青铜器的代名词。因为在周以前铜也叫金，所以铜器上的铭文就叫作“金文”或“吉金文字”；又因为这类铜器以钟鼎上的字数最多，所以过去又叫作“钟鼎文”。

金文应用的年代，上自商代的早期，下至秦灭六国，约1200多年。金文的字数，据容庚《金文编》记载，共计3722个，其中可以识别的字有2420个。

铜器上的铭文，字数多少不等。所记内容也很不相同。金文的

毛公鼎（西周晚期，现藏台北故宫博物院）

内容是关于当时祀典、诏书、征战、围猎、生活等活动或事件的记录，都反映了当时的社会生活。这些铭文弥补了传世文献的不足，具有“书史”性质，如著名的毛公鼎有497个字，记事涉及面很宽，反映了当时的社会面貌。

作为西周青铜器中赫赫有名的重器之一，毛公鼎作于西周晚期的宣王时期。内壁铸有多达497字的长篇铭文，是最长的钟鼎铭文。其笔法圆润，结构匀称准确，线条遒劲稳健，布局妥帖，充满了理性色彩，显示出金文已发展到十分成熟的境地。为西周晚期金文最具代表性的作品，同时也为今天我们研究金文提供了不可多得的史料。例如，手抓食物进食是原始时代遗留下来的传统，商周时期仍有沿袭。商周青铜铭文中的“飨”字便写作[illegible]，像两人正伸手抓取盘中食①。这种象形抓食的青铜铭文，在《金文编》中也不乏例证。

---

① 陕西省考古研究所、陕西省博物馆、陕西省文物管理委员会编：《陕西出土商周青铜器》（一），文物出版社1979年版，图版八八，图版说明第13～14页。

第三节 先秦经典中的饮食文献资料

一、《诗经》

《诗经》是中国第一部诗歌总集，共收录了产生于自西周初年至春秋中叶大约五百多年间的诗歌305篇。《诗经》分为风、雅、颂三个部分，其作者群的成分很复杂，产生的地域也很广。除周王朝乐官制作的乐歌，以及公卿、列士进献的乐歌外，还有许多原来流传于民间的歌谣。

《诗经》中与饮食烹饪有联系的篇章比较多。正如清人姚际恒在《诗经通论》中所述：《诗经》中“又有似采桑图、田家乐图、食谱、谷谱、酒经，一诗之中，无不具备。”概而言之，《诗经》和饮食有关的内容表现在以下几点上：

(一) 饮食原料

在“五谷”说出现以前，也有“百谷”之说，如《诗经·豳风·七月》中的“其始播百谷”，《诗经·小雅·大田》和《诗经·周颂·噫嘻》的“播厥百谷”，《诗经·小雅·信南山》中的“生我百谷”。《诗经》中出现的谷物品种就有十多种，而从百谷到五谷，是不是粮食作物的种类减少了呢？不是的，据晋代杨泉《物理论》中的解释，百谷是包括除谷物之外，还有蔬菜、果品等多种农作物。另外，先秦时的人们习惯把一种作物的几个不同品种一个个起上一个专名，这样列举起来就多了。而且，这里的百谷也并非实指，而言其多。张舜徽先生指出：“古人举数以名谷，时愈早所赅愈广。良以太古始事耕稼，未知谷类孰为美恶，故必广种遍播以验其高下。经历多时，别择乃精，所留之种由多而少，自百谷而九谷，而六谷，最后定为五谷。”①

今天我们日常吃的蔬菜，约有160多种；每种之中，又各有许多不同品种。比世界上任何国家的蔬菜品种都要多。这是我们祖先

---

① 张舜徽：《说文解字约注》，“谷”字注，中州书画社1983年版。

光緒丙午刊于衡陽之東州兆奎謹署

周南關雎毛詩詁訓傳第一 國風一 詩卷一

鄭氏箋 王氏補箋

關雎后妃之德也

風之始也

《诗经》书影

在长期种菜工作中不断改进向前发展的结果，也是留给后世的宝贵的生活遗产。在比较常见的100多种蔬菜中，我国原产和从国外引入的大约各占一半。而我国原产的蔬菜，最早和最多的记载见于《诗经》的，就有葵、韭、葑、荷、芹、薇等10多种。

（二）饮宴活动

《诗经》中写到酒及宴会的场面比较多，其中有40多篇提到酒或直接描写酒。《豳风·七月》《小雅·鹿鸣》《大雅·韩奕》《大雅·行苇》《小雅·吉日》等多篇均有涉及。如《大雅·韩奕》中这样写道：“韩侯出祖，出宿于屠。显父饯之，清酒百壶。其肴维何，炰鳖鲜鱼。其蔌维何，维笋及蒲。”从中，我们已经可以看出当时宴会的一些格局了。

西周贵族们行“燕射礼”的场面，在《诗经》中也有一些描写，其中，最形象、精彩的要数《诗经·小雅·宾之初筵》了。

（三）加工方法

西周时，舂谷比商代有所普及，据《诗经·大雅·生民》记载，当时人们为了祭祀和庆贺节日，常在一起，“或舂或揄，或簸或蹂，释之叟叟，蒸之浮浮”。这首诗描写的场景为有的人在舂米，有的在扬弃糠皮，有的在淘米，然后把米做成饭。从侧面也反映了一般平民已开始注重饮食的细化了。

《诗经》提到烹饪方法的有“炰鳖脍鲤（《小雅·六月》），“有兔斯首，炮之燔之……有兔斯首，燔之炙之”（《小雅·瓠叶》），“谁能烹鱼，溉之釜鬵”（《桧风·匪风》），“释之叟叟，烝之浮浮”（《大雅·生民》）等句。其中，除“烝之浮浮”是描绘的蒸饭情景外，其他的炰脍、燔、炙、炮、烹均是做菜方法。极有参考价值。

（四）祭祀饮食

《诗经》中描写祭祀的篇章较多，祭祀作为早期的宗教仪式，总是同人类的某种祈求心理分不开的，而这种祈求又是以奉献饮食的形式反映出来。《诗经·小雅·楚茨》云：“苾芬孝祀，神嗜饮食，卜尔百福，如几如式。”这几句诗用现代诗韵翻译出来就是：“肴馔芳香先祖享，丰美饮食神灵尝。赐你百福作报应，祭祀及时又标准。”总之，中国古代的祭祀活动，都离不开饮食，无论是大祭或薄祭，都是以最好的食物侍之。

《颂》诗主要是《周颂》，是周王室的宗庙祭祀诗，产生于西周初期。如《周颂·丰年》：“丰年多黍多稌，亦有高廪，万亿及秭；为酒为醴，烝畀祖妣，以洽百礼，降福孔皆。”再如《周颂·潜》：“猗与漆沮，潜有多鱼。有鳣有鲔，鲦鲿鰋鲤。以享以祀，以介景福。”前一篇写的是以酒祭祖，后一篇写的是以鱼品祭祖，从中反映了当时的饮食风习以及周民族以农业立国的社会特征和西周初期农业生产的情况。

二、《周礼》

《周礼》中与饮食有关的内容，主要见于《天官冢宰》中的“膳夫”“庖人”“内饔”“外饔”“亨人”“甸师”“兽人”“䱷人”“鳖人”“腊人”等条；以及《天官冢宰下》中的“食医”“疾医”“酒正”“凌人”“笾人”“醢人”“醯人”“盐人”等条。在这些章节中，记述了周王室的饮宴制度，宫廷名馔的主要品种，以及调料、饮料、动植物原料的使用情况。此外，还记载了宫廷御医运用“食疗”治病的情况，具有较高的史料价值。

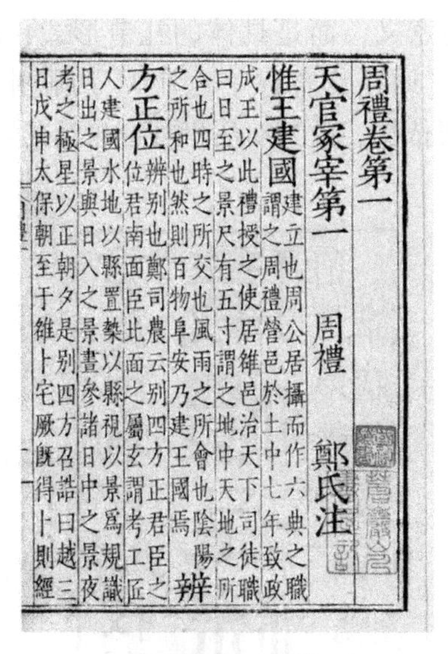
周禮卷第一
天官冢宰第一　周禮　鄭氏注
惟王建國建立也周公居攝而作六典之職謂之周禮營邑於土中七年致政成王以此禮授之使居雒邑治天下司徒職曰日至之景尺有五寸謂之地中天地之所合也四時之所交也風雨之所會也陰陽之所和也然則百物阜安乃建王國焉辨方正位辨別也鄭司農云別四方正君臣之位君南面臣北面之屬玄謂考工匠人建國水地以縣置槷以縣視以景爲規識日出之景與日入之景晝參諸日中之景夜考之極星以正朝夕是別四方召誥曰越三日戊申太保朝至于雒卜宅厥既得卜則經

《周礼疏》书影

我国早期社会中使用的酒的品类，在《周礼·天官·酒正》中有“五齐三酒”之说，即“辨五齐之名，一曰泛齐，二曰醴齐，三曰盎齐，四曰缇齐，五曰沈齐。辨三酒之物，一曰事酒，二曰昔酒，三曰清酒。”这些酒是什么样的东西呢？郑玄对此解释是：“泛者成而滓浮泛泛然，如今宜成醪矣。醴犹体也，成而汁滓相将，如今甜酒矣。盎犹翁也，成而翁翁然葱白色，如今酇白矣。缇者成而红赤，如今下酒矣。沈者成而滓沈，如今造清矣。自醴以上尤浊；缩酌者，盎以下差清；其象类则然。古之法式，未可尽闻。”生于东汉末年的郑玄尚且不清楚这“五齐三酒”的酿造方法和具体形状，到今天就更无从详考了，《周礼》“酒正”中提到的这些酿酒方法现已成为中国酿酒史的重要资料。

三、《仪礼》

《仪礼》是记载中国古代典礼仪节的书。汉代人认为该书所载是士所必习的礼节，称为《士礼》，又叫《礼经》。晋代人认为是书所讲的并非礼的意义，而是具体的礼节形式，故改称之为《仪礼》，与《礼记》《周礼》合称“三礼”。历朝礼典的制定，大多以《仪礼》为重要依据，故其对后世社会生活的影响至深。

《仪礼》书影

今本《仪礼》通行十七篇，依次是：《士冠礼》《士婚礼》《士相见礼》《乡饮酒礼》《乡射礼》《燕礼》《大射》《聘礼》《公食大夫礼》《觐礼》《丧服》《士丧礼》《既夕》《士虞礼》《特牲馈食礼》《少牢馈食礼》《有司彻》。主要记载了国君、诸侯、大夫等的活动，以及饮食服饰、婚丧嫁娶、祭祀的礼节。《仪礼》中与饮食有关的内容主要见于其第四篇《乡饮酒礼》、第六篇《燕礼》、第九篇《公食大夫礼》、第十五篇《特性馈食礼》、第十六篇《少牢馈食礼》、第十七篇《有司彻》。

宴席在西周时就已具雏形，是菜品的组合艺术，具有聚餐式、规格化、社交性的特征。所谓聚餐式，是指多人围坐畅谈，愉情悦志，飞觞醉目的一种进餐方式；所谓规格化，是指宴席庖制精细，肴馔配套，餐具漂亮，礼节有秩；所谓社交性，是指通过饮宴来加深彼此了解，敦睦亲谊。西周时期的王公宴席，基本上具有了以上这几种特征。这时，王公宴席的各种饮食礼节也已经十分完善，《仪礼》中记载了许多不同种类宴筵的礼仪，后世许多重要的食礼，多可以在这些礼中寻找到渊源，可见其影响久远。

四、《礼记》

《礼记》全书共四十九篇，包括《曲礼》《檀弓》《王制》《月令》《礼运》《学记》《乐记》《中庸》《大学》等，主要是对礼制、礼仪的记载和论述，其中涉及秦汉以前的社会组织、生活习俗、道德规范、文物制度等情况，反映了儒家的政治、哲学、伦理思想。

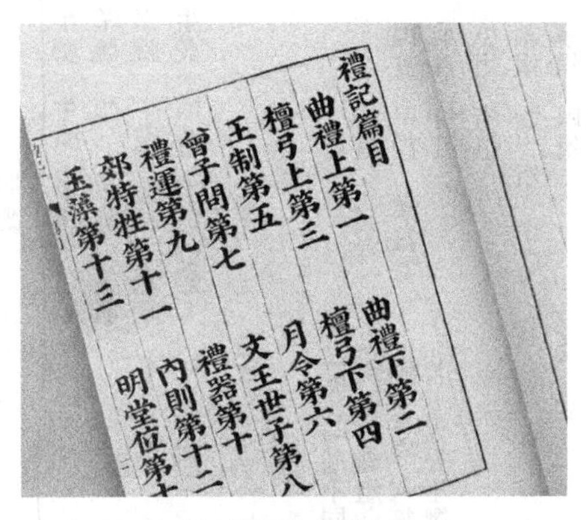
禮記篇目
曲禮上第一　曲禮下第二
檀弓上第三　檀弓下第四
王制第五　月令第六
曾子問第七　文王世子第八
禮運第九　禮器第十
郊特牲第十一　內則第十二
玉藻第十三　明堂位第十

《礼记》书影

礼是由传统和习俗形成的行为规范。从人类早期的生活实际以及儒家经典《礼记》中的有关论述来看，最早的礼仪，可以从原始人们的饮食行为中找出一些线索来。

《礼记·礼运》云：“夫礼之初，始诸饮食。其燔黍捭豚，污尊而抔饮，蒉桴而土鼓，犹若可以致其敬于鬼神。”这就是说，礼最初产生于人们的饮食活动。中国先民把黍米放在火上烧熟，把小猪放在火上烤熟，在地上挖个坑当作酒壶，用双手当酒杯捧着水来喝，用草扎成的槌子敲打地面当作鼓乐，好像用这种简陋的生活方式便可以向鬼神表示敬意，从而得到神的庇护和赐福。这样，最原始的祭礼也就由此产生了。

《礼记》中与饮食有关的内容，主要见诸《曲礼》《王制》《礼运》《礼器》《效特牲》《内则》《玉藻》《少仪》《月令》等篇。涉及饮食的起源，古代饮宴制度，“八珍”等肴馔的制法，以及选料、配食、调味方法等。是研究古代饮食的重要资料。

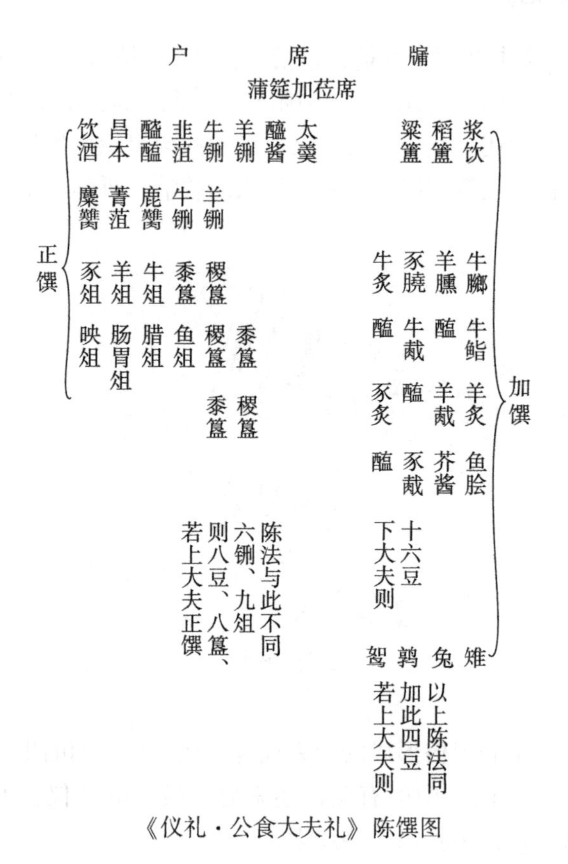

《仪礼·公食大夫礼》陈馔图

五、《论语》

《论语》是儒家学派的经典著作之一，它不仅记录了孔子的思想，也记录了孔子日常饮食等生活的细事。

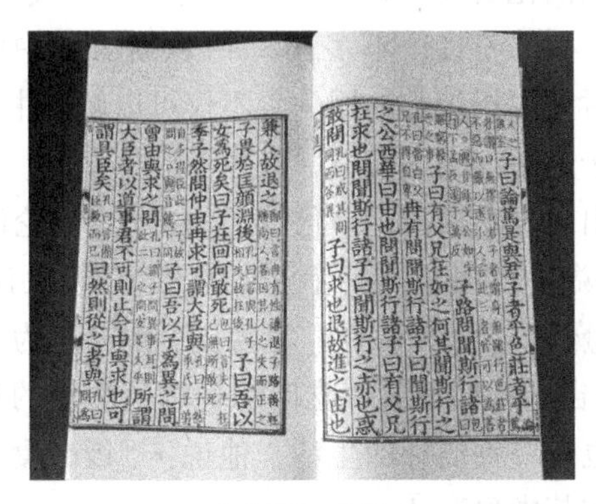

《论语》书影

孔子对饮食十分重视，他认为，一个国家中人民的饮食比一个国家的军队还重要，《论语·颜渊》记载：子贡问政，子曰：“足食、足兵、民信之矣。”子贡曰：“必不得已而去，于斯三者何先?”曰：“去兵。”孔子是儒家的创始人，是古代影响最大的思想家，他的这些关于重视饮食的思想，在中国饮食文化思想史上也起着奠基的作用。

春秋战国时期，由于社会的进步，人们更为注重饮食，认识到凡是食物变了味、变了色以后，都是不宜吃的，吃了就容易生病。所以孔子说：“食饐而餲，鱼馁而肉败，不食。色恶，不食。臭恶，不食。失饪，不食。”①

孔子认为粮食霉烂发臭，鱼和肉腐烂变质，食物颜色难看，气味难闻，或是烹饪不当，即过熟或不熟，都不能吃。这并不只是孔子的个人看法，而是代表了我们祖先早就形成的讲究饮食卫生的优良传统。而且，孔子所说的一些变质变味的食物不能吃，是具有一定科学根据的，是中国古代人民科学饮食的经验总结。

孔子还提倡“食不言”②，认为吃饭时不要说话，话说得过

① 《论语·乡党》，十三经注疏本，中华书局1982年版。

② 《论语·乡党》，十三经注疏本，中华书局1982年版。

多，不但会影响消化功能，还有可能使食物进入气管，影响进食。孔子还说过："不撤姜食，不多食。"① 认为菜肴中的姜，人们用来调味，但吃时不要扔掉它。因为姜不仅可以解肉中的腥味，而且能促进消化，于老年人更为有益，但也不应该多吃。

孔子还提出了少吃酒肉、节俭饮食的主张，《论语》上记载孔子平日的生活说："肉虽多，不使胜食气。"② 又说："不为酒困。"③ 宋代朱熹的《论语集注》释为："食以谷为主，故不以肉胜食气。"就是告诫人们不要使吃肉的量超过吃饭的量。孔子自己平日所追求的也是一种简朴的生活，他说："饭疏食，饮水，曲肱而枕之，乐亦在其中矣"。④

孔子的饮食生活还以先贤为榜样，将腌菜当作美味来吃，孔子听说周文王爱吃菖蒲菹（用菖蒲腌制的咸酸菜），也效法之，但其味难食，孔子就皱着眉头吃，三年以后才习惯菖蒲菹的怪味，所以《吕氏春秋·遇合》云："文王嗜菖蒲菹，孔子闻而服之，缩頞而食之三年。"

由此可见，孔子的饮食生活是十分科学的，他既注重饮食的礼仪，又讲究饮食的卫生以及饮食的节俭，所以孔子的饮食理论同他的政治主张一样著名，他把礼教思想与饮食实践融汇一体，其中许多做法直到今天还有一定的影响。

六、《孟子》

《孟子》是记载孟子及其学生言行的一部书。《孟子》中直接论述饮食烹饪的文字并不多。但是，散见于各篇的文字也有一些。其中，最著名的是《告子章句上》中的一段话："口之于味，有同嗜也。易牙先得我口之所嗜者也。如使口之于味也，其性与人殊，若犬马之与我不同类也，则天下何嗜皆从易牙之于味也？至于味，

---

① 《论语·乡党》，十三经注疏本，中华书局1982年版。
② 《论语·乡党》，十三经注疏本，中华书局1982年版。
③ 《论语·子罕》，十三经注疏本，中华书局1982年版。
④ 《论语·述而》，十三经注疏本，中华书局1982年版。

天下期于易牙，是天下之口相似也。”孟子的意思是说，口对于味道，有相同的嗜好。易牙很早就得到这一嗜好。如果口对于味道，人人不同，而且像狗马和我们人类本质上的不相同一样，那么，凭什么天下的人都追随着易牙的口味呢？一讲到口味，天下都期望做到像易牙那样，这说明天下人的味觉大体相同。《孟子》把视觉、听觉、味觉并列，指出三者均有美的要求，这是相当独到的见解。

《孟子》中还记述了一件事，孔子的弟子曾皙喜欢吃羊枣，因而曾参就不忍吃羊枣，公孙丑就向孟子问道："脍炙与羊枣孰美？"孟子曰："脍炙哉！"公孙丑曰："然则曾子何为食脍炙而不食羊枣？"曰："脍炙所同也，羊枣所独也。讳名不讳姓，姓所同也，名所独也。"① 孟子认为：炒肉末是大家都喜欢吃的，羊枣只是个别人喜欢吃。犹之如父母之名应该避讳，姓却不避讳，因为姓是大家相同的，名却是他独自一个人的。孟子的话道出了味觉的真谛，这就是人们对适口的食物，其感觉是差不多的，这说明中国先民在重视饮食的前提下，十分重视食物的适口，以适口为美，认为凡馔食之适口者皆为上品。

七、《吕氏春秋》

《吕氏春秋》是战国末秦相吕不韦集合门客共同编写的杂家代表著作。原书分十二纪、六论、八览，又有序意一篇，附于《十二月纪》之末，后人亦称《吕氏春秋》为《吕览》《吕纪》《吕论》。《吕氏春秋》中和烹饪关系密切的主要是《本味》篇。

《吕氏春秋·本味》的重要性，首先在于塑造了伊尹这个庖人出身的"鼎鼐之才"的政治家的形象。我国烹饪技艺的发展是和无数厨师的辛勤劳动分不开的。而在古代，厨师地位低下，备受歧视，往往名不见经传。在这种情况下，《本味篇》中出现伊尹这一个形象是很有意义的。《吕氏春秋·本味篇》记载，汤在第一次会见伊尹时，伊尹就为汤说美味，认为为政之道就像厨师调味一样，应懂得如何调配酸、甜、苦、辣、咸五味，这就要先必须谙悉各人

---

① 《孟子·尽心下》，十三经注疏本，中华书局1982年版。

的口味，才能从各人的需要出发，满足各人的嗜好。伊尹说："非先为天子，不可得而具，天子不可强为，必先知道。道在上彼在己，己成而天子成，天子成则至味具。"这就是世传伊尹以割烹要汤的著名说词，它不仅反映了这一时期人们对饮食的重视，还注意到各地的风味食品，这正好说明美味食品是"口之于味，有同嗜焉"。

《吕氏春秋·本味》的重要性，其次表现在保留了古代的烹饪理论，具有较强的实用性。例如关于调味的一段论述十分精当："调和之事，必以甘、酸、苦、辛、咸，先后多少，其齐甚微，皆有自起。鼎中之变，精妙微纤，口弗能言，志弗能喻。若射御之微，阴阳之化，四时之数。故久而不弊，熟而不烂，甘而不哝，酸而不酷，咸而不减，辛而不烈，淡而不薄，肥而不腠。"这里强调了五味调和及准确掌握放调料次序、用量的重要。只有做到这几点，才能使菜肴制作得久而不败，熟而不烂，甜而不过头，酸而不强烈，咸而不涩嘴，辛而不过度，淡而不寡味，肥而不腻。

《吕氏春秋·本味》的重要性，还表现在记载了战国及其以前很长一段时期的佳肴美馔和各地特产。文中是分肉、鱼、菜（蔬菜）、饭（谷物）、水、果和调料七类记述的。就其地理范围，南至南海、越骆，东至东海，西至昆仑，北至冀州、大夏，把如此大的范围中的著名物产都提到了。就其具体品种，有猩唇、獾炙、旄牛或大象的筋、凤凰的卵、洞庭湖的鱄、东海的鲕鱼子、醴水的朱鳖鱼、昆仑山的苹草、寿木的果实、阳华山的芸菜、云梦泽的芹菜、太湖流域的韭花、阳朴的姜、招摇的桂、越骆的菌、鳣鱼的酱、大夏的盐、玄山的禾麦、不周山的小米、阳山的黄黍、南海的黑米等，这数十种菜肴和原料中，固然少数有神奇色彩，但其中大多数却应是有生活依据的。

《吕氏春秋·本味》中提到美的东西，都是指优质食物，如"饭之美者""肉之美者""菜之美者""果之美者"等，可见古代美的本义，是指饮食中的色味鲜美。现代生理心理学证明，美感与快感一样，有生理心理作为基础。美的东西不仅给人以生理上的舒适，甚至关系到人的身体健康。中国饮食之所以成为一种举世称誉的文化艺术，就是因为它在色、香、味、形上能够给人以美的享受。

综上所述，可以看出，《吕氏春秋·本味》是对战国及其以前社会生活的反映，是我国现存的最古的论及饮食烹饪的著作之一。

第七章

汉代饮食文化

汉代是我国封建社会初步发展的时期。西汉前期，由于实行了一系列“休养生息”的政策，封建经济迅速发展起来。到汉武帝时，又进一步采取了一些政治和经济的措施，使中国封建社会进入了第一个鼎盛时期。在此后长达四百余年的漫长岁月里，中国封建社会的政治、经济、文化逐渐呈现出一种积极向上的发展态势，在此基础上形成的饮食文化更是一幅丰富多彩的图景：这一时期我国确立了三餐制；烹饪技艺有了较大发展；饮食礼俗日趋完善；人们开始饮茶；酒类品种也有增加；豆制品日益普及；特别是与域外的饮食文化交流，胡食的大量传入，给中国饮食文化注入了一股清新的味觉。凡此种种，充分说明汉代饮食文化在中国饮食文化史上占有特别重要的地位。

汉代饮食文化获得巨大发展是有着深刻的社会原因和经济根源的。首先，汉代农业生产的迅速发展，为汉代饮食文化的发展提供了雄厚的物质基础，也是汉代饮食文化发展的前提。经过西汉初年的休养生息之后，农牧业的生产发展到一个新的水平，出现了所谓“池鱼牲畜，有求必给”的景象。在这样一个物质财富十分雄厚的社会，皇帝贵族们对饮食的要求也会更加讲究，无形之中也就带来饮食文化的超前发展。第二，秦汉以来，中国社会发生了极大变化，结束了诸侯割据称雄的局面。这种统一运动，扩大了中国饮食资源的开发，蒙古高原和川滇西部地带繁盛的畜牧业和中原地区高度发展的农业，与北方的小麦和南方的水稻，互通有无，互为补充，而天山南北与岭南的蔬菜和水果汇入京都，又大大丰富了汉代的饮食。第三，汉代饮食文化的发展也是继承和发展先秦时期饮食文化的结果。先秦时期饮食文化就相当发达，其品种之繁多，工艺之精湛，风格之迥异，用料之讲究，都堪称一流，而汉代饮食文化正是在继承这些优秀的传统饮食文化的基础上发展起来的。而两汉时期饮食文化的发展，又为魏晋时期饮食文化的发展奠定了基础。

第一节　面食种类的花色创新

两汉时期的主食仍以五谷为主，其中以麦的地位最高。麦分大麦、小麦等不同品种，由于黄河流域的气候和土壤条件均适宜于种植大麦、小麦，加之这一时期对麦的加工技术有了迅速的提高，所以，麦就成为人们喜食的谷物，逐渐成为人们的主食。

汉代人的面食大约是从宫廷中传开的。《汉书·百官公卿表》中所记载有掌管皇帝后勤的长官少府，其官属有“汤官”。据颜师古注可知，汤官即专司皇帝饼食的官，其所供饮食当以饼为主。不过这种饼并非今日北方人食用的烧饼，而是用汤煮的面食，称之为“汤饼”。它类似于水煮的揪面片，是面条的前身。《御览》引晋人束皙《饼赋》说：“玄冬猛寒，清晨之会，涕冻鼻中，霜凝口外，充虚解战，汤饼为最。”可见这种面食由于汤水滚热，调料亦多辛辣之味，故为严寒季节人们借以充饥御寒的食品。

据《三辅旧事》记载，汉高祖刘邦的父亲刘太公特别喜食家乡的面饼，刘邦便按照家乡的格局，为他建了一个新丰邑，不但街道、房屋一应其旧，就连当地的酒肆、面饼也都照样搬来，许多做饼的人也因此迁往关中。由此可见汉代宫廷与酒肆中的吃饼习俗已经十分盛行。

古代文献记载，汉代面点的品种已相当多，但大体上可分为三大类，即汤饼、蒸饼、胡饼。其中汤饼又可分为煮饼、水溲饼、水引饼三种。

煮饼是将较厚的死面蒸饼掰碎，放入汤中煮后食之，颇像今西北一带流行的羊肉泡馍。《后汉书·梁统列传》说，东汉时的小皇帝质帝刘缵，就曾因说梁冀是“跋扈将军”，梁冀便令左右将毒鸩加进煮饼中，把质帝毒死了。①

水溲饼则是将未发酵的面片投入汤中，煮熟而食，与煮饼相同，因为都用未发酵的死面入汤，故往往坚硬难消化。《初学记》引崔寔《四民月令》说：“五月……距立秋，毋食煮饼及水溲饼。”其注曰：“夏日饮水时，此二饼得水即冷坚不消，不幸便为食作伤寒矣。试以此二饼置水中即见验；唯酒溲之饼入水即烂也。”

水引饼，亦称“汤饼”，也就是在汤水中煮食的面条，即今所谓面条。《四民月令》引范汪《祠制》云：“孟冬祭下水引。”《齐民要术》“水引·馎饦法”条，对它的做法，曾有详细介绍。它是用“细绢筛面，以成调肉臛汁，待冷溲之。水引，挼如箸大，一尺一断，盘中盛水浸。宜以手临铛上，挼令薄如韭叶，遂沸煮”。其作法与今北方人食用的扯面大体相仿。其中以鸡汁做成的汤面条，味道鲜美，质量最好。《御览》引庾阐《恶饼赋序》说：“臛鸡为饼”“然后水引，细如委綖，白如秋练，羹杯半在，才得一咽，十杯之后，颜解体润。”② 对水引饼的形、色、味作了十分形象具体的描绘。

蒸饼不同于汤饼，它是将水注入面粉之中调匀，然后发酵，最后做成饼状蒸熟而成。晋人束皙在《饼赋》中曾对蒸饼的做法、色泽、形状、香味作过如下描述：“火盛汤涌，猛气蒸作，攘衣服，振掌握，仰搦俯搏，面迷离于指端，手萦回而交错，纷纷驳驳，星分雹落。笼无迸肉，饼无流面，姝媮冽敕，薄而不绽，膞味

① （南朝宋）范晔：《后汉书》卷三四《梁翼传》，中华书局 1965 年版，第 1179 页。

② 《太平御览》卷八六〇，中华书局 1985 年版，第 3820 页。

内和，穰色外见，柔如春绵，白若秋练。气勃郁以扬市，香飞散而远遍，行人垂涎于下风，童仆空噍而斜盼。”

汉人已掌握了面食的发酵技术，如《急就篇》的注引颜师古的话说：“溲面而蒸熟之，则为饼。”“溲面”即“发酵之面”。

汉代所食用的蒸饼，做法十分讲究，饼中常包有精美的馅心。汉人崔寔《四民月令》说：“寒食以面为蒸饼，样团、枣附之。”蒸饼在三国时被人们称为馒头，宋人高承说：“诸葛武侯之征孟获，人曰：‘蛮地多邪术，须祷于神，假阴兵以助之。然蛮俗必杀人，以其首祭之，神则飨之，为出兵也。’武侯不从，因杂羊豕之肉而包之以面，像人头以祠，神亦飨也。而为出兵，后人由此为馒头。”① 诸葛亮为东汉末年人，他命军中所做的肉馅包子，被后人称为馒头，这时面食的发酵技术已更加成熟。《齐民要术》中记载当时的发酵方法为用酒发酵法，这十分符合现代科学原理。由于掌握了发酵技术，这时期面食的种类也日益丰富，其品种主要有：白饼、胡饼、面片、包子、髓饼、煎饼、膏饼、饺子、馄饨、馒头等，但多以“饼”称之。所以，刘熙《释名》中说：“饼，并也。溲面使合并也。”饼在不同地区也有不同名称。事实上，刘熙《释名》中关于“蒸饼”的记载，说明汉代时馒头已经出现了。

不过，三国时的馒头与现在的馒头是有区别的。那时的馒头不但夹有牛、羊、猪肉馅，而且个头很大，与人头相似。据文献记载，三国魏晋南北朝时期，人们所做的馒头都是有馅的，且多在三春之际制作。如晋人束皙的《饼赋》中说：“三春之初，阴阳交至，於时宴享，则馒头宜设。”三春之初，人们举行宴会祭享，陈设上包有馅心的馒头，象征着一年的风调雨顺。联想到诸葛亮南征回师，也正是三春之际，魏晋时人们在宴享时设馒头的风尚，似与纪念诸葛亮南征胜利有关。

---

① （宋）汪汲：《事物原会》，江苏广陵古籍刻印社 1989 年版，第 728 页。

面点与节日食俗的结合，也促进了面食的发展，特别是馒头的制作。经过几百年的发展，我国馒头制作水平不断提高，并向中华文明圈区域传播。例如，在元代，林净因于1350年来到日本，定居于奈良，以卖馒头为业。林以其在中国学会之馒头手艺为基础，将肉和菜馅换成适合日本人风味的小豆馅，并在馒头上描一粉红色之林字，广为制作销售，深受好评，是为日本馒头之始。当时的后村上天皇也很爱吃这种馒头，并召林至宫中，赐以宫女为妻。结婚时，林又曾制馒头，广为赠送宾客。由是，这种习俗一直传至今日，人们在婚嫁喜庆时，仍有赠送馒头的风习。而林氏一族也便以制作馒头为传世家业，其所居之地，被称为“馒头屋”，并成为当地的名胜古迹。

据日本盐懒始祖林净因碑记载，林的子孙亦人才辈出，其孙林绍曾回中国学习点心的制法，返回日本后，移居京都，生意十分兴隆。到17世纪中叶，还由后水尾院赐以“盐懒山城大椽”的官号。日本人民为了表示对林净因的缅怀与崇敬，还在奈良建了一座林神社，每年4月19日，食品界人士便前往奈良林神社举行朝拜，600多年来，从未间断，因而有了馒头节。

汉代所食的胡饼，其制作方法是由西域传入中原的，故名胡饼，现在人们称之为烧饼。汉代随着丝绸之路开辟，西域胡人不断内迁。一些对东方社会信息不灵通的月氏人、康居人、安息人，陆续移居中国境内，掀起了前所未有的移民高潮。随着移民的内迁，西域的生活习俗诸如食胡饼之俗就传入中土，引起汉人的注目和仿效。《御览》引《续汉书》说：“汉灵帝好胡饼，京师皆食胡饼。”胡饼与蒸饼不同之处在于，它采用的是炉烤而不是笼蒸的方法，这样，吃起来就香脆可口，别有滋味。

第二节 肉食品进一步增多

汉代肉食仍以六畜为主，但野生动物和珍贵鱼类的食用进一步增多。正如《盐铁论》中所说：“今闾巷县陌，阡陌屠沽，无故烹杀，相聚野外。”① 节庆之日，富者“椎牛击鼓”，中者“屠羊杀狗”，贫者也“鸡豕五芳”。另据长沙马王堆汉墓出土的两卷随葬物清册所载，当时贵族们食用的肉食品很广，不仅有常见的牛、羊、猪、狗、鸡肉和鲤、鲫等鱼类，而且还有珍贵动物肉和珍贵鱼类，如天鹅、鹤、火斑鸡，以及银锢、鳜等，可以说天上、地下、水中的动物，无所不包，无所不有，此外还有各种蔬菜和果饼。

汉代贵族们对食用肉十分讲究，如食猪肉，其原则是选幼不选壮，选壮不选老，特别喜欢食用小乳猪。从长沙马王堆汉墓出土的肉食标本分析，当时以食用出生两个月至半年的小猪肉为最多。

汉代贵族对食用牛肉也十分讲究，1960 年至 1961 年，在河南密县打虎亭一号墓中发现的汉代画像石，其东耳室东壁上的庖厨图上，刻画有肉架两副，架上悬挂着肉食，架下置牛头、牛腿各一。另外，上刻一煮肉大鼎，鼎裆烈火熊熊，旁边一人以棍伸入鼎内作搅肉状。下面刻着带架方井，有汲水、取水、煮肉、执盘、淘洗等各种烹饪工序上从事劳动的人物形象。从这幅庖厨图看，他们正在为贵族们烹制牛肉。由此，我们不仅可以看到秦汉时期烹饪技艺的高度发展，而且厨师分工也十分精细。

正是由于肉食品种的增多，汉代时主管宫廷饮食的分工也日益明确、细致。这种分工主要体现在红、白案的分工上，如《汉代百官公卿表》上可以看到，少府中设有太官令、汤官令、庖人长等，他们的职掌据颜师古注说，太官主掌宫廷膳食，汤官主掌宫廷饼饵，导官主管宫廷择米，庖人主掌为宫廷宰割牲畜。这从官职上进一步明确了分工。

另外，山东省博物馆现在还陈列着两个栩栩如生的汉代厨夫俑。一个是做饼的厨夫俑，另一个是一个治鱼的厨夫俑，高 34 厘米，二俑陈列在一起。按当今厨师分工来说，治鱼厨夫应是红案厨师，另一个应是白案厨师。他俩头戴工作帽，把头发罩得严严的，身穿左掩犊鼻裈，腰系束带，衣袖高挽，是汉代厨师的典型装束。

---

① （汉）桓宽撰，郭沫若校订：《盐铁论》，科学出版社 1957 年版，第 60 页。

厨师分工的日益精细，反映了两汉时期饮食日益规范化，也是这一时期肉食品种的增多，并需要有专精一技之长的厨师的具体表现。

第三节 豆制品种日益丰富

汉代饮食结构中另一个重大进步就是豆制品日益丰富。大豆在先秦时，是五谷之一，主要是作粮食用的。到汉代，由于石磨的普及，人们已将大豆做成了豆豉、豆酱、豆腐等副食。

汉代以前，人们饮食中的调味品主要是用盐梅，而没有豆豉。《左传·昭公二十年》中说："水火醯醢盐梅，以烹鱼肉。"孔颖达《正义》说："古人调鼎用梅醢。此说和羹而不言豉，古人未有豉也。《礼记·内则》《楚辞·招魂》备论饮食，而言不及豉。史游《急就篇》乃有'芜荑盐豉'，盖秦汉以来始为之耳。"① 这种推断是正确的。20 世纪 70 年代初年，在长沙马王堆汉墓中出土的大量豆豉和豆酱，生动地反映出汉代贵族已普遍食用这些豆制品的事实。(图 2)

汉代时除已发明用豆与盐等原料配合制成豆豉、酱油的方法以外，还能用提炼的方法，将大豆所含蛋白质全部提出，使之凝结为豆腐，成为人们日常膳食中的主要营养品。那么，豆腐是谁发明的呢?

河南新密打虎亭汉墓中的豆腐制作石刻像是目前发现的最早证明豆腐出现的证据，也就是说豆腐的发明最迟在东汉时期。制作豆腐的石刻画像位于西墓东耳室南壁的下部，画面的东部雕刻有一个高大的陶缸，隐约可以看到缸内泡有黄豆。缸旁站着两个头戴平顶帽、身穿长衣的人，其中一人手拿一长柄勺，另一人双手按住缸沿低头向缸内看，仿佛是在看缸内黄豆的膨胀情况。缸的右边是一个圆形的石磨，磨旁站着一人，他一手转动带有拐柄的小磨，一手拿

---

① (唐) 孔颖达:《春秋左传注疏》卷四九"昭公二十年"，文渊阁《四库全书》第 144 册，第 434 页。

着一瓢状物向小石磨顶部添加泡好的黄豆，把黄豆磨制成浆。在紧挨小磨的地方也放着一口大缸，缸上盖着木板，缸周围站着三个人，其中一人似乎在用细布把磨出的豆浆进行过滤，另一人把过滤后剩余的豆渣再用布包起来，然后在木板上进行挤压，使没被过滤出的豆浆全部挤压出来，还有一人站在缸旁指点，想必这位是豆腐作坊的老板或师傅。在画面的西部雕刻有压制豆腐的画像：一个长方形的几案上，放置着一个方形的大木箱，木箱内存放的应该是已经加入了凝固剂的豆腐，箱盖上有一长木棍，木棍的一端固定在箱体上，另一端挂有一个圆形的石锤，向下锤压。箱旁的地上放有一个陶罐，箱中从豆腐内挤压出的水顺着箱底的一个小孔流入罐内。①

据说，豆腐的发明与淮南王刘安有关，《天禄识余》说："豆腐，淮南王刘安造，又名黎祁。"淮南王刘安系汉高祖刘邦的孙子，汉武帝刘彻的叔叔。刘安曾招致宾客方术之士数千人帮助他炼制长生药物，这时的炼丹术除了讲究烧丹炼汞的技术之外，还要求对植物、动物性药物有一定的研究。同时，西汉时期我国已出现了圆形两扇石磨，可以将大豆磨成豆浆，同时，食盐也被广泛食用。所以，后世人们说到豆腐的发明与刘安有关，还是有一定道理的。

关于豆腐的起源，著名文献学家张舜徽先生曾作过考证，他说："我们推想，这种发明绝不是当时的统治者刘安一个人闭门潜思所能创造出来的，而必然是远在刘安以前，劳动人民由于经常食豆煮豆，发现有时久煮而浓稠的豆汁可以凝结，于是加投盐卤或石膏少许，使之更快凝固成为豆腐。刘安不过是嗜好豆腐，推行其制造方法的一人罢了。后世乃以豆腐的发明归功于淮南王，这是不符合事实的。(封建社会凡谈到事物发明，往往如此。)"② 这说明，刘安是在淮南人民，乃至当时更大范围内人民制作豆腐的基础上，

① 方殷：《密县打虎亭汉墓的图象是制豆腐》，《农业考古》1999 年第 1 期。

② 张舜徽：《中国古代劳动人民创物志》，华中工学院出版社 1984 年版，第 43 页。

加以总结并推广其制造方法的一个人，因而其在中国豆腐的发展史上还是有一定贡献的。

南宋著名理学家朱熹曾写诗赞颂刘安云："种豆豆苗稀，力竭心已腐。早知淮王术，安坐获帛布。"朱熹还自注说："世传豆腐本为淮南王术。"

明代医学家李时珍在《本草纲目》一书中说得更为确定："豆腐，始于汉淮南王刘安。凡黑豆、黄豆及白豆、泥豆、豌豆、绿豆之类，皆可为之。造法：水浸，硙碎，滤去渣，煎成，以盐卤汁或山矾叶或酸浆、醋淀，就釜收之。又有入缸内，以石膏末收者。大抵得咸、苦、酸、辛之物，皆可收敛尔。其面上凝结者，揭取晾干，名豆腐皮，入馔甚佳也。气味：甘、咸、寒，有小毒。（原曰）性平。（颂曰）寒而动气。（瑞曰）发肾气、疮疥、头风，杏仁可解。（时珍曰）按延寿书云：有人好食豆腐中毒，医不能治。做腐家言：莱服入汤中则腐不成。遂以莱服汤下药而愈。大抵暑月恐有人汗，尤宜慎之。主治：宽中益气，和脾胃，消胀满，下大肠浊气。宁原，清热散血。"①

在究竟是谁发明了豆腐这一问题上，淮南王刘安创造了豆腐的说法似乎更被人们所认可。据说，日本古代豆腐干上也有"淮南堂"字样。淮南王刘安是汉高祖刘邦的孙子，那时候希望自己长生不老是许多人的愿望，淮南王刘安也不例外，在一次炼长生不老丹时，刘安偶尔将石膏点入豆浆之中，经化学变化成了豆腐，豆腐从此问世。古人把豆腐的发明归于刘安，还因为刘安其人谙通烹饪。据史书记载，刘安还著有《淮南王食目》《淮南王食经》《淮南王食经音》等书，但这些书早已失传，后人也无法辨其真伪。

豆腐发明后，深受历代人们的欢迎。后来，人们又在豆腐的制作基础上，制出了豆腐干、腐竹、千张之类，这些都成为了四时皆宜，既普通而又高级的食品，许多菜就是以此为原料制作的。

---

① （明）李时珍：《本草纲目》谷部第25卷，人民卫生出版社2005年版，第1532页。

第四节　烹饪技艺的发展

两汉时期所食菜肴大体上和先秦时期相似，但各类菜肴均有不同程度的发展。如羹品种，仅长沙马王堆一号汉墓出土的遣策上就记有牛、羊、豚、狗、雉、鸡、鹿、凫等制作的羹二十多种。脯的制作技术也有提高，酱的品种也不少，如榆仁酱、肉酱、豆酱、鱼酱等，不一而足。①

汉代还流行一些用新的烹饪方法制作的菜肴，下面择要予以介绍几品。

鱁鮧　传说汉武帝追逐夷民，到达海边，闻到有一种特殊的香气，但在地面上找不到是由什么东西散发出的气味，汉武帝命令侍从到处搜寻，才发现是渔夫在土坑中烹制鱼肠，上面用土覆盖，熟时香气透达土外。大概汉武帝此时肚中已饿，就弄来一点品尝，感觉十分鲜美，便叫御厨学做此菜。后世人们因武帝“逐夷而得此食”，遂命曰鱁鮧。

鱁鮧的制法是：把黄鱼、鲻鱼、鲨鱼的鱼肚，漂洗干净，加盐腌，令脱水收缩，密封在腌咸肉的罐子里，放到太阳下暴晒，夏天晒 20 天，春秋晒 50 天，冬天晒 100 天，才能制好。吃的时候加姜醋。

这是我国最早用鱼肚制作的菜肴。宋人沈括认为，汉武帝时的“鱼肠酱”用的鱼肠，不是石首黄鱼肚，而是乌贼鱼的肠脏——卵巢或精囊。如此说能成立，则我国制作乌鱼蛋这道菜的历史要向前推进二千年，而不是乾隆年间才制作的名菜。

五侯鲭　所谓五侯，即汉成帝母舅王谭、王根、王立、王商、王逢五人，因他们同时封侯，称为五侯。鲭原指为一种鱼，大概是青花鱼或油筒鱼。

据《世说新语》和《西京杂记》等书记载，五侯之间，矛盾

① 陈直：《长沙马王堆一号汉墓的若干问题考述》，《文物》1972 年第 9 期。

很深。楼护常去各家调解，因而博得了五侯的欢心，他们置办珍馐佳肴宴请楼护，楼护便集王氏五家烹饪之长，创制了一款菜肴，其味胜过奇珍异馔，时人谓之“五侯鲭”。

五侯鲭烹制出来以后，深受贵族们喜爱。这道菜是如何烹制的呢？杨慎《异鱼图赞》中说：“江有青鱼，其色正青，泔以为酢，曰‘五侯鲭’。”“泔”一般指米泔，但也有烹和之意。“酢”即古“醋”字。按这种记载，“五侯鲭”的原料是青鱼，烹制时又加上醋。贾思勰《齐民要术》中对五侯鲭的制作方法也作过介绍，即“用食板零揲杂酢、肉，合水煮，如作羹法”。这种方法似可体现出它是“集五家之众长”的佳肴。

后世常称美味佳肴为“五侯鲭”，宋人苏轼曾有这样的诗句：“今君坐致五侯鲭，尽是猩唇与熊白。”

霸王别姬 相传楚汉之战，项羽被刘邦围困在垓下（今安徽省灵璧县南），处于四面楚歌时，其美人虞姬为楚霸王项羽解愁消忧，用甲鱼和雏鸡为原料，烹制了这道美菜，项羽食后很高兴，精神为之一振。后来此菜又流传到汉宫廷之中，因用甲鱼与雏鸡为原料制作，具有较强的滋补作用，加之这道菜的原料甲鱼，出自江南，为汉代皇帝的发祥之地，所以，宫廷贵族们都喜食用。

因该菜制法相传出于项羽被围垓下，与虞姬作别之时，故后人称之为“霸王别姬”。它的主要原料是：活甲鱼一只（两斤左右），母鸡一只（一斤左右），鸡脯肉馅三两、熟火腿三钱、水发冬菇五钱、熟冬笋五钱、熟青菜心十只、葱结一只、姜两片、绍酒一两。烹熟后，其特点是汤汁清醇，肉质鲜美，非常入味。

烤肉 据说汉高祖刘邦幼时喜食烤牛肝、烤鹿肝与烤肉之类，当了皇帝后，天天都少不了这几种美味。从马王堆汉墓遣策上可以看到，烤肉的品类多达八种。另在现今出版的《汉代画像全集》初集中，就有两幅描摹汉代人烤肉情况的画像石，其中一幅绘一人两手中各拿着两根肉串，举在火上进行烧烤，由此可见，烤肉串在汉代便已出现。

西汉著名辞赋家枚乘著有《七发》，其中对西汉楚王宫的饮食作过如下描述："犓牛之腴，菜以笋蒲。肥狗之和，冒以山肤。楚苗之食，安胡之饭。抟之不解，一啜而散。于是使伊尹煎熬，易牙调和。熊蹯之臑，芍药之酱。薄耆之炙，鲜鲤之鲙。秋黄之苏，白露之茹。兰英之酒，酌以涤口。山梁之餐，豢豹之胎。少饭大歠，如汤沃雪。此亦天下之至美也，太子能强起尝之乎？"

这段赋的大意是：煮熟牛犊嫩肉，加上笋蒲。用肥狗的肉来和羹，盖上一层石耳菜，煮饭用楚地的粳米或雕菰米。手抓成团，到口即散。又请像商代伊尹一样的名厨掌灶，像春秋易牙一样的名厨调和。烂烹熊掌，调以香酱。烤里脊片，将新鲜的鲤鱼做鱼片。配以秋香紫苏、白露时节的蔬菜。兰花香酒，饭后漱口。还有野鸡与豹胎。少吃饭，多喝粥，如同热汤浇雪，容易消化。这是天下最可口的菜，太子您能勉强起来尝尝吗？

这张宫廷食单，比起《楚辞·招魂》，其内容更丰富了，由此反映出汉代饮食文化较前代的进步。

第五节　馨香扑鼻的宫廷筵席

汉代宫廷筵席在前代的基础上，有了较大的发展，是汉朝经济、文化、饮食技艺诸因素综合提高的产物。

汉代初年，宫廷筵席较为简单，后来国力殷实，宴乐又蓬勃兴起，并且注重规范了，可谓是钟鸣鼎食，筵席纷陈，兹将据考古发掘与文献记载的著名汉代宫廷筵席，录之于下。

1968年，在河南满城发掘出了西汉皇室成员中山靖王刘胜的墓。庞大的墓室里，好似地上的宫殿建筑一般。前堂是近似方形的厅堂，长约15米，宽12米，里面里摆满了各种各样的饮食生活器物，有铜器、铁器、陶器、漆器和金银器，还有象征侍从的陶俑和石俑，以及出行时使用的仪仗。铜器种类很多，主要有鼎、釜、甗、钟罍、链子壶等。特别引人注目的是设在厅堂中部和南部的两套宴饮时使用的帷帐，帐的木架和帐幕虽然已经朽烂，但从遗存的铜质构件等物来看，原来这里是个宽敞、富丽的宴会厅堂。

据考古学方面的专家分析，墓屋中所陈设的豪华精致的酒器、食器和象征奴婢的石俑、陶俑等，正是刘胜生前宴请宾客的真实写照。

在中山靖王刘胜的墓中，有两件非常精美的铜壶，其中一个上刻有铭文，铭文的内容也主要是反映宴会盛况的："仪尊成壶，盖圆四苻。盛况盛味，于心佳都。厌于口味，充润血肤。延寿去痛，万年有余。"

这段铭文，译为现代语体文，即为："礼仪之尊，演变成壶，圆形之盖，与口分苻。盛大宴会，摆满珍味，于宾于主，意畅心舒。百样佳肴，任意选食，充实血气，滋润皮肤。延长寿命，消除疾病，活到万年，还有宽余。"

从刘胜墓中宴会厅之宽大，陈设之讲究，铭文记载之盛况等方面来看，汉代宫廷筵席已颇具规模。翦伯赞先生《中国史纲》在论述秦汉宫廷饮食时说："当其宴享群臣之时，则庭实千品，旨酒万钟，列金罍，班玉觞，御以嘉珍，飨以太牢。管弦钟鼓，异音齐鸣，九功八佾，同时并舞。"可见当时宴会规模之盛大。

汉代过年时，皇帝还要大宴群臣。众所周知，百节年为首，在中华民族绚丽多彩的众多节日中，最隆重、最富有民族特色的节日莫过于新年了。追本溯源，年节形成于汉代。每到元旦佳节，都城如同闹市，车水马龙。元旦黎明时，夜漏未到七刻，各级官吏，上自诸侯、三公九卿，下至四百石的小吏，都要来给皇帝行贺岁之礼。有的乘羽盖华丽的驷马安车，有的乘高敞舒适的轩车，有的骑高头大马，一个个华衣鲜服，高冠博带，聚在宫前。皇帝也兴致勃勃地来到德阳殿接受群臣的朝贺。这次朝贺因为是正月正日，所以也叫"正朝"。

据《汉官仪》和《后汉书·礼仪志》记载，汉代制度规定，群臣入宫拜年时，公侯要奉送玉璧，俸禄二千石的官员送羔，千石、六百石的官员送雁，四百石以下的小官送雉，以作给皇帝拜年之礼。皇帝也要大摆筵席款待群臣。二千石以上的官员可以上殿，在皇帝面前举觞敬酒呼万岁。然后由大司空奉羹，大司农奉饭，在锣鼓弦乐声中，君臣饮宴欢度佳节。

在元旦君臣宴乐之时，皇帝也借饮宴之机考察臣僚学问，一些阿谀奉承之辈也趁机在皇帝面前吹牛拍马。《后汉书》记载，大经学家戴凭为侍中时，正旦朝贺，皇帝为百官赐宴，并令群臣通经史者在饮宴时互相考辩诘难，如有解释经义不通者，夺席而起，让座给通者。戴凭以他渊博的经学知识，连连获胜，连坐五十余席，当时京师中传为佳话："解经不穷戴侍中。"① 由此可见，当时御宴也还有一些学术性与趣味性。

三国时期的饮食文化，给后世留下了极为丰富的遗产，不少食珍至今还有开发利用的价值，以下就武昌鱼作一考论。

"昔人宁饮建业水，共道不食武昌鱼。公来建业每自如，亦复不厌武昌居。武昌山水今可想，绿水逶迤烟苍莽。白鸥晴飞随两桨，岸荠茸茸映鱼网。投老留连陌上尘，思群一语何由往。"这是北宋王安石描绘湖北鄂州风物的怀旧诗——《寄鄂州张使君》。诗中"昔人宁饮建业水，共道不食武昌鱼"一句，说的是东吴最后一个皇帝孙皓要再次迁都武昌，但吴国的大官僚地主不愿远离他乡，因此遭到反对。其时，左丞相陆凯上疏孙皓，并引用了民谣："宁饮建业水，不食武昌鱼，宁还建业死，不止武昌居。"这既反映了当时吴国上下一致反对从建业迁都武昌，同时也说明了在1700多年前的三国时期，不仅武昌鱼始有其名，而且其珍馐美味早已被人们赞赏。

这段史实使武昌鱼的名声大振，以此事入典的诗词历代皆有，著名者如南北朝时期诗人庾信所作《奉和永丰殿下言志十首》"还思建业水，终忆武昌鱼"，唐代诗人岑参《送费子归武昌》"秋来倍忆武昌鱼，梦著只在巴陵道"，宋代诗人范成大《鄂州南楼》"却笑鲈乡垂钓手，武昌鱼好便淹留"。20世纪50年代，一代伟人毛泽东也借用此典故，在《水调歌头·游泳》一诗中写下了著名的诗句"才饮长沙水，又食武昌鱼，"更使武昌鱼名扬天下。

三国以来，不少历史文献中以为武昌鱼是泛指武昌出产的鱼。

① （刘宋）范晔：《后汉书》卷七九《戴凭传》，中华书局1965年版，第2554页。

但近几十年来经过科学鉴定，确认梁子湖中的团头鲂才是名副其实的武昌鱼。梁子湖烟波浩渺，湖水清澈，鱼类资源十分丰富，樊口是梁子湖通向长江的出口，这里的鳊鱼最负盛名。清代光绪《武昌县志》记载："鳊鱼产樊口者甲天下，是处水势回旋，深潭无底。渔人置罾捕得之，止此一罾味肥美，余亦较胜别地。"20世纪50年代初，我国鱼类学专家、原华中农学院教授易伯鲁等通过对梁子湖所产鳊鱼进行观察、鉴别，发现了三个鳊亚科鱼种，即长春鳊、三角鳊和团头鲂类，前两种鱼广泛分布于全国各地江湖，唯团头鲂系梁子湖独有，故称之为"武昌鱼"。团头鲂与三角鳊同属鲂，但据易伯鲁的研究，团头鲂有几个主要特点：一、团头鲂吻端纯圆，同三角鳊比较，口略宽，上下曲颌曲度小；二、团头鲂的头一般略短于三角鳊；三、团头鲂尾柄最低的高度总是大于长度，三角鳊尾柄的长度和最低高度几乎相等；四、团头鲂鳔的中室是最膨大的部分；五、团头鲂腹椎和肋骨13根，三角鳊却只有10根；六、团头鲂的体腔全为灰黑色，三角鳊为白色，带有浅灰色色素。

武昌鱼肉质肥嫩、鲜美，富含脂肪，宜清蒸、红烧、油焖等，但尤以清蒸为最，故"清蒸武昌鱼"被誉为"楚天第一菜"。

清蒸武昌鱼是将800克左右的武昌鱼刮洗干净后，将鱼身剞兰草或柳叶花刀，用沸水略烫去腥，将精盐、料酒、葱、姜等腌5分钟，置盘中，鱼身用姜片、香菇片、冬笋片及猪板油丁等摆好，上笼蒸15分钟，淋少许香油及白胡椒粉，随姜丝、香醋、味碟上桌。

关于清蒸武昌鱼，有这样一段故事。相传，三国时，武昌樊口是吴国造船的地方。有一天，为了庆贺大船下水，孙权命人摆设酒宴，老百姓纷纷送来各色各样的鲜鱼。樊口的鳊鱼，更是酒席中的上等菜。只见厨师将鳊鱼清蒸后，端上桌来，孙权尝过后，极感兴趣，便连要了三盘，都被吃得干干净净，因此，也多喝了一些酒。孙权吃着清蒸武昌鱼，就问："这鱼出自何处?"旁边一位大臣答道："这是一位老渔翁为谢大王恩德送来的，不知出在哪里。"孙权听了非常高兴，遂命人将这位老翁找来。老渔翁进了宴会厅，孙权命人赏他一碗酒，要他说说这鱼出在哪里。老渔翁一口喝干了酒说："这种鱼叫鳊鱼，出在百里外的梁子湖。每当涨水季节，它游经 90 里长港，绕过 99 道湾，穿过 99 层网来到长港的出水口，这出水口名叫樊口，这里一边是港水清清，一边是江水浑黄，鳊鱼喝口浑水吐一口清水，渴一口清水吐一口浑水，经过七天七夜，使原来的黑鳞变成银白色，原来的黑草肠换成肥满满的白油肠，所以吃起来格外味美。”

孙权听得入了神，又命人再赏他一碗酒。老渔翁也不客气，接过酒又喝干了。接着，他又说：“这种鱼，油也多，鱼刺丢进水中，可以冒出三个油花。”孙权不信，便亲自一试，果然，别的鱼刺只冒出一个油花，只有鳊鱼刺在水中翻出三个油花来。孙权一看，十分感兴趣，便亲自起身，端起一碗酒赏给老渔翁。老渔翁双手接过酒又说：“用这种鱼刺冲汤可以解酒，喝多了也醉不了。”孙权听了半信半疑，上前一把抓住老翁的手说：“如果真能解酒，我愿喝上三大碗。”说罢，遂命人用开水将鱼刺冲成汤，孙权喝了一口，顿感神志清醒，大臣们喝后，也个个拍手称赞。随之，孙权兴起，端起酒碗，面对众臣道：“想不到我东吴有这样好的鱼。”至今，凡到武昌者，莫不以吃清蒸武昌鱼为快，清蒸武昌鱼遂成为“楚天第一菜”。

第六节　汉至南北朝时期的饮食典籍

两汉时期，随着农业、手工业和商业的发展，人们的饮食原料较之以前大为丰富，出现了一些饮食典籍。概而言之，大致分布在如下几个方面：

一、农书类著作

（一）《四民月令》

《四民月令》，东汉中叶崔寔撰。寔，字子真，一名台，字元始，冀州安平（今河北省安平县）人。生卒年不详，一说卒于公元 169 年，一说卒于公元 170 年。他出身于名门望族，中年后始出仕，历任五原太守、议郎等职，官至尚书，是东汉著名政论家，重视农业生产知识，著有《政论》《四民月令》。

“月令”是《礼记》的篇名之一，记述每年夏历十二个月的时令及其相关事物。“四民”是指士、农、工、商。《四民月令》是模仿《礼记·月令》的体例，以一年十二个月为序，列举了普通人家的（实为士人之家）的经济活动，涉及种植、养蚕、纺织、纸染、缝制、酿造、籴粜、制药、祭祀、宴饷……内容比较丰富。这是一部“月令”体的农家著作，年代仅晚于汉代另一部农书《氾胜之书》。

《四民月令辑释》

此书尽管以农业为主，但书中也记载了一年四季粮食蔬菜的种植收藏、食品的加工酿造以及饮食宜忌等事项，可以说它也是一部重要的饮食学著作。只是与《礼记·月令》相比，《四民月令》多谈的是老百姓（主要是士人之家）的每月饮食，这是《四民月令》突出的特点。全书已经散佚，后人从《齐民要术》和《玉烛宝典》等书中辑出，大抵还能看出其面貌。现存《四民月令》佚文，有3201字。其中仅有关食品加工酿造就有220字，占全书9.3%。

《四民月令》中关于饮食的内容，主要有以下几点。

第一是关于粮食蔬菜品种的记述，书中记载粮食类有麦子、蠖豆、禾、大豆、麻、胡豆、黍、小豆、稻、穬等十余种，蔬菜类有瓜、瓠、葵、薤、大小葱、蓼、苏、杂蒜、芋、姜、芜菁、芥、韭、襄荷等十余种。

第二是食品的制作和酿造，书中既涉及制酱、酿酒，也有制饼等内容。制酱有豆酱、末都酱（豆屑做的酱）、鱼酱、肉酱、清酱、榆酱、鲖鱼子酱等。如在“正月”中记道：“可作诸酱。上旬𩱧豆，中旬煮之。以碎豆作末都（“末都”即酱），至六、七月之交，分以藏瓜。可以作鱼酱、肉酱、清酱。”在“二月”中，提到了制“醔酱”“醃酱”；“四月”中提到“取鲖鱼作酱”及做“醯”（即醋）；“五月”中仍然提到做“酢”及“醢酱”。酿酒有酿春酒、酿冬酒，制作椒柏酒。“正月”中提到“椒酒”，“二月”中提到收榆钱青荚“至冬以酿酒”等。此外还制作醯、醢、酢、麴等。关于饼及菜肴，《四民月令》中也有不少记载。如在“五月”中，提到了“煮饼”“水溲饼”，要求五月夏至前后“薄滋味，毋多食肥醲”。“距立秋，毋食煮饼及水溲饼。”因为“夏月饮水时，此二饼得水即坚强难消，不幸便为宿食作伤寒矣”。这实际上又是有关卫生保健方面的内容。从以上内容的记载可看出，《四民月令》所收载的关于食品方面的资料还是比较丰富的，从中可以大体了解当时农村庄园中的饮食情况。

第三是食品的加工收藏，加工粮食类有枣精、精、干糗以及凉饧、暴饴等，蔬菜类有韭菁菹、葵菹、干葵，肉类有脯、腊。与收藏有关的有蓄瓠、藏瓜、藏韭菁、藏芘姜、襄荷等。如在“四月”中，提到了“作枣精”，枣泥米粉混合制成的干粮。“十月”中，提到了“作脯腊”（即肉脯和腊肉）、“作冷饧，煮暴饴”。在“八月”中提到了“可断瓠，作蓄”，“收韭菁，作捣齑”。在“九月”中，提到了“藏芘姜、蘘荷，作葵菹、干葵”。此外还有采集，除各种药材外，还采集榆荚以备食用。

第四是有关祭祀、宴饷的内容。在《四民月令》的几乎每月中，都有有关祭祀和宴饷的内容。如在“五月”中记道“正月之旦，是谓正日。躬率妻孥，洁祀祖祢。前期三日，家长及执事，皆

《四民月令校注》

致齐焉。及祀日，进酒降神毕，乃家室尊卑，无小无大，以次列坐先祖之前，子、妇、孙、曾，各上椒酒于其家长，称觞举寿，欣欣如也”。类似记载在其他月份几乎都有。

总之，《四民月令》第一次把人民的饮食活动按照一年四季逐月作了安排，这对于研究饮食与生产、时令的关系，饮食的习俗都是有价值的，对研究我国饮食文化史有重要参考价值。从现在所存的有限的记载，我们可以了解当时的饮食品种、类型和结构。从这个角度来说，《四民月令》不失为汉代饮食学中颇具特色的一部著作。

《四民月令》大约在北宋时亡佚，清代曾有任兆麟、王谟、严可均、唐鸿学的辑佚本四种。今人石声汉有选注本，缪启愉有辑释本，均可参阅。

（二）《临海水土异物志》

《临海水土异物志》，三国吴末沈莹撰。虽书名为限定于“临海”（今浙江省南部与福建省北部沿海一带），但实际所记载的范围要大得多，包括东南沿海的浙闽和台湾一带，实为记载东南沿海物产的一部方物志。

是书内容主要侧重于记载东南沿海夷洲民、安家民、毛民三个古代民族的社会生活状况，以及这一带野生动植物产。这些物产中不少与饮食相关，可以从侧面反映当时这一带人民（主要是越族）的饮食生活状况。

《临海水土异物志》有关饮食方面的内容主要包括以下几个方面：

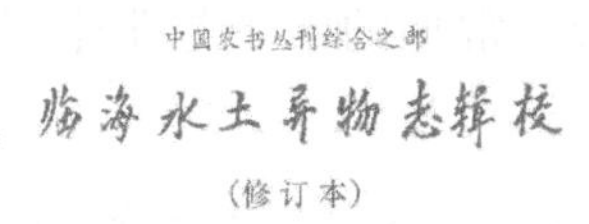

张崇根《临海水土异物志辑校》书影

第一，记载了东南沿海不少食物资源。书中列举当地的鳞介、鸟类、竹木、果藤等物，分别介绍它们的食用情况。如“句黾鼊”，“味如鼋，可食。卵大如鸭卵，正圆，中生啖，味美于诸鸟卵”。“机杼鱼”“味美于诸鱼”。“石华”，“肉中啖”。“般肠竹”，“为笋殊味”，以东郡山中所出“笋最美”。是书也指出一些动植物不可食用，如“人鱼”（即娃娃鱼）“小可啖”。“蜂江”（蟹类）

“不中食也”等。

第二，记载了一些食物资源的加工烹饪方法。如“梅桃子”，“可蜜藏之”。“桄榔木”，“皮中有如米粉，中作饼饵”。蜈蚣，“长丈余者以作脯，味似大虾”。“鱼辰鱼”，“好作羹，滑美，似饼”。“鯆鱼”，“炙食甘美”。

第三，记载了东南沿海少数民族的饮食状况。夷洲民还处在原始烹饪饮馔状况，“饮食不洁”，有着“皆踞相对”的食俗；安家民有着“皆好啖猴头羹”的饮食风尚；毛民“无五谷，唯捕鸟鼠，鱼肉以为粮”，过着较为原始的饮食生活。

《临海水土异物志》一书在北宋前已亡佚，后来有学者不断作了一些辑佚工作。今天，常见的本子是张崇根辑校本（农业出版社 1988 年 2 月版）。

二、语言类著作

这一时期出现的语言学著作，如《释名》《方言》《说文解字》《广雅》等也与烹饪有联系，尤以西汉史游的《急就篇》、东汉许慎的《说文解字》、东汉末年刘熙的《释名》为甚。

（一）《急就篇》

《急就篇》，西汉史游撰。西汉时期用于蒙童识字和习字的课本，如《仓颉篇》《训纂篇》等都已亡佚，只有《急就篇》流传下来，又名《急就章》，大约成书于公元前 40 年左右。《汉书·艺文志》著录，列于《六艺略》，为“小学”十家之一。此书自汉代以来，长期流传，唐代颜师古和南宋王应麟这两位历史上著名的学者先后为它作注，又进一步扩大了它的影响。

全书共 34 章，合计 2144 字。全书原有 2016 字，东汉人补入 128 字。是书有 31 章是史游编写的，另 3 章是后汉人续写的。史游所写的 31 章，每章字数都是相等的，都是 63 个字，每句或作三言，或作四言，或作七言。因为它是一种启蒙教科书，所以所用的字都是当时常见、常用的字，所取都是《苍颉篇》中的“正字”，即常用字。因为要作为课本使用，它对文字作了精心地编排，有的部分已有文、诗的特征，使其不但教人识字，而且还对造句、作

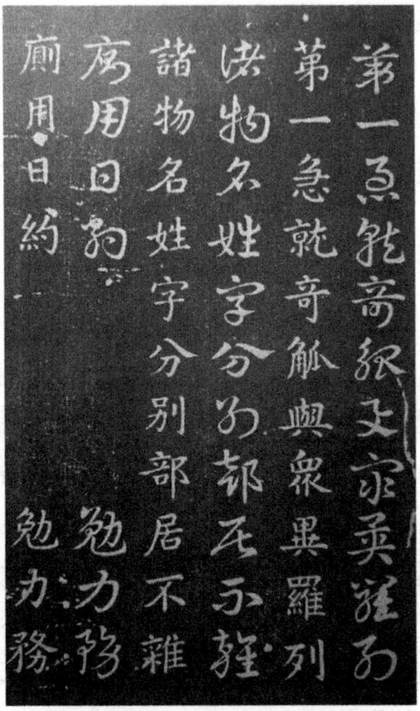

涵芬楼影印《急就篇》书影

文、吟诗初步作了示范，故而张舜徽先生在《中国文献学》中称之为“歌括体课本”①。

《急就篇》大抵按姓名、衣服、器用等分类编排，按颜师古《急就篇注序》的说法是“包括品类，错综古今”，涵盖了多方面非常丰富的知识，其中就有不少关于饮食方面的知识。在这2144字中，关于饮食的有29句，每句7言，合203字，146事。其中关于粮食及其加工的有2句13事，饭食为2句10事，蔬菜为3句14事，调味品为2句9事，果品为1句半8事，酒为2句5事，鱼为1句半8事，肉为半句4事，加工烹饪为3句10事，炊食器具为9句半51事，综论为2句14事。此外与饮食有关的家畜禽为6句42字，29事；野禽兽为8句56字，41事。如关于粮食，第九章写道

① 张舜徽：《中国文献学》，中州书画社1982年版，第223页。

“稻黍秫稷粟麻秔”。关于饭食，同章写道“饼饵麦饭甘豆羹”。此外，还有如“葵韭葱蓼蘴苏姜，芜荑盐豉酰酢酱，芸蒜荠芥茱萸香……”的记载。关于鱼类食物，第十三章中写道：“鲤鲋蟹鳝鲐鲍鰕”。关于食物的加工烹饪，第十三章中写道：“厨宰切割给使令”，又写道：“膹脍炙胾各有形，酸醎酢淡辨浊清。”

综合这些描述，可以看到《急就篇》的文字言简意赅，生动贴切。虽然这些文字数量不多，但为我们提供了一些他书所不载的重要资料，唐代孔颖达在为《左传》昭公二十一年作疏时，即根据《礼记》《楚辞》等未言豉而《急就篇》中有“芜荑盐豉”之说而推断秦汉始有豉的制作。他说：“古人未有豉也。《礼记·内则》《楚辞·招魂》备论饮食，而言不及豉。史游《急就篇》乃有‘芜荑盐豉’，秦汉以来始为之焉。”① 除了以上反映食物、烹饪等资料的文字外，《急就篇》的文字中还包含一些饮食食俗方面的内容，如“老菁蘘荷冬日藏”，反映了收藏老蔓菁和蘘荷以备过冬的习俗。“园菜果蓏助米粮，甘麩殊美奏诸君”，反映了秦汉时代家庭庭园种植菜果一类作物已极普遍以及提倡节俭、合理安排生活的习俗。总之，史游的《急就篇》对于研究中国的饮食文化有着一定的参考作用。

（二）《说文解字》

《说文解字》，简称《说文》，东汉许慎著。全书计 14 篇，每篇分上、下两部分。全书收字 9353 个，重文 1163 个。《说文》按照形体部首的不同，分作 540 部，将 9353 个字分别纳入 540 个部首中，使纷纭繁杂的汉字，第一次从形体结构角度得到系统归纳，从而开创了以汉字形体结构编排字典、辞书的先例。它提出了比较系统的分析文字的理论，是我国文字学的奠基之作。清末著名学者孙诒让称《说文解字》为“字书鼻祖”。清代王鸣盛称《说文解字》：“为天下第一种书。遍读天下书，不读《说文》，犹不读也。但能通《说文》，余书皆未读，不可谓非能通儒也。”

---

① （唐）孔颖达：《春秋左传注疏》卷四九“昭公二十年”，文渊阁《四库全书》第 144 册，第 434 页。

汲古阁刻本《说文解字》

作为我国现存最古老而成系统的字书，《说文解字》中贮存着丰富的古代饮食文化信息。从其中食部、米部、艸部、羊部、鱼部、肉部、火部、酉部、卤部……相关部首的字群里，我们不难发现中国饮食民俗发展变化的历史轨迹。

食品类的字主要集中在米部和食部。从米部的字主要是指粮食作物的实。《说文解字》云："米，粟实也，象禾实之形，凡米之属皆从米。"从米旁的字很多，如"粮""粥""糜""糉"等。"糉"即"粽"，这是历史上关于粽子的最早记载。

有些食品，也从食部。《说文解字》："食，一米也，从皀，亼声。或说亼皀也，凡食之属皆从食。"这类字主要有"饭""饼"等。

蔬菜类的字，主要集中在艸部。《说文解字》："艸，百芔，从二中，凡艸之属皆从艸。"如"蔬""葵""芹"等皆如此。当然，这类蔬菜还有很多。

肉类主要有兽类、禽类、水产类。兽类食物主要有牛、羊、犬等，最隆重的祭祀三牲俱全，叫做"太牢"；只用羊、豖，不用

粽子

牛，叫做“少牢”。汉字很多与膳食有关的字都从“羊”部。禽类食物主要从“鸟”部，多为家禽，其中比较熟悉的有“鸡”“鸭”“鹅”等。水产类食物的古汉字主要从鱼部、虫部。《说文解字》中解释“鱼”为：“水虫也，象形，鱼尾与燕尾相似，凡鱼之属皆从鱼。”如“鯹”（腥）、“鱢”（臊）、“鱻”（鲜）等字，都从“鱼”部。“腥”“臊”的现代写法都从“肉”，“鲜”字写作“鱻”，后来才改写从“鱼”从“羊”。其他与肉类有关的食物，如《说文》：“羹，五味盉羹也。”《说文·酉部》云：“醢，肉酱也。”

酒类用字在《说文解字》里也有很多，《说文》专门立了一个“酉”部来收集与酒有关的字，“酉”与“酒”实为一字。《说文解字》云：“酒，就也。所以就人性之善恶。从水从酉，酉亦声，一曰造也，吉凶所造起也，古者仪狄作酒醪，禹尝之而美，遂疏仪狄杜康作秫酒。”酉部共收 67 个字，这些字中更多反映的是酒的种类和酿造方法，如“酒”“醴”“酏”“酢”“酝”“酿”等。

关于烹饪的方法，《说文解字》中也蕴含出了较为丰富的信息。洪荒时代，森林大火之后，不少野兽被烧死烤熟了，原始人拿来吃，觉得味道很好，于是便学会了熟食。《说文》中的一些烹饪方法，就多与“火”有关。如“燹”字，金文像手持树枝挑着两头猪在火上烘烤，这是当时原始的用火方法。《说文·火部》云：“燹，火也。”突出了火对熟食的作用。又如“炙”字，《说文·火部》：“炙，炮肉也。从肉，在火上。”此外，《说文》也对其他一些烹饪用字进行了解释，如“脍”字：“脍，细切肉也。”

总之，许慎的《说文解字》尽管只是对字的收录和解释，但包涵着非常丰富的饮食文化信息，也能反映出那个时代饮食文化的基本内涵和时代特征。

《说文解字》版本很多，今存宋初徐铉校定本，常用的多是中华书局版。

（三）《释名》

《释名》，东汉末年刘熙作，为我国早期著名的训诂著作。刘熙，字成国，北海（今山东省寿光、高密一带）人，生活年代当在桓帝、灵帝之世，曾师从著名经学家郑玄，献帝建安中曾避乱至交州，《后汉书》无传，事迹不详。

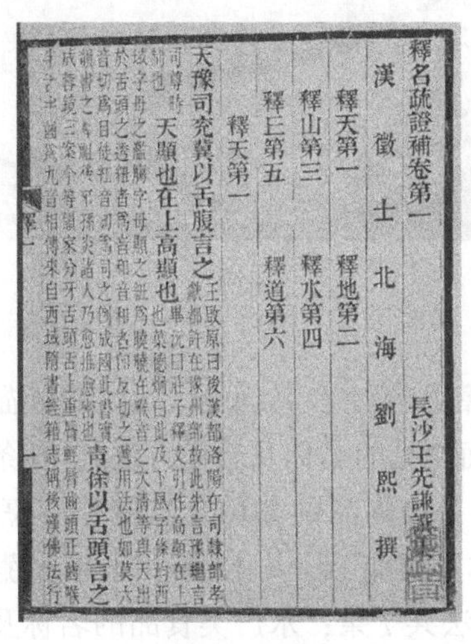
釋名疏證補卷第一　長沙王先謙撰集
漢　徵　士　北　海　劉　熙　撰
釋天第一　釋地第二
釋山第三　釋水第四
釋丘第五　釋道第六
釋天第一
天豫司兗冀以舌腹言之
天顯也在上高顯也
青徐以舌頭言之

《释名》书影

《释名》全书共8卷，27篇，是书为用声训的方法来探求事物命名的由来，它与同时代的《尔雅》《说文解字》和《方言》并驾齐驱，成为汉代四部训诂学名著。清人毕沅在《释名疏证序》中说："其书参校方俗，考合古今，晰名物之殊，辨典礼之异，洵为《尔雅》《说文》以后不可少之书。"这一评价是很中肯的。

《释名》第四卷有《释饮食》一章，专门阐释饮食方面的名词，这对于研究汉代饮食具有重要的参考价值。在给饮食类词语分类及命名时，《释名》既从食物的形状、颜色、味道和功用等来命名和作解释，又从食物的制作、贮藏、烹饪、保鲜等来分类和训释。同时，还从对人类饮食动作的描述中，透露出汉代人丰富的饮食保健法；以及从借用外来饮食名称的解释中，可以看到当时与外国和少数民族饮食文化的交流已非常广泛。

胡饼

《释饮食》一章共释饮食名词 78 个，其中描述饮食动作的名词共 10 条；米麦面制品的名称及制作方法共 16 条；调味品的名称及制作方法共 6 条；肉食品的名称及其制作、烹饪和贮藏方法共 21 条；饮料的名称及其加工法共 12 条；水果、蔬菜类食品的名称及其加工、保鲜方法共 7 条；水产类食品的名称及其制作、保鲜方法共 3 条；借用少数民族和外国食品的名称共 3 条。实际上，《释名》在具体释字时往往要多于这一数字。如"饼"条下兼释"蒸饼""汤饼""蝎饼""髓饼""金饼""索饼"诸词，"鸡纤"条兼及“免纤”，“韩羊”条兼及“韩兔”“韩鸡”等。“含”条下，兼释“含”“衔”二词。该篇对饮食名词的解释，具有相当的价值。如释“胡饼”曰：“作之大漫沍也。亦言以胡麻著上也。蒸饼、汤饼、蝎饼、髓饼、金饼、索饼之属，皆随形而名之也。”释“鲊”曰：“滓也。以盐米酿之如菹，熟而食之也。”释“鸡纤”曰：“细擗其腊，令纤然，后渍以酢也。兔纤亦如之。”诸如此类。这些大体包括了当时饮食生活的主要方面。从中我们可以看到当时饮食生活的面貌。当时食物品种已较为丰富，主食有饼、糁、饵、糍、糜、粥、寒粥、干饭、糇等十余种，而仅饼一项就有六种之多。饮料中仅酒一项就有醴酒、事酒、苦酒等九种。从食俗来看，当时人们多食腌制食品，可与《四民月令》互相印证。其记载“韩羊”“韩兔”“韩鸡”这类菜肴，“本法出韩国所为也”，反映了不同地域间饮食文化交流的情况，有一定的史料价值。由于本节是辨析语源字义，所以有助于我们了解各种饮食名词的来源及其含义，例如“糜，煮米使糜烂也。”“粥，浊于糜，粥粥然也。”这样我们不仅知道“糜”和“粥”的含义，而且知道这两种东西的区别。对于许多饮食名词，我们都可以通过此书来了解其含义和性状。不过其在推名究物时难免有牵强附会的地方，这是我们必须注意的。

《释名》一书出现后，长期无人整理，到明代，郎奎金将它与《尔雅》《小尔雅》《广雅》《埤雅》合刻，称《五雅全书》。因其他四书皆以“雅”名，于是改《释名》为《逸雅》。《释名》的明刻本缺误较多，清人对它进行补证疏解，其中最重要的著作是毕沅的《释名疏证》，王先谦的《释名疏证补》，后者为清人研究整理《释名》的集大成之作。

这一时期，还有一些语言学著作对饮食名词进行了注解，对我们研究当时的饮食文化具有重要参考作用，如西汉扬雄的《輶轩使者绝代语释别国方言》（简称《方言》）在《糕杂释》《饼杂释》等篇里注释了不少饮食名词。例如，对于“糕”，他注释云：“饵谓之糕，或谓之粢，或谓之馣，或谓之餣，或谓之饨。”对于“饼”，他注释云：“饼谓之饦，或谓之怅馄。”由此，我们可以知道当时糕、饼的其他方言名称。如此之类，还有不少，这不仅对阅读这一时期的古籍文献有着重要帮助，更有利于研究这一时期不同地区的饮食文化状况。

三、笔记类作品

两汉时期，出现了不少笔记类作品，这类作品内容繁杂，反映了很多世俗民情，虽非专门谈饮食烹饪，但或多或少地涉及饮食文化方面。在两汉诸多笔记中，《西京杂记》最具代表性。

《西京杂记》是一部记载西汉佚事传闻的笔记体小说，举凡帝后公卿的奢侈好尚，宫殿苑林，珍玩异物，以及舆服典章，文人佚事，民风民俗等都多有记述。由于该书所载正史多无，可补正史风俗文化资料之不足，是研究西汉长安的重要资料之一。是书有 1 卷、2 卷之说。至宋代，有 6 卷本。目前通行为 6 卷本，共 100 余则，2 万余言。关于《西京杂记》的作者，至少有五种不同的说法：汉代的刘歆，东晋的葛洪，南朝的吴均、萧贲、无名氏。一般认为西汉刘歆撰，晋葛洪辑抄。葛洪（284—364 年），字稚川，号抱朴子，东晋丹阳句容人，道教理论家，其著作有《抱朴子》《神仙传》等。

《西京杂记》中关于饮食烹饪的内容虽然不多，但有些价值却很高。如卷二“五侯鲭”条云：“五侯不相能，宾客不得来往。楼护丰辩，传食五侯间，各得其欢心，竞致奇膳。护乃合以为鲭，世称五侯鲭，以为奇味焉。”“五侯鲭”就是历史有名的“五侯杂烩”，是指西汉武帝时人楼护常往来于汉武帝母舅王谭、王根、王立、王商、王逢这五位同时被封侯的“五侯”家中，创造出了“五侯鲭”佳肴。再如“作新丰移旧社”条云：“太上皇徙长安，居深宫，凄怆不乐。高祖窃因左右问其故。以平生所好，皆屠贩少年，酤酒卖饼，斗鸡蹴鞠，以此为欢，今皆无此，故以不乐。”这反映出秦汉之际，已出现“卖饼”的商贩。又如，《西京杂记》记载了菊花酒的酿造，卷三云：“九月九日，佩茱萸食蓬饵，饮菊花酒，云令人长寿。菊花舒时，并采茎叶，杂黍米酿之，至来年九月九日始熟，就饮焉。故谓之菊花酒。”

《西京杂记》有文渊阁《四库全书》本等，中华书局 1985 年曾出单行点校本，这也是我们最为常用的本子。

四、医书类著作

（一）《黄帝内经》

在两汉医书类著作中，最具代表性的是《黄帝内经》。《黄帝内经》是我国现存医学文献中最早的一部典籍，它总结了春秋战国以前及秦汉时期我国古代劳动人民与疾病斗争的经验，比较全面地阐述了中医学术理论体系的基本结构，反映了医食同源的理论原则和学术思想，为祖国医学的发展奠定了理论基础，为中华民族的繁衍昌盛作出了巨大的贡献。

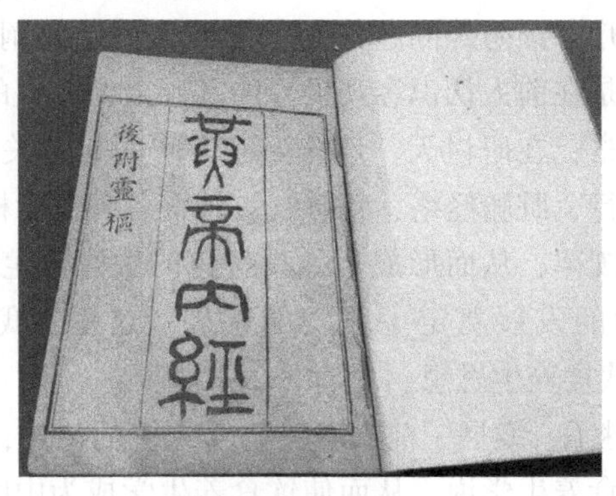

《黄帝内经》书影

《内经》的成书年代和作者，历代医学家认识不一，一般认为当在战国时期，但也有认为是西汉时期的医著。战国时期以来，社会急剧变化，政治、经济、文化都有显著发展，诸子百家峰起，学术思想日趋活跃，朴素的唯物论和自发的辩证法思想的确立，为自然科学的发展奠定了理论基础，当然也为中医学的发展提供了科学的理论依据，《内经》就是在这种时代背景下诞生的一部医学著作。如书中的阴阳、五行、精气学说，就是春秋战国时期哲学思想的渗透。此后，又经过秦汉时期的增补，直到唐代王冰注《素问》时还补入了 7 篇大论。所以说，《内经》一书绝非出自一时一人之手，而是战国秦汉时期许多医家的共同创作。

《内经》一书的命名，是相对《外经》而来的，但《外经》早已失传，其内容也无从考证。现成《内经》因其原书托名为黄帝所作，故名曰《黄帝内经》，全书包括《素问》和《灵枢》两部分，每部分各为9卷81篇，共计162篇。但《素问》原本早在西晋时期已散佚不全，现存通行的《补注黄帝内经素问》本，是唐代王冰收集整理，并经北宋林亿等校正而流传至今的。《灵枢》在一个很长的时间内亡失不传，现在通行的《灵枢经》是南宋史崧校正家传旧本刊印流传而来。

《内经》的内容十分丰富，其中包括阴阳五行、五运六气、脏腑经络、饮食养生等诸方面，对人与自然、生理与病理以及各种疾病的诊断、治疗、预防等问题作了全面而又系统的阐述。《内经》最大的特点就是在前人认识客观世界的基础上，将人的生命置于自然界中加以考察，在研讨天、地、人三者间的相互关系的过程里，创造了阴阳五行、脏腑经络、精、气、神等各种医学模式，以演示其运动变化的规律，从而形成了独具特色的中医养生学理论体系，为中医养生学的发展奠定了坚实的基础。这里，我们着重介绍《内经》中的饮食养生思想。

《内经》继承、发展了前人有关饮食养生的论述，较系统地阐述了中医的饮食养生学说，从而使饮食养生学成为中医的一个重要组成部分。综观全部《内经》原文，涉及饮食养生内容的共有10余篇。《内经》中所阐述的饮食养生原则主要体现在以下三个方面：

第一是阴阳平衡，谨和五味。因为饮食是直接为人体提供营养，为五脏补充精气、精微的物质基础。《素问·五脏别论》："五味入口，藏于胃，以养五藏气。"因此，饮食所伤先伤脾胃，为内伤病因。由于饮食物具有不同的性味，因此，有不同的作用效力和趋势，对五脏的作用也不一样。所以《内经》说饮食伤脏就是这个意思。

《内经》在饮食调养与饮食病因研究的基础上提出要谨和五味，即饮食病因的具体表现还在于五味的过用或不足。《素问·生气通天论》："阴之所生，本在五味，阴之五宫，伤在五味。是故味过于酸，肝气以津，脾气乃绝。味过于咸，大骨气劳，短肌，心气抑。味过于苦，心气喘满，色黑，肾气不衡。味过于甘，脾气不濡，胃气乃厚。味过于辛，筋脉沮弛，精神乃央。是故谨和五味，骨正筋柔，气血以流，腠理以密，如是则骨气以精，谨道如法，长有天命。”这里所阐述的饮食观点是以阴阳平衡为纲，摄生保健为目的来阐述“五味”对人体健康的利弊得失，并特别指出饮食滋味忌偏嗜。

《内经》中经常谈到五味，其所指的“五味”有广义和狭义之分，它的广义者包括一切食物，即各类型食物及其各种不同的营养成分，也可谓之“食性”；狭义者则专指食物中可以用味觉器官品尝出来的酸、甘（甜）、辛（辣）、苦、咸等感觉，即所谓味感。

《内经》特别强调饮食对生命的重要作用，同时指出人体必要的营养物质来源于饮食五味，如《内经》中有“五味入口，以养五气”之说，但是，《内经》又认为，偏嗜五味会危害身体健康，甚至导致疾病发生。偏嗜五味与疾病发生的关系，《内经》也作了详细的论述，同时也说明偏食滋味对健康的危害。据《内经》所述，饮食长期偏嗜滋味可引起阴阳失去相互制约的平衡状态，脏气因此偏盛偏衰，而只有“谨和五味”，使饮食滋味不要太偏、太过，这样才能保障健康，延年益寿。

第二食物要合理搭配。五味需要调和，而且还要科学搭配，以形成合理的结构。《素问·脏气法时论》说：“五谷为养，五果为助，五畜为益，五菜为充，气味合而服之，以补精益气。此五者，有辛、酸、甘、苦、咸，各有所利，或散、或收、或缓、或坚、或软，四时五脏，病随五味所宜也。”这里指出了五味如何配五脏，列举了各种食物以其所宜可补养五脏，这是我国较早的食疗记载。由于食物的味道各有不同，对脏腑的作用也不同。在《素问·至真要大论》中指出：“五味入胃，各有所喜，故酸先入肝、苦先入心、甘先入脾、辛先入肺、咸先入肾，久而增气，物化之长也。”这说明了五种味道的食物，不仅是人类饮食的重要调味品，可以促进饮食，帮助消化，而且还具有不可忽视的医疗作用。

《素问·脏气法时论》还提出了影响我国几千年的膳食结构原则，即“五谷为养，五果为助，五畜为益，五菜为充”。这一原则的提出，说明我国古代对完整合理的膳食就有了明白无误的认识。这个原则的特点是以米、麦、豆类为主食，各种肉类、蔬菜作为副食，同时补充一些水果瓜类食品。这是一个低热量、低动物性脂肪食物、多蔬果、以植物淀粉型为主的饮食结构。它符合低脂肪、低盐、高钾、高纤维、天然野生和营养成分均衡的特点，是人体营养需要的基本模式。

现代人片面追求饮食的色、香、味、精制和口感胜于营养，偏食、滥食或暴食现象普遍存在，摄盐、粮和脂肪偏高，从而导致了许多“文明病”。因此，世界上许多国家，特别是一些发达国家都纷纷重新修订、改变自己的饮食结构和习惯，最近，中国营养学会向我国人民推荐的膳食合理构成指标，就是对《内经》所说的膳食结构的进一步完善和发展。

第三是饮食有节，适中有度。《内经》养生学说认为，无论是调神还是养形都必须要“适中”“有度”，以维持人体正常的生活节律。任何太过和不及的事物和方法，都可能破坏人体平衡，导致疾病发生，影响人的寿命。如《内经》视“精”“气”“神”为人身三大宝。其中，“精”更是构成人体和维持生命活动的基本物质，人的生长、发育、衰老以及死亡，无比缘于肾中精气的盛衰。因此《内经》把保养肾精作为“尽终其天年，度百岁乃去”的根本措施，把“以酒为浆，以妄为常，醉以入房，以欲竭其精”，作为早衰的主要原因。

饮食有节也是《内经》对养生的基本要求之一。因为过饥过饱、过寒过热以及膳饮无时，都会损伤脾胃功能，影响食物的受纳运化。而饮食五味，各有所通，分别滋养不同的脏腑，故过于偏食会引起气偏盛、偏衰的病理变化。

《黄帝内经》全面系统地总结了秦汉以前医学发展的成就，在古代朴素唯物主义和辩证法思想的影响下，结合人体生命活动的规律，开创了中医饮食养生学独特的理论体系。它标志着中国饮食养生学由单纯积累经验的阶段，已发展到系统的理论总结阶段，为饮食养生学的发展提供了理论指导和依据。

（二）《金匮要略》

《金匮要略》，东汉张机撰。是书是中医经典古籍之一，也是我国现存最早的一部诊治杂病的专著。作者张机，字仲景，东汉南郡涅阳（今河南南阳）人。他以《内经》等古典医籍为根据，广泛吸取当代和前代医家的医疗经验，并结合个人的心得，著成《伤寒杂病论》一书。此书经后人整理成《伤寒论》及《金匮要略》二书，是我国中医学上的名著。古今医家对《金匮要略》皆推崇备至，称之为方书之祖、医方之经，为治疗杂病的典范。书名“金匮”，言其重要和珍贵之意，“要略”，言其简明扼要之意，表明本书内容精要，价值珍贵，应当慎重保藏和应用。

在《金匮要略》中，有两卷与食疗有关，即《禽兽鱼虫禁忌并治第二十四》《果实菜谷禁忌并治第二十五》。在两卷的前面，均有一小段论述。如卷二十四中说：“所食之味，有与病相宜，有与身为害。若得宜，则益体，害则成疾，以此致危，例皆难疗。”因此，在卷二十五的小序中，他特别强调人们要了解食物的“禁忌”。而在此两卷中，共有数百条内容与饮食方面的“禁忌”有关。如“秽饭、馁肉、臭鱼、食之皆伤人”“肉中有如朱点者，不可食之”“羊肉不可共生鱼酪，食之害人”“马鞍下肉，食之杀人”

张仲景像

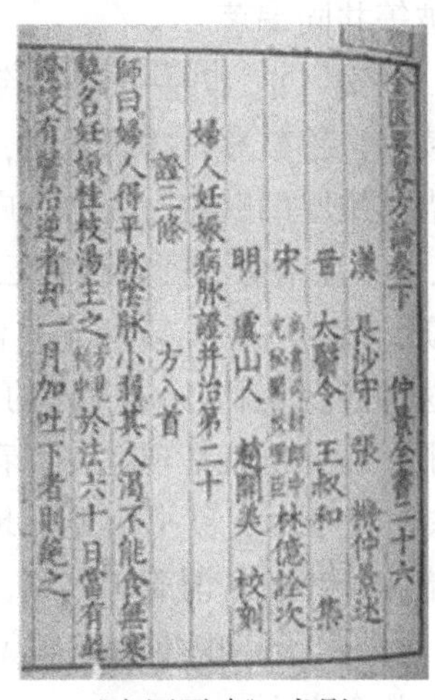

金匱要略方論卷下　仲景全書二十六
漢　長沙守　張　機仲景述
晉　太醫令　王叔和　集
宋　林億詮次
明　虞山人　趙開美　校刻
婦人妊娠病脈證并治第二十
證三條　方八首
師曰婦人得平脈陰脈小弱其人渴不能食無寒
熱名妊娠桂枝湯主之於法六十日當有此
證設有醫治逆者却一月加吐下者則絕之

《金匮要略》书影

"六畜肉，热血不断者，不可食之""鱼鳖肉不可合苋菜食之""胡桃不可多食，令人动痰饮""李不可多食，令人腹胀""梅多食，坏人齿""木耳赤色及仰生者勿食。菌仰卷者及赤色者，不可食"。有些条目，在言饮食禁忌的同时，还附有简要的治疗方。如"食鯸鮧鱼（即河豚）中毒方：芦根煮汁，服之即解""食苦瓠中毒治之方：黍穰煮汁，数服之解"。

这些内容自然是古人日常生活经验的积累，有一定的科学道理。但这两卷中涉及的饮食文化内容也含有迷信色彩的部分，如认为人食动物内脏会遭到报应，劝人"勿食之"。

《金匮要略》现存最早版本为元刻本，注本颇多，以元代赵以德的《金匮方论衍义》较早，而以清代尤怡的《金匮要略心典》最为著名。据统计，历代注释、发挥、方论也有百余家之多。

五、其他著作

除以上所列之外，还有不少典籍中包含有饮食文化方面的内容，如西汉刘安的《淮南子》、桓宽的《盐铁论》等。

（一）《淮南子》

《淮南子》是我国思想史上划时代的学术巨著，是西汉道家思想的最高理论结晶。一般认为是淮南王刘安及其门客李尚、苏飞、伍被等共同编著。

刘安（前179—前121年），是汉高祖孙子，汉武帝的叔父，好读书，善鼓琴，才思敏捷，尤工词赋，文帝时袭父封淮南王。他凭借其雄厚的财力、人力，广招宾客方术之士数千人著书立说。据《汉书·淮南厉王刘长传》云："作《内篇》二十一篇，《外书》甚众，又为《中篇》八卷，言神仙黄白之术，亦二十余万言。"然而这部涉及范围十分广泛的文化巨著，留传下来的只有《内书》二十一篇，也就是现在我们看到的《淮南子》。刘知几在《史通·自叙》中云："其书牢笼天地，博极古今，上自太公，下至商鞅，其错综经纬，自谓兼于数家，无遗力矣。"内容可谓非常丰富！

《淮南子》中蕴涵着丰富的饮食思想，概而言之，主要体现在如下几个方面：

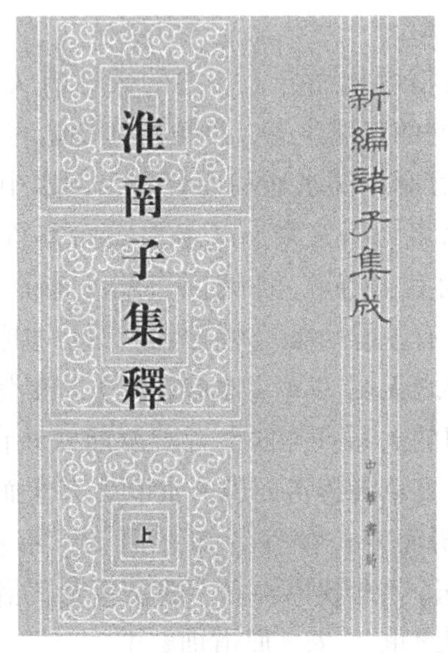

《淮南子集释》书影

其一，强调食为民之本。《淮南子》认为饮食是人民赖以生存的根本，也是国家长治久安的根本。它说："食者民之本也，民者国之本也，国者君之本也"（《主术训》），"衣食饶溢，奸邪不生"（《齐俗训》），意思是看一个国家是否有仁政，首先要考察百姓能否饥充腹果。它又认为："民之所望于主者三：饥者能食之，劳者能息之，有功者能德之"（《兵略训》），这是评价统治者功过是非的客观准则，也是《淮南子》始终强调的重要治国命题。

其二，重视甘味，但不应过分追求。《淮南子》说："味有五变，甘其主也。"（《地形训》）这里的"甘"，并非甜的意思，乃是本味、原味之义。甘味之所得，主要在调，而调必生变。如何调呢？《淮南子》说："炼甘生酸，炼酸生辛，炼辛生苦，炼苦生成，炼成反甘。"（《地形训》）在重视甘味的同时，《淮南子》也认为对美味的追求应适可而止，不能过度。它说"五味乱口，使口爽伤"（《精神训》），还说"夫声色五味，远国珍怪，环异奇物，足以变心异志，摇荡精神，感动气者，不可胜计也"（《精神训》)。显然,《淮南子》在重视甘味的同时,也反对对美味的过分追求。

其三,认为食俗因地而异,与人的天性有关。俗言“一方水土养一方人”,不同的自然生态,种植的作物会有不同。《淮南子》云:“汾水濛浊而宜麻,泲水通和而宜麦,河水中浊而宜菽,雒水轻利而宜禾,渭水多力而宜黍,汉水重安而宜竹,江水肥仁而宜稻,平土之人慧而宜五谷。”各地因自然生态不同、种植作物不同,其食俗自然也有差异。如《精神训》云:“越人得髯蛇,以为上肴,中国得而弃之无用。”(《地形训》)《淮南子》还认为食俗与人的天性有密切的关系:“食水者善游能寒,食土者无心而慧,食木者多力而奰,食草者善走而愚,食叶者有丝而蛾,食肉者勇敢而悍,食气者神明而寿,食谷者知慧而夭,不食者不死而神。”(《地形训》)又云:“北狄不谷食,贱长贵壮,俗尚气力,人不驰弓,马不解勒,便之也。”(《原道训》)

此外,《淮南子》中还记载了不少与饮食有关的内容。如考证食器的来历,云:“席之先雚蕈,樽之上玄酒,俎之先生鱼,豆之先泰羹,此皆不快于耳目,不适于口腹,而先王贵之,先本而后末。”(《诠言训》)又如论说水火在烹调过程中的辩证关系:“水火相憎,鏏(即鼎)在其间,五味以和。”(《说林训》)再如对水与五味调和之关系的探讨:“水不与五味,而为五味调;……能调五味者,不与五味者也。”(《兵略训》)

《淮南子》的版本很多,校释本也较多。校释本主要有张双棣的《淮南子校释》、何宁的《淮南子集释》、刘文典的《淮南鸿烈集解》、杨树达的《淮南子证闻》等。

(二)《盐铁论》

《盐铁论》,西汉桓宽编著。桓宽(生卒年不详),字次公,汉汝南郡(今河南上蔡)人,治《公羊春秋》。宣帝时举为郎,后官至庐江太守丞。其知识广博,善为文章,著有《盐铁论》60篇。

《盐铁论》编纂于西汉昭、宣帝时期。始元六年(前81年),昭帝召集贤良、文学60多人参加由丞相、御史大夫主持的讨论盐铁等问题的会议,会议内容实际涉及政治、经济、军事、文化和社

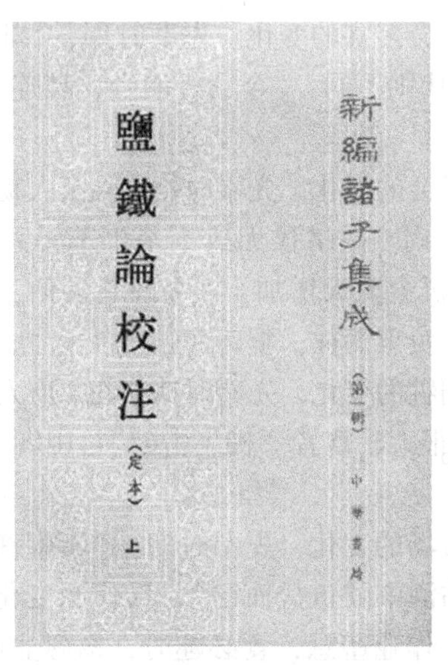

《盐铁论校注》书影

会生活各个领域。宣帝时，桓宽受命整理了这次会议记录，编成了著名的《盐铁论》。

有关饮食文化的内容，主要反映在《盐铁论》的《散不足》篇中。是篇主要从八个方面论述了汉代饮食与先秦时代饮食的区别，从中可以看出汉代饮食文化的发展变化。

第一是食物原料取舍的变化。“古者谷物菜果，不时不食。鸟兽鱼鳖，不中杀不食。”而汉代则不同了：“今富者春鹅秋鸧，冬葵温韭。”

第二是饮食器具的变化。“古者庶人器用，不过竹柳陶瓠而已”。而汉代则变化很大：“今则瑚琏觞豆，彫文彤漆，富者银口黄耳，金罍玉钟。中者野王紵器，金错蜀杯”。

第三是宴会丰俭的变化。“古者，燔黍食稗，而捭豚以相飨。其后，乡人饮酒，老者重豆。少者立食，一酱一肉，旅饮而已。及其后，宾婚相召，则豆羹白饭，綦脍熟肉。今民间酒食，肴旅重叠，燔炙满案，臑鳖脍鲤，麑卵鹑鷃橙枸，鲐鳢醢醢，众物杂味。”

第四是宴饮机会多寡的变化。先秦时期，“非媵腊不休息，非祭祀无酒肉”。汉代则不同：“今宾昏酒食，接连相因，析酲什半，弃事相随，虑无乏日。”

第五是食肉机会的变化。先秦时期，“庶人粝食藜藿，非乡饮酒、媵腊祭祀无酒肉。故诸侯无故不杀牛羊，大夫士无故不杀犬豕”。而汉代食肉机会大大增加：“今闾巷县佰，阡伯屠沽，无故烹杀，相聚野外。负粟而往，挈肉而归”。

第六是祭祀用牲的变化。先秦时期祭祀，庶人一般为“鱼菽之祭”。汉代则变化很大，富者“椎牛击鼓”；中者“屠羊杀狗”；贫者“鸡豕五芳”。

第七是食品市场的变化。先秦时期，“不粥饪，不市食。及其后，则有屠沽，沽酒市脯鱼盐而已”。汉代则变化很大：“今熟食遍列，肴施成市，作业堕怠，食必趣时，杨豚韭卵，狗䐹䐪马朘，煎鱼切肝，羊淹鸡寒，挏马骆酒，蹇捕胃脯，胹羔豆赐，鷇膹雁羹，自鲍甘瓠，熟梁貊炙。”

第八是宴饮歌舞的变化。先秦时期，“民间酒会，各以党俗，弹筝鼓缶而已。无要妙之音，变羽之转。”汉代则变化很大：“今富者钟鼓五乐，歌儿数曹。中者鸣竽调瑟，郑舞赵讴。”

以上八个方面的对比，说明汉代饮食文化与先秦相比已发生了很大变化：饮食原料大为丰富，肉类大为增加，烹饪技术和水平大为提高，饮食器具的质地和制作工艺大为改进和提高，祭祀用牲层次提高，宴饮水平大为提高，饮食市场和饮食行业大为发展，等等。总之，汉代饮食生活水平较之先秦有了很大提高。《盐铁论·散不足》比较全面地总结了汉代饮食生活和烹饪的发展状况，为研究汉代饮食文化提供了重要的资料。

是书版本较多，校释、翻译本亦不少。常见的有中华书局《新编诸子集成》本《盐铁论校注》等。

（三）《七发》

《七发》，汉代枚乘撰。枚乘，字叔，淮安（今江苏淮安）人。曾做过吴王刘濞、梁王刘武的文学侍从。景帝时，拜为弘农都尉，因非其所好，以病去官。枚乘以辞赋见长，《汉书·艺文志》著录“枚乘赋九篇”，今仅存《七发》《柳赋》《菟园赋》三篇，且后两篇疑为伪托之作。

《七发》是枚乘的重要辞赋之一，其中有一段文字专门谈西汉楚王宫的饮食，引录如下：

> 犓牛之腴，菜以笋蒲。肥狗之和，冒以山肤。楚苗之食，安胡之饭。抟之不解，一啜而散。于是使伊尹煎熬，易牙调和。熊蹯之臑，芍药之酱。薄耆之炙，鲜鲤之鲙。秋黄之苏，白露之茹。兰英之酒，酌以涤口。山梁之餐，豢豹之胎。小饭大歠，如汤沃雪。此亦天下之至美也，太子能强起尝之乎？

这段话中记载了不少精美的饭、菜，虽有夸张的成分，但还是在一定程度上反映了当时的饮食面貌。受枚乘《七发》的影响，后来曹植的《七启》、张景阳的《七命》等模仿性作品里，也都有一段文字专写饮食。与《七发》相类，这些作品中也不免有夸张的成分。如《七启》中形容刀工有“蝉翼之割，剖纤析微。累如叠縠，离若散雪，轻随风飞，刃不转切”之句，夸张的色彩非常明显，但对于赋这种文学体裁来说，这是正常的、无可厚非的。

第八章

魏晋南北朝时期的饮食文化

魏晋南北朝时期是中国封建社会历史上大动荡、大分裂持续最久的时期。在这期间，除去西晋的短暂统一外，中国一直是处于若干政权并立纷争的局面。西晋统一前，是处于东汉末年的军阀混战中乘机而起的魏、蜀、吴三国鼎立的局面。西晋灭亡后，北方又发生了所谓“十六国大乱”。各民族的上层分子到处掠夺人口，割据一方，先后建立了二十多个割据政权，相互间进行了百余年的大混战。直到四世纪末，才由来自北方草原的游牧民族拓跋鲜卑建立的北魏重新统一了北方。但到六世纪初，北魏又分裂成东魏和西魏两个政权，并分别嬗变为北齐和北周，其间也是攻战不绝。南方虽然安定一些，但也经历了东晋、宋、齐、梁、陈五个朝代的更迭。直到公元589年隋朝统一中国，才结束了这个动乱不安和分裂割据的时期。

第一节　饮食文化总体特征

一定历史时期的饮食文化发展水平决定于当时生产力发展的水

平。据《三国志》《晋书》等文献记载，魏晋南北朝时期，我国经济比较发达的地区除黄河下游地区外，还有东北的辽河流域，西北的凉州地区，以及东南的江南地区。特别是江南地区，已开始成为全国经济的一个中心，这就为三国魏晋南北朝时的饮食文化发展奠定了坚实的基础。在饮食烹饪方面，各民族把自己的饮食习惯和烹饪方法都带到了中原腹地。从西域地区来的人民，传入了胡羹、胡饭、胡炮、烤肉、涮肉等制法；从东南来的人民，传入了叉烤、腊味等制法；从南方沿海地区来的人民，传入了烤鹅、鱼生等制法；从西南滇蜀来的人民，传入了红油鱼香等饮食珍品。这些风味各异的食品极大地丰富了中国饮食文化的内容。至北魏时，西北少数民族拓跋氏入主中原后，又将胡食及西北地区的风味饮食大量传入内地，使中国饮食也出现了胡汉交融的特点。具体表现为：

第一，面食在民间有了进一步推广。中国食面的习俗是在秦汉时形成的，三国魏晋南北朝逐渐得到推广。因为在这一时间，面食的发酵技术更加成熟。《齐民要术》中记载的发酵方法为："面一石，白米七八升，作粥；以白酒六七升酵中。著火上，酒鱼眼沸，绞去滓。以和面，面起可作。"① 这是一种用酒发酵法，十分符合现代科学原理。据文献记载，三国魏晋南北朝时较为著名的面点品种在 50 种以上，其中有许多品种是由西北少数民族传入的，如胡饼之类。三国魏晋南北朝时面食种类增多，一方面与面点的发展分不开，另一方面也与此时节日食俗的发展紧密相联。如当时的"人日""天穿节"，人们都要吃煎饼；寒食节吃"寒具"，伏月吃"汤饼"等，都是用面制作。面点与节日食俗的结合，也促进了面食的发展。

第二，乳类食品占有一定地位。众所周知，汉民族传统的饮食习俗很少吃乳制品。但到魏晋南北朝时，大批西北游牧民族入居中原以及中原地区畜牧业的发展，使汉族人民的饮食习惯发生了变化，乳制品开始成为经常性的食品。如北魏尚书令王肃，原为南齐

---

① （北魏）贾思勰：《齐民要术》卷九《作白饼法》，文渊阁《四库全书》第 730 册，第 122 页。

秘书丞，入仕北魏之初，“不食羊肉及酪浆等物，常饭鲫鱼羹，渴饮茗汁”①，但数年之后，就“食羊肉酪粥甚多了”。当时的乳制品主要有酪（发酵乳）、酥（酥油）、乳腐（乾酪）等，其食法主要是放入面点之中或作饮料用，也可直接食用。乳制品的营养价值十分高，《晋书》说：“乳酪养性，人无礙心。”《魏书》说：“常饮牛乳，色如处子。”② 此外，在当时的一些农学著作和食谱中，如贾思勰的《齐民要术》、崔浩的《食经》、虞悰的《食珍录》等，对乳制品的营养价值均有明确的认识，并收录了用乳品加工的点心、面、饼、粥菜肴，如玉露围、乳釀鱼、酥冷白寒其、牛乳粥等，表明乳制品已登上了汉族民众的餐桌。

第三，筵席有了进一步发展。筵席又名宴席、筵宴、燕饮，是人们为着某种社交目的，精心编排的一整套菜品，故被人们视为“菜品的组合艺术”，是烹调工艺的集中反映，名菜美点的汇展橱窗和饮食文明的表现形式。中国的筵席源远流长，变化万千，至三国魏晋南北朝时又出现了一些新的特点，表现为筵席场面更加宏大，礼仪复杂、菜肴丰富。晋人傅玄的《朝会赋》、张华的《宴会歌》，都真实地反映了贵族们奢华的宴会生活。《梁书》也对南朝梁宫廷中的筵席有如下记载：“夫食方丈于前，所甘一味，今之燕喜，相竞夸豪，积果如山岳，列肴同绮绣，露台之产，不周一燕之资，而宾主之间，裁取满腹，未及下堂，已同臭腐。”③ 这真是一针见血的揭露。

第四，总结烹饪和食疗方面的著述大量出现。见于《隋书·经藉志》中的烹饪文献有《崔氏食经》4卷、《食经》14卷、《食馔次第法》1卷、《四时御食经》1卷、《马琬食经》3卷、《会稽郡造海味法》1卷，食疗文献有《膳馐养疗》20卷、《论服饵》1

---

① （北魏）杨衒之撰，周祖谟校释：《洛阳伽蓝记·报德寺》卷三，中华书局2013年版，第105页。

② （北齐）魏收：《魏书》卷九四《王琚传》，中华书局1974年版，第2015页。

③ （唐）姚思廉：《梁书》卷三八《贺琛传》，中华书局1974年版，第544页。

卷、《老子禁食经》1卷、《黄帝杂饮食忌》2卷、《太官食经》5卷等。但以上文献都已佚失，现存的著作有贾思勰的《齐民要术》、虞悰的《食珍录》，这些书记载了许多肴馔的烹制方法。食谱、食疗专著的大量出现，反映了魏晋南北朝时期的饮食水平有了较大的提高。

第五，饮茶习俗日渐盛行。中国有悠久的种茶、饮茶历史，一方面为人类提供了最普遍和最受人欢迎的饮料，另一方面也为世界创立了一门饮茶文化，而这门文化的创立也应追溯到三国魏晋南北朝时期。陆羽《茶经》中说："茶者，南方之嘉木也。"一些古代文献也记载茶树起源于中国四川省及其周围地区。在三国至魏晋南北朝时，西南的饮茶习俗传至长江中下游地区。三国时，吴国饮茶现象就较为常见。据《三国志》记载，吴国皇帝孙皓"每飨宴，无不竟日，坐席无能否率以七升为限，虽不悉入口，皆浇灌取尽，曜素饮酒不过二升，初见礼异时，常为裁减，或密赐茶荈以当酒。"① 孙皓因韦曜力不胜酒，就让他以茶代酒，后世我国民间因某人不能喝酒，就允许他以茶代酒之习俗盖源于此。魏晋南北朝时，由于茶树种植的逐年增加，茶叶在南方已逐渐成为一种普通的饮料，甚至成为达官贵人用以标榜自己俭朴之品。《晋中兴书》有一段吴兴太守陆纳生活俭朴，以茶果待客的故事："陆纳为吴兴太守时，卫将军谢安常欲诣纳。纳兄子俶，怪纳无所备，不敢问之，乃私蓄十数人馔。安既至，纳所设唯茶果而已。俶遂陈盛馔，珍馐毕具。及安去，纳杖俶四十，云：'汝既不能光益叔父，奈何秽吾素业。'"②《晋书·桓温传》记载东晋大将军桓温生性俭约，每次宴请宾客，也只用茶果。齐武帝临死前下诏曰："我灵上慎勿以牲为祭，唯设饼果、茶饮、干饭、酒脯而已。天下贵贱，咸同此制。"即规定以茶饭代替牲祭，这也是一种节俭主张。这时，茶在南方虽已成为一种普通饮料，但在北方，特别是在出身于西北民族

① （晋）陈寿：《三国志·吴书》卷六五《韦曜传》，中华书局1974年版，第1462页。

② （唐）陆羽：《茶经·茶之事》，上海古籍出版社1993年版，第8页。

的王公贵族中不多见，他们仍习惯于以“乳酪为浆”。到了隋朝以后，由于修建了大运河，沟通了黄河与长江两大流域的交通，茶叶也由此被带到北方去了。从茶向国外传播的时间上来看，茶向亚洲国家和地区的传播时间较早，大约是在魏晋时期，有学者认为，中国的茶叶在5世纪时就开始输往西亚的土耳其了。

总之，在三国魏晋南北朝时期，由于各民族间饮食文化与烹饪技艺的交流，出现了许多风味各异的名馔佳肴，加之这时社会经济、文化的发展，从而使得三国魏晋南北朝的饮食文化较之前代而言，已发生了一些新的变化，呈现出一些新的特色。

第二节 饮食品种与宴会

一、饮食品种日渐丰富

三国魏晋南北朝的饮食文化，给后世留下了极为丰富的遗产，不少食珍至今还有开发利用的价值，以下择要进行考论。

鱼鲊 鱼鲊是中国古代一种具有特殊风味的传统佳肴，魏晋南北朝时宫中尤为盛行。东晋名将谢玄于军务之余钓鱼，又自制成鱼鲊，寄给远方的妻子，被传为风流佳话。据《大业拾遗记》记载，隋大业年间，吴郡官员曾向隋炀帝进贡过鱼鲊，隋炀帝食后赞不绝口。

鱼鲊是怎样制成的呢？现在史料中记载制作鱼鲊之法有七八种之多，比较权威的说法是《齐民要术》中的记载。做鱼鲊的时间，一年四季都可，但以春秋两季最合适。因为冬季气候寒冷，不易发酵；夏季天气太热，容易生蛆。

鱼鲊的正统原料是鲤鱼。鱼越大越好，以瘦为佳。肥鱼虽好，但不耐久。凡长到一尺半以上，皮骨变硬，不宜作鲙的鱼，都可以作鲊。其制法是，取新鲜鲤鱼，先去鳞，再切成二寸长、一寸宽、五分厚的小块，每块都得带皮。其所以要将鱼块切得这么小，是因为鱼块过大，则外部发酵过度，酸烈难吃，而靠近骨头部分却生而有腥气，块小则发酵比较均匀。切好的鱼块可以放入盛水的盆中浸着，再换清水洗净，漉出放在盘里，撒上白盐，盛在篓中，放在平整的石板上，榨尽水，炙一片尝尝咸淡。接着将粳米煮熟当作糁，连同茱萸、桔皮、好酒等原料在盆里调匀。取一个干净的瓮，把鱼摆在瓮里，一层鱼、一层糁，装满为止。把瓮用竹叶和菰叶或芦叶密封好，放置若干天，使其发酵，产生新的滋味。食用时，最好用手撕，用刀切则有腥味。

由此可见，鱼鲊属于生食的菜肴，是经过多种工艺加工而成的。

五味脯 该脯在魏晋皇室中深受欢迎。做五味脯一般在农历二月和九十月间，牛、羊、獐、鹿、猪肉都可以用于做脯，可以切成条子，也可以切成长片，但要顺着肉纹切。把肉上骨头捶碎煮成骨汁，掠去浮沫，放入豆豉再煮，至色足味调，漉去滓下盐，切细葱白捣成浆汁，加上花椒末、桔皮末和生姜末，将肉脯浸入鲜汁中，用手搓揉，使其入味。片脯浸三个昼夜取出，条脯须尝一下是否入味，再决定何时取出。取出后用细绳穿挂在屋北檐下阴干。条脯到半干半湿时，反复用手捏紧实。脯制成后放到宽大清洁的库中，用纸袋笼裹悬挂好，冬天做，夏天吃。

鳢鱼脯 鳢鱼俗称乌鱼。其制法是，先作极咸的调味汤，汤中多下生姜、花椒末，灌满鱼口，用竹枝穿眼十个一串，鱼口向上，挂在屋北檐下，至来年二月、三月即成。把鱼腹中五脏生刳出来，加酸醋浸渍，吃起来其味隽美。鱼用草裹起来，涂泥封好，放在火灰中煨熟。吃时去掉泥草，用皮布裹起来，用木捶捶鱼肉，其肉白如同珂雪，鲜味无与伦比，过饭下酒，极是珍美。

胡羹 西汉张骞通西域以后，中亚饮食之法渐传入汉室之中，胡羹即是其中之一，魏晋南北朝时在宫廷中十分流行。胡羹的制法是：羊肋六斤，加羊肉四斤，水四升，煮熟，把肋骨抽掉，切肉成块，加葱头一斤，芫荽一两，并安石榴汁进行调味。安石榴是安息石榴的简称，是从伊朗传入。

莼羹 晋代著名文学家陆机有次去拜访王武子，王武子是晋武帝的女婿。王武子指着面前摆的鲜羊奶酥，问陆机：“你的故乡江南有什么比得上这个的”？陆机回答道：“千里莼羹，未下盐豉。”

陆机把莼菜羹与羊酪酥相提并论，足见此羹之珍美。贾思勰《齐民要术》中也认为：作羹用的配菜，莼为第一。

农历四月份莼菜生茎而未长出叶子，叫做雉尾莼，是莼菜中第一肥美的。用鱼脍配上这时的莼菜做羹，其味更是鲜美。经过陆机的提倡，这道羹在晋代上层贵族中很快流行起来。

蒸豚 即蒸小猪，这是魏晋宫廷的席上珍品。其制法为：取肥小猪一头，洗净，煮半熟，放到豆豉汁中浸渍。生秫米一升不加水，放到浓汁中浸渍至发黄色，煮成饭，再用豆豉汁洒在饭上。细切生姜桔皮各一升，三寸长葱白四升，桔叶一升，同小猪、秫米饭一起，放到甑中，密封好，蒸两三顿饭时间后，再用熟猪油三升加豉汁一升，浇在猪上，这道菜便制作成了。

胡炮肉 取一岁肥白羊，现杀现切，精肉和脂肪都切成细缕菜丝，下入豆豉，加盐、葱白、姜、花椒、荜拨、胡椒调味。将羊洗净翻过来，把切好的羊肉装到肚中，以满为度，缝合好，在凹坑中生火，烧红了，移却灰火，把羊肚放在火坑中，再盖上灰火，再起火燃烧，约烧煮一顿米饭的时间，便熟了，其肚香美异常。

跳丸炙 这是古代《食经》中的一道名菜。把羊肉、猪肉各十斤切成细肉丝。加入生姜三升、桔皮五叶、藏（腌）瓜二升、葱白五升，合捣，使成弹丸大小，另外用五斤羊肉做肉羹汤，下入丸炙煮成肉丸子。这就是我国早期的肉丸子。

武昌鱼 诗句“昔人宁饮建业水，共道不食武昌鱼”，说的是东吴最后一个皇帝孙皓要再次迁都武昌，但吴国的大官僚地主不愿远离他乡，因此遭到反对。其时，左丞相陆凯上疏孙皓，并引用了民谣：“宁饮建业水，不食武昌鱼，宁还建业死，不止武昌居。”这既反映了当时吴国上下一致反对从建业迁都武昌，同时也说明了在 1700 多年前的三国时期，武昌鱼有其名，而且其珍馐美味早已为人们所赞赏，特别是在东晋，皇室与上层贵族常以食清蒸武昌鱼为乐事。

面筋 据史籍记载，梁武帝萧衍大力尊儒崇佛，多次舍身同泰寺，且四处盖庙宇。晚年他提倡斋僧吃素。据古代笔记，从小麦麸皮和面粉中提取面筋，就始于梁武帝。当初称麸，后来叫面筋，是寺院素食的“四大金刚”（豆腐、笋、蕈、麸）之一。

驼蹄羹 我国食骆驼的历史很久，驼峰、驼乳皆入馔。三国时曹植曾不惜千金，制作一味七宝驼蹄羹，甚受皇室喜爱。宋人苏东坡“腊糟红糁寄驼蹄”诗句，写的即是糟驼蹄。惜乎魏晋以后，七宝驼蹄羹之法失传多年，所幸明代食谱中，有“驼蹄羹”之制法，现录之如下：将鲜驼蹄用沸水烫腿毛、去爪甲、去污垢老皮，洗净，用盐腌一宿。再用开水退去咸味，用慢火煮至烂熟，汤汁稠浓成羹，加调味品供食。

髓饼 此为南北朝时的饼，用骨髓油同蜂蜜和面粉制成薄饼，放在烧饼炉中炕熟。饼肥美，可久贮，像今日南方的火烧。

截饼 用牛奶或羊奶加蜜调水和面，制成薄饼，下油锅炸成，入口即碎，脆如凌雪。今之奶油饼干不用大油加烧，而用烘炉烘干，技术大有改进，风味更妙。

豚皮饼 此饼类似澄粉皮。其制法为：用热汤和面，稀如薄粥。大锅中烧开水，开水中放一小圆薄铜钵子，用小勺舀粉粥于圆铜钵内，用手指拨动圆钵子使之旋转。把粉粥匀称地分布于钵的四周壁上，钵极热，烫粉粥成熟饼，取出。再舀粉粥入钵，待再熟，再取出，此饼放入冷开水中，如同猪肉皮一样柔韧，食时浇麻油和其他调味品。此饼相传为汉人纪念屈原所作，后为宫中之食。

二、宫廷宴会更趋规范

魏晋南北朝时，皇室宫廷宴会也有了进一步的发展。如元旦皇帝大宴群臣之宴会，继汉代发展尤为显著。曹植《元会》诗中描写魏时元旦朝贺宴会道：“初岁元祚，吉日惟良。乃为嘉会，宴此高堂。”朝贺赴御宴的文武百官个个“衣裳鲜洁，黼黻玄黄”，高贵的礼服上绣着黑白相间的斧形花纹和黑青相间的亚形纹饰，洁净鲜艳。宴会上“珍膳杂沓”，圆圆方方的盘、簋食器中几乎满得溢出来。向上看，上边宫殿雕梁画栋。向下看，下边宴席百官轩昂，真是君臣一堂，在“欢笑尽娱，乐哉未央!”

晋代元旦朝贺皇帝时，皇帝要给百官增禄，每人赐醪酒二升。晋人傅玄有诗描述晋朝元旦朝贺时，成群的嫔妃宫女和在巍巍宝座上的圣明皇帝，都穿着元旦朝服，气宇轩昂的情形。傅玄在《朝会赋》中对此描述得十分生动具体，他先述元旦宴会上系“考夏后之遗训，综殷周之典艺，采秦汉之旧仪，定元正之嘉会”①，所以要特别隆重，在夜半就要开始迎新岁日出，而华灯好似火树银花，炽若“百枝之煌煌”。然后宫门大开，皇帝坐在太极正殿，朝贺的人“挨次而入，济济洋洋，肃肃习习，就位重列”，而皇帝盛服坐于帐前，凭玉几案，面南而受群臣朝贺。

朝贺以后，管弦齐奏，歌声悠扬，颂声溢耳，接着盛宴开始。西晋大臣张华亦撰有《宴会歌》记述了这种盛况：

亹亹我皇，配天垂光。
留精日昃，经览无方。
听朝有暇，延命众臣。
冠盖云集，樽俎星陈。
肴蒸多品，八珍代变。
羽爵无算，究乐极宴。
歌者流声，舞者投袂。
动容有节，丝竹并设。
宣扬四体，繁手趣挚。
欢足发和，酣不忘礼。
好乐无荒，翼翼济济。②

梁朝词赋家何逊著有《七召》，也对当时宫廷珍馔进行了描述：

铜饼玉井，金釜桂薪。
六彝九鼎，百果千珍。

---

① （唐）房玄龄《晋书》卷二一《礼志下》，中华书局1974年版，第649页。

② （唐）房玄龄：《晋书》卷二二《乐志上》，中华书局1974年版，第690页。

熊蹯虎掌，鸡跖猩唇。
潜鱼两味，立犀五肉。
拾卵凤窠，剖胎豹腹。
三脔甘口，七菹惬目。
蒸饼十字，汤官五熟。
海椒鲁豉，河盐蜀姜。
剂水火而调和，糅苏蔱以芬芳。
脯追复而不尽，犊稍割而无伤。
鼋羹流歠，蜓酱先尝。
鲙温湖之美鲋，切丙穴之嘉鲂。
落俎霞散，逐刃雪扬。
轻同曳茧，白似飞霜。
蔗有盈丈之名，桃表兼斤之实。
杏积魏国之贡，菱为巨野所出。
衡曲黄梨，汶垂苍栗。
陇西白柰，湘南朱橘。
荔枝沙棠，葡萄石密。
瓜称素腕之美，枣有细腰之质。

虽然，皇帝在表面上是提倡节俭，实质上却只是一种说教。《南齐书·萧颖胄传》记载，齐文帝提出把公卿大臣进奉的银酒樽销毁，善于逢迎的尚书令王宴等人吹捧此举为盛德。萧颖胄没弄清皇帝的意思就上奏说："朝廷盛礼莫过于三元朝会，即使讲节俭，这些银酒具是旧物，也算不得奢侈！"齐文帝听后大为不悦。不久，齐文帝设宴招待群臣，满桌皆是新铸的银制饮食器，闪闪发光。萧颖胄这才恍然大悟说："陛下前次要毁掉酒器，原来是想换上这些新的！"这一席话说的齐文帝羞愧万分，无地自容。

据韩养民、郭兴文《中国古代节日风俗》说："南北朝时，不论节俭也好，奢侈也好，国力强盛也罢，濒临衰亡也罢，每遇元旦朝会，统治者们无不大肆铺张。有的聊以自慰，歌舞升平，有的预祝新年国运亨通。"但是，正是由于这种大肆挥霍的生活，导致了这一时期朝代更替频繁，并最终就被隋朝取而代之了。

三、士族热衷饮食体验

魏晋南北朝时期是门阀士族得到充分发展的一个时代，他们在政治、经济和学术上的垄断、优越地位，也在饮食生活和饮食学上体现了出来。考察魏晋南北朝时期的饮食活动，可以发现一个重要的特征就是士族的积极参与。

众所周知，饮食消费是需要金钱支撑的。魏晋南北朝时期的士族凭借经济上的优势，在饮食上精益求精，追求美味佳肴，一方面充分暴露了这一群体奢侈的本性，另一方面也表现出他们对饮食文化发展所作出的一定贡献。

魏晋南北朝时期士族对饮食文化的贡献，可以从品评、实践与著述三方面来看。

（一）动口品评的美食家

魏晋南北朝士族的品评主要是以其丰富的饮食阅历和文化知识对菜肴的口味、制作进行探讨，评定优劣，领悟品味。如《晋书》记载前秦苻朗“善识味，咸酢及肉皆别所有。”① 他在国亡之后投奔东晋，会稽王司马道子设盛馔招待他，宴会“极江左精肴”。食后，司马道子问他：“关中之食孰若此？”他回答说：“皆好，惟盐味小生耳。”② 盐味小生是指所用的盐提炼不纯。《齐民要术·卷八》载有提炼盐的方法，即用甘水溶白盐，然后澄滤盐汁，曝干，所得盐“自如珂雪，其味又美”。盐味小有变化，苻朗也能感觉出来。《晋书·苻朗传》又说：“或人杀鸡以食之，既进，朗曰‘此鸡栖恒半露’。检之，皆验。又食鹅肉，知黑白之处。人不信，记而试之，无毫厘之差。时人咸以为知味。”③ 吃鸡、鹅，能知道鸡、

---

① （唐）房玄龄：《晋书》卷一一四《苻坚下》，中华书局 1974 年版，第 2937 页。

② （唐）房玄龄：《晋书》卷一一四《苻坚下》，中华书局 1974 年版，第 2937 页。

③ （唐）房玄龄：《晋书》卷一一四《苻坚下》，中华书局 1974 年版，第 2937 页。

鹅的生活习性和生长情况，这种饮食品味非有长期的实践不能达到。当然，这里也可能有夸大之嫌。又如南齐贵族虞悰也是当时的著名美食家。虞悰在南朝宋时官为黄门郎，南齐时做到宰相。公元494年，齐明帝要他继续佐政，他不奉诏而称疾笃还乡，不久即逝世。他十分爱惜自己的烹调方法，从不告诉外人。有一次齐武帝“幸芳林园就悰求味，悰献糋及杂肴数十舆，太官鼎味不及也。上就悰求诸饮食方，悰秘不出。上醉后体不快，悰乃献醒酒鲭鲊一方而已”。① 还有一次，豫章王萧嶷盛馔享宾，谓悰曰：“肴羞有所遗不?”悰曰：“何曾食疏有黄颔臛，恨无之。”② 颔指幼鸟，黄颔臛是指用小黄雀制作的肉羹，而当时萧嶷的宴席上缺少这一道名菜。可见虞悰对当时的著名菜肴了如指掌，不愧是一位美食家。

（二）亲自制作的实践家

魏晋南北朝时的士族并不单单满足于享受美味佳肴，他们有时还亲自制作。他们一开始是为了满足自己的好奇心，不料经过多次实践，反而成为行家里手，掌握了一手烹饪绝技，推动了魏晋南北朝的饮食文化的发展。如齐武陵王萧晔召集僚佐宴饮，萧晔亲自割鹅炙，他的征虏参军刘琎说：“应刃落俎，膳夫之事。殿下亲执鸾刀，下官未敢安席。”③ 萧晔割鹅炙的手法，非常娴熟，达到“应刃落俎”的程度，可见其厨艺功力非同小可。刘琎不安于席，主要认为执刀片鹅非亲王之事。另据《南齐书·武陵昭王萧晔传》记载，萧晔除片鹅之外，还会其他厨艺，尚书令王俭拜访他，他亲自设食，以菘菜鲃鱼招待王俭。南齐虞悰“善为滋味，和齐皆有方法”，他亲自制作的菜肴，“太官鼎味不及也”。连御厨都相形逊色，说明他的厨艺冠绝一时。梁朝的孙廉也是“便辟巧宦”，喜欢烹饪，“凡贵要每食，廉必日进滋旨，皆手自煎调，不辞勤剧，遂

① （唐）李延寿：《南史》卷四七《虞悰传》，中华书局1975年版，1175页。

② （唐）李延寿：《南史》卷四七《虞悰传》，中华书局1975年版，第1175页。

③ （唐）李延寿：《南史》卷三九《刘琎传》，中华书局1975年版，第680页。

得为列卿、御史中丞、晋陵、吴兴太守”。① 不可否认，士族的亲躬厨事是魏晋南北朝饮食文化取得较高水平的一个重要原因。

（三）著书立说的理论家

魏晋南北朝时期是我国古代饮食学发展史上的一个重要阶段。这个时期涌现出了一批饮食类著作，这些著作多是由士族出身的人撰写的。因为这一时期，士族对饮食的实践并非仅停留在经验的阶段上，而是非常重视饮食制作方法的搜集与经验的总结，并写成著作，这不仅避免了在饮食实践中得来的一些技巧失传的危险，而且将饮食制作上升到了理论高度，也由此传承于世。

这一时期的《食谱》《食经》遍地开花，这些饮食之书是记载当时饮食文化的重要载体。如西晋时何曾就撰著《食疏》，成为虞悰品评饮食的根据；魏晋时期“竹林七贤”之一的嵇康也撰有《养生论》。到南北朝时期，最著名的则有崔浩的《食经》和虞悰《食珍录》。崔浩的《食经》是北方士族的代表作，虞悰的《食珍录》则是南方士族的饮食学代表作。

崔浩，北魏清和郡东武城人（今山东武城县），历仕北魏道武、明元、太武三帝。崔氏可谓当时北部中国的一等高门大族。其母为卢谌孙女，范阳（今河北涿州）卢氏也是一等高门大族。崔浩家族与太原郭氏、河东柳氏亦为姻亲。崔浩的《食经》就是以清河崔氏家族为中心，对当时北方名门大族崔氏、卢氏和郭氏、柳氏等北魏前期北方高门大族饮馔经验的总结。

虞悰，会稽余姚人（今浙江余姚），主要官历在南朝萧齐时期。虞氏为江左土著大族，其父祖历仕晋、宋，虞悰官至侍中、祠部尚书等职。虞悰“家富于财而善为滋味”②，极善烹饪饮食之道。他不仅是当时首屈一指的美食家，而且也将众多饮食之方记录了下来。虞悰的《食珍录》是一部以南方风味为主的《食经》，而

① （唐）李延寿：《南史》卷七〇《孙谦传》，中华书局1975年版，第1719页。

② （唐）李延寿：《南史》卷四七《虞悰传》，中华书局1975年版，第1175页。

与以北方风味为主的崔浩《食经》遥相呼应，南北辉映，分别代表了当时南北方不同的饮食特色和风味，以及南北士族在饮馔上所达到的最高水平。

综上所述，可以看出当时士族在思想观念上已经逐步摆脱了儒家礼教和禁欲主义的束缚，他们大胆追求现实的口腹之欲，并推翻了“君子远庖厨”的狭隘观念，讲求制作与烹饪技艺的提高，不断总结、传授饮馔经验和技艺，这些都是值得肯定与借鉴的。

第三节 魏晋南北朝时期的饮食典籍

魏晋南北朝时期，随着农业、手工业和商业的发展，人们的饮食原料较之以前大为丰富，各民族间的烹饪技艺和饮食文化交流进一步加深，出现了十分丰富的饮食典籍。概而言之，大致分布在如下几个方面：专门饮食典籍，有曹操的《四时食制》、崔浩的《食经》、佚名《食次》、南朝刘宋虞悰的《食珍录》等；农书类著作，主要有北魏贾思勰的《齐民要术》，晋嵇含的《南方草木状》等；诗赋类作品，主要有西晋束晳的《饼赋》、晋代杜育的《荈赋》、左思的《蜀都赋》《吴都赋》《魏都赋》等；笔记类作品，主要有张华的《博物志》、干宝的《搜神记》、王嘉的《拾遗记》、刘敬叔的《异苑》、刘义庆的《世说新语》、吴均的《续齐谐记》、旧题葛洪的《西京杂记》、崔豹的《古今注》等；其他著作，东晋常璩的《华阳国志》、梁宗懔的《荆楚岁时记》等。

一、专门饮食典籍

两汉时期，我国虽出现了一些反映饮食生活的文献资料，不过这些资料基本上还是附属于其他著作之中，如《淮南子》《盐铁论》《释名》《急就篇》《四民月令》等著作中已经有了不少饮食文化方面的内容，但这一时期，尚未有专门的烹饪典籍。到了魏晋南北朝时期，这一状况大为改观，出现了不少专门的烹饪著作。后世的目录学文献作的著录给我们提供了魏晋南北朝时期烹饪典籍的基本情况。

据《隋书·经籍志》，当时主要的烹饪典籍有：《服食诸杂方》2卷，梁有《仙人水玉酒经》1卷，《老子禁食经》1卷，《崔氏食经》4卷，《食经》14卷；梁有《食经》2卷，《食经》19卷；刘休《食方》1卷，《食馔次第法》1卷；梁有《黄帝杂饮食忌》2卷，《四时御食经》1卷；梁有《太官食经》5卷，又《太官食经》5卷，又《太官食经》20卷，《食法杂酒食要方白酒并作物法》12卷，《家政方》12卷，《食图》《四时酒要方》《白酒方》《七日面酒法》《杂酒食要法》《杂藏酿法》《杂酒食要法》《酒并饮食法》《鲑及肖蟹方》《羹臛法》《䱹膢朐法》《北方生酱法》各1卷。

又据《新唐书·艺文志》记载：魏晋南北朝时期诸葛颖有《淮南王食经》130卷、《淮南王食经音》13卷、《淮南王食目》10卷；卢仁宗有《食经》3卷；崔浩有《食经》9卷；竺暄有《食经》4卷，又10卷；赵武有《四时食法》1卷、《太官食法》1卷、《太官食方》19卷、《四时御食经》1卷。

《旧唐书·经籍志》中也收录了不少烹饪典籍，与《新唐书·艺文志》相比，此有彼无，或彼有此无，如《四时御食经》一书，《旧唐书·经籍志》就没有提到；有些是卷数有别，有些是名称有异，如《淮南王食经》，《新唐书·艺文志》作130卷，而《旧唐书·经籍志》作120卷，诸如此类。

除以上所提的烹饪典籍外，这一时期著名的烹饪著作还有曹操的《四时食制》、华佗的《食论》、晋何曾的《食疏》、刘宋虞悰的《食珍录》，等等。但是，随着历史的变迁、典籍的散亡，这些数量颇为可观的烹饪典籍大多数已经亡佚了。现今仍存的主要有《食经》、《食次》《四时食制》（佚文）、《食珍录》（残本）等。以下选择若干烹饪典籍作一概述，以窥这一时期烹饪典籍发展的概况。

（一）《四时食制》

《四时食制》，魏武帝曹操撰。此书已散佚，现仅辑有14条佚文。汉代有关饮食方面的著述都是附于其他著作之中出现的，尚无独立的、专门的饮食学著作。曹操的《四时食制》是我国历史上

第一部独立的、专门的饮食学著作，开饮食学著述之先河，在我国饮食学发展史上具有开创性意义。

曹操（155—220年），字孟德，沛国谯（今安徽亳县人）。汉献帝建安中任大将军、丞相，并封为魏王。他死后，子曹丕代汉即帝位，追尊为魏武帝。曹操不仅是中国历史上一位杰出的政治家、军事家、文学家，而且于饮食学方面颇有造诣。他很注意军旅饮水卫生，认为“凡山水甚强寒，饮之皆令人痢”，为此曾发布《戒饮山水令》，禁止士兵饮用山水。还曾作《奏上九酝酒法》详述九酝春酒的制作方法，并且亲手制作，据《北堂书钞》记载：其“得法酿之，常善”。另外，据张华《博物志》记载：曹操“又好养性法，亦解方药，招引方术之士，庐江左慈，谯郡华佗、甘陵甘始、阳城郄俭无不毕至，又习啖野葛至一尺，亦得少多饮鸩酒”。可见，曹操对于饮食还是深有研究的，他能够撰述《四时食制》并不是一件奇怪的事情。

《四时食制》一书已经散失，今天已无法睹其全貌。现在仅存《太平御览》和《初学记》所引十四条，被收入了《曹操集》中。这十四条文字如下：

郫县子鱼，黄鳞赤尾，出稻田，可以为酱。（《太平御览》卷九三六）

鳣，一名黄鱼，大数百斤，骨软可食，出江阳、犍为。（《太平御览》卷九三六）

蒸鲇。（《太平御览》卷九三七）

东海有大鱼如山，长五、六里，谓之鲸鲵，次有如屋者。时死岸上，膏流九顷。其须长一丈，广三尺，厚六寸，瞳子如三升碗。大骨可为矛矜。（《太平御览》卷九三八）

海牛鱼皮生毛，可以饰物，出扬州。（《太平御览》卷九三七）

望鱼侧如刀，可以刈草，出豫章明都泽。（《太平御览》卷九三七）

萧拆鱼，海之干鱼也。（《太平御览》卷九三九）

鲟鲱鱼黑色，大如百斤猪，黄肥不可食，数枚相随，一浮一沉。一名敷，常见首。出淮及五湖。(《太平御览》卷九三九)

蕃逾鱼如鳖，大如箕，甲上边有髯，无头，口在腹下，尾上数尺有节，有毒螫人。(《太平御览》卷九三九)

发鱼、带发如妇人，白肥无鳞，出滇池。(《太平御览》卷九四〇)

蒲鱼，其鳞如粥，出郫县。(《太平御览》卷九四〇)

疏齿鱼，味如猪肉，出东海。(《太平御览》卷九四〇)

斑鱼，头中有石如珠，出北海。(《太平御览》卷九四〇)

鳣鱼，大如五升奁，长丈，口颔下。常三月中从河上，常于孟津捕之。黄肥，唯以作酢。淮水亦有。(《初学记》卷三〇)

以上14条所记都是鱼类，主要有子鱼、黄鱼、鲇、鲸鲵、海牛鱼、望鱼、箫拆鱼、鲟鲱鱼、蕃逾鱼、发鱼、蒲鱼、疏齿鱼、斑鱼、鳣鱼等。从这些条目中可看出，《四时食制》多记述所载鱼类的名称、性状、产地、食用方法、滋味等。除淡水鱼外，还有鲸鱼、疏齿鱼等海鱼。从产地来看，所记鱼类有产自中原的孟津（今河南孟津），也有西南的滇池、犍为（今四川彭山一带），还有江南的豫章（今江西）以及东海等地，范围很广。从形状来看，有大有小，有长有短。就食用方法和滋味而言，有“骨软可食”的鳙鱼，也有“味如猪肉”的疏齿鱼，还有“可以为酱”的郫县子鱼，等等。该书还指出了有些鱼不宜食用，如鲟鲱鱼“黄肥不可食”。所存文字尽管不多，但内容还是相当丰富的。

诚然，现存的《四时食制》佚文只记载鱼类，内容比较单薄，但书名来看，是书应当记载一年四季的食制，并不仅限于鱼类，估计原书的内容要远为丰富。

作为最早的一本专门的饮食著作，《四时食制》在中国古代饮食典籍史上占据着重要地位，它是饮食学作为一个独立学科形成的重要标志，它表明这一时期人们已经从更加深入细致的方面去研究饮食了。而这本书出自于汉魏时期一个政治家之手，其意义更是不应低估的。

（二）崔浩《食经》

《食经》，北魏崔浩编撰。崔浩，字伯渊，清河武城（今山东武城）人，是北魏前期最有影响力的政治家之一。太宗初拜博士祭酒，赐爵武城子。始光中（424—428年），进爵东郡公，历太常卿、侍中、特进抚军大将军、左光禄大夫、司徒，位列三公，权倾一时。真君十一年（450年）被诛。

崔浩好学博览，自少至长，耳目闻见，诸母诸姑所修妇功，无不蕴习。《魏书·崔浩列传》评价他说："少好文学，博览经史。玄象阴阳，百家之言，无不关综，研精义理，时人莫及。"修服食养性之术，曾著《食经》一书，史志多有著录。《旧唐书》《新唐书》《魏书》均记崔浩著《食经》9卷，然《隋书》《通志略》记《崔氏食经》为4卷，有学者认为可能是因为改篇为卷导致这种情况的出现。此书宋初仍然存在。可惜后世已经失传，仅存崔浩的《食经叙》。

从崔浩的《食经叙》可以知道，《食经》实际上是崔浩在其母卢氏口授的基础上整理而成的。其叙曰："余自少及长，耳目闻见，诸母诸姑所修妇功，无不蕴习酒食。朝夕养舅姑，四时供祭祝，虽有功力，不任僮使，常手自亲焉。昔遭丧乱，饥馑仍臻，饘蔬糊口，不能具其物用，十余年间不复备设。先妣虑久废忘，后生无所知见，而少不习业书，乃占授为九篇，文辞约举，婉而成章，聪辩强记，皆此类也。亲没之后，值国龙兴之会，平暴除乱，拓定四方。余备位台铉，与参大谋，赏获丰厚，牛羊盖泽，赀累巨万。衣则重锦，食则粱肉。远惟平生，思季路负米之时，不可复得，故序遗文，垂示来世。"① 显然，《食经》乃是崔浩之母卢氏口授而传下的"遗文"。因此，历史上著名的崔浩《食经》，实际是并不是崔浩原创，而是崔母所撰，崔浩只是作了整理加工而已。而农史

① （北齐）魏收：《魏书》卷三五《崔浩传》，中华书局1974年版，第827页。

学家缪启愉则认为《食经》多吴越俗言、俗言，判断“《食经》作者不可能是通经史的博学儒人崔浩”，怀疑为南朝人所写，“似出大家名庖手笔，或由浅识‘俗学’代笔”。①

由于崔浩《食经》早已亡佚，今天已无法睹其全貌。但是，《齐民要术》《北堂书钞》《太平御览》及王祯《农书》中引用了40多条《食经》的内容，如“作蒲鲊法”“作芋子酸臛法”“莼羹”“蒸熊法”“脏鲊法”“白菹”“跳丸炙”“啗炙”“猪蹄酸羹法”“胡羹法”等，涉及食物储藏及菜点的制作。有学者经过比对，认为《齐民要术》等书中所引用源自《食经》的食物制作、储藏之法，与崔浩叙《食经》之旨相合，进而认为《齐民要术》中所引《食经》之内容为崔浩《食经》的佚文。② 如果这种推测成为事实，则是一件非常有意义的事情。

（三）《食次》

《食次》作者不详，大约为南北朝或更前时的著作，缪启愉先生经过考证则认为是书应为南朝人所作。③

是书已亡佚，只是在其他古籍中保留一些佚文或肴馔名称。《齐民要术》引用《食次》一书中的饮食资料已达15种之多，涉及多种菜肴、食品的制法，如熊蒸、苞牒、粲、糟、煮糗、折米饭、葱韭羹、女仙、白茧糖等。而在“熊蒸”条后，又有豚蒸、鹅蒸两种菜的制法“如同熊蒸”，由此可见，豚蒸、鹅蒸法亦出自《食次》。同理，在“苞牒”条中还涉及的水牒及其他两种制法，亦出于《食次》，在白茧糖后的黄茧糖也出于《食次》。

除《齐民要术》之外，郑望的《膳夫录》中列有“食次”一节，记有引自《食次》的7种食品制法的名称：胆脯法、羹臛法、肺膙法、羊盘肠雌法、羌煮法、笋箭羹法、鮀臛汤法。经过比对发

① 缪启愉：《〈食经〉〈食次〉的作者和时代问题》，《古今农业》，1996年第3期。

② ［日］篠田统著，高桂林等译：《中国食物史研究》，中国商业出版社1987年版，第104页。

③ 缪启愉：《〈食经〉〈食次〉的作者和时代问题》，《古今农业》，1996年第3期。

现，这七种菜肴制法全部出自《齐民要术》的《脯腊法七十五》《羹臛法第七十六》等篇。但在《齐民要术》中，每一制法前均未加《食次》之名。如果加上郑望《膳夫录》所记，则《齐民要术》中所引《食次》的内容达22条之多。至于《齐民要术》中是否还有其他未标注引自《食次》，而实际上源自《食次》的饮食资料还不知有多少，但我们相信《食次》的内容应该是比较丰富的。

《食次》究竟为何书，尚不清楚。有部分学者认为《食次》即梁《食馔次第法》一书的简称。不管如何，《食次》作为我国南北朝时的重要烹饪古籍之一，仅从《齐民要术》和《膳夫录》所存的20多则菜点的制法，就可以看出当时的饮食烹饪已达到相当高的水平。

（四）《食珍录》

《食珍录》，南朝刘宋虞悰撰。虞悰，字景豫，会稽余姚（今浙江余姚）人。南齐建元初（479年）为太子中庶子，累迁祠部尚书。明帝立（494年），引悰参佐命，悰不奉诏而称疾还家，不久去世。虞悰是当时有名的美食家，据《南齐书·虞悰传》载，虞悰“善为滋味，和齐皆有方法”，极善烹饪饮食之道。他家所烹饪的肴馔，皇宫“太官鼎味不及也”。齐武帝曾向他“求诸饮食方，悰秘不肯出。上醉后体不快，悰乃献醒酒鲭鲊一方而已”。《南齐书》本传还记载，豫章王萧嶷曾“盛馔享宾，谓悰曰：‘今日肴羞，宁有所遗不？’悰曰：‘恨无黄颔臛，何曾《食疏》所载也。’”从这些记载来看，虞悰的确擅长烹饪之道，自然他撰写《食珍录》就不足为奇了。

《食珍录》不见于《隋书·经籍志》，也不见于《旧唐书·经籍志》和《新唐书·艺文志》，最早见于宋人沈作喆《寓简》卷七：“世有非要而著书者，如何曾《食疏》、崔浩《食经》九篇、虞悰《食珍录》、李林甫《玉食章》、……南卓《羯鼓录》、《琵琶录》之类，其数尚多。”从此书出现的顺序来看，排在了北魏崔浩《食经》之后，唐代李林甫《玉食章》之前。可知，虞悰应当为刘宋时期的人。《寓简》作者沈作喆，为南宋高宗绍兴五年（1135

年）进士，其作《寓简》一书在淳熙元年（1174 年）①。可知，南宋时人们仍可见到南朝刘宋虞悰所作的《食珍录》。

现存的《食珍录》收于宛委山堂本《说郛》卷 95 上（涵芬楼本《说郛》未收），1 卷，全文 19 行，全文约 210 字。在这简短的文字中，虞悰简要记录了魏晋以来帝王名门家族珍贵的烹饪名物，如“贺季白有青州蟹黄”，“炀帝御厨用九饤牙盘食”，“谢朓传有鮀臛汤法”，“宋明帝有审渍鱁鮧”，“韩约能作樱桃饆饠，其色不变”，“金陵寒具嚼著惊动十里人”，“邺中鹿尾乃酒肴之最”等。也对有些菜肴的制法进行了简述，如“贾琋以瓠匏接河源水，经宿器中，色赤如绛。以酿酒，芳味世中所绝”，“浑羊设最为珍食，置鹅于羊中，内实粳肉五味，全熟之”。这其中既有虞悰所搜集的魏晋以来名肴之“方”，也有他自己家族所创独特之“方”。可以说，“虞悰的《食珍录》是一部以南方风味为主的‘食经’，而与以北方风味为主的崔浩《食经》遥相呼应，南北辉映，分别代表了当时南北不同的饮食特色和风味，以及南北士族在饮馔上所达到的最高水平”②。

关于《食珍录》的作者及时代，学界仍存有疑义。是书元代陶宗仪所编的《说郛》题名为“虞悰”著。清代陈梦雷所编《古今图书集成》则题作宋虞悰著。检阅《说郛》所收《食珍录》，发现内收有数条唐代饮食的掌故，如同昌公主的“消灵炙”“红虬脯”，韦巨源《烧尾宴食单》中的“单笼金乳酥、光明虾炙”，《酉阳杂俎》中关于长安的名食等。邱庞同先生认为：“据此，可以断定此书非刘宋时著作。宋人著的可能性较大。当然，该书也可能原为刘宋虞悰所著，后人加以增补，故出现错误。”③ 笔者比较同意邱先生的后一种观点，即《说郛》中所收的《食珍录》原为

---

① （清）纪昀等：《钦定四库全书总目》卷一二一，中华书局 1997 年版，第 1615 页。

② 王占华：《魏晋南北朝时期的士族与饮食》，《饮食文化研究》2004 年第 1 期。

③ 邱庞同：《中国烹饪古籍概述》，中国商业出版社 1989 年版，第 69 页。

刘宋虞悰所著，但经后人加以增补。就文献价值而言，《说郛》所收《食珍录》，现存10多条饮食掌故，在其他书中亦可见到，故价值并不高。

除宛委山堂《说郛》本外，是书还有文渊阁《四库全书》本、《古今说部丛书》（第一集）本等。

二、农书类著作

除烹饪方面的著作外，这一时期与饮食关系密切的农家著作也不少。最著名的有北魏贾思勰的《齐民要术》，晋嵇含的《南方草木状》等。

（一）《齐民要术》

《齐民要术》，北魏贾思勰撰。贾思勰，益都（今山东寿光县）人，曾做过高阳（今山东临淄西北）太守，到过今天的河南、河北、山西等地。他博学广识，尤重农业，常访问老农，熟悉农谚及古农书，也有若干农业实践经验，得以写成《齐民要术》，成为著名的古农学家。

《齐民要术》是我国现存最古老、最完整的一部农书，素有“农业百科全书”之称。著名历史学家范文澜先生在《中国通史简编》中，曾评价《齐民要术》是一部不朽的农学巨著。认为：在北朝“真正独创的文化遗产，要推郦道元的《水经注》和贾思勰的《齐民要术》。这两部巨大著作，规模宏大，切合实用，足以压倒南北两朝的一切著作”①。

是书大约写成于公元6世纪，全书共10卷，92篇，近11万字。著者写作时“采捃经传，爰及歌谣，询之老成，验之行事”。全书约计选录公元六世纪前的《诗经》《礼记》及《四民月令》《风土记》《杂五行书》《尔雅》《食经》《食次》等100多种古籍中的有关部分，从而保存有不少已佚食书及农书的原文。正因为该书采捃广泛，又验之行事，故而使其内容丰富多彩，用贾思勰自己的话来说“起自耕农，终于醯醢，资生之业，靡不毕书”。综览全

① 范文澜：《中国通史》（第2册），人民出版社1994年版，第681页。

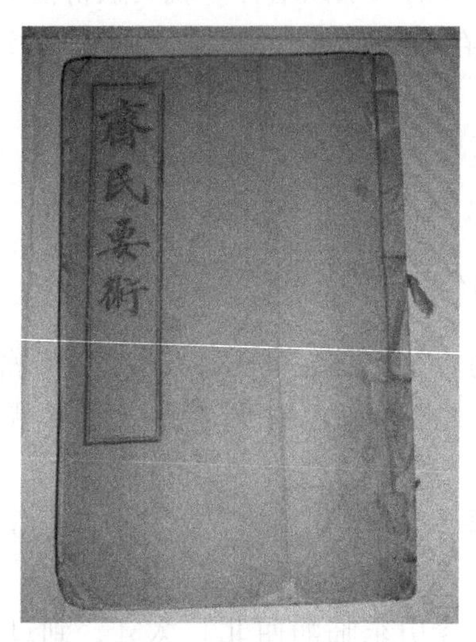

清刻本《齐民要术》书影

书，第一卷至第六卷记述了粮食、油料、纤维、染料、蔬果、桑柘等的栽培技术和禽畜、鱼类的养殖。第七、八、九卷则多为饮食方面的内容，分别记载了食物的加工、烹饪，包括酿造、腌藏、果品加工、烹饪、饼饵、饮浆、制糖等。记载饮食内容如此丰富、详尽，在汉唐饮食学著作中是空前的，可以说《齐民要术》不仅是一部重要的农书，而且是一部重要的饮食学著作。

长期以来，我国的农学家们虽对《齐民要术》做了大量的整理、研究工作，取得了显著的成绩，但第七、八、九卷却未能得到足够的重视。认真地研究一下《齐民要术》第八、九卷，对了解我国烹饪发展史，以及在肴馔上努力做到古为今用、推陈出新，都是非常必要的。

《齐民要术》第七、八、九卷的一个显著特点是保存了大量珍贵的饮食史料。贾思勰撰写《齐民要术》时曾“采捃经传”，征引了大量书籍，其中尤为值得重视的是《食经》《食次》两书。隋朝以前，以“食经”命名的书籍，仅据《隋书·经籍志》《旧唐书·经籍志》《新唐书·艺文志》记载，就有诸葛颖的《淮南王食经》、崔浩的《食经》、卢仁宗的《食经》、竺暄的《食经》、赵武的《四时御食经》等多部。《齐民要术》第八、九两卷共引用了30多条《食经》中的资料。然由于这些书均已亡佚，加之《齐民要术》引用时未说明《食经》为何人所撰，所以《齐民要术》中所提到的《食经》到底是哪一部就较难考证了，但大致不会超出以上五部书的范围。《食次》一书，有学者认为是指《隋书·经籍志》中所说的《食馔次第法》。不过，《食馔次第法》也早已失传。《齐民要术》第七、八、九三卷中引用的《食次》中的糧（枣糕）、粲（类似油炸糯米粉丝）、白茧糖（类江米条）、熊蒸（蒸熊）的制法等十五条资料。这些资料的征引，不仅为辑佚早已散亡的《食经》诸书和《食次》提供了线索，也为人们进一步研究南北朝及其前代的饮食情况提供了重要资料。

《齐民要术》第七、八、九卷的另一个特点是涉及的饮食内容多种多样，所收录的肴馔丰富多彩。大致看来，《齐民要术》有关饮食方面的记载主要包括如下几方面内容：

其一，有关麴糵的制作和各种酒类的加工酿造。从第六十四章至六十八章，详细介绍了十一种麴的做法和用秫、黍、糯、粳、粱、粟、稻、秫等为原料酿制成三十几种酒的制作方法，以及一些药酒的炮制方法，集当时酿酒技术之大成。它阐述了制麴酿酒的发酵过程，麴的微生物培养和酒的发酵现象、条件、原料和产品关系的内在规律。

其二，有关盐酱酢豉和脯腊的加工制作、蔬菜的烹饪和腌藏制作方法。从第六十九至七十五章，记载了盐酱酢豉和脯腊的加工制作，详尽地介绍了各种酱、醋、豉、菹、酪等微生物发酵食品的加工制作方法。从第八十七至八十八章，记载了蔬菜的烹饪以及各种腌菜、酱菜、酸菜的种类和制作方法。

其三，有关肉类和鱼类的烹饪方法。从第七十六章至八十一章，记载了各种肉类和鱼类的烹饪方法。各种禽肉制品甚多，但以牛羊猪肉为多，驴马犬肉为次；鱼类以鲤鱼等淡水鱼为多，鳖类为少；禽肉以鹅鸭为多，鸡肉为次。烹饪方法也非常丰富，以肉食烹饪为例，即有“羹臛法”“蒸缹法”“炙法”“煎法”“消法”等多种方法。

其四，有关粮食食物的加工炊煮方法。这方面的内容主要集中在从第八十二章至八十六章以及八十九章，主要包括饼法、粽糧法、飧饭、醴酪、饧餔等，显示了当时粮谷食物的丰富多彩。仅饼法就有白饼、烧饼、髓饼、膏环等十五个品种。实际上，有关粮食食物的记载，在很多篇章中都有涉及，品种非常丰富，仅粟一项就有八十六个品种。此外，蔬菜也有三十多个品种。

由以上所列可看出，《齐民要术》中有关饮食文化方面的记载是非常丰富的，故而其在中国饮食文化发展史上占据着重要地位，产生了巨大影响。

首先，所记饮食品种齐全，花式繁多，制作方法多样，在饮食史（尤其是魏晋南北朝饮食史）上占据着重要地位。综合《齐民要术》三卷中有关饮食的记载，提到的主要烹饪方法不下三十种。如酱（肉酱、鱼酱）菹（泡菜）、齑（切细的菜）、鲊（腌鱼、腌肉）、羹（肉汁或红烧肉）、汤、臛（炖肉）、蒸、缹（炰）、瀹（煮）、炒、炙（烤）、脖（曲肉）、奥（过油肉）、糟（酒糟肉）、苞（风肉）、煎、蜜（蜜姜）、拌炸、醉、烧、冻等。实际上，在具体的菜肴制作中，有时需要几种方法交替使用。如“蒸熊法”，要将熊先“煮”成三、四成熟，然后加调料放在甑中“蒸熟”。又如“酸豚法”，须将酱乳猪的肉片先“过油”，再放水“烂煮”，再加多种调料配制。至于《齐民要术》中所记的菜肴，不仅数量多，而且品类齐全、花式繁多。有荤菜，有素菜，有荤素相合的菜，还有面点、饭粥、茶食……其中荤菜数量最多，品种达一百种以上。比如“蒸缹法第七十七”篇中，就记载了《食经》蒸熊、蒸豚法、裹蒸生鱼法等十三种菜肴的制法。又如“炙法第八十”篇中，记载了炙豚法（烤乳猪）、腩炙法（烤鸭块）、灌肠法（烤香肠）、炙蛎（烤蛤蛎）等二十二款菜肴的制法。素菜品种也不少，数量也达数十种之多。书内专列“素食第八十七”的专题篇目，分别记述瓠羹、膏煎紫菜，缹菌等十一种素菜的烹调方法。面点的花样也很多，在“饼法第八十二”篇中，共记有作白饼法、作烧饼法、髓饼法、膏环、细环饼、截饼、水引、馎饦等十一种面点的制法。总之，《齐民要术》中肴馔种类之多样、工艺之详尽为此前其他饮食学著作所不见。

《齐民要术》

其次，《齐民要术》开创了菜谱编写的新体例，并为后代所效仿。《齐民要术》菜谱的编写以“法”为纲，肉食烹饪方面即有“羹臛法”“蒸缹法”“炙法”“煎法”“消法”等多种方法，每种“法”下面又有各种不同的、具体的操作方法。这种编写方法为后世所仿效，成为后世的楷模。比如元明之际的《居家必用事类全集》中的饮馔部分，明初韩奕的《易牙遗意》，明高濂的《饮馔服食笺》等都沿用了《齐民要术》按烹饪方法、肴馔类别分类的编法。清代著名的大型菜谱《调鼎集》更是以《齐民要术》为赶超对象。其序言中说，《调鼎集》“取物之多，用物之宏，视《齐民要术》所载物品、饮食之法尤为详备”，由此可见《齐民要术》的深远影响。

《齐民要术》一方面征引了6世纪之前的大量饮食古籍，保留了不少珍贵的饮食文献资料；另一方面又对北魏时期饮食实践进行总结，为后世饮食烹饪的进一步发展奠定了基础。可以说，《齐民要术》实际上是6世纪以前中国古代饮食学的集大成。它奠定了后世饮食学的基础和写作模式，不愧是中国饮食学史上具有划时代意义的著作。

《齐民要术》版本很多，现存多家丛书均有收录，今人校释本也不少。常见的主要有：《秘册汇函》本、《津逮秘书》本、《四库全书》（子部农家类）本、《摛藻堂四库全书荟要》（子部）本、《学津讨原》（第 10 集）、《子书百家》（农家类）、《百子全书》（农家类）、《四部丛刊》（子部）、《丛书集成初编》（应用科学类）、《四部备要》（子部农家类）、《万有文库》（第 1 集第 591 种）、中华书局铅印本（1956 年）、《齐民要术今释》石声汉校译本（北京科学出版社，1958 年）、《齐民要术校释》缪启愉校释本（中国农业出版社，1998 年）等。

（二）《南方草木状》

《南方草木状》，晋嵇含撰。嵇含，字君道，巩县（今河南省巩义市）亳丘人，自号亳丘子。举秀才，除郎中，永兴中，累官襄城太守，后依镇南将军刘弘于襄阳，刘弘死后，为弘司马郭励所害。怀帝即后，谥宪。

关于《南方草木状》的作者和成书年代问题，自清末文廷式提出疑义后，学术界出现了对该书真伪问题的争论。持伪书说者，认为该书在宋之前不见著录，首见于南宋《遂初堂书目》，今本《南方草木状》为宋人所伪造，其内容大多抄录别书。持真书说者，认为此书所载七十余种植物中约有一半的植物或产品，经过考证后，确属历史上的最早记载，《南方草木状》当为唐宋之前的作品，是它书抄录《南方草木状》，而不是相反。现在，学术界一般认为《南方草木状》为晋时作品，嵇含所作。

是书晋永兴元年（304 年）问世，古代被列为农家著作，是我国现存最早的植物学文献之一。全书分三卷，记载了生长在我国广东、广西等地以及越南的植物。其中，上卷计果类 29 种，中卷计木类 28 种，下卷计果类 17 种和竹类 6 种，共计 80 种。这些植物多属可食者，或为饮馔原料，所以对研究古代饮食具有一定的参考价值。日本出版的《中国食经丛书》，将此书选入，列为上卷第一种。

《南方草木状》中涉及不少岭南人民饮食生活方面的内容：

第一，记载了岭南地区众多的食物资源。《南方草木状》记载了草、木、果、竹四大类植物，其中有很多是可以食用的，例如“甘蕉”“荔枝”“椰子”“杨梅”“桔”“龙眼”等水果品种及其性味。如“龙眼树如荔枝，但枝叶稍小，壳青黄色，形圆如弹丸，核如木梡子而不坚，肉白而带浆，其甘如蜜”。再如“甘蕉……一名芭蕉，或曰芭苴。剥其子上皮，色黄白，味似葡萄，甜而脆，亦疗饥”。此外，是书还收载了一些特殊的食物原料：如“甘藷”：“甘藷，盖薯蓣之类，或曰芋之类，根、叶亦如芋，实如拳，有大如瓯者。皮紫而肉白，蒸鬻食之，味如薯蓣，性不甚冷。”这是对海南先民收储食用甘藷的最早的明确记载。再如“桄榔树……皮中有屑如面，多者至数斛，食之与常面无异。”

第二，记载了可以制作调料的作物。如“蒟酱”条云：“蒟酱，荜茇也，生于蕃国者大而紫，谓之荜茇，生于番国者小而青，谓之蒟焉，可以调食，故谓之酱焉。”再如“诸蔗”条云：“诸蔗，一曰甘蔗。交趾所生者围数寸，长丈余，颇似竹，断而食之，甚甘。榨取其汁，曝数日成饴，入口消释，北人谓之石蜜。”这是中国最早的蔗糖加工品。

第三，记载了不少食物的加工食用方法。除生食外，主要有干制、渍藏、蒸煮等。干制，如豆蔻，“曝干，剥食”。槟榔，“并壳取实曝干之，以扶留藤、古贲灰合食之，食之即滑美”。渍藏又有盐渍、蜜渍之别。盐渍如廉姜，“削皮，以黑梅并盐汁渍之，则成也”。蜜渍如人面子，“以蜜渍之，稍可食”。蒸煮，如甘薯，“蒸鬻食之，味如薯蓣”。再如良耀草，“煨食之，解毒”。

除上述内容外，书中有些资料还与食疗有关，如“诃梨勒”“可作饮”，即是制饮料，使人服后白发变黑，亦有参考价值。

《南方草木状》有多家丛书收录，主要有《百川学海》本、《广汉魏丛书》本、《格致丛书》本、《山居杂志》本、《说郛》本、《四库全书》本、《丛书集成初编》本、商务印书馆铅印本（1955年）等。

三、诗赋类作品

两汉魏晋南北朝时期，是赋发展、兴盛的时期，这一时期出现了大量的诗赋作品。尽管赋类作品所反映的内容涉及面很广，赋与烹饪联系并不太多，但的确有一些赋反映了当时的饮食文化状况，值得我们研究饮食文化时加以重视。

（一）《饼赋》

《饼赋》，西晋束皙撰。束皙，字广微，阳平元城（今河北大名）人。约生于魏景元二年（261 年），卒于晋永康元年（300 年），享年 40 岁。博学多闻，性沉退，不慕荣利。曾作《玄居释》，张华见而奇之。后王戎召皙为掾，转佐著作郎，复迁尚书郎。赵王伦为相国，请为记室。皙辞疾罢归，教授门徒。卒时，元城市里为之废业，门生故人，立碑墓侧。有《束阳平集》辑本传于世。

《饼赋》版本较多，《北堂书钞》《艺文类聚》《太平御览》《全晋文》《初学记》《古今图书集成》等均有收录，但文字略有差异。兹据《全晋文》《初学记》整理如下：

《礼》仲春之月，天子食麦，而朝事之笾，煮麦为面。《内则》诸馔不设饼。然则虽云食麦，而未有饼。饼之作也，其来近矣。

若夫安乾、粔敉之伦，豚耳、狗舌之属。剑带、案盛、餢飳、髓烛，或名生于里巷，或法出乎殊俗。

三春之初，阴阳交际，寒气既消，温不至热，于时享宴，则曼头宜设。于是炎律方回，纯阳布畅，服絺饮水，随阴而凉，此时为饼，莫若薄壮。商风既厉，大火西移，鸟兽氄毛，树木疏枝，肴馔尚温，则起溲可施。玄冬猛寒，清晨之会，涕冻鼻中，霜凝口外，充虚解战，汤饼为最。然皆用之有时，所适者便。苟错列其次，则不能斯善。其可以通冬达夏，终岁常施。四时从用，无所不宜，唯牢丸乎？

尔乃重罗之面，尘飞白雪。胶黏筋韧，牖溔柔泽。肉则羊膀豕胁，脂肤相半。脔若蝇首，珠连砾散。姜枝葱本，蓬切瓜判。菌桂剉末，椒兰是畔。和盐漉豉，揽合樛乱。

于是火盛汤涌，猛气蒸作。攘衣振裳，握搦拊搏。面弥离于指端，手萦回而交错。纷纷驳驳，星分雹落。笼无迸肉，饼无流面。姝媮咧敕，薄而不绽。嶲味内和，䐶色外见。柔如春绵，白若秋练。气勃郁以扬布，香飞散而远遍。行人垂涎于下风，童仆空嚼而斜眄。擎器者舐唇，立侍者干咽。

尔乃濯以玄醢，钞以象箸。伸要虎丈，叩膝遍据。盘案财投而辄尽，庖人参潭而促遽。手未及换，增礼复至。唇齿既调，日习咽利。三笼之后，转更有次。①

由以上所引文字可知，《饼赋》专写麦面饼的起源和品种，提到了十多种面点的名称，如安乾、豚耳、狗舌、剑带、案盛、髓烛、馒头、薄壮、起溲、汤饼、牢丸等。同时，也记载了一些面点的食法、描述了厨师制饼的过程和娴熟的技巧。文字虽然不多，但极其珍贵，是研究古代面点的重要资料。

（二）《荈赋》

《荈赋》，晋代杜育撰。杜育，字方叔，襄城邓陵人。生年不详，卒于晋怀帝永嘉五年（311 年）。幼年聪颖，号为神童。及长，美风姿，有才藻，时人号曰“杜圣”。永兴中拜汝南太守，永嘉中进右将军，累迁至国子祭酒。洛阳将陷，为敌兵所杀。杜育著《易义》若干卷，文集 2 卷。

《荈赋》全文已佚，现仅有辑文传世。其辑文如下：

灵山惟岳，奇产所钟。
瞻彼卷阿，实曰夕阳。
厥生荈草，弥谷被岗。
承丰壤之滋润，受甘灵之霄降。
月惟初秋，农功少休。
结偶同旅，是采是求。

---

① 是篇虞世南《北堂书钞》卷一四四、李昉《艺文类聚》卷七二、徐坚《初学记》卷二六、李昉《太平御览》卷八六〇均有载，但文字不一，可参考。

水则岷方之注，挹彼清流。
器泽陶简，出自东隅。
酌之以匏，式取《公刘》。
惟兹初成，沫沈华浮。
焕如积雪，晔若春敷。
若乃淳染真辰，色殨青霜。
氤氲馨香，白黄若虚。
调神和内，倦解慵除。①

该赋的1—4句说的是茶树的生长环境；5、6句讲的是采茶；第7句讲的是烹茶用水；第8、9句主要谈茶器；10—13句描述茶汤的模样。全赋虽文字简短，但价值甚高。它的出现被视为中国茶道文化萌芽的标志，世界上第一部茶学专著《茶经》中五次提到杜育或《荈赋》，并把它作为立论的基础，可见其价值之高。

（三）其他赋作

除以上所列之外，魏晋南北朝时期，还有不少赋作中涉及饮食文化的内容。如左思的《蜀都赋》中，写到了菌桂、龙目、荔枝、池盐、丹椒、蜂蜜、林檎、枇杷、桔、柚、橙、李、柰、梨、柿、梅、桃、栗、蒲陶、若榴，蒟蒻、茱萸、瓜、芋、甘蔗、生姜、菱、莲、蒲、蒋、鼋、鳖、鳀、鳣、鲙、鳖、桄榔面、蒟酱……其他的各赋也都有类似的记载，只是所载原料种类、数量不同而已，侧重点不同而已。

四、笔记类作品

魏晋南北朝时期，出现了不少笔记类作品，如张华的《博物志》、干宝的《搜神记》、王嘉的《拾遗记》、刘敬叔的《异苑》、刘义庆的《世说新语》、吴均的《续齐谐记》、旧题葛洪的《西京

---

① 该赋3—11句辑自欧阳询：《艺文类聚》卷八二《草部下》，上海古籍出版社2013年版，第2112页。12—14句，辑自虞世南：《北堂书钞》卷一四四《饮篇》，天津古籍出版社1988年版，第645页。

杂记》、崔豹的《古今注》等。这类作品记载内容繁杂，反映了很多世俗民情，虽非专门谈饮食烹饪，但或多或少地涉及到饮食文化方面。

（一）《博物志》

《博物志》，晋张华编撰。是书内容庞杂，是魏晋小说中相当重要的一部。该书分类记载异境、奇物以及古代所闻杂事，包罗万象，内容丰富而博杂。《晋书》《隋书》将其归入杂家类，两《唐书》将其归入小说家类，《宋史》又归于杂家，清代《四库全书》最后归入小说家琐语一类。

张华撰，范宁校证：《博物志校证》书影

张华（232—300年），字茂先，范阳方城（今河北固安南）人，少贫孤，自牧羊。魏初举太长博士，入晋为中书令，拜黄门侍郎，官至司空，封关内侯，因平吴有功，进封为广武县侯，增邑万户，封壮武郡公，惠帝时，历任太子少傅，侍中、中书监等职。永康元年四月因赵王伦之变被杀害，又夷其三族，终年69岁。

《博物志》中与饮食烹饪有关的内容主要反映在饮食习俗等方面。如书中云："东南之人食水产，西北之人食陆畜。食水产者，龟蛤螺蚌，以为珍味，不觉其腥臊也。食陆畜者，狸兔鼠雀，以为珍味，不觉其膻也。"又云："山居之民多瘿肿疾，由于饮泉不流者。今荆南诸山郡东多此肿疾。"这说明当时的人们已经认识到一个地区的饮食观念和方式是同当地的地理环境密切相关的。是书还提到了不少饮食宜忌方面的问题，如"人常食小豆，令人肌肥粗燥"，"啖榆，则眠不欲觉"，"饮真茶，令人少眠"，"食燕麦，令人骨节断解"，等等。这些都是对人们长期饮食经验的总结，具有十分重要的意义。

《博物志》还注意到了饮食与养生之间的关系，《博物志》有这样一段记载：王肃、张衡、马均三人冒雾晨行。一人饮酒，一人饱食，一人空腹；空腹者死，饱食者病，饮酒者健。作者认为，这表明"酒势辟恶，胜于作食之效也。"酒与药物的结合是饮酒养生的一大进步。他还认为饮食需要有节，其在《博物志》中说："西域有葡萄酒，积年不败。彼俗云：'可十年饮之，醉弥月乃解。'所食逾少，心开逾益。所食逾多，心逾塞，年逾损矣。"这里就明确阐述了饮食数量与养生长寿之间的必然联系。

传说《博物志》原书400卷，后晋武帝命张华删为10卷。今本仍10卷，323条。今传《博物志》有两个版本，一是明弘治贺志同刻本，一是黄丕烈士礼居刻本。

（二）《世说新语》

《世说新语》，南宋临川王刘义庆撰。唐时叫《新书》，五代、宋时称《新语》，后为了区别于刘向所撰的《世说》，才被称为《世说新语》。

刘义庆（403—444年），字季伯，彭城（今江苏徐州）人，南朝宋文学家。宋宗室，袭封临川王赠任荆州刺史等官职，在政八年，政绩颇佳。后任江州刺史、南兖州刺史、都督、开府仪同三司等职。元嘉二十一年（444年）死于建康（今南京）。除《世说新语》外，还著有志怪小说《幽明录》。

《世说新语》全书共3卷，分36篇，以大量篇幅记载了魏晋

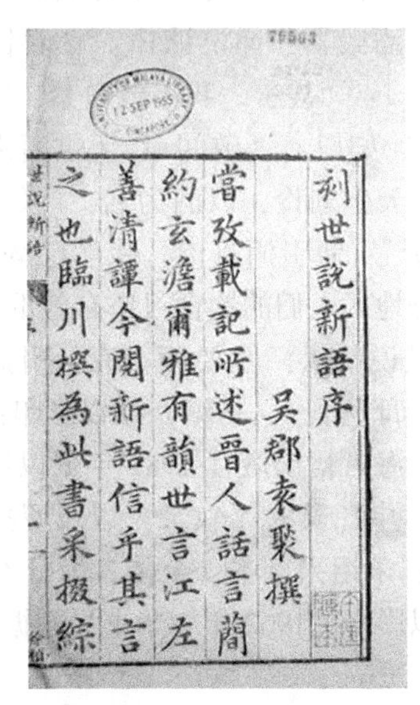

刻世說新語序

吳郡袁褧撰

嘗攷載記所述晉人話言簡
約玄澹爾雅有韻世言江左
善清譚今閱新語信乎其言
之也臨川撰為此書采掇綜

明万历刊本《世说新语》书影

名士清谈玄理、品评人物的言行，在表现“魏晋风度”的同时，反映了众多的社会内容，其中很多地方涉及饮食，尤其是饮酒，对了解和研究魏晋时期的饮食文化具有重要价值。

《世说新语》中与饮食烹饪有关的内容大约有二三十条。如“千里莼羹”：“陆机诣王武子，武子前置数斛羊酪，指以示陆曰：‘卿江东何以敌此？’陆云：‘有千里莼羹，但未下盐豉耳！’”如“莼鲈之思”：“张季鹰辟齐王东曹椽。在洛，见秋风起，因思吴中菰菜羹、鲈鱼脍，曰：‘人生贵得适意耳，何能羁宦数千里以要名爵？’遂命驾便归。俄而齐王败，时人皆谓为见机。”由此可知，当时苏州一带的菰菜、莼羹、鲈鱼脍已很有名了。又如“何平叔食汤饼”：“何平叔美姿仪，面至白。魏文帝疑其傅粉，正夏月，与热汤饼。既啖，大汗出，以朱衣自拭，色转皎然。”这则典故也是很有意思的。有关饮酒方面的记载在《世说新语》中尤多，如“桓公别酒”：“桓公有主簿，善别酒，有酒辄先尝。好者谓‘青州从事’，恶者谓‘平原督邮’。青州有齐郡，平原有鬲县，‘从事’

言到脐，‘督邮’言在鬲上住。”如“刘伶病酒”：“刘伶病酒，渴甚，从妇求酒。妇捐酒毁器，涕泣谏曰：‘君饮太过，非摄生之道，必宜断之。’伶曰：‘甚善。我不能自禁，唯当祝鬼神自誓断之耳。便可具酒肉。’妇曰：‘敬闻命。’供酒肉于神前，请伶祝誓。伶跪而祝曰：‘天生刘伶，以酒为名，一饮一斛，五斗解酲。妇人之言，慎不可听。’便引酒进肉，隗然已醉矣。”这些记载对于了解当时南北部分地区人们的饮食习俗有着重要价值。

目前流传的《世说新语》主要版本有：明嘉靖间袁褧嘉趣堂本，商务印书馆《四部丛刊》（初编）据以影印；清光绪间王先谦思贤讲舍校订本，上海古籍出版社 1982 年据以影印，后附日本影印宋本《世说新语》中汪藻的《叙录》以及罗振玉影印《唐写本〈世说新语〉残卷》；宋绍兴刻本，今传者为日本人所藏，1955 年文学古籍刊行社据以影印，1962 年中华书局亦据以影印。

五、其他著作

除以上所列之外，还有不少典籍中包含有饮食文化方面的内容，如东晋常璩的《华阳国志》、梁宗懔的《荆楚岁时记》等。

（一）《华阳国志》

《华阳国志》，东晋常璩撰。常璩，字道将，东晋蜀郡江原（今四川崇州市）人，大约生于 291 年，卒于 361 年。初仕成汉李氏，授散骑常侍之职。347 年，东晋大将桓温伐蜀，灭李氏，以璩为参军，故随至建康。著有《华阳国志》等书。

《华阳国志》，又名《华阳国记》，是一部专门记述古代中国西南地区地方历史、地理、人物等的地方志著作。该书撰于晋穆帝永和四年至永和十年间（348—354 年）。分为巴志，汉中志，蜀志，南中志，公孙述、刘二牧（刘焉、刘璋）志，刘先生（备）志，刘后主（禅）志，大同（晋统一）志，李特、雄、期、寿、势志，先贤士女总赞，后贤志，序志并士女目录等，共 12 卷。

书中不少地方涉及到了西南地区的饮食文化。如“巴志”记载，四川东部“土植五谷，牲具六畜。桑、蚕、麻、纻、鱼、盐、铜、铁、丹漆、茶、蜜、灵龟、巨犀、山鸡、白雉、黄润、鲜粉，

《华阳国志校注》

皆纳贡之。其果实之珍者，树有荔枝，蔓有辛蒟，园有芳蒻、香茗”。这则史料说明当时巴国有很多饮食原料，不少成为纳贡的品种，而且荔枝、冬葵、辛蒟、芳蒻、香茗、香橙、天椒等也已成为四川有名的地方特产。又如“蜀志”记四川西部：“地称天府”，“山林泽鱼，园囿瓜果，四节代熟，靡不有焉”，当地的调味品已有卤水、岩盐、川椒、阳朴之姜等，饮食习俗“尚滋味”，“好辛香”。随着经济的发展和饮食烹饪水平的提高，当时四川富豪饮宴已相当奢华，而“聚嫁设太牢之厨膳”。由于《华阳国志》记载了不少四川地区的饮食文化状况，故而成为研究川菜历史发展的重要资料。

《华阳国志》版本很多，不仅有宋本、明本、清本、民国本等多种，现今亦有校注本。巴蜀书社 1984 年刘琳的《华阳国志校注》是目前较为常见的校注本。

(二)《荆楚岁时记》

《荆楚岁时记》，南朝梁宗懔撰。是书是一部记载荆楚地区岁时习俗的著作，也是保存到现在的我国最早的一部专门记载古代岁时节令的专著。本书正文以时为序，记述了古代荆楚地区时俗风物，注文则引用经典的俗传，考辨了习俗的源流，是研究古代文化风俗的重要著作。

最早著录此书的是《旧唐书·经籍志》："十卷，宗懔撰；又二卷，杜公瞻撰。"后又见录于《新唐书·艺文志》《崇文总目》《郡斋读书志》《通志》《直斋书目解题》《文献通考》《宋史·艺文志》等。元陶宗仪《说郛》有此书节本，明《永乐大典》未见此书，此书或亡于元明之际。历来认为，杜氏本为注本。其卷数旧说纷纷，有10卷、6卷、2卷、4卷等。现流传于世的为1卷残本。

宗懔，字元懔，又字怀正。南朝梁人。约生于公元500年，卒于公元563年。懔自幼好学，又喜好读书，史称其"昼夜不倦"，与人交谈常常引经据典，乡里人因此称他为"童子学士"。入仕后，历经乱世，效力于多个皇帝，担任多个官职。保定中，宗懔卒，终年64岁。

杜公瞻，中山曲阳人。生卒年不详。曾任隋朝安阳令、著作佐郎、散骑常侍。著有类书《编珠》。他成长于文官世家，"少好学，有家风"，这使得他有能力和资格为《荆楚岁时记》补注。杜公瞻的补注，是《荆楚岁时记》得以在世间广为流传的有力保证之一。在《荆楚岁时记》的注中，除杜氏的以外，还可以见到五代时杜光庭的文字，并有"按杜公瞻云"等语，所以许多学者认为注者当不仅仅是杜公瞻一个人，但是现在已难考清。

《荆楚岁时记》大约撰于魏恭帝二年（555年）。书中保存了不少饮食风俗资料，对研究古代饮食风俗的流变具有重要价值。如："正月一日……进椒柏酒，饮桃汤。进屠苏酒、胶牙饧，下五辛盘。""正月七日为人日，以七种菜为羹。""立春之日，悉剪彩为燕以戴之。亲朋会宴，啗春饼、生菜，帖'宜春'二字。或错缉为幡胜，谓之春幡。""正月十五日，作豆糜，加油膏其上，以祠门户。""去冬至节一百五日，即有疾风甚雨，谓之寒食。禁火三日，造饧大麦粥。""三月三日……是日，取鼠曲汁蜜和为粉，谓之龙舌粄以厌时气。""夏至时节，食粽。""六月伏日，并作汤饼。""九月九日，四民并籍野饮宴。""仲冬之月，采撷霜芜菁、葵等杂菜干之，家家并为咸菹。有得其和者，并作金钗色。”“岁暮，家家具肴蔌，谓宿岁之储，以迎新年。相聚酣饮，请为送岁。”

馈五辛盘

《荆楚岁时记》一书不仅在正文中记载了不少饮食习俗，注文中也有不少记载，有些还叙述了相关饮食习俗的流变。如重阳节“籍野饮宴”之事，《荆楚岁时记》说：“九月九日，四民并籍野饮宴。”杜公瞻注云：“九月九日宴会，未知起于何代，然自汉至宋未改。今北人亦重此节，佩茱萸，食饵，饮菊花酒，云令人长寿，近代皆设宴于台榭。”又如正月初一“下五辛盘”之事，《荆楚岁时记》云元旦“长幼悉正衣冠，以次拜贺，进椒柏酒，饮桃汤；进屠苏酒，胶牙饧，下五辛盘；进敷淤散，服却鬼丸；各进一鸡子”。注云：“周处《风土记》曰：‘元日造五辛盘，正月元日五薰炼形。’注：五辛所以发五藏之气。庄子所谓春正月饮酒茹葱，以通五藏也。”注文交代了元日造五辛盘是从先秦“正月饮酒茹葱，以通五藏”的饮食习惯发展而来的。

总之，无论从哪个角度看，《荆楚岁时记》都是研究我国食俗的宝贵资料。

《荆楚岁时记》辑佚本收录于《广秘笈》《广汉魏丛书》《四库全书》《湖北先正遗书》《增订汉魏丛书》《麓山精舍丛书》等丛书中。由于以上辑本或有遗漏，或正文与注文混淆，因此后人又做了不少辑佚工作，如1985年谭麟先生出版了《荆楚岁时记译注》，1986年姜彦稚在岳麓书社出版《荆楚岁时记》新辑校本，1987年宋金龙在山西人民出版社出版的《荆楚岁时记》校注本，以《广秘笈》本为底本，《广汉魏丛书》本作补充，校以他书，校注详明，注本后又附有佚文。

第九章

魏晋南北朝时期胡汉饮食文化交流

魏晋南北朝时期，中国是一个民族众多的国家，各民族都有自己的饮食生活特点，而饮食生活的地方性和民族性，也就构成了饮食文化交流与融合的客观基础，而同处于统一的多民族国家之中，更为各民族饮食文化交流与融合提供了便利，西北与北方少数民族大量进入中原地区，而中原一些人口则分别迁往东北、河西地区，由此展开了民族之间的大融合，这就是五胡为代表的少数民族与中原汉族之间的交融。一方面是兄弟民族，特别是西、北方的少数民族的饮食原料（汉唐人称之为胡食），纷纷传入内地，如五畜、蔗糖、葡萄、石榴、菠菜、胡蒜、胡麻、胡萝卜、胡荽、胡椒等，这些都大大丰富了汉隋人民的饮食，成为中华传统饮食文化不可分割的组成部分。另一方面，汉族也不断向西域、周边少数民族输出中原的农业文明，如五谷、蔬菜、瓜果、茶叶等等，这对提高胡族的饮食文明产生过积极的作用。

第一节　谷类原料的交流

魏晋南北朝时期，各民族由于自然环境的差异，所从事的物质生产不同，以及历史上各自形成的宗教信仰和风俗习惯不同，因而都有自己的饮食生活特点，而同处于开放的多民族国家之中，更为各民族饮食文化交流与融合提供了便利，谷类原料的交流便是如此。

一、农业生产方式的传入

早在2000多年前，被后世奉为儒家经典之一的《左传》中说："我诸戎饮食衣服不与华同。"① 这说明华夏族在饮食上是有别于其他民族的，而这种区别在于华夏族人民是以谷类作为主食的。

应该看到，中国古代许多民族的社会经济生活，并非是单一的，而是有多种不同成分。大体而言，在漫长的旧石器时代，主要从事渔猎和采集；到了新石器时代，农业开始发展，华夏族还兼营畜牧业，许多考古发掘都充分证实，这时华夏族已形成以农业为主、畜牧为辅的经济文化类型。然而，有些氏族部落则沿着另一条路径，原始农业停滞或衰颓，主要采取游牧或渔猎方式，东北、北方和西方的少数民族（历史上将他们称之为胡族），大都如此，但他们还是需要农业作为补充经济，或逐步向农业过渡。考古学上大量新石器时代出土遗存和民族学上的大量材料，均可说明这一问题。如果说，农业从采集经济发展而来，畜牧与狩猎有密切关系，前者源于后者，这是基本情况，是大体符合历史实际的。即使在比较发达的农业经济中，渔猎和畜牧仍然要占据相当地位。魏晋南北朝时期，胡族饮食逐渐向农业过渡，这一变化，也说明了这一问题。

魏晋南北朝时期，西部和西北部少数民族在和汉族杂居中慢慢习惯并接受农业这种生存方式。以生活于关陇南部的氐族为例，我们无法从史书的零散记载中确切地断定氐族从事农业生产的时间，但可以肯定的是氐族的全面农业化是进据关中并建立前秦政权以

---

① 杨伯峻编著：《春秋左传注·襄公十四年》，中华书局1981年版，第1007页。

后。《后汉书·南蛮西南夷传》谓汉代武都氐“出名马、牛、羊、漆、蜜”，此处未提到有粮食的存在，但是在《三国志》中却有记载说氐人“俗能织布，善田种，畜养豕、牛、马、驴、骡”，而此乃“由与中国错居故也”①。十六国时期，其统治者对农业生产十分重视，苻坚曾经多次劝课农桑，并针对关中少雨易旱的特点下令推广汉代的区种法，还征发富室的奴隶“开泾水上源，凿山起堤，通渠引渎，以溉冈卤之田。及春而成，百姓赖其利”。在上下的共同努力下，前秦出现了“田畴修辟，帑藏充盈”② 的安定繁荣局面，可见在东晋时期农业生产已经占据了主要地位，麦、粟、稷成为氐人维持生活的最重要的物资。

再看鲜卑拓跋氏。在他们还居住在东北大兴安岭一带时，畜牧和狩猎是他们谋生的主要手段，考古工作者在嘎仙洞收集了许多陶片、石器、骨器和角牙器等，其中狩猎工具占多数，并有大量的野猪、野鹿、野羊等动物骨骼，这表明这个时期狩猎业在经济生活中占有十分重要的地位③。在魏晋时期鲜卑拓跋部在其酋长力微的带领下居于鄂尔多斯草原，其以畜牧为生是可想而知的，及至四世纪初建立代国之时，其统治区内有大量汉人的存在，故这个时期是粮食初步进入鲜卑生活的时期，如《晋书·秃发利鹿孤载记》曾言：“(利鹿孤) 置晋人于诸城，劝课农桑，以供军国之用，我则习战法以诛未宾。若东西有变，长算以縻之，如其敌强于我，徙而以避其锋。”此处虽指的是鲜卑秃发氏的情况，但据此可推知拓跋氏亦大抵如此，自己本部族人仍以畜牧为业，而以汉人从事农业生产以补充国用，主要是用于饲养牲畜，人的食用粮食是少量的，只到四世纪中期即拓跋什翼犍时期情况还是如此，如他曾经想要修筑宫室，其母平文皇后曰：“国自上世，迁徙为业，今事

① （晋）陈寿撰，裴松之注：《三国志》卷三〇《魏书·乌丸鲜卑东夷传》注引《魏略·西戎传》，中华书局2006年版，第512页。

② （唐）房玄龄等：《晋书》卷一百一十三《苻坚载记上》，中华书局1974年版，第2888页。

③ 吉发习：《嘎仙洞调查补记》，载《内蒙古师范大学学报》1985年第1期。

难之后，基业未固，若城郭而居，一旦寇来，难卒迁动。”① 这即表明这个时期他们尤习于迁徙之俗，农业生产自然不可能有很高的地位。

粮食真正进入拓跋氏的生活是在建立北魏以后，拓跋珪“离散诸部，分土定居，不听迁徙。其君长大人，皆同编户”②，其氏族成员开始转化为编户农民，农业生产的比重自然有所提高。另《魏书·食货志》记载：“天兴初，制定京邑，东至代郡，西及善无，南极阴馆，北尽参合，为畿内之田。其外，四方四维，置八部帅以监之。劝课农桑，量较收入，以为殿最。”这条材料表明四世纪末五世纪初，部落成员很多都已经成为封建性质的农民，劝课农桑也成为北魏政府的一项重要措施。粮食的产量也当不低，如登国十年（395年）后燕伐魏，燕军在五原“收穄田百余万斛”③，可见农业已有相当发展。

但是长久以来的畜牧传统并不能轻易地被改变，农业取代畜牧而成为国家的主导经济，粮食取代肉类成为维持人们生存的基本食物需要一个长期的过程。尽管北魏统治者对农业十分重视，在入主中原以后不断地“教行三农，生殖九谷”④，各给耕牛，计口授田，但事实上从事这些农业生产的主要是农奴、亦兵亦农的部落成员和新民⑤，鲜卑本族人从事农业生产的还不普遍。在前中期他们真正重视的还是畜牧和狩猎经济，国家建有四个大型的牧场和大大小小、种类繁多的苑囿，这些牧场和苑囿不仅水草丰美、适宜放牧的漠南、河西有，而且连黄河以北的老农业区亦变成牧场，孝文帝

① （北齐）魏收：《魏书》卷十三《平文皇后王氏列传》，中华书局1974年版，第323页。

② （唐）李延寿：《北史》卷八〇《外戚·贺讷传》，中华书局1974年版，第2672页。

③ （宋）司马光编著：《资治通鉴》卷一〇八《晋纪·晋孝武帝太元二十年》，中华书局1956年版，第3422页。

④ （北齐）魏收：《魏书》卷一一〇《食货志》，中华书局1974年版，第2850页。

⑤ 参见韩国磐《魏晋南北朝史纲》，人民出版社1983年版，第438页。

命令宇文福“规石济以西，河内以东，距黄河南北千里为牧地”①，当时上谷（河北怀来县境）民上书，“言苑囿过度，民无田业，乞减大半，以赐贫人”②。除此以外，当时的个体畜牧业也十分发达，如尔朱荣在秀容（今山西原平）的“牛羊驼马，色别为群，谷量而已”③，私家有马千匹者为数亦多，这也使相当数量的农田化为牧场。政府和贵族大量的封禁良田，一时间，男耕女织的宁静顿成“风吹草低见牛羊”的苍茫。这种情况的出现表明在鲜卑人的心目中农业次于畜牧，粮食次于牛羊肉，这种状况的出现主要是由于饮食习俗是一种非常顽固的民俗现象，它的改变需要一个长期的过程。胡族对充满鲜膻气的牛羊肉有着执着的喜爱，在北魏早期，北魏和汉民族在生活习俗上的融合还未达到使胡族完全接受五谷杂粮的生活方式的程度，例如：“（王）肃初入国，不食羊肉及酪浆，常饭鲫鱼羹，渴饮茗汁……经数年以后，肃与高祖殿会，食羊肉酪粥甚多。高祖怪之。”而茶被称为“酪奴”，朝贵相聚，“虽设茗饮，皆耻不复食，唯江表残民远来降者好之”④。这一“怪”字和“耻”字便反映出当时胡汉两族在饮食方式上有着非常明显的差别，故而，对于能够提供他们所需之食物的畜牧业便十分重视了。

二、农作物种植的推广

农耕与畜牧在食物能量及人口供养能力方面存在着巨大差距，初步估算，一平方公里的土地在唐代可供养 62.5 人，同样面积的

① （北齐）魏收：《魏书》卷四四《宇文福传》，中华书局 1974 年版，第 1000 页。

② （北齐）魏收：《魏书》卷二八《古弼传》，中华书局 1974 年版，第 691 页。

③ （北齐）魏收：《魏书》卷七四《尔朱荣传》，中华书局 1974 年版，第 1644 页。

④ （北魏）杨衒之著，尚荣译注：《洛阳伽蓝记》卷三《城南·报德寺》，中华书局 2012 年版，第 222~224 页。

草场却只能供养6人①，如此悬殊的差距促使北魏在面对人口逐步增多、胡汉融合程度渐深、军粮供应不足的情况下选择了农业。吕思勉曾说："野蛮之人多好肉食，然后卒改食植物者，实由人民众多，禽兽不足之故。"② 而一些人类学家甚至认为："农耕是最后一着生计策略，而只有当狩猎采集民族没有任何现实的选择之时，他们才会从事农耕。"③ 故而牧场开始废弃，苑囿大量被罢，正始元年，"以苑牧公田分赐代迁之户"，延昌二年又"以苑牧之地赐代迁民无田者"④，这是政府从根本上的改变。《魏书·和跋传》记载平原太守和跋死时嘱其弟说："瀰北地瘠，可居水南，就耕良田，广为产业。"这表明一般鲜卑贵族也和汉人一样，开始广畜田宅，以田地作为资生之业，粮食自然也就成为一般家庭的资生之物了。

另外，我们从北魏贾思勰所作的《齐民要术》中也可看出农耕汉族和游牧民族之间的交融。从该书的内容结构看，农业放在种植、畜牧之前，这表明农业的地位最为重要；其次，从卷六的标题次序看，牛在马、驴、骡、养、猪、鸡、鹅、鸭、鱼之前，也体现了农耕是重点；最后，如果把畜牧和种植合起来看，种植业的比重远远超过了畜牧业，二者的比例约为79.09：20.98⑤，显而易见，农业已完全占据了绝对的地位，自然无须置疑粮食在鲜卑人饮食生活中的地位了。

其他北方和西北方的民族如吐谷浑、高昌、龟兹国等在这个时期也或多或少地从事着农耕生活，如《北史》卷九十七记载：

---

① 王利华：《中古华北饮食文化的变迁》，中国社会科学出版社2001年版，第121页。

② 吕思勉：《中国制度史》，上海教育出版社1985年版，第176页。

③ [美] 威廉·A. 哈维兰著，王铭铭等译：《当代人类学》，上海人民出版社1987年版，第342页。

④ （北齐）魏收：《魏书》卷八《世宗宣武帝纪》，中华书局1974年版，第213页。

⑤ 游修龄：《〈齐民要术〉成书背景小议》，《中国经济史研究》1994年第1期。

"（高昌）国有八城，皆有华人……谷麦一岁再熟，宜蚕，多五果……引水溉田。""（焉耆）谷有稻、粟、菽、麦，畜有驼马。""（疏勒）土多稻、粟、麻、麦。"同书卷九十六记载吐谷浑"亦知种田，有大麦、粟、豆"，龟兹国"人以田种畜牧为业"①，但农业在这些民族地区并未取得主体性地位，大多是和畜牧业相结合，如伽师国本身并未有粮食的种植，而取稻、麦于邻国，一方面固然是因为自身的土地上不适宜农作物的种植，另一方面也是由于汉化的程度不够深。

在少数民族农业生产中比较重要的粮食作物是黍、粟、麦、稻。黍在汉唐文献中常常称之为"穄"，今西北地区称为黍子、糜子，籽脱壳后称"黄米"。先秦时黍与稷并为最重要的粮食作物，是酿酒的主要原料，到两汉时黍在五谷中的地位已无足轻重，但到魏晋南北朝时期由于长期的战乱造成了经济的凋敝和土地的荒芜，史载："自永嘉丧乱，百姓流亡，中原萧条，千里无烟"②，这种状况使得黍的先锋价值再次凸显，当农民拿起锄头走向杂草丛生的土地时，种黍成为他们的首要选择，如《齐民要术》卷一《耕田》记载："耕荒毕……漫掷黍穄，劳亦再遍。明年，乃中为谷田。"卷二《黍穄》记载："凡黍、穄田，新开荒为上。"故而黍的地位有所回升，品种也较以前大为增加，《齐民要术》中记载有包括《广志》在内同时代近20个黍的品种。黍在此时大致有三个用途：一是做饭和粢饵、煮肉羹的配料，如《要术》中所言黍臛；二是用于食品酿造（助发酵），如饴糖；三是用于酿酒，前秦赵整《酒德之歌》云："获黍西秦，采麦东齐，春封夏发，鼻纳心迷。"③《齐民要术》中记载了14种以黍米为原料的酿酒法，如作春酒法、河东颐白酒法、黍米酎法等。

---

①（唐）房玄龄等：《晋书》卷九七《龟兹国传》，中华书局1974年版，第2543页。

②（唐）房玄龄等：《晋书》卷一〇九《慕容皝载记》，中华书局1974年版，第2823页。

③（清）汤球辑补，王鲁一、王立华点校：《十六国春秋辑补·前秦录》卷十一《赵整》，齐鲁书社2000年版，第33页。

黍在新开荒时占据主要地位，但当农业生产发展到一定程度，粟就取代了黍而成为最主要的粮食作物。《齐民要术》卷一《种谷》言："谷，稷也，名粟。谷者，五谷之总名也，非指谓粟也。然今人专以稷为谷，望俗名之耳。"

以稷代指五谷本身也就说明了粟在当时作物中的主导地位①。粟的品种繁多，《广志》原载有 11 个品种，《齐民要术》中的记载又新增加了 86 个，同书又记载了 11 种以粟为原料的酿酒法，这反映出粟的生产在当时十分发达。当时少数民族占据的黄河流域粟的种植十分普遍，《魏书》卷五十《慕容白曜传》记载北魏献文帝派他攻克肥城，获粟 30 万斛；攻破垣城，得粟 10 余万斛；攻占青州东阳，获仓粟 85 万斛。《晋书·刘聪载记》也曾记载慕容白曜攻郭默与怀城，"收其米粟 80 万斛，列三屯以守之"。统治阶级的赏赐和赈济也以粟为主，史书的记载不胜枚举："赐畿内鳏寡孤独不能自存者粟帛有差。""贫俭不能自存者，赐以粟帛。""鳏寡孤独不能自存者，粟人五斛，帛二匹。"②

另外，我们从《齐民要术》的谋篇布局也可看出当时几种农作物的地位，粟排在其他作物之前，其次是黍，再次是粱秫，最后是大豆、小豆和其他作物，这种考虑显然是因为当时粟的重要地位。

麦是当时北方广泛种植的粮食作物，许多少数民族很早就已开始种植麦，如《魏书》中记载勿吉族"有粟及麦"，室韦族"颇有粟、麦及穄"。《三国志》卷十五《张既传》言张既大散关追讨叛氐，"收其麦以给军食"。《晋书·桓温传》载桓温讨伐前秦，想"待麦熟，取以为军资"，却被苻坚抢先一步。《魏书·释老志》载拓跋焘至长安，"长安沙门种麦寺内，御驺牧马于麦中"。《周书·

① 关于粟和稷的关系，一般有两种说法，大多数人认为二者为一物，也有人认为二者非属一物，如美籍华裔学者何柄棣即持此观点，今从前说，即二者为一物。

② （北齐）魏收：《魏书》卷七下《高祖孝文帝纪》，中华书局 1974 年版，第 172~173 页。

刘璠传》说同和郡太守刘璠廉洁，“秋毫无所取，妻子并随羌俗，食麦衣皮终不改”。从上述这些例子我们可以看出，勿吉族、室韦族、氐族、鲜卑族、羌族都已经开始种植麦。除了日常食用以外，麦还用以酿酒（《齐民要术》中总共有九种黄酒麴，其中八种是小麦麴，一种是粟麴)、作醋、作酱，同时在胡族饮食中它还是重要的一味配料，《齐民要术》中的记载甚多，如酸羹法：“用羊肠二具，饧六斤，瓠叶六斤。葱头二升，小蒜三升，面三升，豉汁、生姜、橘皮，口调之。”① 另如作羊盘肠雌解法，以羊血为主料，而配以面和米等。这些表明麦的种植和食用已在少数民族中有着很大的分量。

由于气候和地形条件的差异，水稻的种植一般在秦岭—淮河以南、川西山地以东的广大地区，在西北少有种植。

第二节 肉类原料的交流

众所周知，农业和畜牧业的发明是变更人类饮食的首次革命，它标志着人类能控制住自己的食物补给，使人类有了稳定的食源。农业为人类提供谷食和家畜饲料，家畜饲料的需求在促使人类扩大谷物种植面积的同时，也就推动了农业的发展。畜牧业为人类提供了可靠的肉食来源，吃肉使得人类的体质增强，大大增强了人类征服自然的能力，也使人类有充沛的精力去从事农业生产。因此，畜牧业的发明，丰富了人类的饮食生活，自它产生以来，人类就再也离不开它。

一、畜牧业的发展

汉代以来，中国的畜牧业有了更快的发展，这实得益于胡汉民族的频繁交流。这个时期伴随北方少数民族南下进入中原的不仅仅是日行千里的“汗血”宝马，还有数不清的牛羊，而内地自东汉

① （北魏）贾思勰：《齐民要术》卷八《羹臛法》，沈阳出版社 1995 年版，第 154 页。

后期以来连年的军阀混战和自然灾害造成了大片荒芜土地的出现。据《晋书·束皙传》记载，汉末、三国时北方的荒废农田处处可见，以致由今洛阳向东到今郑州一带，还是森林密布、野兽出没无常之处，这为马牛羊提供了憩息和繁衍之所，从而使畜牧业的发展成为可能。谭其骧先生认为："（东汉以后）黄河中游大致即东以云中山、吕梁山，南以陕北高原南缘山脉与泾水为界，形成了两个不同区域。此线以东、以南，基本上是农区；此线以西、以北，基本上是牧区。"① 事实上不仅如此，中原腹地和黄河中下游的一些地区也处于半牧半农的状态之中，在整个畜产结构中，战争所需品——马和生活所需品——羊占据主导地位。

汉代以后畜牧业的发展首先表现为国营牧场的发展。西汉时共有国营牧场四十二所，马匹 36 万，降及东汉，牧场衰落，西汉时的三十六苑仅余一苑，六厩只余一厩，马牛羊的数量可想而知是十分有限的。从北魏时开始，国营牧场开始大发展起来。《魏书·食货志》记载："世祖之平统万，定秦陇，以河西水草善，乃以为牧地。畜产滋息，马至二百余万匹，橐驼将半之，牛羊则无数。"仅仅一个牧场有二百多万匹马，这可是西汉时期国家整个牧场马匹之和的五倍多！除此之外，北魏还另建有平城、漠南、河阳三个大型国营牧场，并且从中央到地方都设有许多官吏专管畜牧之事。这使得畜牧业的生产经营达到一个新的水平。

隋唐两朝也都十分重视畜牧业，隋时置有同州总监和陇右牧总监，其下更有苑川十二马牧，每牧置大都督。唐时国营牧场更形发展，达到极盛，国营牧场的设立首先是为了满足军事上的需要，但事实上牛羊数量也是相当大的，如天宝十三年统计群牧数总共 605603 头（匹、口），其中羊有 204134 头②，占总数的 1/3 多。由此可见，北魏以后，国营畜牧业有了相当大的发展，数量远远超过了汉代，这些牛羊无疑大大补充了原来肉类食物的不足。

---

① 谭其骧：《长水集》下册，人民出版社 1987 年版，第 22 页。

② （宋）王若钦等：《册府元龟》卷六二一《卿监部·监牧》，中华书局 1960 年影印版，第 7479 页。

除官营牧场外，私人畜牧业在汉隋间也得到了相当大的发展。关陇、河西走廊、华北和黄河流域的许多地区与游牧地区比较接近，在少数民族的影响下，亦农亦牧的家庭十分普遍，如《隋书·地理志》云："安定、北地、上郡、陇西、天水、金城，于古为六郡之地，其人……勤于稼穑，多畜牧。"但在少数民族大量进入中原以前，家庭饲养业的规模都很小。《史记》中记载："卜式者，河南人，少与弟别居……独取畜羊百余，田宅财物尽与弟。式入山牧羊，十余岁羊致千余。"西晋石崇在《金谷诗序》中道："吾有庐，在河南金谷中，去城十里，有田十顷，羊二百口，鸡猪鹅鸭之属，莫不毕备。"有羊千余和二百口在当时可算是较大规模的养羊业了，但这种情况极为少见。魏晋南北朝时期，随着少数民族大量进入中原，其畜牧传统也被带进中原，当时不仅政府大规模封占良田以为畜牧，领民酋长、官僚贵族也往往广占土地经营畜牧，有的多达几百里，如北魏尔朱荣，在山西秀容的"牛羊驼马，色别为群，谷量而已"①，元渊为了勒索百姓，规定"私家有马千匹者，必取百匹，以此为恒"②，而《齐民要术》记载养羊动辄以千数计，其发达程度可见一斑。这种状况一直持续到唐代，如陇右地区的人民隋代时"以畜牧为事"③，至唐武则天时人们仍认为"陇右百姓，羊马是资"④，而且因为其地产羊甚多一直是贩羊的好去处。

这个时期畜牧业得以很快发展的原因一方面如前所述是由于战争的客观需求，而中原荒废的农田又使它的存在与发展成为可能。另一个重要的原因在于当时统治者的鼓励政策。马牛羊尤其是羊和

① （北齐）魏收：《魏书》卷七四《尔朱荣传》，中华书局 1974 年版，第 1644 页。

② （唐）李延寿：《北史》卷十六《广阳王深传》，中华书局 1974 年版，第 616 页。

③ （唐）李延寿：《北史》卷七三《贺娄子干传》，中华书局 1974 年版，第 2522 页。

④ （清）董诰等：《全唐文》卷二六九《张廷珪·请河遭旱涝州准式折免表》，中华书局 1983 年影印版，第 2733 页。

少数民族有着不可分割的联系，很多民族的名称本身就源于羊，如羌族和羯族。羊对于胡族来说，全身皆是宝，除食用以外，温暖的羊毛不仅可以满足自身的需要，还可作为商品来谋取高额利润，故对牛羊业采取积极的扶持态度。《魏书·食货志》载魏太宗永兴年间敕有司曰："凡庶民不畜者祭无牲，不耕者祭无盛……教行薮牧，养蕃鸟兽……自是民皆力勤，故岁数丰穰，畜牧滋息。"在政府的鼓励和民众自身需求的双重作用下，畜牧业很快发展起来。

除此之外，胡族的内迁和战争的掳掠也使中原地区的牛羊数量大为增加。胡族在内附时往往带来了大批牛羊，如《晋书·匈奴传》言匈奴族"(太康六年) 率种落大小万一千五百口，牛二万二千头，羊十万五千口（归化）"，北魏孝文帝迁都洛阳时，有上百万鲜卑人和其他胡人从代北赶着牛羊来到中原。而从战争中掳掠的牛羊更是不计其数，据《晋书·石勒载记》和《魏书·食货志》记载：石虎讨河西鲜卑日六延，"斩首二万级，俘三万余人，获牛马十余万"，北魏时破卫辰，"收其珍宝、畜产、名马三十余万，牛羊四百余万，渐增国用"，破蠕蠕，"虏其种落及马牛杂畜方物万计"，其后西伐焉耆，"获其奇宝异玩以巨万，驼马杂畜不可胜数"。无数的牛羊在农耕地区安家落户，对农业生产来说无疑是种破坏，但却有助于牛羊业的发展。

二、畜牧业的种类及其地位变化

畜牧业的发展，尤其是羊的数量巨大，使得人们的生活发生了一些变化。首先就政府而言，自北朝迄于唐，对牧民的赋税征收以羊、马等牲畜为准，如泰常六年"诏六部民，羊满百口，调戎马一匹"，《唐六典》中说："诸国蕃胡内附者，亦定为九等……上户丁输羊二口，次户一口，下户三户共一口。"北齐政府还用羊来奖励人口生育，《北史·邢邵传》中就明确记载："生两男者，赏羊五口。"由于羊的数量众多，朝廷也常以之赏赐百官，如《北史·司马子如传》载高欢一次赏赐给他 500 只羊，同书《平鉴传》言高洋赐给他羊 200 只。而元景山从周武帝平齐有功受到重赏，其中

“牛羊数千”①。隋代杨素一次受赏 2000 多只。其次羊的数量众多，也使得日常生活中人们的肉食主要是羊肉。《唐六典》记载，唐时自亲王以下至五品官皆有肉料，其中亲王以下至二品以上，每月常食料有羊 20 只，猪肉只有 60 斤；三品官每月 12 只羊，四、五品官每月 9 只羊，这种配给数要远远超出猪肉的数量。另外，《齐民要术》对羊的放牧时间、方法、冬季舍饲等的介绍十分详细完备，从中也可看出当时养羊业的发达。而养羊业的发达自然会导致人们饮食结构的变化，羊肉成为肉类食物的主要品种，而羊酪在当时中原地区的饮酪之风中也独领风骚。

养牛业的发展在总体上远不如养羊业发达，这和汉族自身的传统以及游牧民族政权的特点有关。牛在汉族人的心目中一直是珍贵的农业劳动帮手，除了祭祀祖先神灵，《礼制·王制》规定“诸侯无故不杀牛”，一般人就更不能随意屠杀了。牛在农耕社会中的重要性使得游牧民族在向农耕定居生活转变和恢复残破的农业经济的初始期，为了发展农业生产，减轻繁重的劳动负担，政府都对养牛采取鼓励措施。如《晋书·食货志》载：“京兆自马超之乱，百姓不专农殖，乃无车牛。(颜) 斐又课百姓，令闲月取车材，转相教匠。其无牛者令养猪，投贵卖以买牛。始者皆以为烦，一二年中编户皆有车牛。”而且为了保障农业生产的需要，政府会对牛采取保护措施，禁止屠杀耕牛，如《南史·王僧孺传》言其出为南海太守，“南海俗杀牛全无限忌，僧孺至便禁断”。《梁书》中官居九卿的傅昭，收到其儿媳家中送来的牛肉，把儿子叫到跟前说：“食之则犯法，告之则不可，取而埋之。”但当养牛发展到一定阶段时又开始有所限制，《晋书·食货志》中说：“古者匹马匹牛，居则以耕，出则以战，非如猪羊类也。今徒养宜用之牛，终为无用之费，甚失事宜。”过多的养殖如果不益世用则造成无谓的浪费，只要能满足农业生产的需要即可，加之胡族人对牛肉的喜爱程度远不若对羊的热爱，故对养牛业的发展热情并不高，养牛业自然也无法和养

---

① (唐) 魏徵等：《隋书》卷三九《元景山传》，中华书局 1973 年版，第 1152 页。

羊业相提并论了。

在牛羊养殖业的冲击下，从魏晋一直到宋之前猪的饲养总体呈萎缩状态，虽然仍普遍地被饲养，但与两汉时期相比，其地位已明显下降，家庭饲养不成规模，无法与百十成群的羊相提并论。当时的农学家对羊的重视程度也远远超过猪，如《齐民要术》记载养羊技术甚详，其篇幅超过养猪、鸡、鹅、鸭等篇之和甚多；而据王利华统计，《四时纂要》要关于养猪的条文有 8 条，与养羊有关的条文则有 13 条①。由于当时猪的数量匮乏，以往最普遍的猪肉这时却成为珍品，《晋书》卷七十九《谢安传附孙混传》言西晋末期"公私窘罄，每得一豚，以为珍膳，项上一脔尤美，辄以荐帝（司马睿），群下未尝敢食。"到北齐时，人们聘礼所用肉料主要是羊，其次是牛犊，还有雁，但没有猪②，这一方面表明猪的地位要低于羊和牛，另一方面也表明此时猪的数量很少，远不能和牛羊相比。

粮食作物在少数民族中的广泛种植，牛羊总体数量的增加和在一般家庭中的普及，使得胡族和汉族传统的饮食结构发生了重要变化，"食肉饮酪"开始成为汉隋时期整个北方和西北地区胡汉两族的共同饮食特色，而一向"未知粒食"，只知尚武骑射，大口吃肉的牧民开始转为"粒食之民"。

第三节 蔬菜瓜果的交流

蔬菜瓜果业是饮食经济的一个重要组成部分，从新石器时代起，蔬菜瓜果就开始作为先民生活中的副食来源。《国语·鲁语》记载中国远古传说时代烈山氏之子柱"能植百谷百蔬"。说明我国古代种植蔬菜，同谷物几乎具有同样悠久的历史。所以，《尔雅·释天》在解释"饥馑"二字时说："谷不熟为饥，蔬不熟为

① 王利华：《中古时期北方地区畜牧业的变动》，《历史研究》2001 年第 4 期。

② 参见魏徵等编撰《隋书》卷九《礼仪志四》，中华书局 1973 年版，第 179 页。

馑。”这里谷蔬同时并提，正好揭示了主食和副食之间的密切关系。

一、蔬菜交流

种菜成为专门职业以后，在长期人工栽培的过程中，便很快使蔬菜品种丰富起来。单就取用的部位来讲，有采食其叶的（如白菜之类），有采食其茎的（如芹菜之类），有采食其根的（如山药之类），有采食其花的（如金针菜之类），有采食其果的（如辣椒之类），有采食其芽的（如豆芽之类），等等，品种繁多，不可尽举。今天我们日常吃的蔬菜，约有160种，每种之中，又各有许多不同的变种，比世界上任何国家的蔬菜种类都要多，这是我们祖先在长期种菜实践中不断改进向前发展的结果，也是留给后世的宝贵的生活遗产。

在比较常见的百余种蔬菜中，汉地原产和从域外引入的大约各占一半。汉隋时期，中原内地通过与西北少数民族交流，引入了一些蔬菜品种。这个时期引进的蔬菜以苜蓿、芸苔、胡瓜、胡豆、胡蒜、胡荽等为主。

苜蓿，最初是马的一种饲料，以后才渐有人采其嫩叶食用。中原地区种植苜蓿始于西汉，《太平御览》卷九九六《百卉部三》引《史记》云：“大宛有苜蓿草，汉使取其实来，于是天子始种苜蓿。”同书又引《述异记》云：“张骞苜蓿园在今洛中。苜蓿本胡中菜，骞始于西国得之。”

苜蓿虽是汉代引进，但其发展却是在魏晋南北朝时期，这个时期畜牧业的飞速发展要求供应大量的饲料，而苜蓿的特性恰恰适应了这种需求。《齐民要术》卷三《种苜蓿》言：“长宜饲马，马尤嗜。此物长生，种者一劳永逸。”除作饲料外，苜蓿可生吃，又可作羹和干菜，且味道鲜美，《四时纂要·冬令卷之五·十二月》曰：“凡苜蓿，春食，作干菜，至益人。紫花时，大益焉。”关中一带食者甚众，唐代更甚，连皇宫也不例外，如开元间薛令人为东宫侍读，与同僚闲谈其宫中生活时题诗壁上曰：“朝日上团团，照见先生盘。盘中何所有？苜蓿上阑干。饭涩匙难绾，羹稀箸易宽。

只可谋朝夕，何由度岁寒。”①他想要告诉人们他的宫中生活如何清苦，但宫中生活即使再清苦也非一般贫苦百姓家所能比拟，而苜蓿出现在东宫侍读的餐桌上即表明作为蔬菜的苜蓿在人们心目中的重要地位。

苜蓿分紫花和黄花两种类型，张骞所传入的即是紫花苜蓿，今在北方广泛种植，黄花苜蓿在南方比较常见，其营养价值也低于紫花型。

芸苔，《太平御览》卷九八〇引《通俗文》曰：“芸苔谓之胡菜。”梁家勉先生认为芸苔即今之油菜②，但缪启愉先生认为芸苔只是油菜的一种，它经河西走廊传入内地，现在主要分布在秦岭以北各省，长江流域各省种植的多是由我国原产的白菜演变而成的矮油菜。《齐民要术》卷三记载了芸苔的种植，但仅只寥寥数语③，由此可见此时的芸苔尚未普及开来。

胡瓜，即今之黄瓜，当时又称为黄𤓰，史载：“（郭）祚曾从世宗幸东宫，肃宗幼弱，祚怀一黄𤓰，出奉肃宗……时人谤祚者，号为……黄𤓰少师。”④至隋大业四年，胡瓜才统一名为“黄瓜”，杜宝《大业拾遗录》曰：“四年改胡床为交床，改胡瓜为白露黄瓜。”黄瓜除生吃外，亦可作酢瓜，《齐民要术》卷九记载的“胡饭法”中的一味原料为酢瓜菹，很可能即是酸黄瓜。

胡豆，亦是由西域传入的，《太平御览》卷八四一引《邺中记》曰：“石虎讳胡，胡物皆改，名胡豆曰国豆。”又引《广雅》

---

① （宋）李昉等：《太平广记》卷四九四《薛令之》引《闽川名仕传》，中华书局 1961 年版（1986 年重印），第 4059 页。

② 梁家勉主编：《中国农业科学技术史稿》，中国农业出版社 1989 年版，第 214 页。

③ （北魏）贾思勰撰，缪启愉校释：《齐民要术校释》，中国农业出版社 1982 年版，第 147 页。

④ （北齐）魏收：《魏书》卷六四《郭祚传》，中华书局 1974 年版，第 1424 页。

云："胡豆有青有黄者。"梁家勉先生认为胡豆即今之豇豆。①

胡蒜，是这个时期最为重要的调味品，《齐民要术》中详细记载了二者的种植方法。胡蒜即今之大蒜，其味辛于小蒜，《太平御览》卷九七七引崔豹《古今注》云："蒜，茆蒜也，俗语谓之小蒜。胡国有蒜，十子共为一株，二箨裹之，名为胡蒜，尤辛于小蒜，俗语谓之大蒜。"《本草纲目》卷二十六"蒜"亦云："中国初惟有此，后因汉人得胡蒜于西域，遂呼此为小蒜以别之。"

胡蒜的最早产地在西域当无异议，其之所以能传入内地，一般认为是张骞的功劳，《齐民要术》卷三引东汉王逸言："张骞周流绝域，始得大蒜、葡萄、苜蓿。"胡蒜在这个时期南北方均有种植，史载："江夏费遂，字子奇，为杨州刺史，悉出前刺史所种小麦胡蒜付从事。"胡蒜种植地区虽广，人们在饮食生活中用此却不多，《齐民要术》所载各类菜肴有100多种，其配料大多用小蒜，而无胡蒜，有可能是产量不大，也有可能是胡蒜味道过重，易冲淡菜肴本身的味道之故。

胡荽，即今之芫荽，俗称为香菜。《齐民要术》卷三引《博物志》曰："张骞使西域，得大蒜、胡荽。"其名"香荽"来自石勒，《艺文类聚》卷八十五引《邺中记》曰："石勒讳胡，胡物改名。名胡饼曰麻饼，胡荽曰香荽。"

香荽在魏晋南北朝时期已广泛种植，《齐民要术》卷三列有专篇详细介绍了胡荽的种植方法，可见其在人民生活中的地位已非一般。胡荽除生吃、作菹外，还是烹饪其他菜肴的一味配料，如作"胡羹法"，主料为羊肉，配料即为葱头、胡荽和安石榴汁。

二、果品交流

葡萄，古时亦作蒲陶、蒲桃、蒲萄，秦汉时期从西域传入②，

---

① 梁家勉主编：《中国农业科学技术史稿》，中国农业出版社1989年版，第284页。

② 关于葡萄的引入时间学术界有两种不同意见，大多数认为是西汉张骞出使西域时引入；另一观点的代表是胡澎，认为秦代时内地已开始种植葡萄，参见胡澍《葡萄引种内地时间考》（《新疆社会科学》1986年第5期）。

唐李颀《古从军行》诗云："闻道玉门犹被遮，应将性命逐轻车。年年战骨埋荒外，空见葡萄入汉家。"这首诗表明唐人亦认为葡萄是由西域引进的。《史记·大宛列传》载："(大)宛左右以蒲陶为酒……汉使取其实来，于是天子始种苜蓿、蒲陶肥饶地。及天马多，外国使来众，则离宫别观旁尽种蒲陶、苜蓿极望。"可见汉代时期葡萄只是皇宫贵族的享受品，其在中原地区的种植是十分有限的，因而才会有孟他因敬献葡萄酒一斛与张让而拜为凉州刺史的事情①。

魏晋南北朝时期，随着胡人向内地移居，内地和西域之间的交流更加方便与频繁，葡萄亦随之得以推广开来。魏文帝曹丕曾对群臣说："中国宝果甚多，且复为说蒲萄。……醉酒宿醒，掩露而食，甘而不饵，脆而不酸，冷而不寒，叶长汁多，除烦解倦。"②"南方有龙眼、荔枝，宁比西国蒲萄、石蜜乎?"③

葡萄真正走入平常百姓家是到南北朝时期，其栽培地区比前代更广，主要分布在北方地区，《太平御览》卷九七二《果部》引《本草经》曰："蒲萄生五原、陇西、敦煌，益气强志，令人肥健延年轻身。"又引《秦州记》曰："秦野多蒲萄。"其中心在洛阳、长安、邺城。北魏时洛阳及其附近就有葡萄种植，《洛阳伽蓝记》记载当时白马寺附近的一架葡萄说："蒲萄实伟于枣，味并殊美，冠于中京。帝至熟时，常诣取之。或复赐宫人，宫人得之，转饷亲戚，以为奇味。得者不敢辄食，乃历数家。京师语曰：白马甜榴，一实值牛。"这当是葡萄中的珍品。

另有一例亦可见当时葡萄种植情况，北魏尉瑾出使南朝，庾信负责接待，庾信说："我在邺，遂大得葡萄，奇有滋味。"时在座南朝诸官皆一片茫然，不知葡萄为何物，可见南方此时尚未引种葡

---

① (西晋)陈寿撰，裴松之注：《三国志》卷三《魏书·明帝纪》注引《三辅决录》，中华书局2006年版，第57页。

② (宋)李昉等：《太平御览》卷九七二《果部九·葡萄》，中华书局1960年影印版(1995年重印)，第4308页。

③ (唐)欧阳询等：《艺文类聚》卷八七《果部下》上海古籍出版社1965年版(1982年重版)，第1486页。

萄，于是尉瑾解释说："此物实出大宛，张骞所致……西域多酿以为酒，每岁来贡。在汉西京，似亦不少。杜陵田五十亩，中有葡萄百树。今在京兆，非直指禁林也。"庾信接着说："乃园种户植，接荫连架"①。由此段话当知当时北方家家户户种植葡萄的兴旺景象。

安石榴，即今之石榴。《太平御览》卷九七〇引《博物志》云："张骞使西域还，得安石榴。"《艺文类聚》卷八十六引陆机《与云弟书》曰："张骞使外国十八年，得涂林安熟榴也。"据缪启愉先生考证，涂林乃西域地名②，最初石榴由张骞从西域引进这在目前学术界尚无异议。

魏晋南北朝时期石榴在北方地区已有广泛种植，晋张载、张协、应贞、夏侯湛、傅玄等人都有《石榴赋》流传于世，一方面是缘于石榴的美滋美味，甜者作水果食，酸者作调味品，如《齐民要术》卷八记载胡羹法：安石榴汁数合，口调其味。另一方面则是石榴的美丽外形与果实丰穰的特点寄托了人们的美好愿望，如《北齐书·魏收传》载一亲王娶赵郡李祖收女儿为妃，齐文宣帝莅临婚宴，新娘母亲献二石榴于帝前，帝不知何意，怒问众人，魏收答曰："石榴房中多子，王新婚，妃母欲子孙众多。"

胡桃，今名核桃，南北方俱有种植。关于其来源，有两种说法。《太平御览》卷九七一引《博物志》云："张骞使西域还，得胡桃。"《齐民要术》卷四引《西京杂记》亦云："胡桃，出西域，甘美可食。"这是源于西域说。同书引刘滔母《答虞吴国书》曰："咸和中，避苏峻乱于临安山，吴国遣使饷馈，乃答书曰：'此菜有胡桃、飞穰。飞穰出自南州。胡桃本生西羌，外刚内柔，质似贤，欲以奉贡。'"这是源于西羌说。无论是源于西域还是源于西羌，其源于胡族是一定的。《太平御览》卷九七一引《广志》曰：

① （清）段成式撰，方南生点校：《酉阳杂俎》前集卷一八《广动植物之三·木篇》，中华书局1981年版，第175页。

② （北魏）贾思勰撰，缪启愉校释：《齐民要术校释》，中国农业出版社1982年版，第221页。

“陈仓胡桃，皮薄多肌；阴平胡桃，大而皮脆，急捉则破。”据此，现今有学者认为胡桃并非核桃，而是桃的一种①。然从上引文字胡桃“外刚内柔”以及《北齐书·祖珽传》载胡桃含丰富的油脂，可以提炼胡桃油涂画，这与今天的核桃极其相似。另据《十六国春秋辑补》卷十九《后赵录》九载：“石鉴好食蒸饼，常以干枣胡桃瓤为心，蒸之使拆裂方食。”此处的胡桃瓤指的当是今天的核桃仁。由上述材料可知胡桃即今之核桃。

由胡族传入的尚有仙人桃，又称王母桃、西王母桃。《太平御览》卷九六七引《汉武故事》曰：“后西王母下出桃七枚，母自啖二，以五枚与帝。帝留核着前，王母问曰：‘用此何为?’上曰：‘此桃美，欲种之。’母叹曰：‘此桃三千年一着子，非下土所植也。’”此是传说，脱去其神话色彩我们可从中看出西汉武帝时西王母桃尚未在中原种植。

魏晋南北朝时期的胡人大迁移，使西王母桃也渐渐传入黄河流域，如北魏时期洛阳就有种植，《洛阳伽蓝记》卷一记载：“又有仙人桃，其色赤，表里照彻，得严霜乃熟，亦出昆仑山，一曰王母桃也。”由于仙人桃味道鲜美，故而深受人们的喜爱，有俗语云：“王母甘桃，食之解劳”。除一般的生吃以外，桃也常被做成其他食物，如桃干、桃脯等。

枣，自古以来即是“五果”（枣、李、栗、杏、桃）之首，中原、西域以及北方少数民族地区都有种植，这个时期从胡族引进的品种主要是西王母枣，时人称之为仙人枣，《洛阳伽蓝记》云：“（百果园中）有仙人枣，长五寸，把之两头俱出，核细如针，霜降乃熟，食之甚美，俗传云出昆仑山，一曰西王母枣。”

另据《邺中记》记载：“石虎园中有西王母枣，冬夏有叶，九月生花，十二月乃熟，三子一尺。”这种枣当是汉隋时期的珍品。枣在当时北方普通老百姓生活中占有重要地位，一方面因其耐旱，生命力强，不须细心照料即可成活丰收；另一方面，枣营养丰富，

---

① 梁家勉主编：《中国农业科学技术史稿》，中国农业出版社1989年版，第213页。

制成干枣、枣脯又可以长久保存，这实是人民逢遇灾荒之年的度命之物。后来北魏政府强令农民种植枣树，并规定不得少于五株，否则收回土地，即是缘于此。

除上述果品以外，《齐民要术》中还提到了胡栗、柰的有些品种亦出自西域，如卷四《种栗》引蔡伯喈言："有胡栗。"这些引进的品种极大地丰富了汉地人民的生活。

另一方面，汉族也不断向西域、周边少数民族输出中原的饮食文明，这其中既有产于中原的蔬菜、水果、茶叶，但更多的是食品制作方法，这对提高少数民族的饮食文明产生过积极的作用。

第四节　胡汉饮食文化交流的影响

魏晋南北朝时期是我国民族冲突与融合的重要阶段，各民族之间的交往空前频繁。这时也是我国古代第一次向世界打开大门，进行大规模对外开放的历史阶段，中外之间的交往也呈现空前的兴旺景象。这一切对于魏晋南北朝时期的饮食文化都产生了深刻的影响。可以说，魏晋南北朝时期，中国饮食文化繁荣的一个主要因素是，能广泛地借鉴和吸取胡地饮食文化的精华，同时也把先进的汉地饮食文化传播到其他民族和地区。

一、形成了饮食文化的丰富多彩性特点

胡汉民族长期的杂相错居，在饮食生活中互相学习、互相吸收，并最终趋于融合，其最显著的意义便是形成了饮食文化的丰富多彩性特点。这一时期，各民族（特别是胡汉）饮食文化的交流与融合经历了曲折的发展过程，展现出一幅丰富多彩的图景，奠定了中华民族传统饮食文化生活模式的基础，并对后世产生了深刻的影响，在中华民族饮食文化史上占有十分重要的地位。

胡汉民族的饮食原料生产交流与融合并不是简单的照搬过程，而是结合了本民族的饮食特点对这些饮食原料加以改造。汉族接受胡族饮食时，往往渗进了汉族饮食文化的因素，如羊盘肠雌解法，用米、面作配料作糁，以姜、桂、橘皮作香料去掉膻腥以适合汉人

口味。而汉人饮食在胡人那里也被改头换面，如北魏鲜卑等民族嗜食寒具、环饼等汉族食品，为适合本民族的饮食习惯而以牛奶、羊奶和面，粉饼也要加到酪浆里面才肯食用。由此可见，尽管胡汉民族在饮食原料的使用上都在互相融合，但在制作方法上还是照顾到本民族的饮食特点。这种吸收与改造极大地影响到后世的饮食生活，使之在继承发展的基础上最终形成了包罗众多民族特点的汉族饮食文化体系。

可以说，中华民族之所以有今天的物质文明，之所以有今天如此丰富的食物品种，魏晋南北朝时期胡汉民族饮食原料生产的交流与融合在其中发挥了一定程度的重要作用。没有魏晋南北朝时期的胡汉饮食交流，中国后世的饮食文化将会苍白得多，胡汉各族的饮食生活也将会单调得多。

二、饮食结构更加合理科学

从生理学角度而言，胡汉两族的饮食文化交流使得双方的饮食结构更加合理，更加科学化，这对于人的体质的提高大有裨益。饮食与医学有很深的联系，中国古代医学即源于饮食。《周礼》中所记载的“食医”，不仅讲究食物的药性，还讲究食物的季节性变化，所谓“春多酸、夏多苦、秋多辛、冬多咸，调以滑甘”①。这是极有科学道理的，如夏季湿热，常吃苦味可以清热利水，秋多雨而潮湿，常吃辛辣食物可抵御湿气，但又不能太过，须以甘滑之物加以冲淡。不单如此，内、外科医生皆注重饮食的医疗作用，强调“五味五谷五药养其病”②，“以酸养骨，以辛养筋，以咸养脉，以苦养气，以甘养肉，以滑养窍”③。《内经》亦认为：“百病之始生也，皆生于风雨寒暑、阴阳喜怒、饮食居处、大惊卒恐”，故提倡

① 《周礼正义·天官·食医》（十三经注疏本），中华书局1987年版，第319页。

② 《周礼正义·天官·疾医》（十三经注疏本），中华书局1987年版，第326页。

③ 《周礼正义·天官·疡医》（十三经注疏本），中华书局1987年版，第337页。

杂食，“五谷为养，五果为助，五畜为益，五菜为充，气味合而服之，以补精益气”，如果五味不调，饮食结构不合理，则会伤及五脏。胡族原有的饮食结构，则主要是肉类食物，果菜蔬食几乎没有或者只有很小的一部分，搭配极不合理，且烹饪方法单一，五味不调，这对于人的身体健康极为有害。氐族苻坚曾疑惑地问：“中国以学养性，而人寿考，漠北啖牛羊而人不寿，何也？”① 他的疑问正是由于他不了解胡人饮食结构不合理之原故。胡汉饮食原料交融以后，其生活的农耕化使他们定居稳定下来，生活有了保障，且其植物性食物的比重有了明显增大，这样人体的新陈代谢，特别是内分泌腺的作用得到了加强，从而引起了人体生理上的变化，其显著成果便是和“以学养性”的汉人一样安享长寿，其平均寿命自然有所提高。而对于汉人来说，尽管很早以来就开始注重饮食结构的合理性，通过饮食来达到养生目的的努力也一直没有停止过，但在物资贫乏的时代，一般百姓家庭很难做到这一点，如桓谭《新论》曰：“人闻长安乐，出门西向笑；人知肉味美，即对屠门而嚼。”只能对屠门而嚼的人又如何能使肉类在饮食结构中合理化？但经魏晋南北朝时期的胡汉饮食文化交流，畜牧业在整个经济体系中的比重大大提高，肉类食物在社会中得以普及，从而在总体上使汉族人民的饮食结构更加科学。

三、促进了农业经济的发展和烹饪方法的进步

魏晋南北朝时期，西部和西北部少数民族在和汉族杂居中慢慢习惯并接受农业这种生活方式，开始过着定居的农业生活。因为农业生产的效益是高于畜牧的，农业为人们提供谷食和家畜饲料，家畜饲料的需求在促进人们扩大谷物种植面积的同时，也就推动了农业的发展；畜牧业为人类提供了可靠的肉食来源，吃肉使得人类的体质增强，有充沛的精力去从事农业生产。

魏晋南北朝时期，内地的畜牧业有了更快的发展，这得益于胡

---

① （唐）房玄龄等：《晋书》卷一一三《苻坚载记上》，中华书局1974年版，第2899页。

汉民族的频繁交流，究其具体原因，一方面是由于当时战争对畜牧的需求，另一个原因是当时胡族统治者鼓励发展畜牧业的政策，第三是胡族的内迁和战争的掳掠也使中原地区的牛羊数量大为增加。胡族在内附时往往带来了大批牛羊，如《晋书·匈奴传》言匈奴族“（太康六年）率种落大小万一千五百口，牛二万二千头，羊十万五千口（归化）”。西北游牧民族进入中原后，带来了畜牧技术和食肉习惯，促进了北方农业区养羊业的发展，还出现了一些优质羊种。这些变化也使得胡族和汉族传统的饮食结构发生了重要变化，“食肉饮酪”开始成为魏晋南北朝时期整个北方和西北地区胡汉各族的共同饮食特色。

蔬菜瓜果作为人民生活的副食，魏晋南北朝时期胡汉民族在这方面的交流同样十分密切。今天我们日常吃的蔬菜，据有关文献介绍约有 160 种，每种之中，又各有许多不同变种，这比世界上任何国家的蔬菜品种都要多。在比较常见的百余种蔬菜中，汉地原产和从域外引入的大约各占一半，这是中华民族在长期种菜实践中不断交流，改进向前发展的结果，也是留给后世的宝贵的生活遗产。魏晋南北朝时期，中原内地通过与西北少数民族交流，引入了一些蔬菜品种。这个时期引进的蔬菜有苜蓿、菠菜、芸苔、胡瓜、胡豆、胡蒜、胡荽等，水果有葡萄、扁桃、西瓜、安石榴等，调味品则有胡椒、沙糖等。

与此同时，西域的烹饪方法也传入中原，如乳酪、胡饼、羌煮貊炙、胡烧肉、胡羹、羊盘肠雌解法等胡族饮食品种相继传入中原地区。从汉代传入的诸种胡族食品到魏晋南北朝时，已逐渐在黄河流域普及开来，受到广大汉族人民的青睐。这其中以“羌煮貊炙”的烹饪方法最为典型，羌和貊指代西北少数民族，煮和炙为烹饪方法。所谓羌煮即为煮或涮羊、鹿肉；貊炙类似于烤全羊，《释名》卷四“释饮食”中说：“貊炙，全体炙之，各自以刀割，出于胡貊之为也。”羌煮貊炙鲜嫩味美，传入之后就逐渐在黄河流域普及开来，受到广大汉族人民的青睐。正由于此，羌煮貊炙也就成为胡汉饮食文化交流的代名词。

我们从北魏贾思勰的《齐民要术》一书中，就可以充分看到汉魏以来胡汉饮食文化交流的成果。从该书的内容结构看，农业在种植、畜牧之前，这表明农业的地位最为重要；其次，从卷六的标题次序看，牛在马、驴、骡、羊、猪、鸡、鹅、鸭、鱼之前，也体现了农耕是汉魏以来各朝经济的重点，同时也体现了此时畜牧业已有了较大的发展；其三，《齐民要术》中介绍的许多以羊肉、鹿肉、乳酪为主料的食品，也多是胡汉饮食文化交流与融合的结果。

另一方面，汉族也不断向西域、周边少数民族输出中原的饮食文明，这其中既有产于中原的蔬菜、水果、茶叶，但更多的是食品制作方法，这些食品制作方法的传播对提高西域少数民族的饮食文明产生过积极的作用。

一般而言，在长时期历史发展进程中所形成的饮食习俗，具有相对的稳定性。它是一种民族特点，比起其他民族特点来，保持的时间要长久些。但是，任何事物都是处在不断发展变化之中的，变是绝对的，不变是相对的。饮食习俗也有缓慢、渐进的变化。一些饮食原料、烹饪方式不适合人们生活需要而逐渐被淘汰，而另一些新的饮食原料、烹饪方式的出现则逐渐被人们所接受，成为人们的饮食文化。在这里，新的饮食原料和烹饪方式就成为一种新变量，而新变量的出现既与社会经济的发展相关，又与对外文化的交流相联。

综上所述，我们不难看出，魏晋南北朝时期胡汉民族饮食文化交流与融合，对各民族的经济文化的发展都起到了积极的促进作用，这说明一个民族或国家文化的发展与进步，离不开兼收并蓄的原则，离不开经济、文化交流的健康进行，而没有交流的文化系统是没有生命力的静态系统。同时，研究魏晋南北朝时期胡汉民族饮食文化交流，对于加深各民族之间的相互了解，掌握各自的饮食生活习惯，开发业已失传、风味独特的民族食品，繁荣民族地区的经济、旅游等事业，共同培植中华饮食文化，都具有十分积极的现实意义。

第十章

传承鼎新的饮食礼俗与节日习俗

中国礼俗在汉唐时期已发展到较为成熟的地步了。孔子的“非礼勿视，非礼勿听，非礼勿言，非礼勿动”① 的人生训条已被具体化为人们日常生活中细致的守则，饮食生活也不例外。加之这一时期，中国的物质文化也有了长足的进步②，都使得饮食礼俗出现了较大的发展与变化，以具有社会普遍性的几个方面而言，如餐制、饮食方式、饮食礼仪的变化，尤为明显。

一、餐制

所谓餐制，即每日吃饭的次数，现在我们习惯一日三餐，这已是约定俗成之事，那么，汉代以后的餐制情况又是如何变化的呢？

（一）两餐制的形成

在远古时，人们的食物是靠自然采集，以后又发展为猎捕兽

---

① 杨伯峻：《论语译注·颜渊篇第十二》，中华书局 2009 年版，第 121 页。

② 参见黎虎《汉唐饮食文化史·前言》，北京师范大学出版社 1998 年版。

肉，所以，这时对饮食的时间并没有形成一种惯制。不管是什么时候，只要采集和猎获到食物，便烧熟食用，有时饱食，有时挨饿。

餐制的出现，是人类进入农耕社会以后的事。只有当谷类食物在原始农业中有了发展时，餐制才开始出现并进入实施的阶段。从新石器时代起，中国就已进入农耕社会，人们为种植谷物而开始有了正常的作息制度，这样，就有了与此相适应的餐制。

据文献记载，先秦时期一般通行日食两餐，以适应“日出而作，日入而息”的劳作，所以甲骨文中有“大食”“小食”的记载。据董作宾先生《殷历谱》说，商代的记时法，称上午 7—9 时为“大食”，下午 3—5 时为“小食”，两餐就食的时间已形成惯制，故被纳为时辰专名。

这种两餐制在食量上也是有区别的，大凡早餐吃得多些，所以称之为“大食”。中午正值忙时，如《周易·系辞下》所云：“日中为市，致天下之民，聚天下之货，交易而退。”没有时间吃饭。晚餐后无所事事，吃得少些，故名为“小食”。先秦用餐的习惯也与当时农业社会的生活方式有关。农业生产是先秦时人们主要维生的方式，且种庄稼颇为耗费体力，需要好好吃一顿饭以补充早上劳作耗去的体力。至于下午的饭，因为不久太阳就要西下，天渐黑暗，无法再去田地工作，故不必吃得多。这种早饭吃得多的习惯，也是常见的农业社会现象。

尽管先秦时期的时制历代都有所变化，但两餐制却沿袭不变。《孟子》中曾有言：“贤者与民并耕而食，饔飧而治。”① 赵岐对此注曰：“饔飧，熟食也。朝曰饔，夕曰飧。”到了秦代，普通民众仍以一日两餐的食俗为主，据《睡虎地秦墓竹简》中的《传食律》和《仓律》所示，在秦朝，一般吏人、仆役、罪徒都是实行早晚各一餐。但是在社会上层已经有了三餐制的食俗了，如《战国策》

---

① 杨伯峻：《孟子译注·滕文公章句上》，中华书局 2010 年版，第 112 页。

中说："士三食不得厌，而君鹅鹜有余食。"① 由此可见，战国时期寄食于贵族门下的士主要是实行一日三餐的。当然，一日三餐的食俗并不普及，绝大多数民众仍是一日两餐。

（二）三餐制的确立

汉唐时期，是中国三餐制习俗确立与巩固的时期。

汉代初年，一日两餐与一日三餐制并行，但后者已经得到社会的广泛认可并逐渐推广开来。汉代以后，我国大部分地区都主要实行早、午、晚三餐制了，古称"三食"，这是被人们普遍承认的规范饮食制度，既利于生活，也利于生产。

汉唐时期三餐饭的具体时间是怎样安排的呢？孔子曾说："不时，不食。"② 也就是说不到该吃饭的时候不吃。郑玄对此注曰："一日之中三时食，朝、夕、日中时。"郑玄是以汉代人们的饮食习惯来注解孔子这句话的，这说明汉代已经初步形成了三餐制的饮食规律。

第一顿饭为朝食，也就是早食。汉代以后早食一般安排在天色微明以后，成书于西汉的《礼记》中说："男女未冠笄者……昧爽而朝，问何食饮矣，若已食则退，若未食，则佐长者视具。"③

这是说未成年的男女，在天色微明以后就要去向父母请安，问候饮食。如果父母已用毕早餐，即可告退；如未进食，就在一旁侍奉，等候着差遣。可见，早餐一般是在天色微明时就开始了。唐代有不少表现早餐的诗歌，如杜甫《石壕吏》云："急应河阳役，犹得备晨炊。"刘禹锡《武陵观火诗》云："是时直突烟，发自晨炊徒。"这些都是歌咏晨炊的。

第二顿饭为昼食，汉人又称馕食，也就是中午之食。许慎《说文解字》曰："馕，昼食也。"清人段玉裁说："此犹朝曰饔，

① （汉）刘向辑，何建章注释：《战国策注释·齐策四·管燕得罪齐王》，中华书局1990年版，第412页。

② 杨伯峻：《论语译注·乡党篇第十》，中华书局2009年版，第101页。

③ 杨天宇：《礼记译注·内则第十二》，上海古籍出版社2004年版，第332页。

夕曰飧也，昼食曰饟，俗讹为日西食曰饟，见《广韵》。"① 今人张舜徽先生《说文解字约注》中认为："许（慎）云昼食，谓中午之食也。昼字从昼省，从日，言一日之中，以此为界也。今湖湘间犹谓上午为上昼，下午为下昼，则昼食为午时食明矣。《御览》卷八百四十九引《说文》作'中食也'，谓日中之食也，犹今语称中餐也。"可见，中食一般是在正午时刻。如今江浙一带称午饭为"昼饭"，华北一带称午饭为"晌午饭"，都是汉唐时期语言的遗留。

唐代文献中有不少中餐词语，如段成式《酉阳杂俎·玉格》云："忽见一寺，门宇炳焕，遂求中食。"贾岛《送贞空二十人》诗云："林下中餐后，天涯欲去时。"白居易《咏闲》诗云："朝眠因客起，午饭伴僧斋。"这些都反映出唐人对中餐的重视。

第三顿饭为餔食，也称飧食，即晚餐。《说文解字》云："飧，餔也。"而释"餔"则说："日加申时食也。"清人王筠《说文解字句读》曰："谓日加申之时而食谓之餔也。日加某者，古语也。"申时一般是在下午3—5时。古人习惯早睡早起，所以第三餐饭的时间安排也比现代人的晚饭时间要早一些。汉人王褒《买僮约》曰："舍中有客，提壶行沽，汲水作餔。"如果晚饭做晚了，客人回家就很不方便了，餔时正是吃饭的时候，这在《史记》中也有印证，《史记·吕太后本纪》云："日餔时，遂击产。"当时周勃等人诛灭诸吕，正是利用了餔时这个吃晚饭的时机，猝不及防地给诸吕以突然袭击，才击溃了吕产的禁卫军。

三餐饭的时间安排大致如此，但是，在汉唐时期，两餐制也并没有退出历史舞台，许多地方还存在根据季节的不同和生产的需要，而采用两餐制的，有些穷苦的人家也常年采用两餐制。据《汉书·晁错传》中"人情一日不再食则饥"以及唐人柳宗元《种树郭橐驼传》中"吾小人辍飧饔以劳吏者，且不得暇"，这些记述，都反映出汉隋时期一些劳苦人家是实行两餐制的。

---

①（清）段玉裁：《说文解字注》，上海古籍出版社1981年版，第220页。

以上是汉唐时一般民众的饮食餐制，在社会上层，特别是皇帝的饮食并不是如此，按照当时礼制规定，皇帝的饮食多为一天四餐，即《白虎通义》中所说的，天子“平旦食，少阳之始也；昼食，太阳之始也；晡食，少阴之始也；暮食，太阴之始也”①。可见，饮食餐数的施行情况主要因饮食者身份地位的不同而各异。

从以上的论述中，可以看出，先秦是中国餐制习俗初步形成的时期，当时主要为一日两餐。餐制从一日两餐普遍改为一日三餐，是在农业生产力有了较大发展的汉唐时期才逐渐推广开来的。但这也并没有结束两餐制，两餐制和三餐制在汉唐时期始终是并存的。

二、分食与合食

分食制的问题，我们曾在《商周饮食礼俗》一章中讨论过，这种传统在汉唐时期得到了延续。但是，这一时期（主要是唐代中后期）也出现了合食制的现象。中国宴席形式由分食制向合食制的转变，可以说是始于唐代中期以后，至宋代逐渐普及开来的。从汉代至唐代中期，人们宴席形式主要还是分食制。

（一）分食制的传承

到了汉代，中国家具与先秦相比，并未发生明显变化，因此，分食制也得以传承沿袭。

我们从发掘出的汉墓壁画、画像石和画像砖上，经常可以看到人们席地而坐、一人一案的宴饮场面。如在河南密县打虎亭一号汉墓内画像石的饮宴图上，宴会大厅上帷幔高垂，富丽堂皇。主人席地坐在方形大帐内，其面前设一长方形大案，案上有一大托盘，托盘内放满杯盘。主人席位的两侧各有一排宾客席，已有三位客人就坐，有的在互相交谈，几个侍者正在其他案前做准备工作。另在成都市郊出土的汉代画像砖上，也有一幅宴乐图，在其右上方，一男一女正席地而坐，男者头上戴冠，身着宽袖长袍，女者头戴双髻，两人一边饮酒，一边观赏舞蹈。中间有两案，案上有尊、盂，尊、盂中有酒勺。

---

① （清）陈立：《白虎通疏证·礼乐》，中华书局1994年版，第118页。

由此可见，这些低矮的食案是与人们席地而坐的习惯相适应的。据王仁湘先生对食案的考证：“从战国到汉代的墓葬中，出土了不少实物，以木料制成的为多，常常饰有漂亮的漆绘图案。汉代承送食物还使用一种案盘，或圆或方，有实物出土，也有画像石描绘出的图像。承托食物的盘如果加上三足或四足，便是案，正如颜师古《急就章》注所说：‘无足曰盘，有足曰案，所以陈举食也。’”①

文献中也有不少材料证实这种分食方式。《史记·项羽本纪》中的鸿门宴，虽然充满刀光剑影，但也透露出当时实行的是分食制，在宴会上“项王、项伯东向坐。亚父南向坐，亚父者，范增也。沛公北向坐，张良西向侍”。这五人，一人一案。《史记·田叔列传》中载，汉高祖经过赵地，“赵王张敖自持案进食”。可见食案是很轻的。《后汉书·逸民传》上记述东汉隐士梁鸿，受业于太学，后入上林苑牧猪，还乡娶妻孟光，后又转徙吴郡（今苏州）。梁鸿“为人赁舂，每归，妻为食具，不敢于鸿前仰视，举案齐眉”，以示敬重。孟光的举案齐眉，成了夫妻相敬如宾的千古佳话。《汉书·外戚传》中也有言“许后朝皇太后，亲奉案上食”。这些材料都说明食案是很轻的，一般只限一人使用，所以这些女子都能举得起。

汉代文献中除有这些一人一案的记载外，还有席地而食的描述，如《史记·田叔列传》褚先生补曰：“（平阳）主家令（田仁与任安）两人与骑奴同席而食，此二子拔刀列断席而别坐。主家皆怪而恶之，莫敢呵。”以上这些文献都说明，汉代人们都是坐在席上饮食，席前设案，这与先秦并无二致。

南北朝时，分食制的习俗仍在传承，据《陈书·徐孝克传》中记载，国子祭酒徐孝克“每侍宴，无所食啖，至席散，当其前膳羞损减，高宗密记以问中书舍人管斌，斌不能对。自是斌以意伺之，见孝克取珍果内绅带中，斌当时莫识其意，后更寻访，方知还以遗母。斌以实启，高宗嗟叹良久，乃敕所司，自今宴享，孝克前

---

① 王仁湘：《饮食与中国文化》，人民出版社1993年版，第282页。

馔，并遣将还，以饷其母，时论美之”①。这个典故说明，在南朝时，宴会还是维持着一人一案的分食制方式，如果共围一席，徐孝克就不可能将食物悄悄藏在怀中，带回家去孝敬老母了。

分食制在汉至初唐时期能够施行，使用食案进食是一个重要原因。“虽不能绝对地说是一个小小的食案阻碍了饮食方式的改变，但如果食案没有改变，饮食方式也不可能会有大的改变。历史告诉我们，饮食方式的改变，确实是由高桌大椅的出现而完成的，这是中国古代由分食制向合食——会食制转变的一个重要契机。”② 王仁湘先生的分析比较客观，我基本上同意，但我认为还可以补充一点，也就是在这一历史时期中，中国传统烹饪技艺的发展大体上与这种小木案作为摆放食品的器物是相适应的，肴馔品种虽然已在逐渐增多，但还不像后世那样可以用“食前方丈”来形容，小木案基本上可以摆放一般酒席上应有的肴馔，两者之间的矛盾并不十分突出，因而分食制有存在的空间。

（二）分食向合食的转变

西晋以后，居住在西北地区的匈奴、鲜卑、羌、氐等少数民族先后进入中原地区，出现了规模空前的民族大融合的局面，引起了饮食生活方面的一些新变化。同时，建筑技术的进步，特别是斗拱的成熟和大量使用，增高和扩展了室内空间，这也对传统低矮型的家具提出了新的变革要求。床榻、胡床、椅子、凳等坐具相继问世，逐渐取代了铺在地上的席子。凡此种种，都不断冲击着传统席地而坐的饮食习俗。

这时的床，与我们今天仅供睡眠的床有所不同。《说文解字》云：“床，身之安也。”《释名》曰：“人所坐卧曰床。”说明当时的床具有坐和卧两种用途。关于床的规格，《初学记》记载：“床长八尺。”当时一尺相当于今天市尺的七点五寸，床的高度一般为六寸左右，相当于今天的四点七寸。人们吃饭也在床上进行，在宫

---

① （唐）姚思廉：《陈书·徐孝克传》，中华书局1972年版，第337~338页。

② 王仁湘：《饮食与中国文化》，人民出版社1993年版，第285页。

廷宴会上，帝王常常坐在床上，即“殿堂之士，惟天子居床，其余皆铺幅席前设筵”①。可见，床在刚出现之时，只有帝王才配在宴会上“居床”，其余大臣仍席地而设筵。后来，床普及于民间。直到唐代，虽然桌椅已出现，但还可看到人们在床上吃饭的情形，如唐人段成式《剑侠传》中说：“遂揖客入宴，升床当席而坐。二少年列坐两旁，陈列品位。”杜光庭《虬髯客传》中也说：“行次灵石旅舍，既设床，炉中烹肉且熟……遂环坐……切肉共食。”

榻是一种比床短的坐卧之具，《释名》云：“长狭而卑曰榻，言其榻然近地也。”《初学记·床》载“榻长三尺五”，比床短。

除了床榻以外，胡床也是这时的主要坐具。胡床是东汉后期从西域传入中原地区的，最早见于《后汉书·五行志》：汉灵帝“好胡服、胡帐、胡床、胡坐”。魏晋南北朝时，胡床作为一种坐具，在我国已普遍使用，如《晋书·五行志》说，北方“相尚用胡床、貊盘，及为羌煮貊炙，贵人富室，必畜其器，古享嘉会，皆以为先”。关于胡床的形制，胡三省认为，胡床“以木交午为足，足前后皆施横木，平其底，使错之地而安。足之上端，其前后亦施横木而平其上，横木列窍以穿绳条，使之安坐。足交午处复为圆穿，贯之以铁，敛之可挟，放之可坐”②。很清楚，胡床类似现在的轻便折叠椅，俗称马扎子。

胡床的坐法，与中国的传统跪坐完全不同，它是臀部坐在胡床上，两腿垂下，双脚踏地。《梁书·侯景传》载，侯景“常设胡床及筌蹄，着靴垂脚坐”。这种坐法又称为“胡坐”。由于坐胡床必须两脚垂地，这就改变了传统跪坐的姿势，且这种坐姿又比跪坐舒服，因此，中国传统席地而跪坐的饮食方式就受到了冲击。

魏晋南北朝开始的家具新变化，到隋唐时期走向高潮。一方面表现于传统的床榻几案的高度继续增高，常见的有四高足或下设壶

---

① （宋）李昉：《太平御览》卷一七五《居处部三·殿》，河北教育出版社1994年版，第664页。

② （宋）司马光：《资治通鉴》卷二四二《唐纪五十八·穆宗睿圣文惠孝皇帝中》，中华书局1956年版，第7822页。

门的大床，案足增高；另一方面是新式的高足家具品种增多，椅子、桌子都已经开始使用，目前所知纪年明确的椅子形象，发现于西安唐玄宗时高力士哥哥高元珪墓的墓室壁画中，时间为唐天宝十五载（756年）。四足直立的桌子，也出现在敦煌的唐代壁画中，人们在桌上切割食物。到五代时，这些新出现的家具日趋定型，在《韩熙载夜宴图》中，可以看到各种桌、椅、屏风和大床等陈设室内，图中人物完全摆脱了席地而食的旧俗。

桌椅出现以后，人们围坐一桌进餐也就是自然之事了，这在唐代壁画中也有不少反映，1987年6月，考古工作者在陕西长安县南里王村发掘了一座唐代韦氏家族墓，墓室东壁绘有一幅宴饮图，图正中置一长方形大案桌，案桌上杯盘罗列，食物丰盛，有馒头、蒸饼、胡麻饼、花色点心、肘子、酒等，案桌前置一荷叶形汤碗和勺子，供众人使用，周围有三条长凳，每条凳上坐三人，这幅图表明分食已过渡到合食了。此外，在敦煌第473号窟唐代壁画中也可看到类似围桌而食的情景。这些都充分说明唐人的饮食方式已发生了划时代的改变。

汉唐时期由分食制转变为合食制，并不是随着桌椅的出现而一蹴而就的，中间也还是有人坚持分食的，如在南唐画家顾闳中的传世名作《韩熙载夜宴图》中，就透露了有关信息。图中的南唐名士韩熙载盘膝坐在床上，几位士大夫分坐在旁边的靠背大椅上，他们的面前分别摆着几个长方形的几案，每个几案上都放有一份完全相同的食物，是用八个盘盏盛着的果品和佳肴。碗边还放着包括餐匙和筷子在内的一套进食具，互不混杂，这说明在唐代末年，合食制成为潮流之后，分食的方式也并未完全消除。

此外，在有些场合，即使是围桌而食，但食物却还是一人一份，不是后世那种“津液交流”的合食制，而是有合食气氛的分食制。合食制的普及是在宋代，这是因为宋代饮食市场十分繁荣，名菜佳肴不断增多，一人一份的进食方式显然不适合人们嗜食多种菜肴风味的需要，围桌合食就成了一种不可阻挡的潮流了。

概言之，汉唐时是中国饮食方式发生巨大变化的时期，这一变化是由于家具的革新而引起的，其中，桌椅的出现是这场变革的关键，没有这场家具变革的浪潮出现，显然是不可能完成由分食制向合食制的转变。此外，也由于这一时期烹饪技艺有长足的进步，原来的小木案已远远不能承担一桌酒席上摆放菜肴的需要，人们也在考虑用新的家具来取代它，这样，桌子便应运而生了。但是，如果还是像以往那样一人一案而一人一桌的话，一方面一般家庭承受不了，另一方面也显示不出宴会的气氛，而围桌共食的会食制正好适应了人们的需要。当然，一种新的饮食方式的出现，需要同传统的饮食方式进行一段时期的磨合，逐步进化，并不是一下子就能普遍推广开来的，汉唐时期由分食到合食的发展历史也证明了这一点，分食也好，合食也好，都是与当时的社会文化发展相适应的。正如王仁湘先生说："分餐制是历史的产物，会食制也是历史的产物，那种实质为分餐的会食制也是历史的产物。现在重新提倡分餐制，并不是历史的倒退，现代分餐制总会包纳许多现代的内容，古今不可等同视之。"① 这确是一种客观准确的评价。

三、饮食礼仪

汉唐时期，中华礼俗臻于完善，"这具体体现在两方面，即理论的系统化和制度的规范化、世俗化"②。因而在饮食礼俗上也有了一套细致入微的行为规范，它主要表现在以下几个方面：

（一）宴席座次礼仪

《史记·项羽本纪》中记载，西楚霸王项羽在鸿门军帐中大摆宴席招待刘邦。在宴会上，"项王、项伯东向坐。亚父南向坐，亚父者，范增也。沛公北向坐，张良西向侍"。在这里，项羽和他的叔父项伯坐的是主位，坐西面东，是最尊贵的座位。其次是南向，坐着谋士范增。再次是北向，坐着项羽的客人刘邦，说明在项羽眼里刘邦的地位还不如自己的谋士。最后是西向东坐，因张良地位最低，所以这个位置就安排给了张良，叫作侍坐，即侍从陪客。鸿门宴上座次的安排是主客颠倒，反映了项羽的自尊自大和对刘邦、张

---

① 王仁湘：《饮食与中国文化》，人民出版社1993年版，第293页。
② 冯天瑜等：《中华文化史》，上海人民出版社1990年版，第450页。

良的轻侮。

以东向为尊，在《史记》中有充分的反映，如《史记·武安侯列传》说：田蚡“尝召客饮，坐其兄盖侯南向，自坐东向”。田蚡认为自己是丞相，不可因为哥哥在场而不讲礼数，否则就会屈辱丞相之尊。《史记·周勃世家》亦云，“周勃不好文学，每召诸生说士”，自居东向的座位，很不客气地跟儒生们谈话。这样的例子在史书中很多。一般而言，只要不是在堂室结构的室中，而是在一些普通的房子里或军帐中，都是以东向为尊的。所以顾炎武《日知录》亦云：“古人之坐，以东向为尊。”

以东向为尊的礼俗源于先秦，在《仪礼·少牢馈食礼》和《特牲馈食礼》中可以看到这样一种现象，周代士大夫在家庙中祭祀祖先时，常将尸（古代代表死者受祭的活人）位置放置在室内的西墙前，面向东，居于尊位。此外，郑玄《禘祫志》记载，天子祭祖活动是在太祖庙的太室中举行的，神主的位次是太祖，东向，最尊；第二代神主位于太祖东北即左前方，南向；第三代神主位于太祖东南，即右前方，北向，与第二代神主相对，以此类排下去。主人在东边面向西跪拜。这都反映出室中以东向为尊的礼俗。

以上是先秦至汉唐时期室内尊卑座次的安排，而汉唐时堂上宴席尊卑座次则与此不同。

堂是古代宫室的主要组成部分。堂位于宫室主要建筑物的前部中央，坐北朝南。堂前没有门而有两根楹柱，堂的东西两壁的墙叫序，堂内靠近序的地方分别叫东序和西序；堂的东西两侧是东堂、东夹和西堂、西夹；堂的后面有墙，把堂与室、房隔开，室、房有门和堂相通，古人常有“登堂入室”的说法。由于当时宫室是坐落在高出地面的台基上的，所以堂前有两个阶，东面的叫东阶，西面的叫西阶。堂的这种格局，在古代并无多大变化。堂用于举行典礼、接见宾客和饮食宴会等，但不用于寝卧。

在堂上举行宴饮活动时，就不是以东向为尊了，这在《仪礼》中亦有充分反映，如《仪礼·乡饮酒礼》中，堂上席位的安排为：主人在东序前，西向而坐，主宾席在门窗之间，南向而坐，介（陪客）席则在西序前，东向而坐，这里主宾为首席，主人席次之，介更次之。此外《仪礼·少牢馈食礼》中记载，作为主人的大夫，在家庙的室内行祭之后，接着就到堂上对刚当过“尸”的人行三献之礼，尸的坐席就在门窗之间的墙下，尸背北面南而坐。清人凌廷堪根据这些材料，在其所著的《礼经释例》中归纳为：“室中以东向为尊，堂上以南向为尊。”（参见下图）

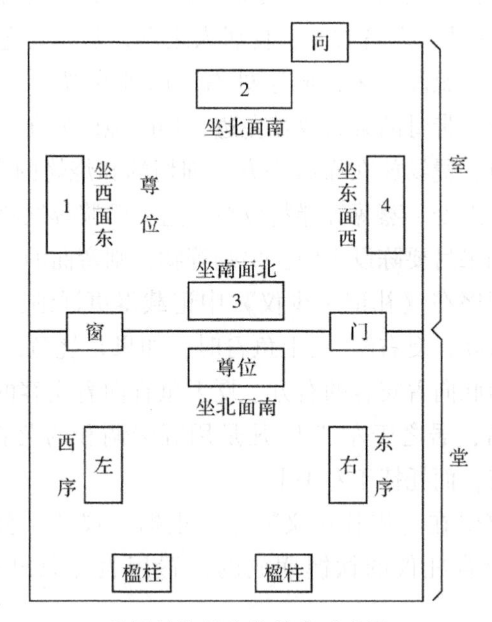

堂屋结构及方位尊卑示意图

这种宴席座次的安排，已成为中国礼俗的一部分，一直在中国大地上传承沿袭，所以汉唐时，在堂上举行宴会，一般也是南向为尊，因此史书上有“坐北朝南为尊”的说法。但是，由于地区不同，汉唐时堂上宴席的坐次又有所区别，大体上可以分为北方和南方两种类型，一席大致为八人，南北座次略不同，但上座则相同，这是由中国传统礼俗所决定的。席上最重要的是上座，必须待上座者入席后，其余的人方可入席落座，否则为失礼。

这种以宴席座位次序来显示尊卑高下的礼俗，普及到社会的各个阶层，一直在汉唐乃至明清流行，并传承到近现代。

（二）进食礼仪

汉唐时期的进食礼仪规则，在《礼记》中有详细记载。由于《礼记》是儒家经典似为汉人所作，其所体现出的饮食行为规范，不免带有一定的汉代色彩，并且也为汉代以后封建社会历代统治者所遵循，成为一种礼俗。

首先，在摆放菜肴上，必须按照礼的规则，《礼记·曲礼》云："凡进食之礼，左肴右胾，食居人之左，羹居人之右。脍炙处外，醯酱处内，葱渫处末，酒浆处右。以脯修置者，左朐右末。"凡是陈设餐食，带骨的菜肴放在左边，切的纯肉放在右边。饭食靠着人的左手方，羹汤放在靠右手方。细切的和烧烤的肉类放远些，醋和酱类放在近处。蒸葱等伴料放在旁边，酒浆等饮料和羹汤放在同一方向。如果另要陈设干肉、牛脯等物，则弯曲的在左，挺直的在右。这套程序在《礼记·少仪》中记载得更详细，如"羞濡鱼者进尾，冬右腴，夏右鳍"。上鱼肴时，如果是烧鱼，以鱼尾向着宾客；冬天鱼肚向着宾客的右方，夏天鱼脊向着宾客的右方。"凡齐，执之以右，居之于左。"① 凡是用五味调和的菜肴，上菜时，要用右手握持，而托捧于左手上。

清人胡培翚在《周礼正义》中，根据《仪礼·公食大夫礼》的内容，将符合礼仪的饮馔摆放的位置用表复原出来（参见下图）：

同时，"礼有以多为贵者，天子之豆二十有六，诸公十有六，诸侯十有二，上大夫八，下大夫六"②。这就是说天子的饮食有二十六道菜，公爵十六，诸侯十二，上大夫八，下大夫只有六道菜。我们再比较一下平民的饮食之礼，《礼记·乡饮酒义》云："乡饮酒之礼，六十者三豆，七十者四豆，八十者五豆，九十者六豆，所以明老也。"

① 杨天宇：《礼记译注·少仪第十七》，上海古籍出版社2004年版，第449页。

② 杨天宇：《礼记译注·礼器第十》，上海古籍出版社2004年版，第286页。

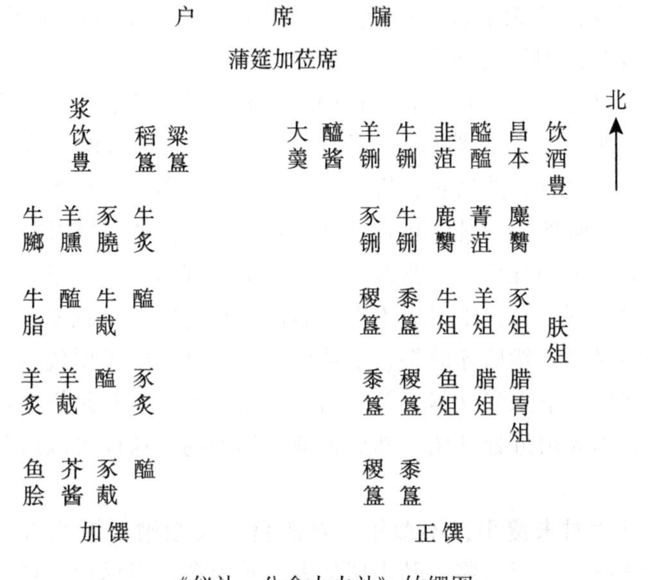

《仪礼·公食大夫礼》饮馔图

乡饮酒是乡人以时会聚饮酒之礼，在这种庆祝宴会上，最为恭敬的长者，也只能享受六盘菜的礼，只相当于一个下大夫平日的生活水平。从这些礼文中可以反映出，不同阶层的饮食差别是非常悬殊的。

其次，在用饭过程中，也有一套繁文缛礼："共食不饱，共饭不泽手，毋抟饭，毋放饭，毋流歠，毋咤食，毋啮骨，毋反鱼肉，毋投与狗骨。毋固获，毋扬饭。饭黍毋以箸，毋嚃羹，毋絮羹，毋刺齿，毋歠醢。客絮羹，主人辞不能亨；客歠醢，主人辞以窭。濡肉齿决，干肉不齿决。毋嘬炙。卒食，客自前跪，撤饭齐以授相者，主人兴辞于客，然后客坐。"这段话是说大家共同吃饭时，不可只顾自己吃饱。如果是和长者在一起吃饭，更要注意规矩，《礼记·少仪》云："燕侍食于君子，则先饭而后已；毋放饭，毋流歠。小饭而亟之，数噍，毋为口容。"与尊长一起吃饭时，应先替尊长尝饭，再请尊长动口，而后自己动口，等尊长吃完后，自己也要停止；不要落得满桌是饭，流得满桌是汤。要小口地吃，快点吞下，咀嚼要快，不要把饭留在颊间咀嚼。同时，还要注意“羹之有菜者用梜，其无菜者不用梜”。汤里面有菜，就得用筷子来夹，如果没有菜，则只用汤匙。

与国君进食，更要讲究揖让周旋之礼，这就是：“若赐之食而君客之，则命之祭，然后祭；先饭，辩尝羞，饮而俟。若有尝羞者，则俟君之食，然后食，饭饮而俟。君命之羞，羞近者，命之品尝之，然后唯所欲。凡尝远食，必须近食。”这说明与国君一同进食，也有一定的规矩。通常按共食的礼节，都是主人先祭，客人后祭，如果君赐臣食，臣可以不祭。君以客礼待臣，臣就要祭了，但也得先奉君命，然后才敢祭；上菜以后，侍食的臣子要代膳宰遍尝各味，然后停下来喝饮料，等国君开始吃后再吃。凡是想吃远处的东西，必须先由近处开始，然后再渐及远处的，这样可以避免贪多的嫌疑。

如果“君未覆手，不敢飧。君既食，又饭飧，饭飧者，三饭也。君既撤，执饭与酱，乃出授从者。凡侑食，不尽食，食于人不饱”①。

以上这些繁琐礼节的宗旨，是培养人们“尊让契敬”的精神，它要求社会不同阶层的人们都得遵照礼的规定去从事饮食活动，以保证上下有礼，从而达到贵贱不相逾的生活方式。这套饮食礼俗对中国古代社会产生过极大的影响，由于日常生活和交际的需要，饮食生活中的礼俗进一步固定下来，例如《礼记·曲礼》所说：“凡进食之礼，左肴右胾，食居人之左，羹居人之右……”从汉唐时的画像石、画像砖、帛画、壁画中所常见的宴饮图来看，这套饮食礼俗，在汉唐似普遍遵循着。有些礼俗，如今仍在沿袭，如“长者举，未釂，少者不敢饮”②，“凡尝远食，必顺近食”③ 等。

---

① 杨天宇：《礼记译注·玉藻第十三》，上海古籍出版社 2004 年版，第 366~367 页。

② 杨天宇：《礼记译注·曲礼上第一》，上海古籍出版社 2004 年版，第 19 页。

③ 杨天宇：《礼记译注·玉藻第十三》，上海古籍出版社 2004 年版，第 366 页。

四、汉唐节日饮食礼俗

节日仪礼食俗，是中华民族饮食文化一份珍贵的遗产。它是中国先民在长期社会活动过程中，适应生产、生活的需要而创造出来的，特别是在汉唐，中国许多节日形成并成熟于这一时期，这些年节几经嬗变，一直传延至今。

汉唐时期的节日具有四个特点：（1）数量多；（2）节日形式成熟，构造复杂，每个节日都有一套相应的节日传说、节日饮食、节日礼仪，构成了一个个繁复的节日习俗系统；（3）在每个节日中都可找到一些最为古老的文化遗存因子；（4）汉唐节日中的饮食，最能集中、强烈地反映出汉唐文化的内容和色彩。

汉唐节日中的这四个特点，一方面证明它的载体文化是高度发达而成熟的；另一方面证明它自身也是高度成熟的。可以说，正是由于这两方面成熟的条件，才使得汉唐节日饮食礼俗如此绚丽多彩，撩人兴味。

（一）春节饮食礼俗

百节年为首，新年春节，是汉唐人生活中的盛典。

春节的滥觞久远，从远古时期开始，便传承着以立春日前后为时间坐标，以春耕为主题的农事节庆活动。这一系列的节庆活动不仅构成了后世元旦节庆的雏形框架，而且它的民俗功能和构成因子也一直遗存至今。

汉唐是由立春节庆向现代的春节大年节的过渡时期，它表现为两个演进过程：其一为节庆日期由以立春为中心，逐渐过渡到以正月初一为中心，如《荆楚岁时记》所云："正月一日，是三元之日也。"即岁之元、时之元、月之元，所以汉唐人将此称为元旦；其二为单一形态的立春农事节庆逐渐过渡到复合形态的新年节庆。在这两个演进过程中，产生了一系列以除疫、延寿为目的的饮食习俗，其主要表现就是饮椒柏酒、屠苏酒、桃汤，吃五辛盘、胶牙饧等。

早在汉代，元旦便与饮椒柏酒的习俗结合在一起了。椒酒在先秦时曾是楚人享神的酒醴，到了汉代，"椒"又与寿神之一的北斗星神挂上了钩，据东汉崔寔《四民月令》说：“椒是玉衡星精，服之令人身轻能（耐）老，柏是仙药。”隋人杜公瞻在注《荆楚岁时记》时引魏晋文献说：“晋成公子安《椒华铭》则曰：‘肇惟岁首，月正元旦，厥味惟珍，蠲除百疾。’是知小岁则用之，汉朝元正则行之……董勋云：‘俗有岁首酌椒酒而饮之，以椒性芬香，又堪为药，故此日采椒花以贡尊者饮之，亦一时之礼也。’”可见，汉晋时人们已相信元旦饮用椒花柏叶浸泡的酒，能使人在新年里身体健康，百疾皆除，延年益寿。

当时人们饮椒柏酒还传承着从年、辈最小的家族成员开始，最后才由年、辈最高的家族长辈饮酒的俗规。至于为什么要先从小孩饮起，晋人董勋《答问礼俗说》曾作解释：“俗云小者得岁，先酒贺之；老者失岁，故后饮酒。”

魏晋南北朝时，人们在元旦除了饮椒柏酒外，还兴起了饮屠苏酒的习俗，《荆楚岁时记》中说：“长幼悉正衣冠，以次拜贺，进椒柏酒，饮桃汤；进屠苏酒，胶牙饧，下五辛盘；进敷淤散，服却鬼丸；各进一鸡子。”屠苏是一种药剂，南朝梁人沈约《俗说》云：“屠苏，草庵之名。昔有人居草庵之中，每岁除夜遗闾里药一剂，令井中浸之，至元旦取水置于酒尊，合家饮之，不病瘟疫。今人有得其方者，亦不知其人姓名，但名屠苏而已。”显然，最早的屠苏酒是预防时疫的一种中药配剂，在元旦取浸过屠苏药剂的井水饮用，含有新水崇拜的意味。后来，晋人葛洪曾用细辛、干姜等泡制屠苏酒，逐步演化为用一些中药来泡制酒，以起治病防病的作用。

吃五辛盘也是为了健身，魏晋时将大蒜、小蒜、韭菜、芸苔、胡荽称为五辛，在元旦时，人们将这五种辛香之物拼在一起吃，意在散发五脏之气。唐代著名医学家孙思邈在《食忌》中说：“正月之节，食五辛以辟疠气。”他在《养生诀》中亦云：“元旦取五辛食之，令人开五脏，去伏热。”按照现代科学观点，元旦之际，寒尽春来，正是易患感冒的时候。用五辛来疏通脏气，发散表汗，对于预防时疫流感，无疑具有一定的作用。吃五辛盘反映了汉唐时人们把新年健康的追求，寄托在元旦这一天。

元旦中的其他一些食物，也多寓吉祥之意，表达人们对新年美好生活的向往，如元旦吃“胶牙饧”，这是一种饴糖，古汉语中“胶”与“固”相通，胶牙即固牙，俗传吃了这种糖之后可以使牙齿牢固，不脱落。

大约自汉代起，元旦期间大吃大喝已成风气，据《汉官仪》和《后汉书·礼仪志》等书记载，汉制规定，每年元旦，群臣都要给皇帝朝贺，称为“正朝”，皇帝便大摆筵席款待群臣，君臣饮宴欢度佳节。此后，魏晋至唐，元旦朝贺，皇帝大宴群臣成为定制，如曹植《元会》诗中描写三国魏时元旦朝贺宴会云：“初岁元祚，吉日惟良。乃为嘉会，宴此高堂。”晋时元旦朝贺皇帝时，皇帝要给百官增禄，每人赐醪酒二升。宴会上，“冠盖云集，樽俎星陈。肴蒸多品，八珍代变。羽爵无算，究乐极宴”①。唐代宫廷元旦朝会不仅沿袭汉晋旧俗，而且由于天下一统，经济文化繁荣昌盛，元旦宫廷宴会自然成为旷代之举。元旦之日，唐朝皇帝不仅要受本朝百官朝贺，而且来自远方少数民族和附属国的首领与使臣也来奉礼恭贺。因此，朝堂大殿筵席纷陈，钟鼓喧天，丝竹震耳，歌舞升平，预祝新年国运亨通。

(二) 元宵节饮食礼俗

正月十五元宵节，又称上元节，是新年的第一个月圆之夜。

元宵节起源于汉代，但对其起源形式，存在着不同的说法。

第一种说法是，汉武帝采纳方士谬忌的奏请，在甘泉宫中设立“泰一神祀”，从正月十五黄昏开始，通宵达旦地在灯火中祭祀，从此形成了这天夜里张灯结彩的习俗，如宋人朱弁《曲洧旧闻》云：“上元张灯，自唐时沿袭，汉武帝祠太一自昏至明故事。”实际上，汉武帝祀太一沿袭的是先秦楚人的旧俗，《楚辞·九歌》以“东皇太一”为至尊之神。

第二种说法是，汉末道教的重要支派五斗米道，创天、地、水(或人)“三官”说，魏晋时，道教又以“三官”与时日节候相配，定正月十五为上元，七月十五为中元，十月十五为下元，合称

---

① (唐) 房玄龄:《晋书·乐志上》，中华书局1974年版，第690页。

“三元”。三元节由此产生。明人郎瑛《七修类稿》引唐人说法，认为正月十五是“三官下降之日”，而三官各有所好，天官好乐，地官好人，水官好灯，因此在上元节要纵乐点灯，仕女结伴夜游。

第三种说法是，上元节是汉明帝时由西域传入的，如宋人高承《事物纪原》云：“西域十二月三十乃汉正月望日，彼地谓之大神变，故汉明令人烧灯表佛。”

这些说法都有一定的道理，但是一个成熟节日的形成，多是融汇了一些不同种类的原型因子，可以认为，上元节是多种文化和习俗复合而成的，如先秦楚文化的遗绪，汉代正月十五燃灯祭太一的仪礼，道教者流造作的“三元”说，以及佛教传入中国后，法事庆典的影响等。正是由于这些因素的结合，才有了上元节。这样，正月十五灯火辉煌的活动，既有祭太一神的旧俗，又有燃灯礼佛的虔诚，成了一个独具风采的传统节日。

汉唐时，元宵节并不是吃汤元，汤元始于宋代。魏晋南北朝时，人们在这一天主要是喝豆粥，《荆楚岁时记》说：“正月十五日作豆糜，加油膏其上，以祠门户。”“正月半宜作白粥泛糕。”

唐代时，人们在晚上观灯之时，喜食一种粉果和焦䭔，焦䭔是一种油炸的带馅圆面点，《太平广记》卷二三四《尚食令》条记了一条尚食局造䭔子手做焦䭔子的故事，这位䭔子手为了报冯给事的恩，想为冯家做一次䭔子，冯给事问：需“要何物？（答）曰：要大台盘一只、木楔子三五十枚，及油铛炭火，好麻油一二斗，南枣面少许”。第二天，䭔子手来了，“取油铛烂面等调停，袜肚中取出银盒一枚，银篦子、银笊篱各一。候油煎熟，于盒中取䭔子馅，以手于烂面中团之。五指间各有面透出，以篦子刮却，便置䭔子于铛中。候熟，以笊篱沥出，以新汲水中良久，却投油铛中，三五沸取出。抛台盘上，旋转不定，以太圆故也。其味甚美，不可名状”。焦䭔与汤圆的外形和内馅完全一样，所以有人认为，焦䭔实为炸元宵①，不过它是用面制作的。

---

① 王仁兴：《中国年节食俗》，北京旅游出版社1987年版，第45页。

上述汉唐时的元宵节食俗，主要为一些小点心之列，宋代以后，元宵节的饮食就日益丰富起来。例如，到了宋代就出现了一种新的上元节时令食品——圆子，北方俗称之“元宵”，南方又沿袭古称“粉饵”。南宋周必大《平国续稿》记云：“元宵煮浮圆子，前辈似未曾赋此……”《岁时杂记》说：“煮糯为丸，糖为臊，谓之圆子。”其制法是以各色果饵和蜜糖为馅，用糯米粉包裹起来搓成球，置水中煮沸而食。圆子与耍狮、舞龙的球一样是月亮的象征物，吃圆子含有祭月、赏月的意味。周必大《元宵浮圆子》诗云：“星灿乌云里，珠浮浊水中。”既以月亮喻元宵，又以元宵喻月亮，上元之元宵也与中秋之月饼一样，含有家人团圆的意味。如周必大在前诗中又云：“今夕是何夕，团圆事事同。”1913年，袁世凯因“元宵”与“袁消”谐音，于己不吉利，下令改“元宵”为“汤元”。此后，汤元之名也流行开来，有的地方直至现在仍称元宵为汤元。

（三）寒食节饮食礼俗

寒食节在清明之前一二日，从先秦以迄隋唐，寒食节均为一个大节日。寒食节与清明节在节俗内容上并无十分明显的继承关系，两者间存在的主要是一种置代关系。纵观这两个节日的演变、发展轨迹，我们可以很清楚地发现这么一条线索，那就是，寒食节式微的时候，清明节就从一个单纯农事节气上升为一个大的节日，这说明清明节的产生，是借用了寒食节的节期，寒食仅先于清明一二日，因而很自然地便被后者借用了。这种借用的文化基础是人们世世代代传承、积淀下来的对节日节期的稳定的习惯心理。除节期的借用外，清明节也借用了寒食节作为一个纪念性、祭祀性节日的内核，清明的祭祖扫墓之俗的深层结构无疑就是纪念和祭祀。

寒食的形成有两个源头，周代仲春之末的禁火习俗是它的源头之一，《周礼·秋官·司烜氏》云：“中春，以木铎修火禁于国中。”郑玄注云：“为季春将出火也。”所谓季春出火，是与先秦时的星象迷信有关。古分周天恒星为二十八宿，东方青龙宫的角、亢二宿被称作“龙星”，龙星在五行中居木之位，春季见于东方，将引起人间突发大火，因此，在龙星初见的时候要禁火。禁火的这一段时间不能举炊，须得预先准备好食物，在禁火期间吃这种冷食物，也就很自然地被称为“寒食”。

寒食节的另一个源头，是春秋时晋国故地山西一带祭奠介子推的习俗。在寒食节的形成及传承过程中，这一源头的影响越来越大。曹操《明罚令》和晋人陆翙《邺中记》皆云寒食断火起因于祭介子推。祭介子推的礼仪，以晋国故地今山西一带最为隆重。该地区人民在战国至三国这一段时期内，寒食禁火时间竟长达一个月之久，正如《后汉书》中说：“太原一郡，旧俗以介子推焚骸，有龙忌之禁，至其亡月，咸言神灵不乐举火。由是士民每冬中辄一月寒食，莫敢烟爨，老小不堪，岁多死者。”① 因此，曹操下令革除寒食禁火一月的旧俗，此后寒食三日才相沿成习。

汉唐时寒食节的传统食品有饧大麦粥。《荆楚岁时记》云：寒食“禁火三日，造饧大麦粥”。从其制法来看，并非只是将大麦熬粥加糖，而是先将大麦熬成麦浆，煮熟，再将捣碎的杏仁拌入，冷凝后切成块状，食时浇上糖稀，正如《玉烛宝典》云：“今人寒食悉为大麦粥，研杏仁为酪，引饧以沃之。”后世又将此食品称为麦糕，其中的原料大麦也可以粳米代替。

此外，还有一种名叫干粥的食品，亦称作糗，即炒熟的麦、粟、米粉。食用时，既可加水调成糊状，也可直接食用。

但是，这些制作简单的寒食节令食品并不合吃惯了珍肴的贵族们的口味，于是，一种耐贮存，适于冷食，又酥香脆美的“寒具”便在魏晋时出现了，成为上层社会寒食节的节日美食。北魏贾思勰《齐民要术》对其制法作了介绍，其中说：“环饼一名‘寒具’……以蜜调水溲（和）面”，然后油炸，是极为酥脆精美的食品。《齐民要术》称它“入口即碎，脆如凌雪”。所以有人将

① （刘宋）范晔：《后汉书·周举传》，中华书局 1965 年版，第 2024 页。

它取名为“馓子”，宋人庄季裕在《鸡肋编》云：“馓子，又名环饼，即古之寒具。”唐人制作寒具时还喜欢粘上一些黑芝麻，使之更香，并取名为“巨胜奴”，“巨胜”即黑芝麻。

汉唐时期寒食节的节令食品还有煮鸡蛋、盐醋拌生菜之类。如唐代寒食节吃煮鸡蛋就是必不可少的主食之一，更有好事者，便在鸡蛋上雕刻各种花纹图案，并染上色彩，增加鸡蛋的外观美感，久之，形成了一种传统习俗，这就是唐人所说的镂鸡子，然后，人们又把镂刻成形的鸡蛋拿出来相互比试，即斗鸡卵之俗，意在体现食品雕刻的技能。

唐代以后，寒食的地位日趋式微，寒食节禁火风俗也逐渐消失。但是与这个节日有关的馓子这一节令食品，却仍为人们所喜食，千百年来，传承不绝，并发展为具有款式繁多，风味各殊的特点。此外，江浙一带还流行青糰红藕，如清顾禄《清嘉录》云：“市上卖青糰熟藕，为居人清明祀先之品……今俗用青糰红藕，皆可冷食，犹循禁火遗风，然与鬼神享饩之义不合，故仍复有烧筍烹鱼以享者。”清代江浙地区在清明节冷食青糰红藕，即是寒食食俗的变形遗存。所谓“青糰”，道家称之为“青精饭”或“青精干石饭”。其制作方法是以南烛枝叶捣叶浸米，蒸出的饭呈青色，道家认为吃了这种饭可以“资阳气”、益颜延寿，如《零陵总记》载：“杨桐叶细冬青，居人遇寒食，采其叶，染饭色，青而有光，食之，资阳气，道家谓之青精干石饭。”及至现代，清明节令食品“青糰”的制作加工又有了一些新的发展。其制作方法是，“将一种有香味的青艾，用石灰腌制后洗净捣碎，和上米粉与糖，蒸成艾团子，也有在里面装馅儿的”①。苏沪风味的青糰则是用雀麦草汁和入糯米粉，以豆沙为馅制成的。

（四）端午节饮食礼俗

农历五月五日端午节是中国传统节日中仅次于元旦的第二大节日。端午又称“端五”“重五”、重午、端阳、地腊（道教节庆）、

① 韩盈：《节令风俗故事》，上海古籍出版社1989年版，第44页。

女儿节、浴兰和天中节。除汉族外，我国还有一些少数民族也过端午节，如彝族、傣族、土家族、纳西族、侗族、布依族、赫哲族等。

端午节起源很早，在先秦时，人们就认为五月是个恶月，重五之日更是恶日，如《史记·孟尝君列传》中就有这样的事例，其云："初，田婴有子四十余人，其贱妾有子名文，文以五月五日生。婴告其母曰：'勿举也。'其母窃举生之。及长，其母因兄弟而见其子文于田婴。田婴怒其母曰：'吾令若去此子，而敢生之，何也？'文顿首，因曰：'君所以不举五月子者，何故？'婴曰：'五月子者，长与户齐，将不利其父母。'文曰：'人生受命于天乎？将受命于户邪？'婴默然。"

《吕氏春秋》中也认为五月是阴与阳、死与生激烈斗争的一个月，其中云："是月也，日长至，阴阳争，死生分。君子斋戒，处必掩，身欲静无躁，止声色，无或进，薄滋味，无致和，退嗜欲，定心气，百官静，事无刑，以定晏阴之所成。"① 再如，汉代应劭《风俗通义》云："俗说五月五日生子，男害父，女害母。五月盖屋，令人头秃。"又云："俗话说五月到官，至免不迁。"②

所以后世端午节要进行一系列的辟邪、除疫的活动，这说明构成端午节的一些事象及因子，在先秦时就已存在。

汉代至魏晋是端午节初步形成的阶段，而南北朝至隋唐则是端午节定型化、成熟化的阶段，因为端午节中的许多风俗事象，特别是饮食风俗，都是在这一时期形成的。

端午节最主要的节令食品是粽子。相传粽子始于汉代，是端午节投向水中祭屈原的供品。南朝梁人吴均《续齐谐记》载："屈原五月五日投汨罗而死，楚人哀之，每至此日竹筒贮米，投水祭之。

---

① 张双棣等译注：《吕氏春秋译注·仲夏纪第五·仲夏》，北京大学出版社 2011 年版，第 101 页。

② （汉）应劭撰，吴树平校释：《风俗通义校释·佚文二十》，天津人民出版社 1987 年版，第 434 页。

汉建武中，长沙区曲白日忽见一人，自称三闾大夫，谓曰：‘君当见祭，甚善。但常所遗，苦为蛟龙所窃。今若所惠，可以楝树叶塞其上，以五采丝缚之。此二物蛟龙所惮也。’曲依其言。世人作粽并带五色丝及楝叶，皆汨罗之遗风也。”可见，最早的粽子是用楝叶包裹的。

后来，人们又改用菰叶来包粽子，晋人周处《风土记》云：“仲夏端午，烹鹜角黍。”又云：“五月五日，以菰叶裹黏米煮熟，谓之角黍，以象阴阳相包裹，未分散也。”《齐民要术》中又引《风土记》注云：“用菰叶裹黍米，以淳浓灰汁煮之，令烂熟，于五月五日夏至啖之。粘黍，一名粽，一名角黍，盖取阴阳尚相裹，未分散之时象也。”《荆楚岁时记》亦云：“夏至节日，食粽。”其注云：“按周处《风土记》谓为角黍，人并以新竹为筒粽。”此外，《尔雅翼》卷一“柸”字注引《荆楚岁时记》佚文云：“其菰叶，荆楚俗以夏至日用裹粘米煮烂，二节日所尚，一名粽，一名角黍。”

从以上这些材料中可以反映出，在南北朝时，粽子的名称已逐渐代替了角黍，其制作原料也由黍米改为主要用大米了，而且粽子也成为夏至和端午两个节日的节令食品。

事实上，所谓用竹筒贮米和包裹“粽子”，原是南方稻作民族制作主食的两种古老方法，制筒粽的方法是在新砍的竹筒中贮米注水，置火上烧烤成熟食。制粽子的方法是以楝树叶或菰叶包裹粘米，用线缚紧，投水中煮烂，然后取出剥食。这两种制作主食的方法至今仍为部分西南少数民族所沿袭。

竹筒贮米和粽子均是上古南方民族的日常食物，本无特殊的纪念意义，后来，在魏晋南北朝传承过程中，人们又将吃粽子与祭屈原联系了起来，这样，后世围绕着粽子这一食品，便衍生了一系列有关的食俗与禁忌，粽子包裹的花样及品种也越来越多，如在唐朝较有名气的粽子就有“百索粽子”“庾家粽子”“九子粽”等，其中，“九子粽”为御宴之物，它是将九个粽子用彩线扎在一起，唐玄宗曾有诗赞美它：“四时花竞巧，九子粽争先。方殿临华节，圆宫宴雅臣。”①

汉唐时端午节除了食粽子外，还要饮菖蒲酒和雄黄酒。菖蒲是生长在山涧泉流旁的一种名贵药材，具有开窍、祛痰、理气、活血、散风和去湿等功用。饮菖蒲酒起源较早，《荆楚岁时记》记载：“以菖蒲或镂或屑，以泛酒。”可以“通血脉，治骨痿，久服耳目聪明”。②

到唐代时，端午节便兼饮菖蒲酒和雄黄酒了。雄黄有毒，具有杀虫解毒的作用，以此配酒，虽然能起到抑制细菌的作用，但对人体也有很大的毒害，不应内服，所以端午节饮雄黄酒是一种有害的风俗。那么古人为什么要在端午节饮这两种酒呢？其原因也是在于古人认为五月为恶月，饮这些酒可以起到辟邪、除疫的作用。

汉唐时在端午节，朝廷和家庭都要分别举行宴会，以示庆贺。唐代宫廷端午宴享时，皇帝都要对大臣有所赏赐，以示恩宠，最常赐之物是夏令的粽子。这一天还要举行一些娱乐活动，据《开元天宝遗事》记载，宫中每到端午节，就造粉团、粽子置于盘中，再制作纤巧的小角弓，箭射盘中的粉团，射中者食之。因为粉团既滑腻又小，颇难射中。这本是宫中游戏，后来传遍长安，射粉团、食粉团成了端午节的一种风俗。一般民众家庭宴会，除了吃粽子、饮菖蒲酒外，还讲究吃新鲜蔬菜，俗又称“尝新”。

（五）中秋节饮食礼俗

在中国传统的岁时节日中，中秋和元旦、端午是三个最大的节日，如果加上正月十五元宵节，共为四大节。

八月十五，秋已过半，是为中秋。中秋的渊源是先秦时的秋祀和拜月习俗。秋天是收获的季节，家家拜祀土地神，久而久之，围绕“秋报”形成了一系列习俗。同时，中国的原始宗教是多神教，

---

① （宋）彭定求等：《全唐诗》卷三《明皇帝·端午三殿宴群臣探得神字并序》，中华书局1960年版，第28页。

② （明）李时珍：《本草纲目》卷二五《谷部·酒》，人民卫生出版社2005年版。

自然崇拜占有重要地位，祭月、拜月之风很盛，这便为中秋节的产生提供了温床。但是，中秋节成为一个气氛隆重、情感色彩强烈的大节日，却是在南北朝以后，节日的某些习俗形成也比较迟，一般认为，中秋节成为节日大约始于唐代。

中秋节也叫团圆节，所以这一天的饮食活动，多以家庭和亲朋好友为单位进行，以联络感情，增进亲情。从中秋月圆引申出家人团圆，并以中秋为团圆节，虽然这是比较后起的风俗，但企望家庭平安，亲人团圆的心理实际上已深深扎根在中国人的心中。所以，在中国传统节日中，均可找到两条主要线索：一是祭祖，二是聚餐，这两点之所以成为中国传统节日礼俗的两条主要线索，与我国传统的重孝道、人伦，重血缘纽带和宗族家庭的文化精神与民俗心理息息相关。

（六）重阳节饮食礼俗

农历九月九日重阳节，又称重九节。古人将九看作阳数，两阳相重，故称“重阳”，又因日月逢九，两九相重，故名“重九”。正如魏文帝曹丕在《与钟繇九日送菊书》中说：“岁往月来，忽复九月九日。九为阳数，而日月并应，俗嘉其名，以为宜于长久，故以享宴高会。”

重阳节起源甚早，但它的节日化完成于汉代，据《西京杂记》载：“戚夫人侍儿贾佩兰，后出为扶风人段儒妻，言在宫内时，九月九日佩茱萸，食蓬饵，饮菊花酒，令人长寿。菊花舒时，并采茎叶，杂黍米酿之，至来年九月九日始熟，就饮焉，故谓之菊花酒。”由此可见，西汉初年，宫中即有过重阳节之俗，而且要佩茱萸，食蓬饵，饮菊花酒。

重阳节自汉代以来就有传统的饮食，这就是做重阳糕，饮菊花酒。汉晋时将重阳糕谓之“蓬饵”，“饵”《说文解字》释为“粉饼也”。饵，又称为糕，扬雄说：“饵，或谓之糕。”① 它是将熟米捣烂或先将米磨成粉子，然后做成糕饼。汉魏时，用麦粉制作的叫

---

① （汉）扬雄：《方言》卷一三，王云五主编《丛书集成初编》，商务印书馆 1934 年版，第 133 页。

饼，用米粉制作的叫饵。《急就章》注云：“溲米而蒸之，则为饵，饵之言而也，相粘而也；溲面而蒸熟之，则为饼，饼之言并也。”此饼、饵的分别是很清楚的。但是，自贾思勰《齐民要术》将米粉、麦面皆入于饼法之中，后世就没有将饼、饵的界限开了。“蓬饵”是用蓬草加黍米或秫米制成，蓬草是一种菊科植物，用蓬草只是取其香味。据《玉烛宝典》云：“九月食饵，饮菊花酒者，黍秫并收，以因黏米嘉味，触类尝新，遂成积习。”到了唐代，重阳糕的名目就多了起来，据《唐六典》和唐《食谱》等书记载，唐代重阳节有麻葛糕、米锦糕以及菊花糕，《文昌杂录》中说：“唐时节物，九月九日则有茱萸酒、菊花糕。”茱萸可“辟除恶气，而御初寒”①。

汉唐时期重阳节有到野外登高之俗，因此，汉唐时人常在此日举行野宴。孙思邈《千金月令》中说：“重阳之日，必以肴酒登高眺远，为时宴之游赏，以畅秋志。酒必采茱萸、甘菊以泛之，既醉而还。”由此可见，野宴已成为汉唐时重阳节一项重要的饮食活动。

重阳野宴始于何时，不得而知，据《荆楚岁时记》说：魏晋南北朝时，“九月九日，四民并藉野宴饮”。隋人杜公瞻注云：“九月九日宴会，未知起于何代，然自汉至宋未改。”任一风俗都不是突兀地出现的，而是前代文化、风俗传统的产物，汉唐九九重阳节的野宴，无疑传承自先秦时。

以上我们着重介绍了六个节日的饮食礼俗，我们认识汉唐年节饮食礼俗，关键就是要抓住这几个传统性的大节日，虽然汉唐时期各种岁时节令活动多达十几个，但是这些节日多是从几个大年节发展变化而来的。同时，汉唐时期，中国也是一个民族众多的国家，各民族由于自然环境的差异，所从事的物质生产不同，以及历史上各自形成的宗教信仰和风俗习惯不同，因而都有自己

① （晋）周处：《阳羡风土记》，张智主编，《中国风土志丛刊》，扬州：广陵书社 2005 年版，第 21 页。

的传统节日及其节日饮食生活特点。但在汉唐时期为数众多的节日中，最具有中华民族节日饮食特色、最能牵动中国人的情感、最能反映中华民族传统的民俗心理和文化精神的，还是以上几个大节日。而这几个大节日中的饮食活动，也构成了一幅中国传统文化的生动图景。

第十一章

隋唐饮食文化

隋唐时期，中国饮食文化在各个方面都呈现出繁荣景象，饮食文化表现出从未有过的多彩风格。在食材上，粮食、肉类、蔬菜、瓜果的生产结构都发生了较大变化。在菜肴烹饪上，技术逐渐提高，原料日益丰富，开始出现了象形花色菜和食品雕刻。在饮食养生和食疗上，饮食养生学和饮食治疗学日益发展成熟。在酒文化上，酒类生产有了较大的进步，饮酒之风盛极一时，酒肆经营空前繁荣，饮酒器具出现革新。在茶文化上，饮茶之风开始从南方扩展至中原等广大北方地区，蒸青饼茶成为人们饮用的主要茶类，茶圣陆羽提倡的“三沸煮茶法”成为主流的烹茶方式，茶肆业初步形成，茶具迅速发展成为系列。在饮食习俗上，合食制得到初步确立，节日饮食习俗逐渐丰富，生日、婚嫁等人生礼仪食俗得到了发展，公私宴饮名目繁多。

这一局面出现的原因是多方面的。首先，隋唐时期，尤其唐代安史之乱以前，社会安定，政治清明，国力强盛，四邻友好，农业、手工业和商业都达到了超越前代的水平，这为饮食文化的繁荣创造了基本条件。其次，这一时期饮食文化的繁荣也极大地得益于当时的饮食文化交流，特别是胡汉饮食文化交流。从汉代开始的胡汉饮食文化交流在唐代出现高潮，大量胡食、胡饮流向内地，受到内地广大汉族人民的喜爱，当时“贵人御馔，尽供胡食”①。酒家胡与胡姬成为当时饮食文化的一个重要特征。域外文化使者们带来的各地饮食文化，如一股股清流，汇进了中国这个海洋。可以说，没有胡汉饮食文化的交流，中国后世的饮食文化将会苍白得多，胡汉各族的饮食生活也将会单调得多。除胡汉饮食文化交流外，南北方饮食文化交流也极大地丰富了各地域的饮食文化。这一时期，饮茶之风在北方中原地区的流行就是南北方饮食文化交流的结晶。最后，这一时期饮食文化的繁荣也是继承和发展前代饮食文化的结果。

隋唐时期的饮食文化，尤其是唐代的饮食文化，由于其高度发展，迄今仍在世界各国享有崇高的声誉，在国外唐人街上的饮食店中，以唐名菜，以唐名果（点心），乃至名目繁多的仿唐菜点比比皆是，唐代的饮食文化已为世界各国人民共同享用。

第一节　食物原料的生产

隋唐时期的食物原料，大致可分为粮食、肉类、蔬菜和瓜果四类，但在结构上发生了重大变化。在主食原料方面，小麦和水稻迅速崛起，占据了主食的主要地位，传统的粟类粮食则退居次位。在副食原料方面，肉食生产总量进一步扩大，羊和鸡的地位提高，猪的饲养也增多，狗肉已退出了主要肉食的行列，蔬菜和瓜果的生产也有很大的发展。

一、粮食生产结构的变革

隋唐时期的主粮结构主要由粟、麦、稻构成。其中，北方主粮以粟、麦为主，南方以水稻为主。由于全国的经济中心和人口主要

① （五代）刘昫等：《旧唐书》卷四五《舆服志》，中华书局 1975 年版，第 1958 页。

集中于黄河流域，所以粟、麦的生产和消费在全国占有绝对优势。粟、麦两者相比，粟的地位较高，但麦的地位上升较快。

（一）麦类作物地位的上升

隋唐时期，麦类作物主要种植于北方平原地区。唐初，麦的地位不高，为“杂稼”“杂种”之属，如颜师古在注《汉书》时，称：“今俗犹谓麦豆之属为杂稼。”① 唐初赋税征收粟，“乡土无粟，听纳杂种充”②。在丰收的年景，麦往往无人问津，如唐高宗麟德二年（665年），“是岁大稔，米斗五钱，麰麦不列市”③。

唐代中期以后，由于城市人口的增长、粟麦轮作的逐渐推广，尤其是饼食的普及，对麦作的发展起到了巨大的促进作用。麦逐渐摆脱了其在社会心理中的“杂种”地位，唐代诗人们也不再像前辈那样用麦来表示贫困了。可以说，唐代中期以后，麦已取得了与粟并驾齐驱的地位，其标志是唐德宗建中元年（780年）实行的“两税法”已明确将麦作为征收的对象。

（二）粟类粮食地位的下降

隋唐时期的粟类生产遍及陕西、河南、河北、山西、山东等广大北方地区。据《元和郡县图志》记载，关中有以粟名州者：“贞观八年，以此州仓储殷实，改为粟州，其年，又为会州。”④ 关中京兆府的紫秆粟是进献朝廷的贡品，邠州（今陕西彬县）、银州（今陕西米脂）、胜州（今陕西榆林）的粟都是当地最主要的贡赋。河南陈州（今河南淮阳）生产的粟，也是当地献给朝廷的土贡之一。

---

①（汉）班固：《汉书》卷九《元帝纪》，中华书局1962年版，第228页。

②（唐）李隆基撰，（唐）李林甫注，［日］广池千九郎训点，［日］内田智雄补正：《大唐六典》卷三《仓部郎中员外郎》，横山印刷株式会社昭和48年版，第77页。

③（五代）刘昫等：《旧唐书》卷四《高宗纪上》，中华书局1975年版，第87页。

④（唐）李吉甫撰，贺次君点校：《元和郡县图志》卷四《关内道四·会州》，中华书局1983年版，第97页。

唐政府在河北、山西大兴屯田，所种农作物以粟类为主，如唐敬宗宝历元年（825 年）杨元卿在沧景（今河北沧州）屯田，“是冬，元卿上言，营田收廪粟二十万斛”①。河北、山西粟的品质也较高，河东绛州（今山西新绛）的白谷和粱米、河北幽州范阳郡（今北京市）的粟米，都是向朝廷进奉的土贡②。山东淮北一带出产的粟质量好，价格低，如唐玄宗开元十三年（725 年），“是岁，东都斗米十五钱，青、齐五钱，粟三钱”③。

粟在隋唐时期仍是北方居民“日常生活的必需品”④。但总的说来，这一时期粟类粮食的种植面积和总产量都有所减少，粟类粮食的地位稳中有降。

（三）水稻种植的快速发展

隋唐时期，中国的水稻生产主要分布在幽州、并州、绛州、同州、雍州、陇州、渭州、兰州一线以南的地区⑤。安史之乱以前，在大一统的局面下，唐代社会安定，政治开明，经济发展，北方的水稻种植迅速恢复，在生产规模和稻谷产量方面都达到前所未有的水平。如关中是隋唐两代京师所在地，政府特别注意这一地区的经营。唐初国家在关中设渠堰使和稻田判官，整修恢复了白渠、成国渠、升源渠等前代旧渠，并兴建了一批新的灌溉工程，为关中水稻大规模种植准备了条件。

安史之乱后，黄河流域的水稻种植范围大大缩小。但南方水稻的生产呈现迅速增长的势头，稻米在唐代主粮结构中所占的比例越

---

① （宋）王钦若等：《册府元龟》卷五〇三《邦计部 · 屯田》，中华书局 1960 年版，第 6037 页。

② （宋）欧阳修、宋祁：《新唐书》卷三九《地理志三》，中华书局 1975 年版，第 1001、1019 页。

③ （宋）司马光：《资治通鉴》卷二一二，开元十三年十二月乙巳，中华书局 2005 年版，第 6769 页。

④ ［美］尤金 · N. 安德森著，刘东、马孆译：《中国食物》，江苏人民出版社 2003 年版，第 51 页。

⑤ 华林甫：《唐代水稻生产的地理布局及其变迁初探》，《中国农史》1992 年第 2 期。

来越大。促进南方水稻生产发展的主要因素是长江流域得到了更为广泛的开发。由于北方人口的大量南迁，使南方劳动力迅速增加，种植水稻的耕地面积有了较快的增长。同时，双季稻在南方的推广也增加了水稻的总产量，促进了稻米在唐代主粮地位的提升。南方稻米自给有余，南粮北运的历史从此揭开序幕，“中唐以后，南粮北运已达上百万石，最高年份竟达300万石”①。

（四）大豆由主食向副食的转化

隋唐时期，大豆完成了由主食向副食转化的过程。这种转化是魏晋以来长期发展的结果。其前提和原因主要有三个方面：第一，这一时期麦粟稻等主要粮食作物产量迅速增加，已经能够满足人们饮食生活的需要；第二，大豆虽然营养丰富，但粒食口感较差，烹制成豆糜口感亦不佳，无法同其他粮食相比，不适宜作主食；第三，豆酱、豆豉是人们饮食生活中不可缺少的调味品，特别是豆腐的发明，为大豆在副食方面的应用开辟了广阔天地。大豆虽然逐渐转化为副食，但因其应用广泛，需求量大，总产量不但没有降低，而且还有所提高。大豆转化为副食是中国人饮食生活史上的大事，就中国人民的饮食结构来说，大豆堪称副食之王。

二、肉类生产结构的调整

隋唐时期，特别是唐代，畜禽饲养技术有了较大发展，畜禽肉食生产总量有了明显提高，肉类食品不足的状况有了较大的改观。当然，这主要是在上层社会。就全国而言，隋唐时期的肉食以家畜、家禽为主，水产品和野味也占有一定的比例。就南北地区而言，北方以羊肉、鸡为主要肉食，南方以鱼虾等各种水产品为主要肉食。值得注意的是，这一时期乳酪的消费量也有所增加。

（一）羊猪等家畜是肉食的主要来源

隋唐时期，羊和猪等家畜是人们肉食的主要来源。北方的养羊业很发达，唐代还在同州（今陕西大荔）沙苑设立专门的养羊机构沙苑监，牧养各地送来的羊，以供宴会和祭祀所用，并选育出著

① 徐海荣：《中国饮食史》卷三，华夏出版社1999年版，第279页。

名的优良品种同州羊（又名苦泉羊、沙苑羊）。同州羊至今仍是我国最优良的绵羊品种之一①。这一时期人们普遍将羊肉视为上佳美味，“羊羔美酒”“羊羹美酒”“肥羊美酝”等在文人的作品中多有提及。在现实生活中，羊肉也是唐人的首选肉食，如《大唐六典》卷四《膳部郎中员外郎》记载，亲王以下至五品官皆给肉料，其中亲王以下至二品官，每月常食料为羊 20 口，猪肉 60 斤，三品官至五品官则只供羊肉而无猪肉，其中三品官每月给羊 12 口，四品官和五品官每月给羊 9 口。从羊肉和猪肉的比例来看，羊肉的供应量远远高于猪肉。

人们对养猪也很重视，除一家一户的零散饲养外，一些地方政府也设置有专门的养猪机构。如唐代宗大历年间（766—779 年），虢州（今河南灵宝）刺史卢杞上奏称“虢有官豕三千为民患”②。一个州的官办养猪场存栏 3000 头猪，规模是不小的。

中国人食用狗肉的态度在隋唐时期发生了变化。在一般人的观念中，狗已不是可以用来食用的动物了，只有那些不务正业的恶少们才会屠狗食肉，如唐代段成式《酉阳杂俎》续集卷一记载，东都恶少李和子“常攘狗及猫食之”。对狗肉的这种态度在中原地区表现得尤为明显，社会上层人士和正式宴饮场合人们开始不吃狗肉，下层普通民众也只有在非正式的场合才品尝狗肉③。而在南方地区，则继续保留有吃狗肉的风俗。

隋唐时期，政府对屠牛食肉的限制相对宽松，故人们食用牛肉的机会较多，当时有不少人嗜食牛肉，如张鷟《朝野佥载》卷三载：“洛州司佥严升期摄侍御史，于江南巡察，性嗜牛肉，所至州县，烹宰极多。”唐代牛肉的地位较高，“在唐代的肉类食品中，

---

① 梁家勉：《中国农业科学技术史稿》，农业出版社 1989 年版，第 365 页。

② （宋）欧阳修、宋祁：《新唐书》卷二二三《卢杞传》，中华书局 1975 年版，第 6351 页。

③ 刘朴兵：《略论中国古代的食狗之风及人们对食用狗肉的态度》，《殷都学刊》2006 年第 1 期。

牛肉被当作最佳品种”①。因此，人们也常用牛肉待客，如王昌龄《留别岑参兄弟》云：“何必念钟鼎，所在烹肥牛。”② 唐代军队中也存在大量屠牛食肉的情况，如唐末朱全忠率大军进驻魏博镇，“全忠留魏半岁，罗绍威供亿，所杀牛羊豕近七十万”③。岑参《武威送刘单判官赴安西行营便呈高开府》云：“军中宰肥牛，堂上罗羽觞。”④ 诗中反映的也是军队屠牛食肉的情景。

牛羊等家畜除提供肉外，还生产乳。以乳为原料，可将其加工成酪、酥、醍醐、乳腐。其中，酪、酥、醍醐都是流质的，而乳腐即今天的奶豆腐⑤。隋唐时期，乳酪的生产和消费有所增加。人们除将乳酪用作饮料外，更多的将其作为配料制作各种食品。如隋代谢讽《食经》中的“贴乳花面英”“加乳腐”和“添酥冷白寒具”，唐代韦巨源《烧尾宴食单》中的“单笼金乳酥”“乳酿鱼”等。唐人冯贽《云仙杂记》卷十中有“调羊酪造含风鲊”的记载。唐人王定保《唐摭言》卷十五记载：“赐银饼餤，食之甚美，皆乳酪膏腴之所为也。”这一时期的乳制品加工技术也不断进步，一些地区的乳制品也被列为贡品，按时进贡朝廷。据《新唐书·地理志》记载，朔方郡土贡酥，其地在今陕西靖边县，所贡酥为乳浆。

（二）养鸡成为小户家庭的重要副业

隋唐时期，人们饲养的家禽主要为鸡、鸭、鹅三类，其中鸡是禽肉的主要来源，远远多于鸭、鹅。因为养鸡成本较低，可以蛋肉兼得，所以一家一户的零散饲养很普遍，是小户家庭的重要家庭副业。

唐代斗鸡盛行，从一个侧面也促进了肉鸡养殖业的发展，这主

---

① 王赛时：《唐代饮食》，齐鲁书社2003年版，第59页。

② （清）彭定求等编：《全唐诗》卷一四〇，中华书局1960年版，第1428页。

③ （宋）司马光：《资治通鉴》卷二六五，昭宣帝天佑三年秋七月，中华书局2005年版，第8660页。

④ （清）彭定求等编：《全唐诗》卷一九八，中华书局1960年版，第2032页。

⑤ 刘朴兵：《“乳腐”考》，《中国历史文物》，2005年第5期。

要表现为鸡种的培育上。唐人培育出了乌鸡等一批优良鸡种。《唐本草》称“乌鸡补中”，反映出当时人们对鸡的食疗养生价值的认识。

唐人很喜欢吃鸡，如陶穀《清异录·禽名门》载，“郝轮陈留别墅畜鸡数百”①，无论制作什么羹都用鸡肉，并称鸡为“羹本”。尽管当时人们还没有现代化学分析知识，但汤要求味道鲜美，已为人们所认识，所以称鸡为“羹本”具有一定的道理。

在唐代农民心目中，如果能吃上黍米饭，再佐以鸡肉，那就是再美妙不过的享受了。所以唐人常用“鸡黍”一词来形容小康饮食。就是富裕人家，照样视“鸡黍”为日常美餐。鸡还是下层百姓待客的首选肉食，如孟浩然《过故人庄》云：“故人具鸡黍，约我至田家。”② 不过，鸡在人们心目中的地位在下降，“在唐朝，尤其是从玄宗时起，鸡便让位给了鱼，而到了宋朝，鸡实际上已不再成为诗歌中高频率出现的字眼了”③。

（三）淡水养鱼业获得了长足的进步

这一时期的淡水养鱼业得到了长足的进步，主要表现在鱼种的采集和培养方面。由于唐代皇帝姓李，李为国姓。鲤，李同音，要求避讳，因此有不得捕食鲤鱼的禁令。《旧唐书·玄宗本纪上》载，开元三年（715年）二月，“禁断天下采捕鲤鱼”，开元十九年（731年）正月，又“禁采捕鲤鱼”。段成式《酉阳杂俎》卷一七《鳞介篇》载：“国朝律，取得鲤鱼即宜放，仍不得吃。号赤鲆公，卖者杖六十，言鲤为李也。”方勺《泊宅编》卷七亦载：“《唐律》禁食鲤，违者杖六十。岂非鲤、李同音，彼自以为裔出老君，不敢斥言之，至号鲤为‘赤鲆公’，不足怪也。”

由于鲤鱼是一种极为常见的普通鱼类，朝廷的禁捕令不可能完

① （宋）陶穀撰，李益民等注释：《清异录》（饮食部分），中国商业出版社1985年版，第69页。

② （清）彭定求等编：《全唐诗》卷一六〇，中华书局1960年版，第1651页。

③ ［美］尤金·N. 安德森著，刘东、马孆译：《中国食物》，江苏人民出版社2003年版，第63页。

全阻止人们对鲤鱼的食用，“我们从唐代大量的食鲤资料来分析，唐朝廷禁捕鲤鱼的命令恐怕没能得到最终执行”①。但禁捕鲤鱼对唐代的养鱼业也有一定影响，“人们只能改养其他鱼种，这在客观上对多鱼种养鱼起了促进作用”②。

（四）野味仍是人们重要的肉食来源

隋唐时期，中国的生态环境尚好，各种野生动物还比较多，故各种野味也是人们改善生活的选择。这一时期人们常捕食的野味主要有鹿、熊、兔、鹌鹑等。

隋唐时期，在人迹罕见的山区，鹿类动物往往成群结队，如豫西山区，“东畿西南通邓、虢，川谷旷深，多麋鹿，人业射猎而不事农”③。

鹿肉是唐人经常食用的肉类，冯贽《云仙杂记》卷三《享鹿肉》引《安成记》载：“黄升日享鹿肉三斤，自晨煮至日影下门西，则喜曰：‘火候足矣。’如是四十年。”这种长年不断食用鹿肉的情况，只有在鹿肉供应十分充足的条件下才能成为可能。在唐代的文献记载中，鹿肉常和猪羊之肉并列，如崔元翰《判曹食堂壁记》载：“御史大夫崔公为之备食器，增食物，虞人之献禽者必分焉，故其鼎俎有刍豢之羊豕，田获之麋鹿。”④ 常衮《谢米面羊酒等状》中亦有“米面羊酒猪鹿及杂口味”的内容⑤。

唐代鹿肉的地位也很高，尤其是鹿尾和鹿舌，更是常常加工成盛大宴会的压轴大菜，如张鷟《游仙窟》描写的下酒食品中即有“鹿尾、鹿舌”。韦巨源《食谱》中的“升平炙”，就是以“鹿舌

① 王赛时：《唐代饮食》，齐鲁书社2003年版，第81页。

② 徐海荣主编：《中国饮食史》卷三，华夏出版社1999年版，第305页。

③ （宋）欧阳修、宋祁：《新唐书》卷一六二《吕元膺传》，中华书局1975年版，第4999页。

④ （宋）孔延之编：《会稽掇英总集》卷一八，文渊阁《四库全书》第1345册，第146页。

⑤ （宋）李昉等编：《文苑英华》卷六三二，中华书局1996年版，第3266页。

三百数”做成的。

隋唐对熊的食用有增无减，但因为这种动物难于捕猎，其食用仅限于皇亲贵族，像韦巨源由四品官升至三品官时向唐中宗进献的“烧尾宴”上就有“分装蒸腊熊”。

至于平民百姓，常食到的野生动物多是兔、鹌鹑等小野味。

三、蔬菜生产结构的优化

隋唐时期，中国的蔬菜种类进一步优化，优良品种得到广泛种植，引进的品种已经驯化，新开发的品种为人们普遍认可。在栽培技术方面最突出的是促成栽培取得巨大成绩。

（一）蔬菜种植品种的增多

隋唐时期，人们经常食用的蔬菜有葵菜、薤菜、蔓菁、萝卜、菘（白菜）、芥菜、葱、韭、蒜、姜、瓠、黄瓜、茄子、菠菜、莴苣、水芹、藕、芋、苜蓿等。这些蔬菜绝大部分是栽培蔬菜，即园蔬。如晚唐韩鄂《四时纂要》载，当时的蔬菜品种主要有瓜（甜瓜）、冬瓜、瓠、越瓜、茄、芋、葵、蔓菁、蒜、薤、葱、韭、蜀芥、芸苔、胡荽、兰香、荏、蓼、姜、蘘荷、苜蓿、藕、荠子、小蒜、菌子、百合、枸杞、莴苣、薯蓣、术、黄精、决明、牛膝、牛蒡等，共35种。同时期的其他文献记载的其他蔬菜还有白菜、芹菜、菠菜、蘧苣、茭白、菱角、莼菜等。在这些蔬菜中，从国外引进的蔬菜、水生蔬菜和人工栽培的食用菌等最具特色。

这一时期从国外引进的蔬菜主要有莴苣和菠菜。莴苣原产于西亚，隋代时引入中国，据《清异录》卷上载：“莴国使者来汉，隋人求得菜种，酬之甚厚，故因名千金菜，即莴苣也。”菠菜原名波薐，原产泥婆罗国（今尼泊尔境内），唐初引入中国。据《新唐书·西域列传》载：“贞观二十一年，（泥婆罗）遣使入献波薐、酢菜、浑提葱。”

水生蔬菜主要有茭白、藕、菱角、莼菜等，为南方居民所常见，这一时期这些水生蔬菜也为更多的北方居民所接受。

隋唐时期，中国开始了食用菌香菇的人工栽培。韩鄂《四时纂要》卷二载：“种菌子，取烂构木及叶，于地埋之，常以泔浇令湿，两三日即生。又法：畦中下烂粪，取构木可长六七尺，截断捶碎，如种菜法，于畦中匀布，土盖。水浇，长令润。如初有小菌子，仰杷推之，明旦又出，亦推之。三度后出者甚大，即收食之。”这是中国古代关于香菇人工栽培叙述的最为详细而具体的办法。“这种方法与现代锯屑栽培食用菌的方法基本相同。食用菌的人工栽培成功，使大量利用食用菌有了可靠的保证。不能不说这是唐代在中国饮食烹调长河中的又一贡献。”①

（二）蔬菜促成栽培技术的进步

多数蔬菜生产的季节性强，在古代要想在非生长季节吃到新鲜蔬菜是一件非常不容易的事情。魏晋南北朝时，虽有些人利用温室在冬季种植韭菜，但属于个别现象，无规模可言。隋唐时期，蔬菜促成栽培技术得到了较大的发展。在唐代时，人们就利用长安附近的温泉等地热资源栽培蔬菜，根据需要促其成熟。据《新唐书·百官志三》记载：“庆善、石门、温泉汤等监……凡近汤所润瓜蔬，先时而熟者，以荐陵庙。”可见这种促成栽培蔬菜的规模是相当大的，需要设置专门的官员来管理。除利用温泉进行促成栽培，温室蔬菜栽培也有了一定的发展，当然用这些方法栽培的蔬菜只有皇室贵族才能够享用到。

（三）蔬菜生产的专业化与市场化

菜圃的出现是蔬菜生产专业化的标志，有学者认为：“唐代蔬菜的供应主要来自园圃种植，人们利用各种条件，大量栽种蔬菜。凡有农田垦作之处，都会见到繁茂生长的菜园。”② 唐代蔬菜生产的专业化程度虽然已经不低，但蔬菜生产的市场化程度却并不太高。

唐代的多数菜圃，尤其是规模较大的官营菜圃，种植蔬菜的目的并不是为了销售，而是为了自食。如武后垂拱三年（687年）四月，“命苏良嗣留守西京。时尚方监裴匪躬检校京苑，将鬻苑中蔬

---

① 王子辉：《中国饮食文化研究》，陕西人民出版社1997年版，第67~68页。

② 王赛时：《唐代食物》，齐鲁书社2003年版，第35~36页。

果以收其利。良嗣曰：‘昔公仪休相鲁，犹能拔葵、去织妇。未闻万乘之主鬻蔬果也。’乃止。”① 这说明了唐代官营菜圃所生产的蔬菜并上市销售。

唐代民营菜圃的规模一般较小，民间多利用城郊外或房前屋后的闲散土地种植蔬菜，相当一部分的民营菜圃属于自足自给性质，杜甫《园》云：“畦蔬绕茅屋，自足媚盘餐。”② 杜诗所反映的正是这种民营菜圃的真实写照。只有生产的蔬菜吃不完时，这类菜圃的主人才偶尔将它们上市销售。当然，唐代也有部分民营菜圃以市场销售为目的，如《续玄怪录》载：扬州六合县园叟张老，娶妻之后，“负秽镢地，鬻蔬不辍”③。但这类民营菜圃的数量还不太多，规模也较小。

四、瓜果生产结构的变化

（一）果品

隋唐时期，政府非常重视果树的种植，黄河中游区域的果品的生产得到了一定的发展，主要表现有二：一是梨、李、桃、杏、柰、枣、柿、栗、樱桃、荔枝、龙眼等传统果树继续种植，并得到进一步的推广；二是一些域外果树新品种，如原产于中亚诸国的金桃、银桃，西亚的波斯偏桃、波斯枣，南亚的树菠萝等相继被引进到我国，丰富了人们的饮食文化生活，使果品的种类更加丰富多彩。

这一时期果品种植业的发展，特别值得一提的是南方的柑橘和北方的葡萄种植得到了迅速的推广，对于丰富人们的饮食生活具有重要意义。

柑橘是中国原产的亚热带果品，主要产于秦岭淮河以南的长江

---

① （宋）司马光：《资治通鉴》卷二〇四，则天后垂拱三年夏四月，中华书局1956年版，第6443~6444页。

② （清）彭定求等编：《全唐诗》卷二二九，中华书局1960年版，第2499页。

③ （宋）李昉等编：《太平广记》卷一六《张老》引，中华书局1961年版，第113页。

流域。隋唐以前，南北交通不便，南果北运不畅，北方人较少品尝到南方的柑橘，而北方的黄河流域长期处于国家的政治、经济、文化中心地位，这就造成了柑橘在果品中的地位不高。隋唐时期，随着南方开发力度的加大，柑橘的种植面积急剧扩大，柑橘的总产量在各类果品中名列前茅。据《新唐书·地理志》和《元和郡县图志》记载，长游上游的巴蜀地区是唐代重要的柑橘产地，夔州、开州、兴元府、文州、巴州、悉州、绵州、梓州、简州、资州、合州、遂州、普安州、荣州、眉州每年都要向朝廷进贡柑橘，是全国贡橘种植最多的地区。长江中下游平原柑橘种植也十分普遍，洪州豫章郡、抚州临川郡、苏州、湖州、杭州、越州、温州、台州临海郡等地，也要向朝廷贡橘。隋代大运河的开通，为包括柑橘在内的南果北运提供了条件，柑橘在中国人饮食生活中的地位迅速提高，成为最主要的果品之一。

葡萄自汉代从西域引进后，在黄河中游区域就开始种植了，但唐代以前葡萄多种植于皇家苑囿中，民间葡萄种植较少，没有形成规模。葡萄的品种也不断退化。隋唐的大一统和强盛的国力，使引进葡萄良种并普遍推广成为可能。唐太宗贞观十三年（639 年），唐军破高昌，高昌的葡萄良种马乳葡萄遂引进中土。到 7 世纪末，在长安禁苑的两座葡萄园中，大致还可以辨认出这些葡萄的后代。在民间，葡萄开始得到大规模的种植，山西太原一带的葡萄种植面积最大，成为当时葡萄种植和葡萄酒生产的重要基地。这一时期，许多文人在诗文作品中常常提到葡萄。如刘禹锡、韩愈等著名诗人都写有《葡萄歌》，诗中对葡萄的栽种、管理、收获、加工有细致的描写，反映了当时葡萄种植已十分普遍。

（二）瓜

隋唐时期，瓜果并称。瓜既是蔬菜又是水果，一些可生食的瓜种往往也被视为果品。这一时期，传统的东陵瓜等优良品种仍在继续种植，杜甫在诗作中就多次提到东陵瓜，如“青门种瓜人，旧日东陵侯”“青门瓜地新冻裂”“岂傍青门学种瓜”等。人们还在不断地培育新的优良瓜种，如河南洛阳的“御蝉香”和开封的

“淀脚绡”等，这两种瓜在陶穀《清异录》卷上都有记载，其中“御蝉香”是唐武宗御封的瓜品：“洛南，会昌中，瓜圃结五、六实，长几尺而极香，类蛾绿。其上皱文，酷似蝉形。圃中人连蔓移上槛，贡上。命之曰‘御蝉香’‘挹腰绿’。”又“夷门（河南开封）瓜品澱脚绡夹鹑，其色香味可魁本类也。”①

第二节 食物原料的加工

一、粮食加工

（一）粮食加工工具

与前代相比，隋唐时期的粮食加工工具变化并不大。当时脱粒的工具主要有杵臼、碓臼、碾、簸箕和扬扇等。其中，杵臼是最原始的脱粒工具，用手操作；碓臼有用脚踏的践碓和用水流作动力的水碓；碾靠人力或畜力使碾轮石在碾槽中转动，以使谷物脱壳。谷物舂碾之后，还须经过簸扇，以使谷物的粒、壳分离。簸箕一般由一个人操作；扬扇需要两人或两人以上操作，利用扇片煽风以使谷物的粒、壳分离。

隋唐时期的面粉加工工具主要有磨和罗，磨用于将麦类粮食磨碎，而后用罗将面粉筛出。除畜力磨以外，还大量使用水力磨。水磨的无节制使用，甚至还影响到农业生产用水，如原来可灌田 4 万余顷的郑白渠，到唐高宗时，因水磨大增，只能灌田 1 万余顷，到唐代宗时，仅能灌溉 6200 余顷了。

（二）磨坊的大量出现

隋唐时期粮食加工的进步主要表现在磨坊的大量出现上。随着人们主食结构的变化，面粉需求量迅速扩大，面粉加工有利可图，磨坊便大量出现了。这些磨坊既有官营的，也有私营的。官营磨坊

---

① （宋）陶穀撰，李益民等注释：《清异录》（饮食部分），中国商业出版社 1985 年版，第 138、142 页。

隶属于宫廷或官府。据马端临《文献通考》记载，唐代司农卿属下的“导官署”，“置令二人，丞四人，掌舂碾米面油烛之事”①。唐代官营磨坊加工的面粉可能只供宫廷或官府内部消费。有学者认为，唐代时，“官办的粮食加工作坊很多，大多数分布在城外的河渠上，使用水磨磨面”②。

水磨坊

唐代的私营面粉加工业比官营的要发达得多，京师长安的权贵之家多开设有水磨作坊，“诸王公权要之家，皆缘渠立硙，以害水田”③。在郑白渠两岸，“豪家贵戚壅隔上流，置私硙百余所，

① （元）马端临：《文献通考》卷五六《职官考十·司农卿》，浙江古籍出版社1988年版，第508页。

② 邱庞同：《中国面点史》，青岛出版社1995年版，第35页。

③ （五代）刘昫等：《旧唐书》卷九八《李元纮传》，中华书局1975年版，第3073页。

以收末利”①。武则天时，太平公主曾参与磨坊经营，“与僧寺争碾硙”②。唐玄宗时，大宦官高力士“于京城西北截沣水作碾，并转五轮，日碾麦三百斛”③。中兴名将郭子仪也有“私硙两轮”④。这些水磨作坊规模较大，所加工的面粉除用于自家消费外，大部分用于销营牟利。

“除城外的水磨众多外，长安城里还有使用畜力的粮食作坊。起先在西市、东市有卖面的‘麸门’，后来在南市也有‘卖麸家’了。据石刻中所保存的史料，唐代幽州等城市中有面食加工者组成的‘磨行’。”⑤ 以营利为目的专门从事粮食加工的磨坊的大量出现和磨行的产生，说明唐代的粮食加工业已发展成为一个独立的手工业部门了。

二、肉类加工

（一）肉类原料的加工

隋唐时期，形成了包括宰杀、剥皮或退毛、分离胴体与杂碎、晾挂在内的一套完整的屠宰加工流程。当时对牲畜的宰杀采用刺颈放血法，《广古今五行记》载：“唐总章咸亨中，京师有屠人，积代相传为业。因病遂死，乃被众羊悬之，一如杀羊法，两羊捉手，诸羊捉脚，一羊持刀刺颈，出血数斗，乃死。少顷还苏，此人未活之前，家人见绕颈有鲜血，惊共看之，颈有被刺处，还似刺羊，一

---

① （宋）王钦若等：《册府元龟》卷四九七《邦计部·河渠二》，中华书局1960年版，第5952页。

② （五代）刘昫等：《旧唐书》卷九八《李元纮传》，中华书局1975年版，第3073页。

③ （五代）刘昫等：《旧唐书》卷一八四《高力士传》，中华书局1975年版，第4758页。

④ （五代）刘昫等：《旧唐书》卷一二〇《郭子仪传》，中华书局1975年版，第3470页。

⑤ 邱庞同：《中国面点史》，青岛出版社1995年版，第35页。

边刀孔小，一边刀孔大，数年疮始合。”① 从这则故事中，可以看出当时宰羊的方法是刺颈放血法。

牲畜宰杀后，牛羊要剥皮，猪要退毛。给猪退毛采用热水浸泡法，唐代释道世《法苑珠林》卷八〇《渔猎篇》载：“唐显庆三年，徐王任晋州刺史之时，有屠儿在市东巷，杀一猪命断，汤焇皮毛并落。”动物畜体经过剥皮或退毛后，割下头蹄，取出内脏，使胴体与杂碎分离，晾挂候售或进一步加工。

（二）肉类的贮存加工

在自然贮存的条件下，无论是家畜家禽肉，还是鱼虾等水产品，肉类都极易腐败变质。为防止肉类腐败变质，达到长期贮存、随时取用的目的，多对肉类采取干制、盐腌、糟制等加工方法。

1. 制脯

制作干肉又称制脯，是中国古代肉类加工、保存最古老的方法之一。制脯时多先把鲜肉、鱼虾等进行盐渍处理，这样既能利用食盐排出肉中过多的水分，又能增加肉制品的风味。盐渍后，或风吹，或日晒，或烟熏，或火焙，使其彻底失去水分后，即成肉脯。

隋唐时期的制脯技术在前代的基础上更加成熟，唐末韩鄂《四时纂要》卷五所记“白脯”的制法为：“牛、羊、獐、鹿等精肉，破作片，冷水浸一宿，出，搦之，去血，候水清乃止。即用盐和椒末，浥经再宿，出阴干，棒打，踏令紧。自死牛羊亦得。”

唐五代时，人们还能加工不加盐的肉脯，韩鄂《四时纂要》卷五载：“取獐、鹿肉，如常脯。厚作片，阴干，勿着盐，即成脆脯，至佳。”

此外，可随时直接食用的肉脯也在这一时期出现了，《四时纂要》卷五载：“兔脯，先作白盐汤，煮熟，去浮沫。欲出釜时，尤急火，火急干易。置箔上，阴干即成。脆美无比……如五味者，称须盐（加五味）腌两三宿后，猛火焙熟，干，味甚佳矣。”“干腊肉，取牛、羊、獐、鹿肉，五味淹二宿，又以葱、椒，盐汤中猛火

① （宋）李昉等编：《太平广记》卷一三二《报应三·屠人》，中华书局1961年版，第941页。

煮之，令熟后，挂着阴处，经暑不败。远行即致麨。”这种可随时直接食用的肉脯，“类似现代日常家居生活中常见的肉干、肉松一类的食品”①。

2. 鲊

糟制品在古代又多称为鲊，因肉质松软、鲜嫩芬芳，具有独特风味，受到了人们的广泛欢迎。隋唐时期的制鲊技术也取得了一定的进步。唐代以前，夏天因天气太热而不宜作鲊，在唐代，人们已突破了这一局限，制作出一种专供夏天食用的含风鲊，据《叩头录》载：“房寿六月召客……调羊酪造含风鲊，皆凉物也。”②

3. 肉酱

隋唐时期的人们还把肉类加工成各种肉酱，如据张英、王士祯《渊鉴类函》卷三九一记载，安禄山曾经向唐玄宗进献鹿尾酱。唐末韩鄂《四时纂要》卷五中也有关于“鱼酱”和“兔酱”的制法。

三、蔬果加工

（一）蔬菜加工

隋唐时期，除鲜食外，人们还将蔬菜加工成酱腌菜或干菜。

酱腌菜又可分为腌菜和酱菜两类。其中，腌菜是以盐或醋为主要原料腌制的菜。它利用盐的渗透性使蔬菜原料析出水分，形成腌制品的独特风味。由于腌制品在盐的渗透作用下，可抑制许多微生物的滋长，因此腌菜比鲜菜更耐贮存，可于冬季鲜菜稀少时食用。人们常把腌菜称为菹或齑。

唐代时，菹的腌制十分普遍，无论是食叶的葵、韭，还是食根的姜、笋，都可制菹。菹作为普通百姓食用最为常见的菜肴，可年年制作，岁岁贮存。由于物美价廉，菹的需求量很大，还有人专门

---

① 陈伟明：《唐宋饮食文化初探》，中国商业出版社 1993 年版，第 164 页。

② （唐）冯贽：《云仙杂记》卷一《凉物》引，四部丛刊本。

经营菜菹生意。唐代长安的市场上就有菜菹出售，杜甫《病后遇王倚饮赠歌》云："遣人向市赊香粳，唤妇出房亲自馔。长安冬菹酸且绿，金城土酥静如练。"①

酱菜是利用酱制品腌制的菜，通常先把新鲜瓜蔬进行盐腌，再用酱料或酒糟等制成别具风味的腌制食品。

干菜是利用蔬菜的根、茎、叶、花、果、种子或食用菌经过干制的产品。唐宋时期的主要干菜品种有笋干、萝卜干、黄花菜干、食用菌干等。干制加工的方法也十分丰富，有自然的晒干、风干，也有人工的焙干、烘干。

（二）果品加工

大多数果品，尤其是水果，易于腐败变质，不适于长期贮存和长途运输。因此，人们在食用鲜果的同时，也对果品进行加工处理，以利于果品的包装、运输和贮存。隋唐时期的果品加工方法主要有干制、作脯、作油、作麨、腌渍等。

干制是一种比较简单的果品加工方法，它通过干燥处理使新鲜果品脱水成为干果。果品干制的方法有两种：一是自然干燥法，晒干或风干；二是人工干燥法，烘干或炒干。其中，自然干燥法是一种最简便、最经济的果品加工方法。对于形体较小的枣、栗、葡萄、柰及乌梅等，人们常将整个果实晒干，对于形体较大的果品，则将其一剖为二，甚至更多，然后晒干。唐代人们干制果品多采用自然干燥法，有些果品在干制之前还要进行盐渍等处理，如韩鄂《四时纂要》卷四介绍的干栗法，晒栗之前要先将鲜栗用盐水腌渍一宿，其中盐的用量是栗一石用盐二斤。用这种方法加工后的栗子可免虫蛀，而且肉质不变硬。

隋唐时期，人们也把果品加工成各种蜜饯。蜜饯，北方又称之为果脯，它是以果坯和糖为原料，用各种方法制成的甜食。在中国古代，"蜜饯"多写作"蜜煎"，如唐代西州交河郡（今新疆吐鲁

① （清）彭定求等编：《全唐诗》卷二一七，中华书局1960年版，第2380页。

番）献给朝廷的“蒲萄五物”中，即有葡萄煎①，即用葡萄制成的蜜饯。

对于多汁的水果，人们也榨取果汁饮用，西州交河郡献给唐朝宫廷的“蒲萄五物”中，即有葡萄汁②。

四、食用油加工

食用油在人们饮食生活中的作用甚巨。一方面，在煎、炒、炸等烹饪技法中，必须以食用油充当传热介质；另一方面，食用油也是人们饮食中不可缺少的重要调味品之一。隋唐时期，在人们的饮食生活中，食用油的种类越来越多，地位也越来越重要。这一时期的食用油，可分为植物油和动物油两大类。

（一）植物油

植物油广泛用于食物烹饪基本上是从唐代开始的，冯贽《云仙杂记》卷四载：“唐世风俗，贵重葫芦酱、桃花醋、照水油”。“照水油”无疑是植物油，因为动物油在常温下呈固态，是照不出什么的。王子辉先生认为：“植物油被普遍用于烹制菜肴，这是我国烹饪史上的一个重大飞跃，不可等闲视之。”③

唐代人们食用的植物油主要是芝麻油。芝麻油又称脂麻油、胡麻油、芝麻香油、麻油、香油等。段成式《酉阳杂俎》卷一八载：“齐暾树出波斯国……子似杨桃，五月熟，西域人压为油，以煮饼果如中国之用巨胜也。”巨胜即黑芝麻。这则史料说明，唐代时芝麻油在中国的使用已十分普遍了。日本僧人圆仁《入唐求法巡礼行记》卷二谈到，唐文宗开成年间（836—840年），他在曲阳县，“遇五台山金阁寺僧义深等往深州求油归山，五十头驴驮麻油去”，足见当时芝麻油的消费量之大。

---

①（宋）欧阳修、宋祁等：《新唐书》卷四〇《地理志四》，中华书局1975年版，第1046页。

②（宋）欧阳修、宋祁等：《新唐书》卷四〇《地理志四》，中华书局1975年版，第1046页。

③ 王子辉：《中国饮食文化研究》，陕西人民出版社1997年版，第68页。

（二）动物油

动物油又称脂或膏，由于动物油脂不如植物油烹饪方便，动物油脂的价格多低于植物油。据《稽神录》记载，庐山有位卖油者，“养其母甚孝谨，为暴雷震死，其母自以无罪，日号泣于九天使者之祠，愿知其故。一夕，梦朱衣人告曰：‘汝子恒以鱼膏杂油中，以图厚利。且庙中斋醮，恒用此油，腥气薰蒸。灵仙不降，震死宜矣’。”① 庙中斋醮所用之油，无疑应是植物油。这位油商将鱼油掺入植物油中牟利，说明了当时的鱼油价格大大低于植物油。

五、调味品加工

（一）食糖的生产

隋唐时期，食糖基本上可分为饧糖、蜜糖和蔗糖三大类。

1. 饧糖

饧糖类似于现代的麦芽糖。中国古代的饧糖生产多以糯米为原料，以麦芽为糖化剂。唐代时，人们能生产出不同色泽的饧糖。饧糖成品的色泽主要取决于麦芽的不同品质，据韩鄂《四时纂要》卷四记载：生产白饧和黑饧要用小麦芽，“若要煮白饧，芽与麦身齐，便晒干，勿令成饼，即不堪矣。若煮黑饧，即待芽青成饼，即以刀子利开，干之。”而用大麦芽作为糖化剂，就能生产出琥珀青饧。

2. 蜜糖

蜜糖是指以转化糖为主要成份的蜂蜜。西汉以前未见人工养蜂取蜜的记载，人们食用的蜂蜜系采自自然界中的野生蜂蜜。东汉以后，人们已开始人工养蜂取蜜。唐诗中即有养蜂取蜜的歌咏，如晚唐诗人贾岛《赠牛山人》一诗云：“凿石养蜂休买蜜，坐山秤药不争星。”② 韩鄂《四时纂要》卷三中也记录了农家在六月与八月份

① （宋）李昉等编：《太平广记》卷三九五《庐山卖油者》引，中华书局1961年版，第3159页。

② （清）彭定求等编：《全唐诗》卷五七四，中华书局1960年版，第6680页。

需要进行"开蜜"。

3. 蔗糖

蔗糖是利用甘蔗榨汁提纯而炼制出来的食糖。唐代以前，蔗糖的生产工艺尚处于低级阶段，多采用日晒的方法，自然蒸发蔗汁，以生产胶状的甘蔗饧为主。唐代初年，从印度引进了利用甘蔗加工沙糖的先进技术，据《新唐书·西域传》记载，唐太宗贞观二十一年（647年），"太宗遣使取熬糖法，即诏扬州上诸蔗，拃渖如其剂，色味愈西域远甚。"李治寰认为，这次引进的印度制糖法为乳糖石蜜的制法①。唐高宗年间，再次派人到印度学习熬糖法，此次学习到的则是制造红沙糖的技术。沙糖加工技术的引进大大推动了唐代制糖业的发展。唐代时，形成了巴蜀、江东两大蔗糖生产中心。

唐代乳糖的仿制也取得了较大进步。乳糖在中国古代又称"石蜜"，它一般是将沙糖融化后，或将蔗汁加热浓缩，再加牛乳煎炼，提去杂质而成。孟诜、张鼎《食疗本草》称："（石蜜）波斯者良……蜀川者为次。今东吴亦有，并不如波斯。此皆是煎甘蔗汁及牛乳汁，煎则细白耳。"②

（二）豆酱、豆豉的酿造

盐是基本的咸味调味品，但盐可以从自然界中直接取得。这里主要讨论人工酿造的咸味调味品豆酱和豆豉。

1. 豆酱

隋唐时期，豆酱在咸味调味品中的地位很高。从民间的普通百姓到宫廷的王公贵族，都普遍喜欢食酱。唐代还专门设置"掌醢署"负责宫廷用酱的生产，据《新唐书·百官志》记载：掌醢署"掌供醯醢之物……有府二人，史二人，主醢十人，酱匠二十三人，酢匠十二人，豉匠十二人，菹醯匠八人，掌固四人。"制酱的有23个编制，远远多于其他类的人员编制，可见酱的生产规模和

① 李治寰：《中国食糖史稿》，农业出版社1990年版，第124页。

② （唐）孟诜、张鼎撰，谢海洲等辑：《食疗本草》卷上《石蜜（乳糖）》，人民卫生出版社1984年版，第44~45页。

消费数量要高于其他调味品，同时也说明了酱在饮食调味中占有重要位置。

唐代的制酱技术也有所提高。唐代以前，制酱要经过蒸豆、和曲和罨黄等多个步骤。唐代时，这些步骤可一次完成。如韩鄂《四时纂要》卷四“十日酱法”条载：“豆黄一斗，净淘三遍，宿浸漉出，烂蒸。倾下，以面二斗五升相和拌，令面悉裹却豆黄。又再蒸，令面熟，摊却大气，候如人体，以谷叶布地上，置豆黄于其上，摊，又以谷叶覆之，不得令大厚。三四日，衣上，黄色遍，即晒干收之。要合酱，每斗面豆黄，用水一斗、盐五升并作盐汤，如人体，澄滤，和豆黄入瓮内，密封，七日后搅之，取汉椒三两，绢袋盛，安瓮中。又入熟冷油一斤、酒一升。十日便熟，味如肉酱。”这种制酱法采用的是将豆、面原料同时参与制麴的“全料制麴工艺”，“既充分强化了微生物的酶解作用，也对原料利用率的提高具积极意义”①。直到今天，家庭作酱还基本上采用这种方法。

2. 豆豉

古人喜欢用豆豉调味。豉的加工在隋唐时期也有所发展，据韩鄂《四时纂要》卷三记载，人们不仅发明了不同于北魏贾思勰《齐民要术》所载诸法的一种“咸豉”加工方法，在制豉原料上也有所创新，人们开始用以面粉加工的副产品——麦麸为主要原料酿造出“麸豉”，据说这种麸豉“一冬取吃，温暖胜豆豉”。

隋唐时期出现了一些十分有名的优质豆豉，如蒲州豆豉、陕州豉汁等，陈藏器《本草拾遗》称：“蒲州豉味咸，作法与诸豉不同，其味烈。陕州有豉汁，经年不败，入药并不如今之豉心，为其无盐故也。”② 孟诜、张鼎《食疗本草》称：“陕府豉汁甚胜于常豉。以大豆为黄蒸，每一斟加盐四升、椒四两，春三日，夏二日，

---

① 赵荣光：《中国酱的起源、品种、工艺与酱文化流变考述》，《饮食文化研究》2004年第4期。

② （明）李时珍：《本草纲目》卷二五《大豆豉》引，人民卫生出版社2005年版，第1527页。

冬五日即成。半熟，加生姜五两，既洁且精，胜埋于马粪中。黄蒸，以好豉心代之。”① 可见，无论是蒲州豆豉，还是陕州豉汁，都具有独特的生产工艺。陕州豉汁的配料除黄蒸、盐之外，还有椒和生姜，不仅保质期长，还能入药疗疾，这是唐人的新创造。

（三）醋的酿造

醋是酸味调味品。隋唐时期，酿醋技术又有了一定的发展，如韩鄂《四时纂要》卷四介绍了米醋、暴米醋、麦醋、暴麦醋等多种新型醋的酿造方法。

在隋唐时期的饮食中，醋常常是一些美味佳肴的重要调味品。如人们在食用鱼鲙时，醋往往是必备品，孙光宪《北梦琐言》载：“唐时京城有医人忘其姓名……又有一少年，眼中常见一小镜子。俾医工赵卿诊之，与少年期，来晨以鱼鲙奉候。少年及期赴之，延于内，且令从容。候客退后方接。俄而设台子，止施一瓯芥醋，更无他味，卿亦未出。迨禺中，久候不至，少年饥甚，且闻醋香，不免轻啜之，逡巡又啜之，觉胸中豁然，眼花不见，因竭瓯啜之，赵卿知之，方出。少年以啜醋惭谢。卿曰：‘郎君先因吃鲙太多，酱醋不快，又有鱼鳞在胸中，所以眼花。适来所备酱醋，只欲郎君因饥以啜之，果愈此疾。烹鲜之会，乃权诈也。”②

第三节　食物烹饪

一、主食烹饪

隋唐时期，主食可分为粒食和面食两大类。粒食的烹饪方法主要是蒸和煮，蒸主要用于做饭，煮主要用于制粥；面食的烹饪方法主要有烤、烙、煎、炸、蒸、煮等。

---

① （唐）孟诜、张鼎撰，谢海洲等辑：《食疗本草》卷下《豉》，人民卫生出版社1984年版，第124页。

② （宋）李昉等编：《太平广记》卷二一九《元颃》引，中华书局1961年版，第1676~1677页。

(一) 粒食烹饪

1. 蒸饭

隋唐时期，南方盛产水稻，多用大米蒸饭。北方粟米产量较大，粟米饭在下层居民中食用较为普遍，如山东登州的山村农民，“爱吃盐茶粟饭”①；下层出身的隋末农民起义军领袖窦建德，“常食唯有菜蔬、脱粟之饭”②。唐人也常以粟米饭待客，张鷟《朝野佥载》卷三载：“汴州刺史王志愔饮食精细，对宾下脱粟饭。”

隋唐时期，传统的麦饭和豆饭的食用已大为减少，但它们并没有完全退出历史舞台，如武则天当政时，李敬业起兵讨伐，其军师魏思温说：“郑、汴、徐、亳士皆豪杰，不愿武后居上，蒸麦为饭，以待吾师。”③《明皇杂录》记载，唐玄宗开元时期，宰相卢杯慎素清贞不管资产，生活节俭，一次卧病在家，另一宰相宋璟和大臣卢从愿前去探望，怀慎“见之甚喜，留连永日。命设食，有蒸豆两瓯，菜数茎而已”④。

唐代时，由于野生的菰米在中原及关内的水泽区域有广泛地分布，所以唐人不分贵贱贫富，都经常食用菰米饭⑤。

2. 煮粥

粥是用少量粮食加水熬制而成的半流质的食品，有米粥、粟粥和豆粥等。

食粥可节约粮食，故贫民多食粥。陶穀《清异录·馔羞门》载，阳翟（今河南禹县）人单公洁，家贫好面子，“尝有所亲访

① ［日］圆仁撰，顾承甫、何泉达点校：《入唐求法巡礼行记》卷四，上海古籍出版社1986年版，第193页。

② （五代）刘昫等：《旧唐书》卷五四《窦建德传》，中华书局1975年版，第2238页。

③ （宋）欧阳修、宋祁：《新唐书》卷九三《李敬业传》，中华书局1975年版，第3823页。

④ （唐）郑处诲撰，田廷柱点校：《明皇杂录》逸文《卢怀慎尚节俭》，中华书局1994年版，第53页。

⑤ 王赛时：《唐代饮食》，齐鲁书社2003年版，第26页。

之，留食糜，愬于正名，但云啜少许双弓米"①。单公洁给粥起了个雅号"双弓米"，颇有些苦涩和无奈。

灾荒年月，人们为了节省粮食往往食粥，政府也多用粥赈救饥民，如王维《请回前任司职田粟施贫人粥状》载："臣比见道路之上，冻馁之人，朝尚呻吟，暮填沟壑。陛下圣慈怜悯，煮公粥施之。顷年已来，多有全济。"②

由于粥煮制得十分软烂，易于消化吸收，故老人、病人常常食粥，富贵人家也往往把粥作为的保健养生食品。这样的粥，常加入一些药物或滋补品与米、谷同熬。唐代昝殷《食医心鉴》中所记载的食疗粥品就多达几十种，如梨粥、青小豆粥、黍米粥、浆水粥、薏苡仁粥等。

（二）面食烹饪

1. 烤类面食

隋唐时期，最为流行的面食烹饪方法为烤。烤法加工的面食主要有胡饼、烧饼等，其中胡饼即芝麻烧饼，中间有肉馅。唐代时，"时行胡饼，俗家皆然"③，胡饼已成为人们重要的日常主食了。在唐代都城长安，饼肆制作的胡饼非常有名，不仅居住在京师的人们喜欢吃，许多外地人也喜欢吃，甚至在外地开设饼肆，也模仿长安胡饼的制作方法。白居易《寄胡饼与杨万州》云："胡麻饼样学京都，面脆油香新出炉。"④说的就是这种情况。与前代相比，唐代的胡饼还增加了不少新品种，据王谠《唐语林》卷六记载："时豪家食次，起羊肉一斤，层布于巨胡饼，隔中以椒、豉，润以酥，入炉迫之，候肉半熟食之，呼为'古楼子'。"

---

① （宋）陶穀撰，李益民等注释：《清异录》（饮食部分），中国商业出版社1985年版，第20页。

② （清）董浩等编：《全唐文》卷三二四，中华书局1983年版，第3291页。

③ ［日］圆仁撰，顾承甫、何泉达点校：《入唐求法巡礼行记》卷三，上海古籍出版社1986年版，第146页。

④ （清）彭定求等编：《全唐诗》卷四四一，中华书局1960年版，第4918页。

2. 煮类面食

煮法加工的面食包括汤饼、“馄饨”、麦面粥等，其中汤饼最为流行。

汤饼又称索饼、不托、馎饦等，当时汤饼中有一种类似今天凉面条的食品，叫冷淘，非常著名。冷淘适宜在夏天食用，唐代宫廷中经常食用。唐朝著名诗人杜甫、白居易、刘禹锡等人均歌咏过冷淘。汤饼用水煮成，同粥一样，可多加水，在缺少粮食的时候能增加数量充饥，如唐昭宗在凤翔避难时对大臣们说：“在内诸王及公主、妃嫔，一日食粥，一日食汤饼，今亦竭矣。”① 由于汤饼易于消化，人们还把汤饼用于食疗，在唐代医学家昝殷《食医心鉴》中记有羊肉索饼、黄雌鸡索饼、榆白皮索饼、丹鸡索饼等 10 多种可用于食疗的汤饼。

“馄饨”即今天的水饺，做法与现代大同小异，可以随意变化馅料，如韦巨源《烧尾宴食单》中记有“生进二十四气馄饨”，注云：“花形馅料各异，凡廿四种。”段成式《酉阳杂俎》卷七中还载有一种萧家馄饨，说它“漉去汤肥，可以瀹茗”。

麦面粥（亦称粉粥），即用面粉煮制而成的粥。隋唐以前，人们所食用的麦粥多是将麦压碎后煮成的，其粥基本上可视为粒食。隋唐时，由于面粉加工技术的进步，人们多将麦磨成面后再煮粥，麦粥开始由粒食向面食转化。隋唐以后，煮食麦面粥的习俗被北方中原地区的人民所继承，直到今天广大的中原居民早、晚仍喜欢喝“白面稀饭”（亦称“糊涂”），这种“白面稀饭”即是隋唐时兴起的麦面粥。

3. 蒸类面食

蒸法加工的面食有加馅和不加馅两种，不加馅的称蒸饼，类似于今天的馒头；加馅的称笼饼，似于今天的厚皮发面肉包子。当时蒸饼的品种很多，可以单纯用麦面制作，也可以包含各种配料。段成式《酉阳杂俎》卷七有“蒸饼法”：“用大例面一升，炼猪膏三

---

① （宋）司马光：《资治通鉴》卷二六三，昭宗天复二年十二月丁酉，中华书局 1956 年版，第 8588 页。

合。”唐人日常就餐，常以蒸饼为主食，如《阙史》记载郑澣“召甥侄与之会食，有蒸饼”①。

笼饼因有肉馅更受到唐人的欢迎，连帝王大臣也嗜食之。陶穀《清异录·馔羞门》记载唐德宗时，“赵宗儒在翰林时，闻中使言：‘今日早馔玉尖面，用消熊、栈鹿为内馅，上甚嗜之。’问其形制，盖人间出尖馒头也”②。出尖馒头即馒头制为尖型，尖头微露馅料。《御史台记》载，唐武则天时有侍御史侯思止，“常命作笼饼，谓膳者曰：‘与我作笼饼，可缩葱作。’比市笼饼，葱多而肉少，故令缩葱加肉也。时人号为缩葱侍御史。”③ 由此可知当时的一些饼肆在制作笼饼时有偷工减料的行为，馅中少肉多葱。

代表唐代蒸食类面食最高成就的是各类花色面点。在韦巨源《烧尾宴食单》中，有一组名叫“素蒸音声部”的面点，注曰：“面蒸，像蓬莱仙人，凡七十事。”王子辉先生认为：“这组食品是用面粉包着馅料蒸制而成的，类似今日包子一类，其馅料取材之奇，面粉之精，以及滋味要求之美，姑且不说，仅就造型而言，也是令人惊异的。它要求制作成70人组成的舞蹈场面，既有弹琵琶、鼓琴瑟、吹笙箫的乐工，又有身着罗绮、翩翩起舞的歌女，各人有各人的服饰、姿态、动作和表情。资料中，特别提到70人都要像蓬莱仙女那样漂亮。试想，这一组面点食品，谁能说它不是一种高级美术作品呢！”④

4. 烙类面食

烙法加工的面食主要有薄饼。唐人喜欢用烙制的薄饼加以肉馅卷成圆桶状，然后横切之，称为饼餤。唐代饼餤以直径阔大著称，

---

① （宋）李昉等编：《太平广记》卷一六五《郑澣》引，中华书局1961年版，第1204页。

② （宋）陶穀撰，李益民等注释：《清异录》（饮食部分），中国商业出版社1985年版，第25页。

③ （宋）李昉等编：《太平广记》卷二五八《侯思止》引，中华书局1961年版，第2012页。

④ 王子辉：《中国饮食文化研究》，陕西人民出版社1997年版，第79～80页。

苏鹗《同昌公主传》载，唐懿宗咸通年间（860—874年），同昌公主去世，“上赐酒一百斛，饼餤三十骆驼，各径阔二尺，饲役夫也”①。唐代的饼餤名目也不少，韦巨源《烧尾宴食单》中记有“唐安餤”，注云：“斗花”。唐代进士登第之日，皇帝会赐食“红绫饼餤”，卢延让有残句：“莫欺零落残牙齿，曾吃红绫饼餤来。”②《金门岁节》亦载“腊日造脂花餤”③。可见，唐代的饼餤制作也极其精美。

5. 煎类面食

煎法加工的面食主要有餢飳、饆饠、煎饼等。

餢飳是用油煎的面饼，慧琳《一切经音义》卷三七称：“此油饼本是胡食，中国效之，微有改变，所以近代亦有此名。诸儒随意制字，元无正体。”

饆饠类似于今天的锅贴，饆饠曾经风靡当时的饮食市场，段成式《酉阳杂俎》一书中提到当时长安城中有许多饆饠店，人们会客，喜欢到饆饠店里一坐，同书续集卷一载：“明经因访邻房乡曲五六人……邀入长兴里饆饠店常所过处……与客食饆饠计二斤。”

煎饼为当时人们常食的面食，各家各户皆能制作。王定保《唐摭言》卷一三《敏捷》载：“段维晚……好吃煎饼。”《河东记》亦有“式夜邀客为煎饼”的记载④。可见煎饼在主食中有一定的位置。

6. 炸类面食

炸法加工的面食主要有油䭔、捻头等。

油䭔是一种油炸的球型面食，当时油䭔的种类很多，如韦巨源《烧尾宴食单》中记有火焰盏口䭔、金粟平䭔；段成式《酉阳杂

---

① （元）陶宗仪编：《说郛三种·说郛一百二十卷》卷一一三，上海古籍出版社1988年版，第5205页。

② （清）彭定求等编：《全唐诗》卷七一五，中华书局1960年版，第8214页。

③ （唐）冯贽：《云仙杂记》卷一《洛阳岁节》引，四部丛刊本。

④ （宋）李昉等编：《太平广记》卷三八五《辛察》引，中华书局1961年版，第3074页。

俎》卷七载有樱桃䭔。䭔是当时市场上经常售卖的食品。当时人们制作油䭔十分讲究，已有专门的制䭔工具和炊具了，《卢氏杂谈》记载了一名尚食局的䭔子手制作油䭔的情景："要大台盘一只，木楔子三五十枚，及油铛炭火，好麻油一二斗，南枣烂面少许……遂四面看台盘，有不平处，以一楔填之，后其平正，然后取油铛烂面等调停。袜肚中取出银盒一枚，银篦子、银笊篱各一，候油煎熟，于盒中取䭔子豏，以手于烂面中团之。五指间各有面透出。以篦子乱却，便置䭔子于铛中。候熟，以笊篱漉出，以新汲水良久，却投油铛中，三五沸取出，抛台盘上，旋转不定，以太圆故也。其味脆美，不可名状。"①

捻头为唐代出现的油炸食品。古人常将捻头与寒具、馓子视为同类食品。明代李时珍将捻头、环饼、馓子这三种食品并称为"寒具"，并解释说："捻头，捻其头也。环饼，象环钏形也。馓，易消散也……则寒具即今馓子也。以糯粉和面，入少盐，牵索纽捻成环钏之形，油煎食之。"② 由于捻头是一种干制面食，能够存放很长时间，据日人真人元开《唐大和上东征传》载，天宝二年（743年），鉴真准备东渡日本，其中准备的食品中有"番捻头一半车"，番捻头当为捻头的一种。

二、副食烹饪

（一）烹饪方法的变化

隋唐时期，最常用的副食烹饪方法是烤、煮、脍等。

1. 火烤

烤主要用于加工各种炙类菜肴。隋唐时期，烤烹技术得到了一定发展，出现了一些新的炙烤方法，如间接炙烤法。唐代的京都名菜"浑羊殁忽"就是用间接炙烤法烹饪而成的，据《卢氏杂说》

---

① （宋）李昉等编：《太平广记》卷二三四《尚食令》引，中华书局1961年版，第1795页。

② （明）李时珍：《本草纲目》卷二五《寒具》，人民卫生出版社2005年版，第1541~1542页。

载："见京都人说，两军每行从进食，及其宴设，多食鸡鹅之类，就中爱食子鹅。鹅每只价值二三千，每有设，据人数取鹅，焊去毛，及去五脏，酿以肉及糯米饭，五味调和。先取羊一口，亦焊剥，去肠胃，置鹅于羊中，缝合炙之。羊肉若熟，便堪去却羊，取鹅浑食之，谓之'浑羊殁忽'"①。这种烤炙方法可能最早来源于游牧民族。

隋唐时期炙烤类菜肴十分流行，品种繁多，如谢讽《食经》中有"龙须炙""干炙满天星"，韦巨源《烧尾宴食单》中有"金铃炙""光明虾炙""升平炙"，昝殷《食医心鉴》中有"野猪肉炙""鳗鲡鱼炙""鸳鸯炙""炙鹌鹑"等。

2. 水煮

水煮是一种十分古老的菜肴烹饪方法，它主要用于加工各种羹类菜肴。隋唐时期羹类菜肴的发展突出表现在人们对食疗养生羹品的开发上，这类羹品多用动物"杂碎"或中草药制成，唐代昝殷《食医心鉴》一书中记载了许多这样的羹，如水牛肉羹、羊肺羹、猪心羹、猪肾羹、猪肝羹、乌雌鸡羹、青头鸭羹、鸡肠菜羹、小豆叶羹、车前叶羹、扁竹叶羹等。食疗养生羹品的开发为中国饮食文化增添了新的内容。

3. 生脍

古人把鱼或肉细切而成的菜叫脍，故许慎《说文解字》称："脍，细切肉也"②。隋唐时期，脍一般是指供直接食用的生鱼片。当时的食脍之风很盛，食脍饮酒成为社会上的一种时尚。唐代诗人为后人留下了许多食脍的精美诗句。

隋唐时期的制脍技术也得到了一定的发展，主要表现有二：一是人们对于适合作脍的鱼种有了更为深入的认识。阳晔《膳夫录》

---

① （宋）李昉等编：《太平广记》卷二三四《御厨》引，中华书局1961年版，第1972页。

② （汉）许慎：《说文解字》卷四，中华书局1963年版，第90页。

认为："脍莫先于鲫鱼，鳊、鲂、鲷、鲈次之。"① 这是在长期饮食实践中得出的结论。昝殷《食医心鉴》中有"鲫鱼脍方"，认为可治产后赤白痢、脐肚痛和不下食。这是当时人们的科学认识水平在饮食方面提高的表现。二是干脍制作与保鲜技术的发明。除普遍食用鲜脍外，还发明了一种制作"干脍"的方法。加工干脍要用鲜鱼，边切边晒，晒干后密封贮存。食用时开封取出，用清水浸泡后就可以食用了。这样制作的干脍可保存两个月左右，口感接近鲜脍。干脍一般用海鱼中的鮸鱼，鲈鱼也可以作干脍。隋唐时期最负盛名的是"金齑玉脍"，就是用松江鲈鱼制成的，这道菜在隋唐宫廷宴席上经常出现。干脍制作与保鲜技术的发明，在一定程度上可使人们食用鱼脍不再受时间和地域的限制，从此江南沿海地区制作的干脍大量运往北方中原地区，这对于鱼类资源相对不足的中原地区的饮食生活有着重要意义。

在食脍之风盛行的隋唐时期，人们已意识到生食鱼脍不利于身体健康，隋唐文献中也不乏因食脍致病的记载。今天看来，致病的主要原因在于所食鱼脍中含有较多的细菌或寄生虫。古人虽然并不明白食脍致病的这种原因，但在制作鱼脍时，往往要在鱼脍中加入大量的调味品。唐人食脍喜欢吃蒜齑，据《广五行记》载，唐高宗咸亨四年（673 年）洛州司户唐望之家中来了一僧人，提出要吃一顿脍，并问道："看有蒜否？"② 人们在食用鱼脍时，往往还要拌醋食用。蒜、醋等调料起到了消毒杀菌的作用。

4. 油炒

至迟南北朝时期，中原地区就已出现了炒煎烹饪方法③。唐代以前，炒在菜肴烹饪中的地位还很低，唐以前的文献对用炒法烹饪的菜肴记载甚少反映了这一事实。炒法烹饪在唐代以前未被人们重

---

① （明）陈耀文：《天中记》卷四六《脍》引，文渊阁《四库全书》第967 册，第 227 页。

② （宋）李昉等编：《太平广记》卷一四二《唐望之》引，中华书局1961 年版，第 1022 页。

③ 王学泰：《华夏饮食文化》，中华书局 1993 年版，第 127 页。

视的原因，主要在于这项技术还不成熟，特别是与植物油等较好传热媒介尚未大量出现有关。唐代时，植物油的食用得到了迅速普及，炒法烹饪也逐渐成熟。炒菜在整个菜肴中所占的比重逐渐提高，炒也日益成为中国菜肴加工的最主要的方式，深刻影响着人们的饮食生活。炒菜的发明和普及使普通百姓有了日常佐餐下饭的菜肴。用炒法烹饪菜肴，加工时间短，燃料消耗少，所烹饪出来的菜肴营养成分流失较少。炒作为一种烹饪法，其加工对象极为广泛，无论是肉蛋，还是果蔬都可以用炒来烹饪，炒的普及大大地扩展了菜肴烹饪原料的范围。炒菜可荤可素，也可以荤素合炒，二、三两肉配上较多的蔬菜就可烹制成一个菜。而烤、煮、炸等烹饪方法对于少量的肉则很难加工，即便是加菜的肉羹、肉汤的煮制也非少量的肉所能完成。“炒”发明之后，之所以很快为大家所接受，并发展成为独占鳌头、花样繁多的烹调方法，还由于它适应了中国人“五谷为养、五果为助、五畜为益、五菜为充”的饮食结构①，故而这种可以做到菜肉齐备的烹饪方法能发扬光大起来。炒法烹饪在唐代虽然逐渐成熟，但仍未普及，尚不能与炙、煮等烹饪方法相提并论，唐代用“炒”字命名的菜肴也很少。

（二）烹饪技术的发展

隋唐时期的中国菜肴烹饪中，刀功获得了较大发展，唐代出现了专门论述刀功技艺的《斫脍书》。隋唐流行食脍，由于脍为生食，食脍时需要拌食醋、蒜等各种调味品，脍切割的越薄就越利于调味，因此脍匠都具有高超的刀工，如段成式《酉阳杂俎》卷四载：“南孝廉者，善斫脍。縠薄丝缕，轻可吹起。操刀向捷，若合节奏。”

高超的刀功为食品雕刻的发展奠定了坚实的基础。隋唐时，食品雕刻的范围得到了进一步地扩大。有学者认为：“如果说，魏晋南北朝时期仅限于手画卵、雕蛋的较小范围，隋唐五代时已扩大到

---

① （汉）佚名：《重广补注黄帝内经素问》卷七《脏气法时论》，四部丛刊本。

饭、糕和菜肴方面。”① 韦巨源《烧尾宴食单》中的“玉露团”，注明是“雕酥”，说明它是在酥酪上进行雕刻的。“御皇王母饭”，注明是“编镂卵脂盖饭面”，可见它是在鸡蛋和脂油上进行雕刻的。花果及楼阁之类的食品雕刻在唐代也已经出现了，唐玄宗开元二十六年（738年）颁布的诏令称：“比来流俗之间，每至寒食日，皆以鸡、鹅、鸭子，更相饷遗。既顺时令，固不合禁。然诸色雕镂，多造假花果及楼阁之类，并宜禁断。”②

王维辋川别墅风景图（局部）

花色拼盘技术也获得了较大进步。隋唐时，中国宴席的菜肴组合形式发生了新变化，“即冷荤菜上席于热菜之前似从这一时期而开始的”③。宴席上的冷荤菜多采用拼盘的形式，如唐代韦巨源《烧尾宴食单》中的“五生盘”，就是选用羊、猪、牛、熊、鹿等五种动物的肉细切成脍拼制而成的。

唐代还出现了组合风景拼盘，诗人王维晚年所居的辋川别墅有

① 王子辉：《中国饮食文化研究》，陕西人民出版社 1997 年版，第 80 页。

② （宋）王溥：《唐会要》卷二九《节日》，中华书局 1955 年版，第 543 页。

③ 王子辉：《中国饮食文化研究》，陕西人民出版社 1997 年版，第 80 页。

20胜景，唐代一位法名梵正的比丘尼，竟用酱肉、肉干、鱼鲊、酱瓜之类的冷食，将这20景在食盘上拼制出来。陶穀《清异录·馔羞门》记其事云："比丘尼梵正，庖制精巧，用鲊、鲈脍、脯、盐酱瓜蔬，黄赤杂色，斗成景物。若坐及二十人，则人装一景，合成辋川图小样。"① 比丘尼梵正的这一杰作，是一种特大型的花色拼盘，制作这样的拼盘不仅要求具有改刀、烹制、拼摆等多方面的技艺，而且还要有渊博的文化修养。

（三）烹饪原料的扩展

从唐代开始，中国古代的菜肴烹饪原料得到了极大的扩展。唐代菜肴烹饪原料的扩展，不仅表现在制作菜肴所用的肉蔬瓜果的种类增多上，更重要的是猪羊牛鸡等普通家畜、家禽的内脏、血、头、脚、尾、皮等"杂碎"也更多地受到了人们的重视，并被烹制成各种美味佳肴。

动物"杂碎"入馔历史较早，但以往人们所重视的动物"杂碎"多是些珍奇野味的"杂碎"，如熊掌、豹胎、驼峰、腥唇之类。唐代以前，人们对普通家畜、家禽"杂碎"的利用，仅限于头、脚、尾、皮等"硬杂碎"和"软杂碎"（内脏）中的心、肝、胃，而肠、肾、肺、脾等很少被人们烹饪成菜肴。这与唐代以前的烹饪技术还不十分发达有关。头、脚、尾、皮等"硬杂碎"和"软杂碎"中的心肝胃等味道鲜美，异味较轻，而肠、肾、肺、脾等或油腻肥厚，或腥臊干枯、异味较重。唐代以前的烹饪方法主要是烤、蒸、煮，这些烹饪方法对付异味较轻的"硬杂碎"和心肝胃还差不多，但对付油腻肥厚的大小肠和腥臊干枯、异味较重的肾、肺、脾则显得力不从心。

唐代以后，由于中国烹饪技术获得了突飞猛进的发展，传统的煮、烤、蒸等烹饪技术已炉火纯青，新兴的炒菜技术也日益成熟。于是唐人就有了"物无不堪吃，惟在火候，善均五味"② 的

---

① （宋）陶穀撰，李益民等注释：《清异录》（饮食部分），中国商业出版社1985年版，第4~5页。

② （唐）段成式：《酉阳杂俎》卷七《酒食》，四部丛刊本。

思想，人们意识到只要火候和调味适当，就能化解动物五脏六腑中的腥臊异味，使之成为珍馐。正是烹饪技术的完善，才能使肠、肾、肺、脾等更多地杂碎成为色香味形俱佳的美味，越来越受到人们的喜爱。唐代以前，很少见到用肠、肾、肺、脾等做成的美食。唐代以后，这种情况发生了根本的变化，出现了大量的以肠、肾、肺、脾为原料的佳肴。可以说，中国的杂碎肴馔在唐代以后获得了突飞猛进的发展并不是偶然的，是中国烹饪技术完善的结果。

唐代时，人们食用畜禽，从不舍得丢弃"杂碎"。越来越多的动物"杂碎"通过精烹细调变成美味佳肴。不仅传统上受人们重视的"硬杂碎"和心肝胃等烹制的菜肴受到了人们的普遍欢迎，肠、肾、脾等过去不被人们看重的动物内脏也开始被制成众多珍馐，黄朝英《靖康缃素杂记》卷二《汤饼》载："元和中，有奸僧鉴虚，以羊之六腑特造一味，传之于今。时人不得其名，遂以其号目之曰'鉴虚'。"

各种"杂碎"菜肴受到社会上层的广泛欢迎，成为这一时期杂碎肴馔发展的突出表现。当时社会上嗜食杂碎者到处可见，如冯贽《云仙杂记》卷五载："王缙饮酒，非鸭肝猪肚，箸辄不举。"《报应记》记载，徐可范"嗜鼲驴……取其肠胃为馔"①。《前定录》记载，杨豫主郎务时曾"误啖驴肠数脔"②。

达官贵人进献给皇帝的膳食中亦有不少杂碎食品，宋代陶穀《清异录》所记唐代宰相韦巨源"烧尾宴"中的杂碎食品有：通花软牛肠（用羊骨髓作拌料的牛肉香肠）、凤凰胎（用鱼胰脏蒸成的鸡蛋羹）、羊皮花丝（拌羊肚丝，肚丝切成一尺长）、格食（羊肉、羊肠拌豆粉煎烤而成）、蕃体间缕宝相肝（装成宝相花的冷肝拼盘，拼堆成七层为限）。一些帝王也非常热衷于吃肠胃做成的肴

① （唐）李昉等编：《太平广记》卷一三三《徐可范》引，中华书局1961年版，第949页。

② （唐）李昉等编：《太平广记》卷一五〇《刘邈之》引，中华书局1961年版，第1080页。

馔，《卢氏杂说》云："玄宗命射生官射鲜鹿，取血煎鹿肠，食之，谓之'热洛河'，赐安禄山及哥舒翰。"①

这一时期，各种"杂碎"也开始用于食疗、食补。唐代昝殷《食医心鉴》中列有酿猪肚、羊肺羹、猪肝丸、炮猪肝、猪肝羹、猪肾羹等名目，它们"不但烹制精巧，口味爽美，而且可以食补身体，治疗疾病，是唐人烹饪技艺与养生保健的完美结合"②。

第四节 饮 食 业

隋唐饮食业开始呈现初步兴盛的局面。在饮食业的经营中，受胡汉经济文化交流的影响，胡人饼肆、胡人酒肆众多，使这一时期饮食业的经营呈现出较多的外来因素；受坊市制度的影响，饮食店肆在经营地点、经营时间上都受到诸多的限制，主要局限于"市"内白天营业。

一、食肆与食摊、食贩

（一）食肆

食肆又称食店、饭店，是指把各种主副食原料加工、烹饪成食品菜肴以向顾客售卖的各种店肆。食肆由于拥有固定的经营场所，规模较大，从业人员也较多，属于饮食业的上层。隋唐时期的食肆可分为专门性食肆、综合性食肆和兼营性食肆三大类。

1. 专门性食肆

专门性食肆是指专门销售某一种食品的食肆。隋唐时期胡食盛行，胡饼肆倍受人们的青睐。光临胡饼肆的顾客各色人等皆有，但以中下层民众居多。为方便普通民众购买胡饼，胡饼肆多设在人们必经的巷口或里门旁边，如《刘禹锡佳话·鬻饼讴歌》载："刘伯刍侍郎所居巷口有鬻饼者，早过户必闻讴歌当炉，召与万钱，令多

---

① （唐）李昉等编：《太平广记》卷二三四《热洛河》引，中华书局1961年版，第1794页。

② 王赛时：《唐代饮食》，齐鲁书社2003年版，第70页。

其本，曰：‘取胡饼偿之’。”① 胡饼肆的店主多为高鼻子蓝眼睛的胡人，他们又被称为鬻饼胡。由于胡饼肆的经营规模较小，多数鬻饼胡的生活并不富裕。据《广异记》载：“东平尉李黁初得官，自东京之任，夜投故城，店中有故人卖胡饼为业。其妻姓郑有美色，李目而悦之。因宿其舍，留连数日，乃以十五千转索胡妇。”② 故事中的这位鬻饼胡肯定并不富裕，否则他不会贪图区区十五千铜钱而卖掉自己美貌的妻子。

饆饠肆也是人们喜欢光顾的胡食店肆，长安城中就有不少饆饠肆。段成式《酉阳杂俎》续集卷一《支诺皋上》载：“柳璟知举年，有国子监明经，失姓名。昼寝，梦徙倚于监门，有一人负衣囊，衣黄，访明经姓氏。明经语之，其人笑曰：‘君来春及第。’明经因访邻房乡曲五六人，或言得者。明经遂邀入长兴里毕罗店常所过处，店外有犬竞惊，日差矣。遽呼邻房数人，语其梦。忽见长兴店子入门，曰：‘郎君与客食毕罗计二斤，何不计直而去也？’明经大骇，褫衣质之。且随验所梦，相其榻器皆如梦中。乃谓店主曰：‘我与客俱梦中至是，客岂食乎？’店主惊曰：‘初怪客前毕罗悉完，疑其嫌置蒜也。’来春明经与邻房三人，梦中所访者悉及第。”从这则故事中人们可以得知，唐代时里坊之中已开设有饆饠肆了，饆饠肆中有店主和称为“店子”的伙计，店子除招待顾客外，还负责登门向顾客讨账。卖饆饠以斤计算，可以现钱交易，也可赊账，也可以衣物抵押。

除胡饼肆、饆饠肆外，其他专门食肆还有很多，如䭔肆、蒸饼肆、煎饼肆、糕肆、粥肆等。如长安的䭔肆，据《定命录》记载，唐初大臣马周，“因至京，停于卖䭔媪肆”③。

---

① （宋）曾慥编：《类说》卷五四，文渊阁《四库全书》第873册，第933页。

② （宋）李昉等编：《太平广记》卷四五一《李黁》引，中华书局1961年版，第3689页。

③ （宋）李昉等编：《太平广记》卷二二四《卖䭔媪》引，中华书局1961年版，第1719页。

2. 综合性食肆

与专门性食肆大多只出售主食不同，在综合性食肆中，无论主食、副食均有销售。综合性食肆集中分布于大中城镇的“市”内。城门或交通要道之处也多有综合性的食肆，陶穀《清异录·馔羞门》载，唐代末年秦宗权为蔡州节度使，“时多饥俭……通衢有饭肆偶开”①。

在经营方式上，唐代新出现了预备礼席、承揽宴席等业务。预备礼席是食肆为满足食客即时宴请的需要而提前预备好一定数量宴席的肴馔，食客一到，无需等待，即能立即开宴。唐代某些大型食肆甚至提前预备有可供数百人享用的礼席。唐德宗时，吴凑突然被皇帝召见，任命他为京兆尹。按唐朝的惯例，京兆尹拜官上任，都要设宴请客。由于事出突然，吴凑非常着急，忙命人去请诸位客人。等客人们到了吴府时，吴家已准备好宴席，静侍客人入宴了。有人对吴家备办宴席的速度感到十分惊奇，询问其原因。吏人曰：“两市日有礼席，举铛釜而取之，故三五百人之馔，常可立办。”②

承揽宴席的业务也很红火，最为著名的当属中第进士系列宴席的承揽。每年春季放榜之后，以中第进士为中心的举子们都要举行一系列的宴会，其中如“曲江之宴，行市罗列，长安几于半空”，规模十分盛大。于是出现了一种专门承揽进士宴席的“进士团”。进士团系“长安游手之民，自相鸠集”③，它自唐宣宗大中年间(847—859年）开始，日益发展，“人数颇众。其有何士参者为之酋帅，尤善主张筵宴。凡今年才过关宴，士参已备来年宴游之费。由是四海之内，水陆之珍，靡不毕备”④。可见，唐代承揽宴席的

---

①（宋）陶穀撰，李益民等注释：《清异录》（饮食部分），中国商业出版社1985年版，第24~25页。

②（宋）王谠：《唐语林》卷六《补遗》，上海古籍出版社1978年版，第199页。

③（五代）王定保：《唐摭言》卷三《散序》，上海古籍出版社1978年版，第25页。

④（五代）王定保：《唐摭言》卷三《散序》，上海古籍出版社1978年版，第24页。

活动已经有了一定地组织，人数众多，内部还有头领。明年的宴席今年就着手准备，不仅预约客户，而且事先从各地组织货源。

3. 兼营性食肆

兼营性食肆是指那些除了销售饮食外，还兼营其他业务的店肆。在兼营性食肆中，为旅客提供食宿的客栈、旅店、驿站等就是其主要组成部分。隋唐国力强盛，经济繁荣，国内外交通相当发达，各色人等来往非常频繁，客栈、旅店、驿站等数量众多，“东至宋汴，西至岐州，夹路列店肆待客，酒馔丰溢。每店皆有驴赁客乘，倏忽数十里，谓之‘驿驴’。南诣荆襄，北至太原、范阳，西至蜀川、凉府，皆有店肆，以供商旅，远适数千里不持寸刃”①。

客栈、旅店多属民营商业性质，如唐代汴州西的板桥店，店主三娘子为住店的旅客提供烧饼作为早点②，这家板桥店就是一家民营的兼营性食肆。

驿所是唐政府在交通要道上设置的主要供来往官员住宿的场所，它们也兼营酒饭。如段成式《酉阳杂俎》卷一五《诺皋记下》载：“东平未用兵，有举人孟不疑，客昭义，夜至一驿，方欲濯足，有称淄青张评事者，仆从数十。孟欲参谒，张被酒，初不顾。孟因退就西间，张连呼驿吏索煎饼，孟默然窥之，且怒其傲。良久，煎饼熟。”这位张评事带领着数十个仆从，在驿所中又是喝酒，又是吃煎饼，都是由驿所负责供应的。官营的驿所，供应饮食时间之长、数量之大并不亚于一般的食肆，是这一时期食肆业一个重要的组成部分。

（二）食摊、食贩

半固定的食摊和车推肩挑手提，走街串巷的流动食贩，是饮食业的下层，亦是固定食肆的重要补充。食摊、食贩的售卖对象多为匆匆忙忙的行人。为方便行人就食，多在路边摆摊设点。张鷟

① （唐）杜佑：《通典》卷七《食货七·历代盛衰户口》，浙江古籍出版社1988年版，第41页。

② （宋）李昉等编：《太平广记》卷二八六《板桥三娘子》引《河东记》，中华书局1961年版，第2280页。

《朝野佥载》载，武则天时令史张衡，“因退朝，路旁见蒸饼新熟，遂市其一，马上食之”①；韦绚《刘宾客嘉话录》载：“刘仆射晏，五鼓入朝，时寒，中路见卖蒸饼之处，势气腾辉，使人买之，以袍袖包，裙帽底啖之”；《御史台记》亦记载，唐人房光庭“尝送亲故之葬，出鼎门，际晚且饥，会鬻糕饼者，与同行数人食之”②。

隋唐时期实行比较严格的坊市制度，里门、坊门是人们出入的必经之处，在里门、坊门两旁多有食摊、食贩售食。如李复言《续玄怪录》卷二载，岳州刺史李分俊于唐德宗兴元年间（784年）考进士时，有一天清晨出门办事，“里门未开，立马门侧。傍有鬻糕者，其所爈爈。有一吏若外郡之邮檄者，小囊毡帽，坐于其侧，欲糕之色盈面。俊顾曰：‘此甚贱，何不以钱易之？’”

从以上数则故事中，可以看出食摊、食贩多趁早晚饭时售卖饼、糕等主食，这些食物往往需要趁热食之，因此不少食摊往往现做现卖。多数食摊、食贩本钱较少，所获利润不多，经营者生活比较困苦。如韦绚《刘宾客嘉话录》载：“刑部侍郎从伯伯刍尝言，某所居安邑里巷口有鬻饼者，早过户未尝不闻讴歌，而当垆兴甚早。一旦召之与语，贫窘可怜。”这位饼摊主人虽然勤劳经营，却难以发财致富，生活十分贫苦。

二、酒肆

酒肆又称酒店、酒家、旗亭等。隋唐时期，交通要道两边多设有酒肆，如长安西郊的渭城是通往西域和巴蜀的必经之地，这里酒肆众多。唐人西送故人，多在渭城酒肆中进行，唐代诗人留下了许多渭城酒肆饯别的名句，如王维《渭城曲》云：“渭城朝雨浥轻尘，客舍青青杨柳春。劝君更尽一杯酒，西出阳关无故人。”③ 出

① （宋）李昉等编：《太平广记》卷二五八《张衡》引，中华书局1961年版，第2015页。

② （宋）李昉等编：《太平广记》卷四九四《房光庭》引，中华书局1961年版，第4053页。

③ （清）彭定求等编：《全唐诗》卷一二八，中华书局1960年版，第1306~1307页。

长安东门一直到昭应县（今陕西临潼），“官道左右村店之民，当大路市酒，量钱数多少饮之，亦有施者与行人解之，故路人号为歇马杯”①。

（一）坊市制度对酒肆发展的限制

1. 经营空间的限制

唐代中期以前，城镇实行比较严格的坊市制度，居住区的“坊”和商业区的“市”彼此分离，各项交易多被限制在“市”内，和其他店肆一样，城内的酒肆也多分布在“市”内，长安的东西两市即是当时酒肆的集中之地。也有少量的酒肆分布于“坊”内，张鷟《朝野佥载》卷五载：“天后时，洛中殖业坊西门酒家有婢，蓬头垢面”；《广异记》亦载：“唐天宝九年夏六月，崟与郑子偕行于长安陌中，将会饮于新昌里。”② 这两则故事都反映了唐代前期坊中即有酒肆了。不过，由于唐代前期坊市制度实行的较为严格，坊中出现酒肆只是极个别的现象。直到唐代中后期，随着坊市制度的逐渐衰落，坊中的酒肆才逐渐多起来。虽然如此，唐代中后期坊中出现的这些酒肆与当时“市”内的酒肆相比仍属少数。可以说，隋唐酒肆是基本上局限于作为商业区的“市”内的。

2. 经营时间的限制

隋唐实行的坊市管理制度，禁止店肆夜间营业。夜间卖酒被视为非法，要受到官府的纠察。唐代中后期，随着坊市制度开始崩溃，商业经营在打破空间限制的同时，也打破了时间的限制，夜市逐渐发展起来了。其中，酒肆经营在这方面更为突出，起到了带头和先锋作用。晚唐诗歌对酒肆的夜间经营也多有反映，如张籍《寄元员外》云：“月明台上唯僧到，夜静坊中有酒沽。”③ 王建

---

① （五代）王仁裕等撰，丁如明辑校：《开元天宝遗事十种》，上海古籍出版社 1985 年版，第 93 页。

② （宋）李昉等编：《太平广记》卷四五二《任氏》引，中华书局 1961 年版，第 3692 页。

③ （清）彭定求等编：《全唐诗》卷三八五，中华书局 1960 年版，第 4331 页。

《寄汴州令狐相公》云："水门向晚茶商闹，桥市通宵酒客行。"①唐代后期，酒肆虽然已经突破了夜禁的限制，出现了夜间经营的情况，但这种现象还不太普遍。

（二）酒肆业发展的新气象

虽然在经营上受到了诸多限制，隋唐的酒肆业还是呈现出不少新的气象。

1. 众多的胡人酒肆

自西汉张骞"凿空"西域后，随着中外交流的发展，胡人开始大量涌入中原地区，胡人擅长经商做买卖，有不少胡人以经营酒肆为生，人们把这些经营酒肆的胡人称为"酒家胡"。唐代时，由于中外交流空前频繁，来华经营的酒家胡数量众多。据一些学者研究，唐代都城长安，尤其是长安的东西两市和城东面的青绮门（简称为青门）是酒家胡的集中之地。

在胡人酒肆中，当垆售酒的多是胡族女子，她们被人们称为"胡姬"。当垆的胡姬大多年轻貌美，唐代有不少诗人赋诗称赞胡姬之美，如李白《前有一樽酒行》之二云："胡姬貌如花，当垆笑春风。"② 杨巨源《胡姬词》云："妍艳照江头，春风好客留。当垆知妾惯，送酒为郎羞。香渡传蕉扇，妆成上竹楼。数钱怜皓腕，非是不能留。"③

这些酒肆的生意往往十分兴隆，唐代许多诗人写有到胡人酒肆饮酒的诗句，如李白《少年行》二首之二云："五陵年少金市东，银鞍白马度春风。落花踏尽游何处，笑入胡姬酒肆中。"④ 岑参《送宇文南金放后归太原寓居因呈太原郝主簿》云："送君系马青

---

① （清）彭定求等编：《全唐诗》卷三〇〇，中华书局1960年版，第3406页。

② （清）彭定求等编：《全唐诗》卷一六二，中华书局1960年版，第1686页。

③ （清）彭定求等编：《全唐诗》卷三三三，中华书局1960年版，第3718页。

④ （清）彭定求等编：《全唐诗》卷一六五，中华书局1960年版，第1709页。

门口，胡姬垆头劝君酒。”① 姚合《白鼻騧》云：“为底胡姬酒，长来白鼻騧。”②

2. 酒楼开始兴起

隋唐以前，酒肆的规模一般较小，酒肆多为平面建筑。隋唐时，规模宏大的酒楼开始兴起，它们数量众多，分布广泛。唐诗中有不少提到酒楼的诗句，仅以诗仙李白的诗为例，《猛虎行》云：“溧阳酒楼三月春，杨花漠漠愁杀人。”③《忆旧游寄谯郡元参军》云：“忆昔洛阳董糟丘，为余天津桥南造酒楼。”④《寄东鲁二稚子》云：“南风吹归心，飞堕酒楼前。”⑤《送当涂赵少府赴长芦》云：“摇扇对酒楼，持袂把蟹螯。”⑥

在唐诗中，酒楼逐渐成为大型酒肆的代称了，这从一个侧面也反映出酒楼的兴起。由于当时大多数建筑仍为低矮的单层房屋，因此高高耸立的酒楼就显得特别引人注目，它们日益成为城市繁荣的象征和标志。

酒楼的生意也普遍较好，韦应物《酒肆行》云：“豪家沽酒长安陌，一旦起楼高百尺。碧疏玲珑含春风，银题彩帜邀上客。回瞻丹凤阙，直视乐游苑。四方称赏名已高，五陵车马无近远。晴景悠扬三月天，桃花飘俎柳垂筵。繁丝急管一时合，他垆邻肆何寂然。主人无厌且专利，百斛须臾一壶费。初醲后薄为大偷，饮者知名不知味。深门潜酝客来稀，终岁醇醲味不移。长安酒徒空扰扰，路傍

① （清）彭定求等编：《全唐诗》卷一九九，中华书局1960年版，第2061页。

② （清）彭定求等编：《全唐诗》卷五〇二，中华书局1960年版，第5714页。

③ （清）彭定求等编：《全唐诗》卷一九，中华书局1960年版，第223页。

④ （清）彭定求等编：《全唐诗》卷一七二，中华书局1960年版，第1769页。

⑤ （清）彭定求等编：《全唐诗》卷一七二，中华书局1960年版，第1772页。

⑥ （清）彭定求等编：《全唐诗》卷一七五，中华书局1960年版，第1790页。

过去那得知。”① 其诗描绘了唐代酒楼的壮观和生意火爆的场面。

3. 全方位的促销手段

为了招揽酒徒，酒肆利用各种手段促销，如酒旗招牌的炫耀，美丽少女的当垆，音乐歌舞的助兴，美貌酒妓的佐饮等。

酒旗是酒肆的标志，多用青布制成，一般悬挂于酒肆的门口，唐诗中咏及酒旗的诗句颇多。晚唐时期，门额招牌开始出现于酒肆之中，陶榖《清异录·酒浆门》载：“唐末，冯翊城外，酒家门额书云：‘飞空却回顾，谢此含春王。’于王字末大书‘酒’也。”② 这幅门额招牌说明了该酒店拥有上好的春酒，敬请来客品尝。

以年轻貌美的女子当垆是当时酒肆通用的促销手段。如陆龟蒙《酒垆》云：“锦里多佳人，当垆自沽酒。”③ 白居易《东南行一百韵》云：“软美仇家酒，幽闲葛氏姝。十千方得斗，二八正当垆。”④

音乐歌舞的助兴也是当时酒肆惯用的促销手段，王赛时先生称：“酒肆中的音乐气氛相当浓烈，丝竹歌舞已成为唐人饮酒助兴的重要方式。当客人饮酒之际，酒肆雇用的专业乐师总会临场献技，各类乐器，交替弹奏……美妙的乐曲歌声把酒客带入了亦醉亦仙的愉快境界。”⑤

酒妓佐饮是唐代酒肆新出现的促销手段，“酒妓与普通的当垆女子不同，要陪顾客饮酒，类似于今天说的‘三陪’小姐。这是以美貌女性服务来吸引顾客的手段之一”⑥。

---

① （清）彭定求等编：《全唐诗》卷一九四，中华书局1960年版，第1799页。

② （五代）陶榖撰，李益民等注释：《清异录》（饮食部分），中国商业出版社1985年版，第103页。

③ （清）彭定求等编：《全唐诗》卷六二〇，中华书局1960年版，第7141页。

④ （清）彭定求等编：《全唐诗》卷四三九，中华书局1960年版，第4878页。

⑤ 王赛时：《唐代饮食》，齐鲁书社2003年版，第269页。

⑥ 徐海荣：《中国饮食史》卷三，华夏出版社1999年版，第524页。

4. 多样化的交易方式

最后，多样化的交易方式。除了现钱交易为主外，酒肆还接受以物换酒，以物品抵押质酒，凭信用赊酒等。

以物换酒，唐诗中多有反映，最著名的要数李白《将进酒》所咏："五花马，千金裘，呼儿将出换美酒，与尔同销万古愁"①。

以物质酒与以物换酒不同。以物换酒是以货易货，而以物质酒只是以物作抵押，日后还可赎回，据《杜阳编》所记，公主的步辇夫曾把宫中锦衣质在了广化坊的一个酒肆中②。

凭信用赊酒，古亦有之，唐诗中诗人们也屡屡吟咏，如王绩《过酒家五首》之五云："来时长道贳，惭愧酒家胡。"③

三、茶肆

茶肆即今之茶馆，古人又称之为茶坊、茶楼、茶店、茶社等，它是以营利为目的、供客人饮茶的固定场所。茶肆是饮茶之风普及的产物，它是饮茶商业化的高级形式，是把饮茶变成营生和服务的一种手段。

（一）茶肆的出现

茶肆的出现和饮茶之风兴起的时间基本一致。唐玄宗开元年间（713~741年），在交通要道和城市中便出现了茶肆，封演《封氏闻见记》卷六《饮茶》载："开元中……自邹、齐、沧、棣，渐至京邑城市，多开店铺，煎茶卖之，不问道俗，投钱取饮。"最迟到唐文宗太和年间（827~835年），茶肆已深入到京师长安的居民区中，《旧唐书·王涯传》载：唐文宗太和九年（835年）"甘露之变"时，"涯等仓惶步出，至永昌里茶肆为禁兵所擒"。

唐代末年，茶肆亦在乡村安家落户了。唐文宗开成三年（838

---

①（清）彭定求等编：《全唐诗》卷一七、一六二，中华书局1960年版，第170、1683页。

②（宋）李昉等编：《太平广记》卷二三七《同昌公主》引，中华书局1961年版，第1826页。

③（清）彭定求等编：《全唐诗》卷三七，中华书局1960年版，第484页。

年）至唐宣宗大中元年（847 年）日本僧人圆仁在中国游历 9 年零 7 个月，足迹遍及今江苏、安徽、山东、河北、山西、陕西、河南等地，他的《入唐求法巡礼行记》一书记录了这次游历的情况，书中多有乡间茶肆的记录，如该书卷二载：“九日，到郑州……遂于土店里任吃茶，语话多时。”

（二）茶肆业的形成

唐代后期，茶肆业作为一种正式的行业已经形成，处于整体发展的阶段，其主要标志是当时的茶肆业已注重供奉本行业的行业神——陆羽，“时鬻茶者，至陶羽形，置炀突间，祀为茶神”①。李肇《唐国史补》卷中《陆羽得姓氏》载：“巩县陶者多为瓷偶人，号陆鸿渐，买数十茶器得一鸿渐，市人沽茗不利，辄灌注之。”《传载》云：“太子文学陆鸿渐，名羽……鸿渐性嗜茶，始创煎茶法。至今鬻茶之家，陶为其像，置于锡器之间，云宜茶足利……今为鸿渐形者，因目为茶神，有交易，则茶祭之；无，以釜汤沃之。”② 不过，总的来说唐代茶肆的发展尚处于初级阶段，多数茶肆的功能单一，仅局限于为客人提供茶水一个方面，茶肆作为社会交际场合和娱乐场合的功能还远未开发出来。

第五节　饮食养生与食疗

利用饮食养生和治疗各种疾病是中国饮食文化的重要内容，也是古代中医的一项优秀传统，这一传统至少可以上溯到先秦时期，如《山海经》里就记载有不少药用食品。但唐代以前的饮食疗法局限于狭隘经验，在实际应用上尚未引起普遍重视③。及至唐代，

① （宋）欧阳修、宋祁：《新唐书》卷一九六《陆羽传》，中华书局 1975 年版，第 5612 页。

② （宋）李昉等编：《太平广记》卷二〇一《陆鸿渐》引，中华书局 1961 年版，第 1514 页。

③ 陈伟明：《唐宋饮食文化初探》，中国商业出版社 1993 年版，第 69～70 页。

随着医学理论水平的提高，以及社会大众对养生的普遍关注，饮食养生的理论和实践都达到了前所未有的水平。唐代的食疗著作大量涌现，食疗在理论上逐步提高，在实践中也广泛应用到临床治疗之中。食疗学作为中医学的一个重要分支日益成熟。

一、饮食养生学的发展

（一）医学家对饮食养生经验的总结

唐代时，医学家们普遍认识到饮食对养生保健的重要作用，大医学家孙思邈称："安身之本，必资于食……不知食宜者，不足以存生也。"① 唐代医学家们对前代流传下来的饮食养生经验进行了全面总结，使中国古代的饮食养生术更为全面、系统。在孙思邈的《千金要方》，以及孟诜著、张鼎增补的《食疗本草》等唐代医书中都有丰富的饮食养生内容，主要包括以下几个方面：

1. 合理膳食

人体要维持健康，必须吸收各方面的营养。早在汉代，《黄帝内经》中便提出了"五谷为养，五果为助，五畜为益，五菜为充"的理想膳食结构。孙思邈在《千金食治》的序论中也引用了这一段话，并具体发挥了这一观点，他将食物分为果实、蔬菜、谷米、鸟兽四大类，详细介绍了当时 156 种日常食物的性味、营养和功效。这说明孙思邈非常重视建立合理的膳食结构，主张营养平衡，合理搭配。

2. 平衡食味

孙思邈《千金食治・序论》云："五味入于口也，各有所走，各有所病。"具体而言，"酸走筋，多食酸令人癃"，"咸走血，多食咸令人渴"，"辛走气，多食辛令人愠心"，"苦走骨，多食苦令人变呕"，"甘走肉，多食甘令人恶心"，"多食酸则皮槁而毛夭，多食苦则筋急而爪枯，多食甘则骨痛而发落，多食辛则肉胝而唇

① （唐）孙思邈：《备急千金要方》卷二六《食治・序论第一》，人民卫生出版社 1955 年版，第 464 页。

褰，多食咸则脉凝泣而色变”。因此，人们在日常的饮食中就要注意五味平衡，不可偏嗜。还要根据人体状况和四季变化来调配五味，使之平衡。

3. 明察食性

中医药理学认为，每种食物都有一定的食性，或寒，或热，或温，或凉，或平，或有毒，或无毒等。不同食性的食物对人体养生的效果亦不相同。有些可以常食，如“味甘，平，濇”的“樱桃”，“调中益气，可多食，令人好颜色，美志性”；有些不可多食，如“味甘，微酸，寒，濇，有毒”的梨，“除客热气，止心烦，不可多食，令人寒中”①。

不同食性之间的食物，有的相宜，有的相克。如果食用了食性相克的食物，就会有损身体健康，如“羊肉共鲊食之，伤人心。亦不可共生鱼酪和食之，害人”。为了避免食性相克，损害身体健康，唐代医学家提出了“食不欲杂”的养生原则：“杂则或有所犯。有所犯者，或有所伤。或当时虽无灾苦，积久为人作患。”②

一些病死、自死动物或与常品有异的食物，其食性发生了变化，往往有毒，是不可食用的。如“乌牛自死北首者，食其肉害人”；“白马青蹄，肉不可食”③。食物制作方法不同，食物的食性亦有可能发生变化。如干枣，“生者食之过多，令人腹胀。蒸煮食之，补肠胃，肥中益气”④。

4. 饮食有节

唐代以前，人们已经开始意识到饮食无节将会损害身体健康。

---

① （唐）孙思邈：《备急千金要方》卷二六《食治·果实第二》，人民卫生出版社1955年版，第466页。

② （唐）孙思邈：《备急千金要方》卷二六《食治·序论第一》，人民卫生出版社1955年版，第464页。

③ （唐）孙思邈：《备急千金要方》卷二六《食治·鸟兽第五》引《神农黄帝食禁》，人民卫生出版社1955年版，第472页。

④ （唐）孟诜、张鼎撰，谢海洲辑：《食疗本草》卷上《干枣》，人民卫生出版社1984年版，第33页。

唐代的孙思邈对节制饮食的论述更加全面详细，告诫人们饮食要有节制，不可过量饮食，不要过于追求美味。“是以善养性者，先饥而食，先渴而饮，食欲数而少，不欲顿而多，则难消也。常欲令如饱中饥，饥中饱耳。盖饱则伤肺，饥则伤气。”① 告诫人们珍馐美味要少吃，平日饮食也不可过饱。即使是有益健康的食物也不能一下吃得太多，“乳酪酥等常食之，令人有筋力、胆干、肌体润泽。卒多食之，亦令胪胀、泄利，渐渐自己”②。孙思邈还用具体实例说明不节饮食的危害，强调“厨膳勿使脯肉丰盈，常令俭约为佳”③。

5. 因人而膳

不同的人体，其体质、性格类型不同，对饮食的嗜好也不尽相同。即使是同一个人，一生中的各个时期，其体质和气血盛衰也有所变化。因此，在具体的饮食养生实践中，要充分考虑到体质强弱之殊，男女老少之异，即因人而膳。如“小儿五岁已下饮乳未断者，勿食鸡肉”④。孕妇要遵守许多食忌，否则即不利于已或不利于将来出生的子女，如“妊娠食羊肝，令子多厄；妊娠食山羊肉，令子多病”⑤。唐代的不少医书在介绍各种食物时，对其利忌的人群多有注明，如菠菜，“冷，微毒。利五藏，通肠胃热，解酒毒。服丹石人食之佳”⑥。

---

① （唐）孙思邈：《备急千金要方》卷二七《养性·道林养性第二》，人民卫生出版社1955年版，第479页。

② （唐）孙思邈：《备急千金要方》卷二六《食治·序论第一》，人民卫生出版社1955年版，第464页。

③ （唐）孙思邈：《备急千金要方》卷二七《养性·道林养性第二》，人民卫生出版社1955年版，第479页。

④ （唐）孙思邈：《备急千金要方》卷二六《食治·鸟兽第五》，人民卫生出版社1955年版，第474页。

⑤ （唐）孙思邈：《备急千金要方》卷二《妇人方上·养胎第三》，人民卫生出版社1955年版，第21页。

⑥ （唐）孟诜、张鼎撰，谢海洲等辑：《食疗本草》卷下《菠》，人民卫生出版社1984年版，第155页。

6. 因时而膳

因时而膳有两方面的含义：其一，对人体而言，四时的气候变化，如春温、夏热、秋燥、冬寒，均会对人体的生理活动产生重要影响。因此，在饮食养生的过程中，要根据时令气候的变化对饮食作出相应的调整。否则将不利于养生，甚至会致病。孙思邈告诫人们："从夏至秋分忌食肥浓，然热月人自好冷食，更与肥浓，兼食果菜无节，极遂逐冷眠卧，冷水洗浴，五味更相克贼，虽欲无病不可得也"①；其二，对食物而言，不少食物都有其最佳的食用时令，如"二月三月宜食韭，大益人心"②。进食违时之物同样不利于养生，以肉类为例，孙思邈《千金食治·鸟兽》举了一些违时进食的例子：正月食虎豹狸肉，二月食兔肉，二月庚寅日食鱼，三月三日食鸟兽五脏，四月食暴鸡肉、蛇肉、鳝鱼，五月食马肉、麞肉，六月食羊肉、雁肉、鹜肉，八月食鸡肉、雉肉、猪肺，九月食犬肉，十月食猪肉，十一月食鼠肉、燕肉、螺蛳、螃蟹，十一月、十二月食虾蚌着甲之物，十二月食牛肉、蟹鳖，均会伤人神气或致病。

7. 因地而膳

中国地域辽阔，各地的自然环境不同，生活习惯有异。不同地域的人们进食同一样食物可能会产生不同的效果，例如菠菜，"北人食肉面则平，南人食鱼鳖水米即冷。不可多食，冷大小肠。久食令人脚弱不能行"③。人们进食不同地域出产的食物，养生效果亦会有所不同，如羊的食用就有南北之别，"南方羊都不与盐食之，多在山中吃野草，或食毒草。若北羊，一二年间亦不可食，食必病生尔。为其来南地食毒草故也。若南地人食之，即不忧也。今将北

---

① （唐）孙思邈：《备急千金要方》卷二〇《膀胱腑方·霍乱第六》，人民卫生出版社1955年版，第366页。

② （唐）孙思邈：《备急千金要方》卷二六《食治·菜蔬第三》，人民卫生出版社1955年版，第468页。

③ （唐）孟诜、张鼎撰，谢海洲等辑：《食疗本草》卷下《菠薐（菠菜）》，人民卫生出版社1984年版，第155页。

羊于南地养三年之后，犹亦不中食，何况于南羊能堪食乎？盖土地各然也”①。因此，在人们的饮食养生过程中，要充分考虑到不同地域出产的食物对饮食养生造成的不同效果，做到因地而膳。

8. 讲究饮食卫生

孙思邈在《千金要方·养性》中说：“食当熟嚼，使米脂入腹，勿使酒脂入肠。人之当食，须去烦恼，如食五味必不得暴嗔，多令人神惊，夜梦飞扬。每食不用重肉，喜生百病。常以少食肉，多食饭及少菹菜，并勿食生菜、生米、小豆、陈臭物，勿饮浊酒……食毕当漱口数过，令人牙齿不败，口香。”② 这些论述涉及饮食卫生和精神卫生两方面，都是很有科学道理的。熟食多嚼可减轻胃肠负担，又能促进消化液分泌，有利于消化。烦恼之时进食会影响消化液分泌和肠胃的正常功能，不利于食物消化吸收。过饱与多食肉者不易消化，对胃肠不利。食物不洁或变质使人生病，甚至有性命之忧。这是有关饮食卫生的第一次全面论述。

9. 不可过度饮酒

唐代酒风甚烈，许多酒徒都染有酒癖，长期过度饮酒极不利于养生。唐代孙思邈告诫人们：“饮酒不欲使多，多则速吐之为佳。勿令至醉。即终身百病不除。久饮酒者，腐烂肠胃，渍髓蒸筋，伤神损寿。”③ 孙思邈还具体解释了人们饮酒致病的主要原因：“然则大寒凝海，而酒不冻，明其酒性酷热，物无以加。脯炙盐咸，此味酒客躭嗜不离其口，三觞之后制不由己，饮噉无度，咀嚼鲊酱，不择酸咸，积年长夜酣兴不解，遂使三膲猛热，五脏干燥，木石犹且焦枯，在人何能不渴。”④ 孙思邈提醒人们：“醉不可以当风，

① （唐）孟诜、张鼎撰，谢海洲等辑：《食疗本草》卷中《羊》，人民卫生出版社1984年版，第60页。

② （唐）孙思邈：《备急千金要方》卷二七《养性·道林养性第二》，人民卫生出版社1955年版，第479页。

③ （唐）孙思邈：《备急千金要方》卷二七《养性·道林养性第二》，人民卫生出版社1955年版，第480页。

④ （唐）孙思邈：《备急千金要方》卷二一《消渴》，人民卫生出版社1955年版，第373页。

向阳令人发强。又不可当风卧，不可令人扇之，皆即得病也。醉不可露卧及卧黍穰中，发癞疮。醉不可强食，或发痈疽，或发瘖，或生疮。醉饱不可以走车马及跳踯，醉不可以接房。醉饱交接，小者面皯咳嗽，大者伤绝脏脉损命。”①

（二）道教的服食养生及其影响

唐代是中国道教发展的繁荣时期，李唐统治者自认为是道家始祖老子之后，采取尊崇道教的政策，将道教置于佛教之上，道教信仰在唐朝盛极一时。由于道教以追求长生不老为主要宗旨，尤其注重服食养生，道教的盛行使其服食养生主张有了更大的生存空间。道教的服食养生主张主要有二：一是服食丹药，二是辟谷。它们对唐代社会（尤其是社会上层）产生了较大影响。

1. 服食丹药

道教主张服食丹药以求长生成仙。唐代时，社会上层服食丹药之风甚盛，在唐代皇帝中，唐太宗、唐高宗、唐玄宗、唐宪宗、唐穆宗、唐敬宗、唐武宗、唐宣宗都曾服食过丹药。唐代官僚贵族中服食丹药者更是不胜枚举，如唐初功臣尉迟敬德“末年笃信仙方，飞炼金石，服食云母粉……不与外人交通，凡十六年”②。唐代的文人士大夫深受道家思想的影响，求仙服食竟成为一代风尚，王勃、卢照邻、陈子昂、李端、王昌龄、孟浩然、孟郊、陆潜夫、储光羲、许浑、刘言史、陆龟蒙、杜荀鹤、曹邺风、徐凝想、于鹄、祝元膺、柳宗元、刘禹锡、韦应物、项斯、王毂、司空曙、卢仝、颜真卿、李颀、吴融、郑居中、王明府、张蠙、李位、李德裕、陆希声、刘商、翁承赞、杜甫、李白等人多有求仙服食的经历。

2. 少食辟谷

在饮食上，道教还主张通过“少食辟谷”和“少食荤腥多食

---

①（唐）孙思邈：《备急千金要方》卷二七《养性·道林养性第二》，人民卫生出版社1955年版，第480页。

②（五代）刘昫等：《旧唐书》卷六八《尉迟敬德传》，中华书局1975年版，第2500页。

气”，达到养生长寿的目的。道教徒的辟谷少食习俗对当时人们的饮食养生也产生了较大的影响，人们津津乐道那些因辟谷而长寿的人们，据孙思邈《千金翼方》卷十三《辟谷》记载，东海有一个服食云母的卖盐女子，“其女子年三百岁，貌同笄女，常自负一笼盐，重五百余斤。”《旧唐书·隐逸传》记载，赵州人潘师正隐居嵩山逍遥谷20余年，“但服松叶饮水而已”，唐高宗曾问他：“山中何所须?”答曰：“所须松树清泉，山中不乏。”辟谷之术的流行也促进了唐代养生食品的开发，如唐代的“茯苓酥”，就是利用茯苓、松脂、生天门冬、牛酥、白蜜、蜡混合炼制而成的①。

二、食疗学的确立

唐代出现了多部有关食疗的专著，如孙思邈《千金要方·食治》《千金翼方·养老食疗》，孟诜、张鼎《食疗本草》，昝殷《食医心鉴》等，这些著作论述了通过饮食治疗疾病的一般理论及饮食治疗的基本方法等，奠定中国食疗学的基础。

（一）食疗为先原则的确立

食疗为先的原则最早是由孙思邈在《千金要方·食治》中提出的，他认为：“夫为医者，当须先洞晓病源，知其所犯，以食治之，食疗不愈，然后命药。”明确提出治病首先以饮食治疗，饮食治疗不成，再以药物治疗，把饮食治疗放在首位。为什么要以食疗为先呢?这是由于“药性刚烈，犹若御兵，兵之猛暴，岂容妄发。发用乖宜，损伤处众，药之投疾，殃滥亦然”；“药势偏有所助，令人脏气不平，易受外患”。孙思邈明确了药物性有偏颇，只宜救急的基本医学原理，在肯定“救疾之速，必凭于药”的同时，告诫人们“人体平和，惟须好将养，勿妄服药”。与药性偏颇不同，食性平和，“是故食能排邪而安脏腑，悦神爽志，以资血气。若能

---

① （唐）孙思邈：《备急千金要方》卷二七《养性·服食法第六》，人民卫生出版社1955年版，第486页。

用食平痾、释情、遣疾者，可谓良工"①。

食疗为先原则的提出对于中国食疗学的形成具有重大的指导意义，它突破了传统"药食同源""药食同用"认识水平的局限，克服了以往仅把食疗作为治病的辅助手段，摆正了食疗与药疗的主次关系，使食疗处于应有的地位，为古代中医食疗学科的体系化奠定了科学的理论基础②。

（二）食疗食物的增多

唐代以前，用于食疗的食物种类较少，不利于饮食治疗学的发展深化。食物品种在临床治疗应用上不断增加，成为唐代饮食疗法超越前代的显著标志之一。唐代食疗食物种类增多的原因与唐代的饮食文化交流不无关系。在新增的这些食疗食物中，有不少是隋唐时期刚从西域引进中土的，如蕹菜、菠菜、莴苣、胡荽等蔬菜；也有不少是唐代始从南方输入中原的，如各种鱼类和藻类。对这些新近输入的食物，唐代医药学家们对其性味、医疗功能的了解逐渐增多，开始把它们运用到食疗当中。除了把新输入的食物品种纳入食疗范围之外，受时人重视动物"杂碎"的影响，唐代的食疗也大量应用各种动物"杂碎"。

（三）食疗形式的多样化

唐代以前，食疗的形式比较单调，唐代时，食疗形式开始多样化。就具体方法而言，唐代的饮食疗法已经相当成熟，"从单纯的汤酒之类发展到浆、乳、饮、羹、饼、点心、菜肴等，形成多品种，多系列"③。

在众多的用于食疗的饮食品种中，以流质的羹、粥、汤最为普遍。这是由于羹、粥、汤易于消化吸收，食用它们可以减轻食疗病人的肠胃负担。同时，它们也可以为病人补充大量的水分。其他形

---

① （唐）孙思邈：《备急千金要方》卷二六《食治·序论第一》，人民卫生出版社1955年版，第464页。

② 陈伟明：《唐宋饮食文化初探》，中国商业出版社1993年版，第71页。

③ 徐海荣主编：《中国饮食史》卷三，华夏出版社1999年版，第461页。

式的食疗饮食，大多烹制得十分软烂，在口味上也以清淡为主。食物软烂、清淡，易于病人的消化吸收。在服用食疗饮食时，多于空腹趁热食用。之所以如此，也是出于易于消化吸收的缘故，这样做可以充分发挥食物的食疗作用。

和药物治疗相似，利用饮食治疗时一般也要忌食生冷油腻等食物，如"（驴）脂和乌梅为丸，治多年疟。未发时服三十丸。又，头中一切风，以毛一斤炒令黄，投一斗酒中，渍三日，空心细细饮，使醉。以覆卧取汗。明日更依前服。忌陈仓米、麦面等"①。

在唐代的食疗饮食中，有不少是加入了药物的"药膳"。如"云母粉半大两，研作粉，煮白粥调，空腹食之"，以治小儿赤白痢及水痢②。"药膳"合药、食于一体，它既是药剂，又是食剂，使病人在进食的同时又进了药。除"药膳"外，唐代还有不少用于疗疾的药酒。由于"药膳"、药酒中加入了药物，所以"药膳"、药酒的疗效较快，如《独异志》载："（唐）太宗苦气痢，诸治不效，即下诏问殿庭左右有能治者，重赏之。宝藏曾困其疾，即具疏以乳煎荜拨方，上服之立瘥……其方每服用牛乳半升、荜拨三钱匕，同煎减半，空腹顿服。"③ 服用"药膳"、药酒时，其食忌也应和服药一样，以免食性与药性相克，降低了药效，甚至中毒加重病情，危及生命。

（四）食疗功能的进一步开发

利用饮食治疗疾病，优点在于毒副作用小，治根治本，但也普遍存在着疗效较慢、疗程较长等缺点，所以食疗针对的对象主要是各种慢性疾病，这在各种食疗方剂中很容易看出这一特点。

① （唐）孟诜、张鼎撰，谢海洲等辑：《食疗本草》卷中《驴》，人民卫生出版社 1984 年版，第 76 页。

② （宋）唐慎微：《重修政和证类备用本草》卷三《云母》引《食医心镜》，四部丛刊本。

③ （宋）江瓘：《名医类案》卷四《痢》引，文渊阁《四库全书》765 册，第 566 页。

除主要治疗各种慢性疾病之外，配合药物进行辅助治疗也是饮食治疗的重要内容之一，如“凡人忽遇风发，身心顿恶，或不能言。有如此者，当服大小续命汤，及西州续命排风越婢等汤，于无风处密室之中，日夜四五服，勿计剂数多少，亦勿虑虚，常使头面手足腹背汗出不绝为佳。服汤之时，汤消即食粥，粥消即服汤，亦少与羊肉臛将补。若风大重者，相续五日五夜服汤不绝，即经二日停汤，以羹臛自补将息。四体若小差，即当停药，渐渐将息。如其不差，当更服汤攻之，以差为度”①。

这里的“风疾”是指因脑血管阻塞（血栓）所导致的某一器官功能的中断或丧失，如肢体瘫痪、口歪眼斜面瘫等。在唐代大医学家孙思邈所开的这一医方中，“大小续命汤”或“西州续命排风越婢汤”是治疗风疾的药剂，对于风疾病人的痊愈发挥着主要作用，而粥和羊肉臛则是营养丰富、易于消化的食剂，它们不仅为病人提供了充足的营养，而且与作为药剂的“汤”互相配合，对病人的痊愈发挥着重要的辅助作用。这是由于治疗“风疾”一方面要服用消释血栓的药物，一方面要大量补充体液以加快血液循环，流质的汤臛中因含有大量的水分，“汤消即食粥”，保证了风疾病人在停“汤”之际，仍能得到大量的水分补充。

（五）食疗的灵活运用

同饮食养生相似，唐人在饮食治疗的过程中，已经开始具体、辩证、全面地观察分析病情，灵活运用，因人而膳、因地而膳、因时而膳，充分发挥饮食治疗的潜力。以孟诜、张鼎的《食疗本草》为例，乳腐，“微寒。润五脏，利大小便，益十三经脉。微动气。细切如豆，面拌，醋浆水煮二十余沸，治赤白痢，小儿患，服之弥佳”②，这是强调因人而膳；“淮泗之间米多。京都、襄州土粳米

① （唐）孙思邈：《备急千金要方》卷一《序例·服饵第八》，人民卫生出版社 1955 年版，第 14 页。

② （唐）孟诜、张鼎撰，谢海洲辑：《食疗本草》卷下《乳腐》，人民卫生出版社 1984 年版，第 62 页。

亦香、坚实。又，诸处虽多，但充饥而已”①，枣，“蒸煮食之，补肠胃，肥中益气。第一青州，次蒲州者好。诸处不堪入药”②，这是强调因地而膳；鸲鹆肉，“主五痔，止血”；“又，食法：腊日采之，五味炙之，治老嗽。或作羹食之亦得；或捣为散，白蜜和丸并得。治上件病，取腊月腊日得者良，有效。非腊日得者不堪用”③，这是强调因时而膳。

第六节　饮 食 习 俗

一、日常饮食习俗

隋唐时期，在日常饮食习俗方面，三餐制已基本普及，盘腿、垂足而坐饮食的情况越来越普遍，会食制十分流行。

（一）三餐制的基本普及

先秦时期中国人多一日两餐，汉代以后一日三餐才逐渐推广开来。隋唐时期，三餐制已在中国大部分地区基本普及。

隋唐时期的早餐时间比现代稍早，一般在天色微明时就开始了。如唐代白居易《昼寝》云：“坐整白单衣，起穿黄草履。朝餐盥漱毕，徐下阶前步。”④ 明言早上一起床就要吃早餐了。人们多以流质易消化的羹、馎饦、粥等作早餐，如唐代陆龟蒙《食鱼》云：“且作吴羹助早餐，饱卧晴檐曝寒背。”⑤

---

① （唐）孟诜、张鼎撰，谢海洲辑：《食疗本草》卷下《粳米》，人民卫生出版社 1984 年版，第 117 页。

② （唐）孟诜、张鼎撰，谢海洲辑：《食疗本草》卷上《干枣》，人民卫生出版社 1984 年版，第 33 页。

③ （唐）孟诜、张鼎撰，谢海洲辑：《食疗本草》卷中《鸲鹆肉（八哥）》，人民卫生出版社 1984 年版，第 86~87 页。

④ （清）彭定求等编：《全唐诗》卷四三三，中华书局 1960 年版，第 4783 页。

⑤ （清）彭定求等编：《全唐诗》卷六二一，中华书局 1960 年版，第 7149 页。

中餐和现代一样，一般是在正午时刻。司马光《资治通鉴》卷二一八载："日向中，上犹未食，杨国忠自市胡饼以献。"中餐还是当时绝大多数人一天之中最重要的一顿饭。在饮食品种上，人们多以耐饥抗饱的饼、饭等干食作中餐。中餐一般还要准备下饭的菜肴，如僧人归仁《秋日江居闲咏》云："检方医故疾，挑荠备中餐。"①

晚餐时间普遍要比现代早一些，不同社会地位的人们晚餐进食的馔品有所不同。社会上层的夜生活普遍发达，晚餐多和中餐一样丰盛。一些豪门之家，晚餐或夜宴往往要比中餐更为奢华。普通百姓的晚餐比较接近于早餐，主要以稀食为主。

隋唐时期，三餐制虽然已经基本普及，但两餐制在社会上并没有完全销声匿迹。唐诗中即有反映两餐制的诗句，如元结《春陵行》云："朝餐是草根，暮食仍木皮。"② 朝餐、暮食相对，反映的正是一日两餐制。实行两餐制的人家多为劳苦之家，他们终日难得一饱，不得已一日只吃两餐。不少普通民众在农闲季节，为节省粮食也有实行一日两餐制的。

（二）饮食坐姿的变迁

隋唐时期，是中国人的饮食坐姿转变的关键时期。人们就餐时，坐姿并不统一，共有三种不同的方式：跪坐、盘腿坐和垂腿坐。

跪坐是唐代以前合乎礼仪的标准坐姿。隋唐时，跪坐仍是一些场合人们遵从的坐姿。与前代跪坐于席上不同，唐时人们一般跪坐于床榻或长凳之上。跪坐就餐的多为女性，如敦煌莫高窟第12窟和474窟的婚宴图中，右边的女性均为跪坐就餐。这似乎显示在进食坐姿发生变化的过程中，女性尚遵从着传统的礼俗。

盘腿坐又称"趺坐"，是游牧民族的传统坐姿。盘腿坐是当时

① （清）彭定求等编：《全唐诗》卷八二五，中华书局1960年版，第9295页。

② （清）彭定求等编：《全唐诗》卷二四一，中华书局1960年版，第2704页。

人们就餐经常采用的方式之一，敦煌莫高窟第 12 窟、第 154 窟、第 236 窟的供养斋僧图，僧人们均盘腿而食。人们之所以喜欢盘腿而食，与这一时期盛放食物的床榻和坐具处在同一高度也密切相关。为了适应盘腿坐，这一时期的坐具往往具有相当的宽度。

周昉《宫乐图》

垂腿坐是将臀部坐在坐具上，两腿垂下，双脚踏地。唐代时，垂腿坐已是较正式的宴饮场合合乎礼仪的坐姿了。如在唐代传世名画周昉的《宫乐图》中，图中 10 多个作乐的宫女，在一张壶门大案前，均垂腿坐于精致的单人方凳之上。不过，唐代的垂腿坐尚没有后世那么规范，人们有时甚至是一只腿盘着，另一只腿垂下而坐。如在陕西长安南里王村发掘的唐代韦氏家族墓室壁画宴饮图中，画面正中绘着摆放食物的长方形大案，案桌的三面各有一条长凳，每条长凳上各坐着三个男子，他们或盘腿而坐，或一只腿垂下而坐。这清楚地显示了唐代由跪坐、盘腿坐到垂腿坐的过渡痕迹①。

（三）会食制的流行

初唐以前，人们进食时多一人一案，单独进食，这种饮食方式

① 高启安：《唐五代敦煌饮食文化研究》，民族出版社 2004 年版，第 250~254 页。

被称为“分食制”。唐代中后期，古老的分食制开始向众人围坐在一起进餐的会食、合食制转变。“会食制”类似于现代西餐的分餐制，合食制即今天的共餐制。

唐代是会食制流行的时代，当时文献中已有“会制”之名了，王谠《唐语林》卷三《方正》载：“李忠公之为相也，政事堂有会食之床。”唐代的不少绘画作品和壁画生动地描绘出当时的人们实行会食制的情景。如在陕西长安南里王村发掘的唐代韦氏家族墓室壁画宴饮图中，画面正中绘着摆放食物的长方形大案，案桌的三面各有一条长凳，每条长凳上各坐着三个男子，案桌上杯盘罗列，食物丰盛，有馒头、蒸饼、胡麻饼、花色点心、肘子、酒等，案桌前置一荷叶形汤碗和勺子，供众人使用。这表明，唐代时人们实行的是围坐在一起分餐而食的会食制。

不少学者认为，唐代的会食制是分食制向合食制转变过程中的过渡形式①。以坐制为例，唐初以前的分食制，东西南北四个方位各安一案，人们一人一案，坐于食案一侧。而唐代的分食制，人们多对坐于长条形食床的两侧，“当时已逐渐形成食床两边各 4 人，即以每张食床 8 人为基本定制的宴饮座制”②。但唐代也有只坐于食床一侧的，如莫高窟第 61 窟西壁南起第 13 扇屏风上，画有太子迎接耶输陀罗入宫的宴饮图，其中的宴饮场面就是在一个长条形食床的一边，坐 4 人，一头有一个仆人样装束者在张罗。只坐于食案一侧，这显然是分食制的传统。唐代还出现有坐于食床三侧的情景，上面所举的唐代韦氏家族墓室壁画宴饮图和周昉的《宫乐图》，食床的三面各坐 3 人。食床三面坐人与后世合食制的围桌而食，已是非常接近了。

---

① 姚伟钧：《中国传统饮食礼俗研究》，华中师范大学出版社 1999 年版，第 106 页；王仁湘：《饮食与中国文化》，人民出版社 1993 年版，第 290 页；高启安：《唐五代敦煌饮食文化研究》，民族出版社 2004 年版，第 261 页。

② 高启安：《唐五代敦煌饮食文化研究》，民族出版社 2004 年版，第 266 页。

二、节日饮食习俗

（一）元日

元日为正月初一，又称旦日。庞元英《文昌杂录》卷三载：“唐岁时节物，元日则有屠苏酒、五辛盘、咬牙饧。”饮屠苏酒时，全家人要轮流就饮，先从年龄最小的晚辈喝起，年纪大的长辈排在最后。

五辛盘是用大蒜、小蒜、韭菜、芸苔、胡荽等五种辛香之物拼在一起的食品，可散发五脏之气，具有一定的医疗保健作用。唐代中期以后，人们对五辛盘作了改进，增加了一些时令蔬菜，汇为一盘，号为春盘，在元旦至立春期间食之。

咬牙饧亦称胶牙饧、饧盘，据庄绰《鸡肋编》卷中《释蓝尾酒胶牙饧》言，吃胶牙饧的目的是“以验齿之坚脱”。实际上，在古汉语中“胶”和“固”相通，胶牙即固牙，人们希望借助“胶牙饧”这个吉祥的名字，使牙齿更加牢固，永不脱落①。

除了饮屠苏酒、食五辛盘、胶牙饧之外，不同地域还有不少其他的饮食习俗，如唐代洛阳人在元日还烹制鸡丝、葛燕、粉荔枝等食品，全家一起进餐。长安人在这几天，“每至元日以后，递饮食相邀，号为‘传座’”②。

（二）上元

上元为正月十五，《金门岁节》载：唐代洛阳人家在上元节要“造火蛾儿，食玉粱糕”③。隋唐时，大多数地方的上元食俗是食焦䭔。焦䭔又称油䭔，它是一种油炸的带馅圆面点。

隋唐时期，社会上层在上元之夜还有“传柑”的风俗。唐代孙思邈《千金月令》云：“上元夜登楼，贵戚例有黄柑相遗，谓之

---

① 姚伟钧：《中国传统饮食礼俗研究》，华中师范大学出版社 1999 年版，第 119 页。

② （宋）钱易撰，黄寿成点校：《南部新书》卷己，中华书局 2002 年版，第 82 页。

③ （唐）冯贽：《云仙杂记》卷一《洛阳岁节》引，四部丛刊本。

‘传柑’”①。

(三) 中和

中和节由正月晦日改变而来②。唐德宗贞元五年（789 年），始将中和节改为二月初一。在唐代中后期，它与上巳、重阳合称三令节。中和节这天，唐代皇帝在曲江园林赐宴诸大臣，山珍海味，饮酒赋诗，热闹非凡。

民间村社则要祭祀勾芒，饮“宜春酒”，祈祝一年风调雨顺，五谷丰登③。庞元英《文昌杂录》卷三载：唐代“二月二日则有迎富贵果子”。李淖《秦中岁时记》云：“二月二日，曲江采菜，士民游观极盛。”④

(四) 上巳

隋唐时，三月三日为上巳。上巳是当时的三令节之一。游赏宴乐是隋唐上巳节的重要内容，脍炙人口的杜甫《丽人行》就是描述唐玄宗与杨氏兄妹上巳游宴的情景。上巳日皇帝往往赐宴群臣，或赐钱让其举办宴会，唐穆宗长庆三年（823 年）三月规定：“每年上巳、重阳日，如百官宴会，每节赐钱五百十贯文，令度支支给。”⑤ 在帝王的大力支持下，各级官府在上巳日往往举行盛大的宴会，康骈《剧谈录》卷下《曲江》载：“上巳即赐宴臣僚，京兆府大陈筵席，长安、万年两县以雄盛相较，锦绣珍玩，无所不施。”

唐代上巳节的节日食品为煎饼，《大唐六典》卷一五《太官署》记述光禄寺供应百官膳食，“三月三日加煎饼”，同书卷四

---

① （元）陶宗仪编：《说郛三种 · 说郛一百二十卷》卷六九，上海古籍出版社 1988 年版，第 3222 页。

② 农历每月的最后一天称晦日。

③ 赵文润：《隋唐文化史》，陕西师范大学出版社 1992 年版，第 122 页。

④ （元）陶宗仪编：《说郛三种 · 说郛一百二十卷》卷六九，上海古籍出版社 1988 年版，第 3219 页。

⑤ （宋）王溥：《唐会要》卷二九《节日》，上海古籍出版社 1991 年版，第 546 页。

《膳部郎中》“节日食料”中亦有“三月三日煎饼”的记载。

（五）社日

社日“起源于三代，初兴于秦汉，传承于魏晋南北朝，兴盛于唐宋，衰微于元明及清”①。汉代以前，只有春社。汉代以后，又有了秋社。春社在每年立春后的第五个戊日，时间约在二月中旬；秋社在每年立秋后的第五个戊日，时间约在新谷登场的八月。隋唐时，社日祭祀之后往往聚饮，如王驾《社日》云：“鹅湖山下稻粱肥，豚栅鸡栖半掩扉。桑柘影斜春社散，家家扶得醉人归。”②

（六）寒食

寒食在冬至后的第105日，故此节又称“百五节”。寒食禁火，只吃冷食，所以又称“冷食节”。隋唐时期，寒食的节日食品有寒具、粥、子推蒸饼和“镂鸡子”。寒具即今天的馓子。唐代的寒具出现了新的品种，“酥蜜寒具”就是其一，这种寒具又称“巨胜奴”。巨胜即黑芝麻，这说明唐代的酥蜜寒具还粘有黑芝麻。麦粥是寒食的传统节食，唐代的寒食粥有杨花粥、饧粥等花色品种。冯贽《云仙杂记》卷一载：“洛阳人家，寒食煮杨花粥。”子推蒸饼即是汉代的枣糕，汉代崔寔《四民月令》称：“寒食以面为蒸饼样，团枣附之，名曰枣糕。”“镂鸡子”又名“画卵”，是一种精心雕镂的彩蛋。“镂鸡子”虽在魏晋时就已经出现，但它的普及却在唐代。人们还要把镂刻成形的鸡蛋拿出来相互比试，争巧斗艺，这种习俗当时称为“斗鸡子”。

（七）端午

五月五日为端午节。隋唐时期端午节的重要节食是粽子，庞元英《文昌杂录》卷三载：“唐岁时节物……五月五日则有百索粽子。”百索粽子就是用五色彩丝扎缚的粽子。除传统的“百索粽子”外，唐代端午节还出现了不少新品种的粽子，最著名的是九

---

① 萧放：《岁时——传统中国民众的时间生活》，中华书局2002年版，第133页。

② （清）彭定求等编：《全唐诗》卷六九〇，中华书局1960年版，第7918页。

子粽，因其用彩线将九个粽子扎在一起而得名。唐代不少诗人歌咏过九子粽，如唐玄宗《端午三殿宴群臣探得神字》一诗云："四时花竞巧，九子粽争新。"①

除粽子外，唐宋时期还出现了不少新的节食。据王仁裕《开元天宝遗事》卷上《射团》载："宫中每到端午节，造粉团角黍贮于金盘中，以小角造弓子，纤妙可爱，架箭射盘中粉团，中者得食，盖粉团滑腻而难射也。都中盛于此戏。"②

隋唐时期，人们在端午节这天还要饮菖蒲酒或雄黄酒以辟邪除疫。有些地区，端午节也饮用艾酒，如冯贽《云仙杂记》卷一《洛阳岁节》引《金门岁节》云："洛阳人家……端午术羹艾酒。"

（八）七夕

七月七日为七夕节，又称乞巧节，妇女向织女乞巧是此节的主题。据庞元英《文昌杂录》卷三载，唐代七夕的节食为"乞巧果子"。乞巧果子又称巧果，以麦面做的叫面巧，以糯米粉做的名粉巧。

除巧果外，唐代七夕的节食还有祈饼、明星酒和同心脍，《大唐六典》卷四《膳部郎中》李林甫注曰："七月七日祈饼。"冯贽《云仙杂记》卷一《洛阳岁节》引《金门岁节》云："洛阳人家，……乞巧使蜘蛛结万字，造明星酒，装同心脍。"

（九）重阳

九月九日为重阳节，其节日食品为各种糕。隋唐以前，人们多把糕称为"饵"，重阳糕的种类很少，多是加了蓬草的"蓬饵"。到了唐代，重阳糕的名目就多了起来，据《大唐六典》和唐《食谱》等书记载，唐代重阳节有麻葛糕、米锦糕以及菊花糕。

饮茱萸酒、菊花酒是隋唐时期重阳节的重要食俗，庞元英《文昌杂录》卷三载："九月九日则有茱萸、菊花酒。"重阳节人们饮酒往往与登高野宴相伴，孙思邈《千金月令》云："重阳之日，

---

① （清）彭定求等编：《全唐诗》卷三，中华书局1960年版，第28页。

② （五代）王仁裕等撰，丁如明辑校：《开元天宝遗事十种》，上海古籍出版社1985年版，第83页。

必以肴酒登高眺远，为时讌之游赏，以畅秋志。酒必采茱萸、甘菊以泛之，既醉而还。”①

（十）冬至

隋唐时，冬至的地位较高，它与年节、寒食并称为三大节。唐人又把冬至称为“小岁”或“亚岁”。每逢冬至，政府各部门都要放假7天，为欢度冬至唐人往往还要举行酒宴，如白居易《小岁日对酒吟钱湖州所寄诗》云：“一杯新岁酒，两句故人诗。”② 皎然《冬至日陪裴端公使君清水堂集》云：“亚岁崇佳宴，华轩照绿波。”③ 隋唐时期，冬至的地位虽然很高，但尚没有形成特有的节日食品来。

三、人生礼仪食俗

在育子、婚姻、丧葬、寿诞等人生礼仪活动中，饮食扮演着重要的角色，往往寓有深刻的含义，起着不可替代的作用。

（一）生育食俗

生育在中国人的思想观念中占有非常重要的地位，在小儿诞日、三日、满月的生育风俗中，往往涉及饮食方面的内容。

在诸多生育风俗中，唐人最为重视三日洗儿。洗儿之日，亲友前来祝贺，主人设宴招待客人。司马光《资治通鉴》卷二〇五载：武则天长寿元年（692年），“右拾遗张德，生男三日，私杀羊会同僚，补阙杜肃怀一餤，上表告之。明日，太后对仗，谓德曰：‘闻卿生男，甚喜’。德拜谢。太后曰：‘何从得肉？’德叩头，服辜。太后曰：‘朕禁屠宰，吉凶不预。然卿自今召客，亦须择人。’出肃表，示之。肃大惭，举朝欲唾其面。”从这则故事中，可知唐人对三日洗儿之宴甚为重视，在张德举办的这次宴席上，待客的食物

---

①（元）陶宗仪编：《说郛三种·说郛一百二十卷》卷六九，上海古籍出版社1988年版，第3223页。

②（清）彭定求等编：《全唐诗》卷四四三，中华书局1960年版，第4956页。

③（明）高棅编选：《唐诗品汇》卷七〇，上海古籍出版社1988年版，第612页。

中有羊肉馅的饼餤。

满月庆贺亦为唐人所重。小儿满月这天，唐人往往聚食饮宴。如《法苑珠林》载：唐高宗显庆年间（656—661年），“长安城西路侧有店家新妇诞一小男，月满日，亲族庆会，欲杀羊。羊数向屠人跪拜，屠人报家内，家内大小不以为征，遂即杀之，将肉就釜煮。余人贪料理葱蒜饼食，令产妇抱儿看煮肉”①。满月这天，有条件的家庭还要请僧人会食，为幼儿祈福，如《宣室志》载：“唐故剑南节度使、太尉兼中书令韦皋，既生一月，其家召群僧会食……既食，韦氏命乳母出婴儿，请群僧祝其寿。”②

（二）婚庆食俗

在隋唐时期的诸多婚礼仪式中，食物都有其不可替代的作用，如婚娶之日，“当迎妇以粟三升填臼”，“女嫁之明日，其家作黍䐁”。新妇入门时，“先拜猪樴及灶”③。用粟填臼、拜猪樴和灶神，暗示新娘子结婚后须把负责饮食烹饪作为家庭的主要职责。

同牢合卺是与饮食关系最为密切的一项婚礼仪式，举行这项仪式时，要求新婚夫妇食同牢盘、喝合卺酒。同牢所食的食物最早可能为肉，唐代时已改为饭了。喝合卺酒所用的杯子，一般为瓠瓢，无瓠瓢时也可以用盏代替。唐人食同牢盘、喝合卺酒时，要遵守严格的仪礼，据《大唐吉凶书仪》称：“于门西畔设同牢盘，旧（男）东坐，女在盘西坐，合及男西女东，连瓢共饮，若其无瓢，以盏充之。将五色綖（綖）绳长四尺有余，瓢边瓢，无瓢连盏饮酒之。行食三口，男女俱起，女向东畔，面向西立，男在西畔向东立。男女相当，一时再拜。”④

若婚娶之日不在腊月，在婚礼的第二天，新妇就要拜见舅姑（公婆）。拜见时，新娘执竹器笲，盛枣栗。枣是谐音，早生贵子

① （宋）李昉等编：《太平广记》卷一三二《店妇》引，中华书局1961年版，第940页。

② （宋）李昉等编：《太平广记》卷九六《韦皋》引，中华书局1961年版，第641页。

③ （唐）段成式：《酉阳杂俎》卷一《礼异》，四部丛刊本。

④ 谭蝉雪：《敦煌婚姻文化》，甘肃人民出版社1993年版，第10页。

之意。栗也是谐音，立子之意。新娘以此看拜见舅姑，是表示她将给他们尽早带来贵子，以延其家香火。这是中国人早生贵子、多生贵子的观念在婚礼中的体现①。

婚后三日，新妇行“入厨礼”，亲自入厨做羹或汤饼，并且要把第一碗羹汤献给男方父母，王建《新嫁娘词》云：“三日入厨下，洗手作羹汤。未谙姑食性，先遣小姑尝。”②

（三）寿诞食俗

初唐时，民间庆贺生日已比较普遍，但生日宴乐仍被斥为不经。台湾学者邱仲麟认为：“生辰祝寿开始于唐中宗景龙三年（709年）十一月十五日诞辰及唐玄宗开元十七年（729年）八月五日诞辰。”③ 开元十七年，唐朝将玄宗的生日定为“诞节”（亦称圣节）。此后，在皇帝生日设立诞节，并在全国范围举行庆祝活动，逐渐成为惯例。每逢诞节，全国都要禁屠、休假，从都城到地方州县，都要举行大规模的庆贺活动，其中宴饮是诞节的重要内容。

受皇帝庆寿的影响，中唐以后民间庆贺生日之风渐盛。生日宴乐开始被人们普遍接受，封演《封氏闻见记》卷四《降诞》称：“近世风俗，人子在膝下，每生日有酒食之会。”史籍中也不乏唐人生日宴会的记载，如唐玄宗长兄李宪封让王，“每年至宪生日，必幸其宅，移时宴乐”④；西平王李晟生日时，“中堂大宴”⑤。一些富室豪家庆祝生日时，还广请僧众设置斋筵，如段成式《酉阳

① 李斌城等：《隋唐五代社会生活史》，中国社会科学出版社2004年版，第194页。

② （清）彭定求等编：《全唐诗》卷三〇一，中华书局1960年版，第3423页。

③ 邱仲麟：《诞日称觞——明清社会的庆寿文化》，蒲慕州主编：《生活与文化》，中国大百科全书出版社2005年版，第452页。

④ （五代）刘昫等：《旧唐书》卷九五《让皇帝宪传》，中华书局1975年版，第3012页。

⑤ （宋）赵璘：《因话录》卷三《商部下》，上海古籍出版社1979年版，第87页。

杂俎》续集卷五《寺塔记》载，宰相李林甫生日时，长安菩提寺僧人“就宅设斋”，“祝林甫功德”。

唐代还形成有专门的生日庆寿食品——汤饼。《新唐书·王皇后传》载：“玄宗皇后王氏……始，后以爱驰，不自安。承间泣曰：‘陛下独不念阿忠脱紫半臂易斗面，为生日汤饼耶？’帝悯然动容。阿忠，后呼其父仁皎云。”邱庞同先生认为：“‘汤饼’在唐代仍泛指一切汤煮面食，但‘生日汤饼’应为细而长的面条，寓意长寿”①。

（四）丧葬食俗

按照儒家的丧仪，人们居丧期间要茹素，不得饮酒食肉、不得参加宴饮。唐代时，不少人尚能够按照丧礼的要求，为父母等服丧和守孝，但也有一些人并不遵守传统的丧葬礼法。如唐高宗龙朔二年（662年）颁布的一道诏令中，即有“亦有送葬之时，共为欢饮，递相酬劝，酣醉始归”的叙述。② 对不遵礼制，居丧饮酒食肉的行为，唐代的社会舆论往往予以谴责。政府对居丧宴饮的官员也多加惩罚，如唐宪宗元和十二年（817年），驸马都尉于季友居嫡母丧，与进士刘师服欢宴夜饮，“季友削官爵，笞四十，忠州安置；师服笞四十，配流连州”③。

丧葬仪式中的各种食物扮演了独特的、不可替代的角色，具有丰富的民俗内涵。在唐代皇帝“凶礼”的27个程序中，有多个程序涉及饮食，如第十六“殡”：“大殓后，殡梓宫于西阶。设熬黍稷，盛八筐，加鱼腊等。”④ 唐代民间的葬礼也与饮食密切相关，如在盖棺时，“以肉饭黍酒著棺前，摇盖叩棺，呼亡者名字，言

① 邱庞同：《中国面点史》，青岛出版社1995年版，第46页。

②（宋）王溥：《唐会要》卷二三《寒食拜扫》，中华书局1955年版，第439页。

③（五代）刘昫等：《旧唐书》卷一五《宪宗纪下》，中华书局1975年版，第459页。

④ 李斌城等：《隋唐五代社会生活史》，中国社会科学出版社2004年版，第228页。

‘起食’，三度然后止”①。

唐代送葬，盛行道祭，食物在道祭仪式中扮演重要角色，封演《封氏闻见记》卷六《道祭》云：“元宗朝，海内殷赡，送葬者或当衢设祭，张施帷幙，有假花、假果、粉人、面粻（一本作兽）之属。然大不过方丈，室高不踰数尺，议者犹或非之。丧乱以来，此风大扇。祭盘帐幙高至八九十尺，用床三四百张，雕镌饰画，穷极技巧，馔具牲牢，复居其外。”

第七节　饮食文化交流

一、南北饮食文化交流

唐代时，由于政治的长期统一和南方济经文化的长足发展，更因大运河给南北交通带来的便利，南北经济不断走向整合，文化风尚亦渐趋混同。中唐以后，南方地区的经济地位和文化声望都有了很大地提高，盛产于南方的稻米、水产品、果品、茶叶、调味品等，开始以不同形式、通过各种途径大量输入到中原地区。南方的饮食文化开始对中原居民的饮食生活产生实质性的影响。

唐初，南方稻米运往北方的数量尚少，一般年份只有20万石。中唐以后，南粮北运已达上百万石，最高年份竟达300万石。唐代输入北方中原地区的南方大米多为江淮、两湖地区生产的，唐宪宗时宰相权德舆称：“江、淮田一善熟，则旁资数道，故天下大计，仰于东南。”② 刘晏在论述南粮漕运的重要性时称：“潭、衡、桂阳必多积谷，关辅汲汲，只缘兵粮。漕引潇、湘、洞庭，万里几日？沦波挂席，西指长安。三秦之人待此而饱；六军之众待此而强。天子无侧席之忧，都人见泛舟之役；四方旅拒者可以破胆，三

① （唐）段成式：《酉阳杂俎》卷一三《尸穸》，四部丛刊本。

② （宋）欧阳修、宋祁：《新唐书》卷一六五《权德舆传》，中华书局1975年版，第5076页。

河流离者于兹请命。"① 天府之国的四川地区在唐代也经常运粮接济京师等地，如唐高祖武德二年（619年），"太府少卿李袭誉运剑南之米以实京师"②，又如唐高宗咸亨元年（670年），"运剑南义仓米百万石救饥人"③。

唐代时，南方的鱼蟹等水产品以贡品的形式大量输入北方中原地区。据《新唐书·地理志》记载：江陵府江陵郡贡白鱼、糖蟹，利州益昌郡贡鲧鱼④；扬州广陵郡贡鱼脐、鱼鲚、糖蟹，润州丹阳郡（今江苏镇江）贡鲟、鲊，苏州吴郡贡鲻皮、鲅鳍、鸭胞、肚鱼、鱼子，福州长乐郡贡海蛤，明州余姚郡贡海味⑤。明州所贡海味的品种多样，据李吉甫《元和郡县图志》卷二十七记载，有海肘子、红虾米、鲼子、红虾鲊等。另据元稹《浙东论罢进海味状》载，明州"每年进淡菜一石五斗、海蚶一石五斗"⑥。唐代时，浙东的蛤蜊曾大量进入京城市场，成为皇家及权贵们的美餐佳肴，如苏鹗《杜阳杂编》卷中记载，唐文宗"好食蛤蜊"⑦。

产于长江流域的橘、柑、橙、柚、梅等亚热带水果也是唐代运往中原地区的大宗货物。唐代南果北运的形式主要有二：一是商人贩运，如《文苑英华》卷五四六《梨橘判》载："郑州刘元礼载梨向苏州，苏人宏执信载橘来郑州。行至徐城，水流急，两船相冲，俱破。梨及橘并流，梨散，接得半。橘薄盛，总不失。元礼索陪，

① （五代）刘昫等：《旧唐书》卷一二三《刘晏传》，中华书局1975年版，第3512页。

② （宋）王钦若等：《册府元龟》卷四九八《邦计部·漕运》，中华书局1960年版，第5966页。

③ （宋）王应麟：《玉海》卷一八四《唐社仓、义仓》，文渊阁《四库全书》第947册，第707页。

④ （宋）欧阳修、宋祁：《新唐书》卷四〇《地理志四》，中华书局1975年版，第1027、1035页。

⑤ （宋）欧阳修、宋祁：《新唐书》卷四一《地理志五》，中华书局1975年版，第1051、1056、1058、1061、1064页。

⑥ （唐）元稹撰，冀勤点校：《元稹集》卷三九《状》，中华书局1982年版，第440页。

⑦ （唐）冯贽：《云仙杂记》卷七《嗜蛤蜊》引，四部丛刊本。

执信不伏。”这则故事反映了唐朝商人把南方盛产的橘子通过大运河大量运往北方中原地区的事实；二是地方进贡，据《新唐书·地理志》记载，绵州、荆州、澧州、苏州、杭州、越州、温州、抚州都向朝廷贡送一定数额的橘子。其中，苏州太湖洞庭山出产的橘子尤其受到唐人的喜爱。据《元和郡县图志》和《新唐书·地理志》记载，荆州、峡州、澧州、朗州、襄州、梁州、文州、开州、苏州、湖州、温州、台州、洪州、简州、资州、悉州、梓州、普州、荣州、遂州、端州、循州等22个州贡柑，荆州、合州、巴州三州贡橙，洪州贡“梅煎”，虔州贡梅。

唐代时，南方广大地区还向位于中原地区的朝廷进贡酒和各种调味品。据《元和郡县图志》和《新唐书·地理志》记载，郢州富水郡贡春酒曲，成都府贡生春酒，袁州宜春郡贡酒，黎州贡蜀椒，金州贡蜀椒、椒实，融州贡桂心，虔州贡桂子，峰州贡豆蔻，荆州、梓州贡橘皮；涪州、泸州贡酱，益州、蜀州、梓州贡沙糖，巴州、眉州、越州、虔州、永州贡石蜜，复州、文州、夔州、翼州、涪州贡白蜜，归州、凤州、兴州、通州、施州、湖州贡蜜，茂州贡干酪，当州、庐州贡酥，松州贡牛酥、悉州、静州贡犛牛酥等①。

在南方的各种食物大量输入到北方中原地区的同时，随着南来北往的行人不断增加，南方的各种食俗和食法也不断地被中原饮食文化所吸收。王利华先生认为：“在唐代南来北往的各类流动人员中，具有较高文化素养的文人（包括北上应试的举子、赴南方任职的政府官员以及在各地游历的骚人墨客等）和游方僧侣，乃是南方饮食文化最为积极的宣传者和学习者。”②如长年在南方做官的白居易，在南方生活期间喜好炮笋烹鱼、食稻米饭和煮饮茶茗，他在寓居长安、洛阳时也是如此。唐代北方中原地区还有不少文人

---

① 王永平：《从土贡看唐代的宫廷饮食（下）》，《饮食文化研究》2004年第4期。

② 王利华：《中古华北饮食文化的变迁》，中国社会科学出版社2000年版，第324~325页。

像白居易这样，对南方的饮食文化抱着十分欣赏的态度，他们不仅经常以优美的诗句赞咏南方食物，而且还在日常饮食生活中刻意讲求南方风味。这是唐代中原地区对南方饮食文化大量吸收的结果和重要表现。

唐代时，中原饮食文化对南方的影响较小。唐代中原地区输往南方的食物品种比较少，主要是南方不能生产的温带水果，如《梨橘判》中郑州人刘元礼载到苏州的就是梨。与南方的大米、水产品、亚热带水果、茶叶的大量北运相比，唐代中原地区输往南方的食物品种及数量更显得微不足道。

二、胡汉饮食文化交流

唐代是中国历史上多民族国家进一步发展的重要历史时期，周边的民族众多，如突厥、吐蕃、回纥、南诏、靺鞨、契丹等民族都曾对这一时期的历史产生过重要的影响。在周边民族与唐朝中原汉族政权交往的过程中，彼此之间的饮食文化也频繁交流，相互影响。这里仅以吐蕃、回纥为例，对唐代周边民族与中原汉族的饮食文化交流作一初步的探讨。

（一）唐朝与吐蕃的饮食文化交流

吐蕃是古代藏族建立的政权。唐初，吐蕃首领松赞干布统一了青藏高原，建立起以赞普为中心的奴隶制中央集权国家。吐蕃建国后，积极向外扩展势力，曾一度占有唐朝的河西、陇右及西域的广大地区，是当时最为强盛的国家之一。

唐朝和吐蕃的饮食文化交流十分密切。唐太宗贞观十五年(641年)，文成公主下嫁吐蕃赞普松赞干布，揭开了唐朝饮食文化大量输入吐蕃的序幕。其中，茶文化的传入更是对藏民的饮食文化生活产生了重大而深远的影响。据《藏史》记载："藏王松冈布之孙时，始自中国输入茶叶，为茶叶输入西藏之始"；《西藏政教鉴附录》说得更加具体："茶叶亦自文成公主入藏土也。"① 李肇

① 转引自徐海荣：《中国饮食史》卷三，华夏出版社1999年版，第538页。

《唐国史补》卷下《虏帐中烹茶》载："常鲁公使西蕃，烹茶帐中，赞普问曰：'此为何物？'鲁公曰：'涤烦疗渴，所谓茶也。'赞普曰：'我此亦有。'遂命出之，以指曰：'此寿州者，此舒州者，此顾渚者，此蕲门者，此昌明者，此滍湖者。'"这说明中国内地的多种名茶已传入吐蕃，并为当时的上层人物所享用。唐代的茶文化传入吐蕃后，饮茶迅速盛行开来。吐蕃人饮茶时，喜欢往茶汤中添加酥油合熬，从而创造出藏族独具民族风味的酥油茶。

文成公主出嫁吐蕃后，吐蕃在唐高宗初年，"因请蚕种及造酒、碾、硙、纸、墨之匠，并许焉"①，可知吐蕃的造酒和粮食加工技术也是从唐代传入的。文成公主和唐中宗时期入藏的金城公主，还带去了大批汉族蔬菜种子和先进的科技知识，"现在藏语中的豆腐、白菜、韭菜、萝卜、酱油、醋、葱等食品和调味品的名称，均由汉语转译而来"②。据刘云先生的研究，箸（筷子）亦是唐代时始传入西藏，使藏民"逐步变手搏而食为手箸并用"③。

（二）唐朝与回纥的饮食文化交流

回纥是今天维吾尔族的祖先。唐初，回纥居于娑陵水（今蒙古色楞格河）流域。唐玄宗天宝三载（744年），回纥首领骨力裴罗据有东突厥故地，建立回纥汗国，其疆域"东极室韦，西金山，南控大漠，尽得古匈奴地"④。唐宪宗元和四年（809年），回纥改名"回鹘"。唐文宗开成五年（840年），回鹘汗国崩溃，部众离散。

---

① （五代）刘昫等：《旧唐书》卷一九六《吐蕃传》，中华书局1975年版，第5222页。

② 徐海荣主编：《中国饮食史》卷三，华夏出版社1999年版，第538页。

③ 刘云：《中国箸文化史》，中华书局2006年版，第249页。

④ （宋）欧阳修、宋祁：《新唐书》二一七《回鹘传上》，中华书局1975年版，第6115页。

回纥与唐朝保持着良好密切的关系，深受唐朝中原饮食文化的影响。在回纥汗国的都城哈剌巴剌合孙，前苏联考古学家曾经在其遗址上发现了磨盘，这应是从唐朝传过去的粮食加工工具①。

回纥还首先开创了以马换茶的历史，据《新唐书》记载："时回纥入朝，始驱马市茶。"② 这是历史上茶马贸易的开始，自此以后"茶马互市"成为历代王朝长期推行的边贸政策。

回纥还从唐朝那里得到了不少的牛、羊和粮食。它们多以赐物的形式出现，如唐肃宗至德二年（757 年），回纥可汗遣太子叶护率 4000 铁骑援唐平叛，唐将郭子仪在扶风迎接他们，"子仪犒饮三日。叶护辞曰：'国多难，我助讨逆，何敢食！'固命，乃留。既行，日赐牛四十角、羊八百蹄、米四十斛"③。回纥铁骑并不满足于唐朝的赐物，他们在平叛的过程中也多有掠夺，仅太原一地他们就掠夺了数万羊马④。虽然如此，在他们遇到灾荒时，唐朝皇帝还是多有接济，如唐文宗开成四年（839 年），回鹘"方岁饥，遂疫，又大雪，羊、马多死"，唐武宗即位后，"帝乃诏右金吾卫大将军王会持节慰抚其众，输粮二万斛"⑤。

回纥对唐代中原饮食文化的影响可能并不大，但由于回纥处于中原与西域的交通要道上，当时西域和外国的许多胡食、胡饮是首先通过回纥才传到中原地区的。如原产于非洲的西瓜，在唐代时已传到回纥地区。五代时，契丹破回鹘，又使西瓜得以传到了我国北方的契丹辖区。

---

① 徐海荣：《中国饮食史》卷三，华夏出版社 1999 年版，第 538 页。

② （宋）欧阳修、宋祁：《新唐书》卷一九六《陆羽传》，中华书局 1975 年版，第 5612 页。

③ （宋）欧阳修、宋祁：《新唐书》卷二一七《回鹘传上》，中华书局 1975 年版，第 6115 页。（五代）刘昫等《旧唐书》卷一九五《回纥传》亦有此记载，第 5199 页

④ （五代）刘昫等：《旧唐书》卷一九五《回纥传》，中华书局 1975 年版，第 5028 页；欧阳修、宋祁：《新唐书》二一七《回鹘传上》，第 6121 页。

⑤ （宋）欧阳修、宋祁：《新唐书》二一七《回鹘传下》，中华书局 1975 年版，第 6130~6131 页。

三、中外饮食文化交流

唐代经济繁荣，文化昌盛，中外交通频繁，众多的外交使节、商人和宗教僧侣络绎于途，唐代与境外诸国的饮食文化交流比以往任何时候都要活跃。向西，大唐帝国同中亚、西亚、南亚和其他西方国家的饮食文化交流主要通过传统的丝绸之路进行；向东，对日本、朝鲜的饮食文化交流主要通过海路进行。

（一）陆路饮食文化交流

向西的陆路交流是唐代中外饮食文化交流的主流，通过丝绸之路这条巨大的国际通道，唐代饮食文化的输入和输出都比较兴旺。就饮食文化的输入而言，输入唐代的多为中原内地所无的各种饮食原料，以果品、蔬菜和调味品为多。此外，各种胡食肴馔及异域的饮食器具对唐代也产生了较大影响。

经丝绸之路引进的果品有千年枣、波斯枣、偏桃、树菠萝、齐暾果、胡榛子、金桃、银桃等，引进的蔬菜有佛土菜、菠菜、酢菜、浑提葱、苦菜等，同果品一样，这些果品和蔬菜多是由使节进贡而来的。经丝绸之路，还输入大量的外来调味品，其中最有名的为胡椒。段成式在《酉阳杂俎》中更明确地指出："胡椒，出摩伽陁国，呼为昧履支……今人作胡盘肉食皆用之。"① 莳萝子也是唐代引进的一种调味品，李珣《海药本草》称莳萝"生波斯国"②。唐代经丝绸之路输入的其他调味品还有盐、石蜜、胡芥（又称白芥）。

经丝绸之路，唐朝还引进了制糖、果酒酿造等一些先进的生产技术。唐朝从南亚的摩伽佗国引进了先进的熬糖技术，据王溥《唐会要》卷一百《杂录》载："西番诸国出石蜜，中国贵之。太宗遣使至摩伽佗国取其法，令扬州煎蔗之汁，于中厨自造焉。色味愈于西域所出者。"唐朝还从波斯引进了三勒浆及其酿造方法，李

---

① （唐）段成式：《酉阳杂俎》卷一八《木篇》，四部丛刊本。

② （宋）唐慎微：《重修政和证类备用本草》卷九《莳萝》，四部丛刊本。

肇《唐國史补》卷下载："三勒浆，类酒，法出波斯。三勒者，谓庵摩勒、毗梨勒、诃梨勒。"据苏鹗《杜阳杂编》卷中载，唐朝从西域的乌弋山离国引进了"黑如纯漆，饮之令人神爽"的龙膏酒。

不少异域的饮食器具通过丝绸之路也传入中国，其方式有二：一是使臣贡献，如《觥记注》所载的"罽宾国献水晶杯"①；二是胡商贸易，如1970年陕西西安南郊何家村唐代窖藏出土的镶金牛首玛瑙杯。有人估计这件器物，可能是波斯和阿拉伯商人带入中国的②。除金银、玉石、玻璃等贵重质地的饮食器具外，输入中国的还有唐代比较常见的陶瓷质地的饮食器。如扬州曾出土有翠绿釉大陶壶和青釉绿彩背水扁瓷壶各一件，从釉色、胎质上，特别是造型艺术上看，它们均为古代波斯的器皿③。

通过丝绸之路，唐朝的食物原料、饮食器具、食物加工、饮食方式等，也源源不断地传播到广大的中亚、西亚、南亚和其他西方国家。唐代的饮食文化，尤其是中国茶文化的输入，对当地居民的饮食生活产生了较大影响。在中国的茶叶沿丝绸之路向西传播的过程中，波斯是一个重要的中转地，"凡是从陆路传播茶的国家，尽管有些国度已离中国较远，但他们的语音中，仍然保留着中国北方话'茶'的基本音质，这些国家都将'茶'读清擦音声母 s、sh 或清塞擦音声母 c、ch。如俄罗斯语读茶作 chai，阿拉伯语读茶作 shai，土耳其语读茶作 cay，罗马尼亚语读茶作 ceai，波兰语读茶作 chai。这些发音依据的多是波斯语，而波斯语'茶'的发音则根据中国'茶'的直接音译"④。

---

① （元）陶宗仪编：《说郛三种·说郛一百二十卷》卷九四，上海古籍出版社1988年版，第4329页。

② 管士光：《唐人大有胡气——异域文化与风习在唐代的传播与影响》，农村读物出版社1992年版，第65页。

③ 管士光：《唐人大有胡气——异域文化与风习在唐代的传播与影响》，农村读物出版社1992年版，第68~70页。

④ 王赛时：《国际茶文化交流的历史成就与现代审视》，《饮食文化研究》2006年第2期。

（二）海路饮食文化交流

向东的海路交流也是唐代中外饮食文化交流的重要组成部分，交流的主要国家是朝鲜和日本。

1. 与朝鲜的饮食文化交流

朝鲜与中国山水相接，受中国文化影响至深。唐初，新罗王朝统一了朝鲜半岛，统一后的新罗积极吸收大唐的各种文化，其中影响较大的就包括茶文化。金富轼《三国史记》卷十《新罗本纪》载："茶自善德王有之"，新罗善德王在位的时间为632—647年。可见，最迟7世纪前半期，朝鲜就已经开始饮茶了。金富轼《三国史记》卷十《新罗本纪》又载：兴德王三年（唐文宗太和二年，828年），"冬十二月，遣使入唐朝贡，文宗召对于麟德殿，宴赐有差。入唐回使大廉持茶种来，王使植地理山"。从此以后，茶饮在朝鲜开始大行其道，呈现兴盛局面。不过，"饮茶主要在贵族、僧侣和上层社会中传播并流行，且主要用于宗庙祭礼和佛教茶礼"①。

朝鲜的水稻、蔬菜、果品等食物原料也经常输入唐朝。陈岩《九华诗集》载，唐德宗时，金地藏从新罗输入黄粒稻，并种植于安徽九华山一带。从新罗输入唐代的蔬菜有白茄和石发，段成式《酉阳杂俎》卷一九《草篇》载："（茄子）有新罗种者，色稍白，形如鸡卵。西明寺僧造玄院中有其种。"从这种白色的茄子在寺院中种植的情况来看，它极有可能是由僧人从新罗输入中国的。石发是一种水生藻类，中国吴越沿海也有出产，"然以新罗者为上。彼国呼为'金毛菜'"②。输入唐朝的著名朝鲜果品为松子，陶穀《清异录·百果门》称："新罗使者，每来，多鬻松子。有数等。玉角香、重堂枣、御家长、龙牙子，惟玉角香最奇。使者亦自珍之。"③

---

① 刘项育：《韩国茶礼及其现代价值》，《饮食文化研究》2006年第2期。

② （宋）陶穀撰，李益民等注释：《清异录》（饮食部分），中国商业出版社1985年版，第43页。

③ （宋）陶穀撰，李益民等注释：《清异录》（饮食部分），中国商业出版社1985年版，第137页。

2. 与日本的饮食文化交流

日本大化革新后，对唐朝高度发达的文明非常崇拜，经常派僧人、留学生来唐朝学习，模仿唐朝的一切，近乎全盘唐化。同时，中国的一些僧人也东渡日本传道，最著名的当属高僧鉴真。频繁的中日交往，迎来了两国饮食文化交流的高潮。

与其他国家相比，唐代的中日饮食文化交流的单向性质更为明显，即这一时期的中日饮食文化交流几乎全部表现为唐朝向日本的输出。输入到日本的唐代饮食文化的内容十分广泛，从饮食原料到饮食方式，从食品到饮料，应有尽有。据真人元开《唐大和上东征传》记载，鉴真东渡时，携带的中国食品就有干胡饼、干蒸饼、干薄饼、番捻头、落脂红绿米、甘蔗、蔗糖、石蜜、茶叶等。日本学者杂喉润认为，豆腐、黑沙糖和用来吃的味噌（日本式豆酱）都是鉴真传到日本的①。另据日本《食物传来史》记载，8世纪日本从唐朝传入了馄饨的烹制方法。《倭名类聚钞》则认为，日本奈良时代，苹果的种植及面条的制作方法也由唐朝传入了日本②。而据陶文台先生的研究，豆腐、粽子、年糕、生鱼片等食物，“箸”“料理”等名称，多是由唐代传入日本的③。徐少华先生认为：“日本于平安朝初期（即中国唐代）引入中国药酒”，“日本仿效中国元日饮屠苏酒始于平安朝初期（811年），直至今日仍有这一习俗，处方与饮用方法也与中国相同。在唐代，中国式宴会已进入日本上层社会。”④

在日本输入的众多唐代饮食中，尤其值得一提的就是茶叶了。学者多认为，茶叶传入日本的时间可能略晚于朝鲜。茶叶最早是由僧人传入日本的，据日本《古事根源》及《奥仪抄》二书记载，

---

① ［日］杂喉润：《中国食文化在日本》，蔡毅编译：《中国传统文化在日本》，中华书局2002年版，第229~235页。

② 刘云：《中国箸文化史》，中华书局2006年版，第250页。

③ 陶文台：《中国烹饪史略》，江苏科技出版社1983年版，第189~190页。

④ 徐少华：《中日酒文化比较研究》，《中华饮食文化基金会会讯》（台湾）2007年第2期。

日本圣开帝于天平元年（729年）召集僧侣百人，在宫中诵经四天，事毕各赐以茶粉，受赐者感到十分荣幸。日本皇室对茶树种植的推广和日本茶文化的兴起也起到了很大的促进作用，《日本纪略》载：弘仁六年（815年）四月，“嵯峨天皇行幸近江国滋贺韩琦，在梵释寺停留，大僧都永忠亲自煎茶奉献。天皇饮用后大概很满意，六月便令畿内、近江、丹波、播磨等国植茶，每年进献。”不过，日本对唐代茶文化的引进还属初始阶段，多数日本人视茶饮为保健药物，饮茶风气还只停留在少数上层统治者中间，远远没有普及到日本的下层民众之中。

3. 与东南亚的饮食文化交流

唐代的饮食文化经海路还传播到东南亚诸国，据周达观《真腊风土记·器用》载，真腊（今柬埔寨）的寻常人家，“盛饭用中国瓦盘或铜盘……往往皆唐人制作也。食品用布罩，国主内中，以销金缣帛为之，皆舶商所馈也”。

第八节 饮食文献

一、饮食著作

（一）食经类

据史书和笔记记载，隋代的食经类著作有医学家马碗的《食经》3卷、崔禹锡的《崔氏食经》4卷、谢讽的《淮南王食经》，唐代的食经类著作有《严龟食法》10卷、杨晔《膳夫经手录》4卷、段文昌的《邹平公食宪章》、韦巨源的《烧尾宴食单》《斫脍书》，五代有《食典》100卷。但是这些著作大多已经亡佚。如马碗《食经》《崔氏食经》只在《医心方》《证类本草》中保留有数十条引文。《严龟食法》《邹平公食宪章》《食典》几乎全部亡佚。只有谢讽《食经》、韦巨源《烧尾宴食单》、杨晔《膳夫经手录》还部分地保存了下来。

1. 谢讽《食经》

谢讽，曾任隋炀帝的尚食直长，著有《淮南王食经》，已佚，亦不见录《隋书》及两《唐书》志。陶穀《清异录》卷下《饮馔门》和陶宗仪《说郛》卷九五上，有引《食经》一书者，分别抄录有53种菜点的名称，而无所用原料和制作方法，所涉食物品种有脍、羹、臛、鲊、炙、腊、饼、面、糕、饭、寒具等。

谢讽《食经》所列的菜点，大多数是煮或烧的。在全部53种菜点中，以面食最多，占13种；肉食方面，以羊肉居多，占8种。而南方风味的原料却很少。从所用的材料以及对烹调的嗜好来看，可以断定它们是属于北方风味的，“即北朝系统隋朝的珍馔美味是属于北部的，南方烹调技术还没有传播到中国北部”①。

《食经》所收菜点，取名均较华丽，如飞鸾脍、剔缕鸡、龙须炙、千金碎香饼子、花折鹅糕、修羊宝卷等。有些食品名称前面冠以人名，如北齐武威王生羊脍、越国公碎金饭、虞公断醒鲊等。这些食品显然是王侯贵族的名馔佳肴。谢讽《食经》所列的相当一部分菜点，如无忧腊、龙须炙、浮萍面、春香泛汤等，人们很难仅从名字上推测出所用的烹饪方法。虽然如此，由于隋代及其以前的饮食著作大多亡佚，故此书对研究古代饮馔仍有一定的参考价值。

2. 《烧尾宴食单》

《烧尾宴食单》又称《食谱》，唐韦巨源编撰。《烧尾宴食单》载于陶穀《清异录》卷下《饮馔门》、陶宗仪《说郛》卷九五上、陈世熙《唐人说荟》。《烧尾宴食单》共收录58种菜点，其菜肴有用羊、牛、豕、鸡、鹅、鸭、鹑子、熊、鹿、狸、兔、鱼、虾、鳖等为原料制成的各种荤食；其饭点有乳酥、夹饼、面、膏、饭、粥、馄饨、汤饼、毕罗、粽子等。与谢讽《食经》所记菜点不同的是，它附有简注，指出烹饪方法及所用原料。如“巨胜奴”，注云“酥蜜寒具”，令人明白这是一种加了蜜糖及芝麻的油炸点心；“白龙臛”，注云“治鳜肉”，是用鳜鱼肉煮制的臛羹；“雪婴儿”，注云“治蛙，豆荚贴”，可能是蛙肉裹豆粉下锅煎贴。但由于注文过于简略，有些菜点仍难以考证清楚。

---

① ［日］篠田统著，高桂林等译：《中国食物史研究》，中国商业出版社1987年版，第107页。

《烧尾宴食单》所收菜点的选料制作均十分考究，反映了唐代皇室和官僚贵族饮食的豪侈。《烧尾宴食单》所收菜点的取名也颇费心思。其命名的方法十分丰富，除了传统的以主料、辅料、佐料和烹法命名的写实型肴馔名称外，也有不少比喻及寓意类菜名。《烧尾宴食单》所记载的菜点“很明显是以北方风味为主流的”①，“或者说是以关中风味为其特色的食谱”②。

3.《膳夫经手录》

《膳夫经手录》，唐杨晔撰，成书于唐宣宗大中十年（856年），《新唐书·艺文志》《崇文总目·医书类》《通志·艺文略》《宋史·艺文志》等书目皆称其4卷，现仅有1卷存世，约1500字，载入《宛委别藏》《粤雅堂丛书》《碧琳琅馆丛书》《丛书集成》初编。此外，北京图书馆特藏书室藏有清初毛氏汲古阁抄本。

《膳夫经手录》残卷没有明确的分类，大体上以类相从，简述了一些粮食、蔬菜、肉类、水果等的名称、产地、性味、食用方法和医疗价值，书末还列有不托、切面筋夹粥、莼粥等食品。残卷的内容虽然比较单薄，但有助于后人对唐代食品名称进行考证，有助于人们了解唐代的饮食风习，对考证一些饮食典故、纠正传说中的某些错误，也具有重要的参考价值。

《膳夫经手录》残卷中对茶的记载较为详细，约占其内容的五分之三，简略介绍了饮茶的起源、唐代的地方饮茶风俗和各地名茶。这些内容大多数是从量的角度，如茶叶的品种内容等，没有从茶质、茶叶的饮用制作特点等作更进一步的详述，“说明了作者尚未能从实践中作进一步的总结”③。虽然如此，《膳夫经手录》残卷仍是研究唐代茶史不可多得的珍贵资料，可与陆羽《茶经》中的记载相互参照佐证。

---

① ［日］篠田统著，高桂林等译：《中国食物史研究》，中国商业出版社1987年版，第107页。

② 徐海荣主编：《中国饮食史》卷三，华夏出版社1999年版，第546页。

③ 陈伟明：《唐宋饮食文化发展史》，学生书局1995年版，第210页。

4.《邹平公食宪章》《食典》

《邹平公食宪章》，唐段文昌编。据陶穀《清异录》卷下《馔羞门》载："段文昌丞相，尤精馔事……自编《食经》五十卷，时称《邹平公食宪章》。"另据《清异录》卷下《馔羞门》载："孟蜀尚食掌《食典》一百卷。""孟蜀"即五代十国时期的后蜀。因其帝为孟知祥，故称之为"孟蜀"。《食典》中保存下来了的只有"赐绯羊"一法："以红曲煮肉，紧卷石镇，深入酒骨淹透，切如纸薄，乃进。注云：酒骨，糟也。"这可能是红曲运用于烹饪的最早记载。

（二）茶学类

唐代以前是中国茶学的萌芽时期，还没有全面、系统的茶学著作，只有记述茶事的零散篇章，这些茶事篇章散见于各类书籍和诗文之中。专门的茶学著作在唐代开始出现，如陆羽《茶经》1 卷、张又新《煎茶水记》1 卷、王敷《茶酒论》1 卷、裴汶《茶述》①、温庭筠《采茶录》1 卷、毛文锡《茶谱》（仅存辑本）。在唐代的茶学著作中，以陆羽《茶经》对后世影响最大，历来被视为茶史要典。

1.《茶经》

《茶经》，唐代陆羽撰。陆羽，字鸿渐，复州竟陵（今湖北天门）人。《茶经》共 3 卷，10 类，7000 余字。卷上列"一之源""二之具""三之造"等三类。其中，"一之源"讲茶的起源、名称、特征和品质；"二之具"谈采茶、制菜的工具；"三之造"论茶叶的种类及采制方法。卷中为"四之器"，列煮茶、饮茶的器皿及用具。卷下列"五之煮""六之饮""七之事""八之出""九之略""十之图"等六类。其中，"五之煮"讲煮茶的方法，并讨论各地水质的优劣；"六之饮"谈饮茶风俗；"七之事"叙述有关茶的典故、产地和药效；"八之出"分析各地所产茶叶的优劣；"九之略"指出可以省略的茶具、茶器；"十之图"教人将茶经写在绢布上悬挂。

① 已佚，今仅存陆廷璨《续茶经》卷上所引 1 则。

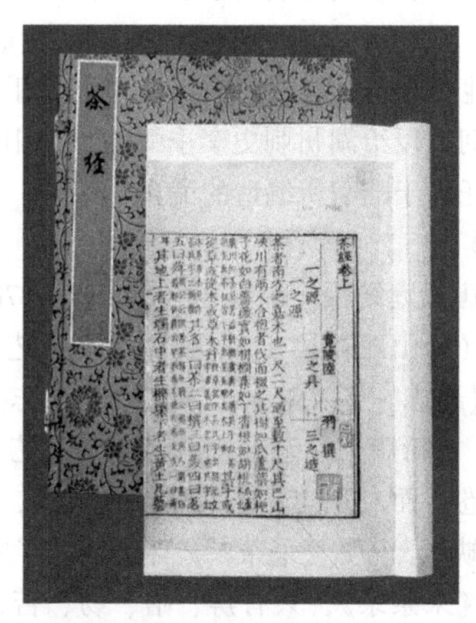

《茶经》书影

《茶经》虽只有7000余字，但可谓是古代的茶百科全书，是研究茶文化的重要资料。从《茶经》中，可以考察唐代的茶文化和陆羽的饮茶美学。《茶经》对中国茶文化产生了重大影响，其表现主要有三：第一，《茶经》是中国第一部茶学专著，开创了后人著述茶书的先河；第二，《茶经》将日常生活的饮茶活动提升到系统性、艺术性的文化领域。在《茶经》中，融会了儒、释、道三家思想的精华，促进了茶德和茶艺的形成；第三，《茶经》促进了茶文学、茶艺术的形成和发展。唐以后的文人们，留下了丰富的茶诗、茶文。后世书法、绘画等艺术作品也有不少以茶为内容的。

2.《煎茶水记》

《煎茶水记》，原名《水经》，唐张又新撰。张又新，字孔昭，深州陆泽（今河北深县西南）人，《新唐书》有传。《煎茶水记》成书于唐敬宗宝历元年（825年），共1卷，是古代论述煎茶用水的专著。本书卷首列举了刑部侍郎刘伯刍所品定的“七水”（扬子江南泠水第一、无锡惠山寺石水第二、苏州虎丘寺石水第三），后面又列举了陆羽所品定的“二十水”（庐山康王谷水簾水第一、无锡惠山寺石泉水第二、蕲州兰溪石下水第三)。

据张又新讲，陆羽所品定的“二十水”初名《煮茶记》，元和九年（814 年）他初成名时得于荐福寺一楚僧之手。而《煮茶记》又是唐代宗时陆羽口授给湖州刺史李季卿的。《四库全书总目》认为，这是张又新托名于陆羽所编造的谎言。

3.《采茶录》

《采茶录》，唐温庭筠撰。温庭筠（约 812—870 年），本名岐，字飞卿，太原祁（今山西祁县）人。《新唐书·艺文志》《崇文总目·小说类下》《通志·艺文略》《宋史·艺文志》《玉海·食货类》等均有著录。《新唐书·艺文志》《宋史·艺文志》《玉海·食货类》均作一卷，而《通志·艺文略》作三卷，疑误。《崇文总目》注明此书“缺”，说明《采茶录》宋时已经亡佚。《说郛》卷九三下所收录的《采茶录》，只有辨、嗜、易、苦、致等五目，不足 400 字，共记载了六条茶的故事。其中，又以“茶须缓火炙，活火煎”的论述较有价值。

4.《十六汤品》

《十六汤品》又称《汤品》，晚唐苏廙撰。苏廙，事迹无考。本书是研究唐、五代时期烹茶、饮茶的重要文献，约成书于 900 年前后，仅 1 卷，被《说郛》卷九三下、《文章辨体汇选》卷七百七十等收录。

本书认为：“汤者，茶之司命。若名茶而滥汤，则与凡末同调矣。”在此基础上，介绍了“得一汤”“婴汤”“百寿汤”“中汤”“断脉汤”“大壮汤”“富贵汤”“秀碧汤”“压一汤”“缠口汤”“减价汤”“法律汤”“一面汤”“宵人汤”“贼汤”（一名“贱汤”）、“魔汤”等 16 种茶汤的得失。其中，前三种汤是按汤的冷热程度来命名的，次三种汤是按注水时的缓急程度来命名的，又次五种汤是按盛装汤的不同茶具来命名的，最后五种汤是按所燃薪柴的不同命名的。

（三）酒学类

唐人嗜酒成风，与酒有关的诗文数不胜数，但唐代的酒学著作却很少，《旧唐书·经籍志》和《新唐书·艺文志》著录的唐代酒学著作只有3部：一是上官仪《投壶经》1卷，为酒令著作，已佚；二是刘炫《酒孝经》1卷①，为酒事典故著作，已佚；三是皇甫松《醉乡日月》，原书共3卷30篇，主要论述酒宴上的规则、行令、罚酒等事，还有一篇记酿酒。此书久已残缺，只有一小部分流传至今。

二、饮食资料

有关唐代的饮食资料，这些资料分布很广，散见于各类文献典籍之中，主要包括史书、笔记、医书、农书、类书、诗文集等。

（一）史书中的饮食资料

"正史"历来是历史研究的基本史料，当然也是本书研究的重要资料来源。有关隋唐时期历史的"正史"共有3部，它们是《隋书》《旧唐书》《新唐书》等。正史之中的饮食史资料尽管十分零碎，但其可靠性较高，其利用价值也是多方面的，如"列传"部分的有关内容，可以帮助人们了解许多个人日常饮食的具体情况；"地理志""食货志"等部分，为人们提供了各地食物原料出产及流通情况的资料，甚至"五行志"等也可为人们提供一些关于饥荒、动植物分布的资料，等等。司马光《资治通鉴》的史料价值历来为史家所重，其中的隋纪、唐纪部分尤为珍贵，其正文及考异中均有一些涉及饮食方面的内容。

在政书中，唐代长孙无忌等撰的《唐律疏议》，旧题李隆基撰、李林甫等注的《大唐六典》，杜佑的《通典》，宋代王溥编的《唐会要》，宋敏求编的《唐大诏令集》等，其中有不少内容与隋唐饮食有关，可资利用，如《唐大诏令集》所载的赈饥、禁屠、赐食等诏令。

唐代李吉甫《元和郡县图志》中关于各地贡赋的记载，可以帮助人们了解唐宋时期中原地区食物资源的生产情况。

特别值得一提的是《入唐求法巡礼行记》一书，该书是日本僧人圆仁赴唐求法时所写的一部游记。圆仁在唐朝的活动时间达九

---

① （五代）刘昫等：《旧唐书》卷四七《经籍下》作刘炫定。

年零七个月之久，游历了今江苏、安徽、山东、河北、山西、陕西、河南等省，在每一停留处，他常常谈及当地的饮食情况，特别是对寺院僧众和村闾农家饮食情况记载较多①。

（二）笔记中的饮食资料

隋唐时期的笔记数量较多。故事类的有牛僧孺《玄怪录》、李复言《续玄怪录》、张读《宣室志》、郑还古《博异记》、康骈《剧谈录》、苏鹗《杜阳杂编》、冯翊《桂苑丛谈》、段成式《酉阳杂俎》等；历史琐闻类的有刘餗《隋唐嘉话》、刘肃《大唐新语》、李肇《国史补》、赵璘《因话录》、李德裕《次柳氏旧闻》、郑处诲《明皇杂录》、郑綮《开天传信记》、王仁裕《开元天宝遗事》、张鷟《朝野佥载》、范摅《云溪友议》、王定保《唐摭言》等；考据类的有封演《封氏闻见录》、苏鹗《苏氏演义》、李济翁《资暇集》、马缟《中华古今注》等。此外还有刘恂《岭表录异》、崔令钦《教坊记》等著名笔记。在这些笔记著作中，均有不少谈到了饮食。如《唐国史补》关于茶、酒的记述就极有价值，《资暇集》中也提到了不少饮食掌故。相对而言，唐代笔记中与饮食关系比较密切的有段成式的《酉阳杂俎》、冯贽的《云仙杂记》、刘恂的《岭表录异》等。

宋人笔记中也有记载隋唐时期的饮食资料的，如陶榖《清异录》主要记述隋唐五代史事，全书共分天文、地理、草木、花、果、蔬、禽、兽、居室、衣服、馔羞、丧葬等37门，共648条，其中与饮食有关的果、蔬、禽、鱼、酒、茗、馔8门238条，约占全书的五分之二，内容甚为丰富。

（三）医书中的饮食资料

唐代医学发达，苏敬等人主笔官修的《新修本草》（又称《唐本草》）是我国乃至世界上最早的一部大型官修药典，原书早佚，但其基本内容仍保留在宋人唐慎微编的《重修政和证类备用本草》等书中。流传到今天的唐代医书主要有孙思邈的《备急千金要方》

① 王利华：《中古华北饮食文化的变迁》，中国社会科学出版社2000年版，第23页。

和《千金翼方》，孟诜、张鼎的《食疗本草》以及昝殷的《食医心鉴》等。

新雕孫真人千金方卷第一

夫清濁剖判上下攸分三才肇基五行淑落萬物淳朴無得而稱燧人氏出觀斗極以定方名始有火化伏羲氏因之而畫八卦乃立庖廚滋味既興痾瘵萌起大聖神農氏愍黎元疾為嘗百藥以救療之猶未盡善黃帝受命創制九針雷公岐伯之倫備論經脈傍通問難詳究義理以為經世可得依而暢焉春秋之際良醫和緩六國之時則有倉公華佗仲景叔和並皆探賾索隱窮幽洞微用藥灸炷不過七八而疾無不愈者晉宋已來雖復名醫間出然十不能愈五六良由今人嗜慾泰甚立心不常故媱蕩逸有闕攝誠所致耳余緬尋聖人設教欲使家家自學人人自曉君親自疾不能理療者非忠孝也末俗小人多行詭詐倚傍聖教而為欺紿遂令朝[illegible]弟誦短文搆小策以

《千金方》书影

孙思邈《备急千金要方》共30卷，其中的第26卷专论“食治”，人们通常把这一卷称为《千金食治》。《千金食治》包括序论和果实、菜蔬、谷米、鸟兽（附虫鱼）等5篇。“序论”篇精辟地论述了药与食的关系，食疗养生的原理和方法。其余4篇共收入食物155种，计有果实29种，菜蔬58种、谷米27种、鸟兽虫鱼40种。在每种食物的下面列出它们的性味、损益、服食禁忌及主治疾病，有的还记述了它们的食用方法。《千金食治》所阐发的食治重于药治的思想对中国食疗养生学的发展产生了重大而深远的影响。在孙思邈的另一部著作《千金翼方》卷十二《养性》一章中有《养老食疗》，卷十四《退居》中有《饮食》。《养老食疗》和《饮食》两篇可视为孙思邈对《千金食治》的补充。

孟诜、张鼎《食疗本草》，原为3卷，载有食疗方剂227个，但早已散佚。由于该书的许多内容散见于其他一些唐宋医学文献

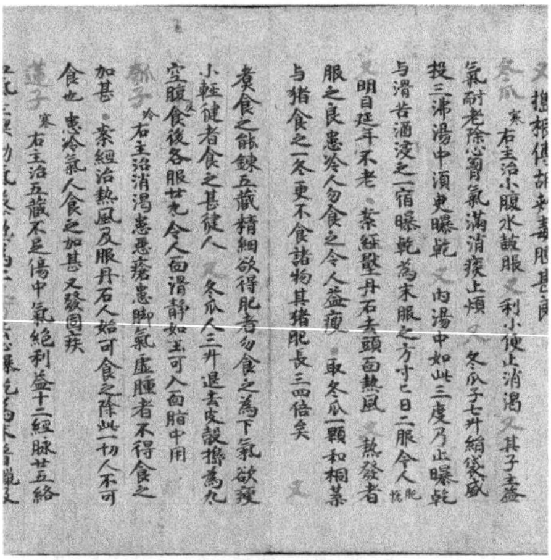
又 擣根傅諸癰毒腫甚良
冬瓜 寒 右主治小腹水鼓脹 又 利小便止消渴 又 其子主益
氣耐老除心胸氣滿消痰止煩 又 冬瓜子七升絹袋盛
投三沸湯中須臾曝乾 又 內湯中如此三度乃止曝乾
与滑苦酒浸之一宿曝乾為末服之方寸匕日二服令人肥悅
又 明目延年不老 ◦案經壓丹石去頭面熱風 又 熱發者
服之良患冷人勿食之令人益瘦 ◦取冬瓜一顆和桐葉
与猪食之一冬更不食諸物其猪肥長三四倍矣 又
煮食之能鍊五藏精細欲得肥者勿食之為下氣欲瘦
小輕健者食之甚健人 又 冬瓜人三升退去皮殼擣為丸
空腹食後各服廿丸令人面滑靜如玉可入面脂中用
菰子 冷 右主治消渴患惡瘡患脚氣虛腫者不得食之
加甚 ◦案經治熱風及服丹石人始可食之除此一切人不可
食也 患冷氣人食之加甚 又發固疾
蓮子 寒 右主治五藏不足傷中氣絕利益十二經脈廿五絡

《食疗本草》(残卷)

中，如北宋唐慎微的《重修政和证类备用本草》、日本丹波康赖的《医心方》(984 年) 等，特别是 1907 年英国人斯坦因在敦煌莫高窟中发现抄于后唐时期 (约 934 年)《食疗本草》的残卷。近代许多学者对此书进行了辑佚，出版了比较完备的辑本，如谢海洲等《食疗本草》(人民卫生出版社 1984 年版)、郑金生《食疗本草译注》(上海古籍出版社 1992 年版) 等。《食疗本草》集药用食品于一书，在每种食品名下均注明性味、服食方法和宜忌。与孙思邈的《千金食治》相比，该书更适于实际应用，这主要体现在该书大量收载当时的食疗、食忌经验和记有众多食疗方剂上。

昝殷《食医心鉴》，原为 2 卷，宋代后该书即已散佚。近代学者罗振玉游历日本时，曾得到《食医心鉴》的一个辑本，该辑本是日人从高丽《医方类聚》中辑得的，共 1 卷。《食医心鉴》与以前的食疗类著作最大的不同在于：它不是以食物为分类标准的，而是按病症分类，在论述每类病症后，具体介绍相关的食疗方剂。在方剂中，先说明疗效，再列举食物和药物的名称和用量，并介绍制作和服用方法。因此，昝殷的《食医心鉴》比以前的食疗类著作更便于实际应用，从而将中国古代的食疗养生学推向了一个新的发展阶段。

（四）农书中的饮食资料

农书是记载各种农副产品生产、加工方法的著作，古代农书不仅告诉我们在历史上哪些食物原料可以利用，而且许多农书还用一定的篇幅谈食品加工和烹饪的具体方法。这一时期的综合性农书主要有唐末五代韩鄂的《四时纂要》。《四时纂要》一书在我国早已亡佚，1960年在日本发现了一个明代万历十八年（1590年）的朝鲜刻本，这部农书才重见世人。《四时纂要》记载有当时农副产品的加工和制造，如酿造、淀粉加工、食品贮存等。《四时纂要》还记载有一些烹调方法。从其内容分析，《四时纂要》是以黄河中下游地区的生产生活为背景而编纂的①，保存了关于隋唐时期北方农业生产的丰富史料，是本书研究的重要资料之一。

（五）类书中的饮食资料

类书是一种分门别类、以类相从汇集相关资料的百科全书式的工具书。类书查检方便，其中有不少史料抄自早已散佚的古籍文献，有其特殊的利用价值。类书中的经济、饮食、器用、动植物等门类中关于古代饮食史事的内容十分丰富，堪称古代饮食史资料的渊薮，一向受到学者们的重视。

隋唐时期大型类书流传至今的主要有虞世南《北堂书钞》、欧阳询《艺文类聚》、徐坚《初学记》和白居易《白氏六帖》等，所记内容绝大多数是唐代之前的，对唐代饮食的研究而言价值不大。唐末五代韩鄂的《岁华纪丽》，为我们提供了大量宋代以前的资料。其中，《太平广记》《太平御览》二书涉及饮食的资料较多。以《太平御览》为例，该书“饮食部”共25卷（卷843~867），内容涉及主食、副食、饮料、调味品、食品加工酿造等方面的内容。该书的“道部”（卷659~679）、“器物部”（卷756~765）、“资产部”（卷821~836）、“百谷部”（卷837~842）、“兽部”（卷889~913）、“羽族部”（卷914~928）、“鳞介部”（卷929~943）、

---

① 缪启愉：《四时纂要校释》之《校释前言》，中国农业出版社1981年版，第3页。

“果部”（卷964~975）、“菜部”（卷976~980）等，也有不少内容涉及饮食。

（六）诗文集中的饮食资料

隋唐是中国文学发展史上的重要时期，唐诗、散文、传奇小说等一向被中国人引以为豪。在隋唐文学作品中，有大量的诗词文赋涉及茶酒食物。以唐诗为例，唐代的茶诗共有500余首。酒诗就更多了，李白流传下来的1000首诗中，酒诗有170首；杜甫现存1400首诗，酒诗有300首之多①。唐宋文人的诗词文赋，为我们提供了研究唐宋饮食，特别是唐宋文人饮食思想的宝贵资料。不过，这些涉及茶酒食物的诗词文赋十分零散，分布于唐宋文人的个人诗文集或集体的诗文汇编之中，需要学者费心搜索。

（七）其他饮食资料

除上述文献之外，其他方面的文献也值得重视，如道家的经典《云笈七签》对服饵养生食品及饮食宜忌有很多记载。唐代释玄应和释慧林的《一切经音义》以及唐宋学者对前人的著述所作的大量注疏，都有不少关于食物、饮食器具及食俗食制的解释，这些对于饮食史的研究也很有帮助。

考古资料历来是研究古代物质生活史最有说服力的证据，各地考古发掘中出土的各种饮器、食器和墓葬壁画等都是研究这一时期饮食文化的重要史料。值得一提的是敦煌壁画和敦煌文书，二者之中都有不少有关隋唐时期人们饮食生活的宝贵资料。

---

① 徐少华：《独领风骚的中国酒文化》，李士靖主编：《中华食苑》（第八辑），中国社会科学出版社1996年版，第163页。